河南常绿树木资源及栽培利用

王齐瑞　主编

黄 河 水 利 出 版 社
·郑 州·

内 容 提 要

河南省地处北亚热带向温带的过渡地区，兼具南北特色，适合多种常绿树木生长。在查阅文献及长期植物调查的基础上，本书收录了河南区域内野生及栽培常绿半常绿树种300多种，并对每个树种识别特征、分布与生境、栽培技术及利用价值进行了简单介绍，以利于在河南园林绿化及山区造林中更科学地应用常绿树种提供支撑，为丰富河南的冬季景观增绿添彩。

本书可供林业科技工作者、园林从业者及大专院校相关专业学生阅读参考。

图书在版编目(CIP)数据

河南常绿树木资源及栽培利用/王齐瑞主编. —郑州：黄河水利出版社，2021.5

ISBN 978-7-5509-2976-0

Ⅰ.①河… Ⅱ.①王… Ⅲ.①园林树木-品种资源-河南②园林树木-栽培技术-河南 Ⅳ.①S68

中国版本图书馆CIP数据核字(2021)第082159号

组稿编辑：王路平　电话：0371-66022212　E-mail：hhslwlp@126.com

出 版 社：黄河水利出版社　网址：www.yrcp.com

地址：河南省郑州市顺河路黄委会综合楼14层　邮政编码：450003

发行单位：黄河水利出版社

发行部电话：0371-66026940、66020550、66028024、66022620(传真)

E-mail：hhslcbs@126.com

承印单位：广东虎彩云印刷有限公司

开本：787 mm×1 092 mm　1/16

印张：17.75　插页：8

字数：430千字

版次：2021年5月第1版　印次：2021年5月第1次印刷

定价：90.00元

《河南常绿树木资源及栽培利用》

编委会

主　　编　王齐瑞

副 主 编　高　峻　万　猛　刘国伟

编　　委　张　娟　董姬秀　杨海青

　　　　　田　璐　睢玉红　李　琳

摄　　影　王齐瑞　祝亚军　张　娟

主编单位　河南省林业科学研究院

　　　　　中国林业科学研究院林业研究所

参编单位　河南省林业调查规划院

　　　　　绿洲生态环境有限公司

　　　　　郑州植物园

前 言

河南省位于北纬31°23′~36°22′,东经110°21′~116°39′,境内地表形态复杂。气候特点是冬季寒冷雨雪少,春季干旱风沙多,夏季炎热雨丰沛,秋季晴和日照足。全省年平均气温一般在12~16 ℃,1月-3~3℃,7月24~29℃,大体东高西低、南高北低,山地与平原间差异比较明显。气温年较差、日较差均较大,极端最低气温-21.7 ℃,极端最高气温44.2 ℃。年均日照1 285.7~2 292.9 h,全年无霜期从北往南为180~240天。年平均降水量为500~900 mm,南部及西部山地较多,大别山区可达1 100mm以上。全年降水的50%集中在夏季。

从植物地理区划上看,河南地处热量和水湿双重过渡区域,热带和温带成分、湿润和干旱成分在南—北及东南—西北方向上发生普遍混合交汇现象,表现本区系南北、东西成分兼容并存和交错过渡特征。尤其是伏牛山区富集本区系大部分古老及第三纪残遗植物,东亚和中国特有成分也多集于此地,并且是河南特有种的特化和分布中心,地理上该区域位于亚热带向暖温带交接过渡地带,并恰处秦岭—大巴山两大山脉的夹道里,汉水流经这里向东汇入长江,高大山脉阻挡了北部大陆性干冷季风,东部海洋性季风则沿江直入夹道。一方面,温暖湿润气候为植物生存发展提供了丰厚条件,形成古残遗植物的"避难所";另一方面,地貌和气候的分异正是孕育特有现象的摇篮,是保存古残遗植物和产生新湿性特有植物的重要地区。

据《河南植物志》记载,河南共有露地常绿植物236种(包括已被归并和作异名处理的种),约占河南树种15%,远低于落叶树种资源。因受制于气候和树种资源问题,河南冬季整体绿量小,所以河南是个冬季少绿的省份。为增加冬季景观效果,近来引种栽培了一大批本土野生或省外、国外常绿树种资源。尤其是《森林河南生态建设规划(2018—2027年)》规划目标主要指标中,要求新造林中常绿树种占比为30%,常绿树种被提到一个前所未有的高度。但是河南究竟有哪些常绿树种?每个常绿树种适应哪些区域?引进的常绿树种表现如何?这些常绿树种有什么特性?如何培育?……解决这一系列的问题,是完成规划这一目标的基础性工作。所以,摸清河南常绿树种家底,总结常绿树种引种驯化成果,具有十分重要的意义。作者在甄选文献资料及大量调查的基础上,整理成该书。本书共调查记录了河南省常绿半常绿树木资源300多种,包括河南省境内野生分布的常绿树种,如华山松、白皮松、青冈等;早期引种栽培的归化种,如荷花玉兰、湿地松、黑松等;近年来新引进的栽培种,如蓝冰柏、弗吉尼亚栎、曼地亚红豆杉等;半常绿树种,如竹叶花椒、木香花、忍冬等;常绿亚灌木,如顶花板凳果、吊石苣苔、鹿蹄草等。收录条件为河南露地野生、逸生种或栽培面积大、影响力广的园艺种(品种)。重点介绍每个树种形态特征、分布与生境、栽培利用几个方面的内容。形态特征部分重点介绍关键识别特征,达到认识树种的目的;分布与生境部分主要介绍该种野生环境条件及立地条件,为异地栽培利用提供参考依据;栽培利用部分针对不同树种特点,在苗木繁育、造林技术、园林应用及经济价值几方面各有侧重,以利于树种推广应用。

本书出版得到了河南省科技重大专项“黄河流域高效稳定人工林培育关键技术研究”(201300111400)项目及相关单位的大力支持。

由于时间紧迫,作者水平有限,书中难免有谬误之处,恳请指正!

作　者

2021 年 1 月

目 录

001 苏铁 *Cycas revoluta*

科名：苏铁科 属名：苏铁属

形态特征：树干圆柱形，有明显螺旋状排列的菱形叶柄残痕。羽状叶从茎的顶部生出，下层的向下弯，上层的斜上伸展，整个羽状叶的轮廓呈倒卵状狭披针形，叶轴两侧有齿状刺，羽状裂片向上斜展微呈V字形，边缘显著地向下反卷。雄球花圆柱形，大孢子密生淡黄色或淡灰黄色茸毛，边缘羽状分裂，先端有刺状尖头，胚珠2～6枚，生于大孢子叶柄的两侧，有茸毛。种子红褐色或橘红色，倒卵圆形或卵圆形，稍扁。花期6～7月，种子10月成熟。

分布与生境：产于福建、台湾、广东。河南汝南南海寺露地栽培多年，郑州部分小区也有少量露地栽培。苏铁喜暖热湿润的环境，不耐寒冷，生长慢。

栽培利用：苏铁宜用肥沃的沙壤土栽培，并适当可多垫些瓦块土团，以利盆土透水透气。苏铁一般每年4～6月萌发新叶和进入生长季节，需要保证有充足的光照，否则新叶生长柔弱纤细，叶片生长畸形，影响观赏效果。生长季节浇水要稍多，并每月施以氮肥为主的液肥一次，以保证苏铁叶色更加翠绿并富有光泽，春季气候干燥，浇水时应注意在叶面上洒水，以保证叶面湿度，夏季光照过强烈应适当遮阴，否则叶片易被灼伤，叶面出现黄白斑。苏铁的通风透光条件要好，植株生长方可健壮。每年新叶抽生完整并充分成熟后，应将病残黄叶剪掉，如叶片过多，则会影响新叶生长的开张角度，其观赏效果将大大降低。苏铁为雌雄异株，人们俗称苏铁为千年开花。苏铁的自然结实率极低，因此其繁殖方法以分蘖为主，其方法是当苏铁植株基部萌生出的萌芽长至鸡蛋般大小时，在春季将其切离母株，置于阴凉通风处一周，待伤口处黏液稍干后，将其置于沙质培养土中，浇透水，置于半阴处，50天左右即可生根，并同时长出新叶，待新叶生长完整后即可进行盆栽。

苏铁体型端庄，古朴典雅，四季常青，又富有热带风光之韵味。适应于中心花坛和广场、庭院等公共场所布置造景。苏铁栽培历史悠久，管理容易，是高档的绿化树种。苏铁不耐寒，在河南露地栽培要有保护性措施，虽然有自然越冬的个例，但示范意义不大，不提倡露地栽培。

002 巴山冷杉 *Abies fargesii*

科名：松科 属名：冷杉属

形态特征：乔木。树皮粗糙，暗灰色或暗灰褐色，块状开裂；冬芽卵圆形或近圆形，有树脂;一年生枝红褐色或微带紫色,微有凹槽,无毛,稀凹槽内疏生短毛。叶在枝条下面成两列,上面之叶斜展或直立,稀上面中央之叶向后反曲,条形,上部较下部宽,直或微曲,先端钝,有凹缺,稀尖,上面深绿色,有光泽。球果柱状矩圆形或圆柱形,成熟时淡紫色、紫黑色或红褐色;中部种鳞肾形或扇状肾形,上部宽厚,边缘内曲;苞鳞倒卵状楔形,上部圆,边缘有细缺齿,先端有急尖的短尖头,尖头露出或微露出;种子倒三角状卵圆形,种翅楔形,较种子为短或等长。

分布与生境:为我国特有树种。产于西藏、甘肃。河南主要分布于伏牛山区及小秦岭。生长于2 000 m以上的山坡或阴凉山谷。

栽培利用:巴山冷杉以播种繁殖为主,适宜采种的母树年龄,一般为50～60年。成熟时,果鳞片和种子一起脱落。球果采集的有效时期较短,果实成熟和种子开始散落之间约有1个月时间。球果采后,应摊放暴晒,果鳞开裂,种子脱落。种子风选后,装入袋中用干藏法储藏。播种前种子需处理,在3月中下旬,河水解冻时,将选好的种子装入麻袋,扎紧袋口,放入流动的河水中,深度以淹没为宜,浸泡15天左右,而后取出。然后浸种消毒,晾干,待播种。在4月,当日平均气温稳定上升到7 ℃以上时,开始播种。播种量以种子的质量而定,随质量的高低进行增减。一般情况下,播种量750 kg/hm^2左右。横床条播,行、幅距为7～8 cm,覆土1.5～2 cm。出苗后及时除去覆盖物,搭高度60 cm左右、透光率50%～60%的荫棚,可防霜冻和日灼。2年以后的苗床可拆除荫棚,但在移植苗床上还需要遮阴。

巴山冷杉耐阴、深根性,抗风力强,在湿润、深厚的微酸性土壤上生长良好。巴山冷杉除作为造纸、家具、建筑等用材原料外,还是生产树脂、提取精油的特用经济树种,同时也是高海拔风景区优美的绿化观赏树种,是森林更新的主要树种。

003 秦岭冷杉 *Abies chensiensis*

科名:松科　属名:冷杉属

形态特征:乔木。一年生枝淡黄灰色、淡黄色或淡褐黄色,无毛或凹槽中有稀疏细毛,二、三年生枝淡黄灰色或灰色;冬芽圆锥形,有树脂。叶在枝上成两列或近两列状,条形,上面深绿色,下面有2条白色气孔带;果枝之叶先端尖,或钝,树脂道中生或近中生,营养枝及幼树的叶较长,先端二裂或微凹,树脂管边生。球果圆柱形或卵状圆柱形,近无梗,成熟前绿色,熟时褐色,中部种鳞肾形,鳞背露出部分密生短毛;不外露,上部近圆形,边缘有细缺齿,中央有短急尖头,中下部近等宽,基部渐窄;种子较种翅为长,倒三角状椭圆形,种翅宽大,倒三角形。

分布与生境:为我国特有树种。产于陕西南部、湖北西部及甘肃南部。河南群落零星分布于鲁山、嵩县、栾川、卢氏、灵宝等县(市)。生长在海拔1 800 m以上的巅峰和岭脊。

栽培利用:在幼苗生长期进行适量追肥,浓度宜稀,有机肥不超过10%,尿素不超过

5%。圃地过湿时应注意排水,以利生根。幼苗木质化期不施氮肥,可追施磷、钾肥,促进木质化。苗木封顶休眠期,应搭盖塑料棚,防寒保温,利于安全越冬。秦岭冷杉幼苗主根长,侧根、须根少,为了促使根系发达,培育壮苗,应将2~3年生的原床苗换床移植,行距15~20 cm,株距2.5~3 cm。在小苗期间生长缓慢,移栽时要多带原生土,移栽后要加强抚育管理,在全光下培育2年,经过移床培育的苗木生长粗壮、根系发达,可提高造林成活率。

秦岭冷杉喜气候温凉湿润、土层较厚、富含腐殖质的土壤。通常生于山沟溪旁及阴坡。秦岭冷杉木材较轻软,纹理直,可供建筑等用。树形美观,树冠犹如巨伞,虽历经沧桑,依然茎苍叶秀,高大挺拔,称得上是一件艺术品,园艺观赏价值极高。其树脂可提取精油,是一种很有前途的天然香料,同时具有很高的药用开发价值。

004 铁杉 *Tsuga chinensis*

科名:松科 属名:铁杉属

形态特征:乔木。树皮暗深灰色,纵裂,成块状脱落;大枝平展,树冠塔形;冬芽卵圆形或圆球形,先端钝,芽鳞背部平圆或基部芽鳞具背脊。叶条形,排列成两列,先端钝圆,有凹缺,中脉隆起,无凹槽,边缘全缘,下面初有白粉,老则脱落,稀老叶背面亦有白粉。球果卵圆形或长卵圆形,具短梗;中部种鳞五边状卵形、近方形或近圆形,稀短矩圆形,上部圆或近于截形,边缘薄、微向内曲,基部两侧耳状;苞鳞倒三角状楔形或斜方形,上部边缘有细缺齿,先端二裂;种子下表面有油点,种翅上部较窄。花期4月,球果10月成熟。

分布与生境:为我国特有树种。产于甘肃白龙江流域、陕西南部、湖北西部、四川东北部及岷江流域上游、大小金川流域、大渡河流域、青衣江流域、金沙江流域下游和贵州西北部。河南分布在卢氏、栾川、灵宝、嵩县、南召、西峡、内乡等地。生长于海拔1 000 m以上的山坡或沟壑中,呈星散分布。

栽培利用:铁杉为深根性树种,苗期非常耐阴,长大后需要少许阳光即可。圃地应选择土层深厚、肥沃、水源充足、排水良好的沙质壤土,最好是靠近半山腰、海拔不低于800 m的农田更佳。铁杉球果10月下旬成熟,当果由青绿色变为褐青色时,种子成熟,应及时采收。摊于半阴处,每日翻动3~6次,数日后种子脱落,除去球果杂物等。置于通风干燥处阴干3~5天。之后采用冷库储藏。储藏温度为3~5 ℃。铁杉种子种皮坚硬,不易透水,在播种前应进行种子催芽处理。播种时间以4月初为宜。将苗床面整平,播种时采用开沟条播的方法进行,沟距25 cm,沟深5 cm,种子间距2~4 cm。覆草木灰3 cm厚,立即喷1遍透水,再在畦面上盖一层1 cm厚的锯屑,可防止杂草和土壤板结。铁杉在初期苗木生长缓慢,要每隔10天除草、松土1次。每15天加施0.5%尿素1次,梅雨季节要清沟排水。生长盛期6月上旬至9月下旬,此时气温高,苗木生长较快,晴天要注意及时浇水保湿,每次拔草后,要及时浇水等。当苗木进入生长后期(9月中旬到11月),应停止施肥，去除遮阳网。9月下旬可喷施1次0.5%的磷酸二氢钾溶液，以促进苗木木质化，以便安全越冬。

铁杉喜生于雨量高、云雾多、相对湿度大、气候凉润、土壤酸性及排水良好的山区。铁杉树姿古朴，枝叶扶疏，形若雪松，适于园林中孤植或丛植，亦宜用于营造山地风景林或水源涵养林。铁杉分枝多，耐修剪，还适于作绿篱。此外，因其生长缓慢，也宜盆栽观赏。木材纹理直，结构细而均匀，材质坚实，耐水湿。可供建筑、飞机、舟车、家具、器具及木纤维工业原料等用材。树干可割取树脂，树皮含鞣质，可提栲胶；种子可榨油。

005 云杉 *Picea asperata*

科名：松科　属名：云杉属

形态特征：乔木。树皮淡灰褐色或淡褐灰色，裂成不规则鳞片或稍厚的块片脱落；小枝一年生时淡褐黄色、褐黄色、淡黄褐色或淡红褐色，二、三年生时灰褐色、褐色或淡褐灰色；冬芽圆锥形，有树脂，基部膨大。主枝之叶辐射伸展，侧枝上面之叶向上伸展，下面及两侧之叶向上方弯伸，四棱状条形，微弯曲，先端微尖或急尖，横切面四棱形。球果圆柱状矩圆形或圆柱形，上端渐窄，成熟前绿色，熟时淡褐色或栗褐色；苞鳞三角状匙形；种子倒卵圆形，种翅淡褐色，倒卵状矩圆形。花期4~5月，球果9~10月成熟。

分布与生境：为我国特有树种，产于陕西、甘肃、四川。河南全省各地有栽培。

栽培利用：种子要沙藏催芽。催芽的时间大概会持续1~2个月，如果2个月后种子仍没有发芽，说明储存种子的地方温度较低，应将其转放至温度较高的地方。在选择苗圃地时要结合云杉幼苗的生长特性，选择肥沃的土壤、地势平坦的地区作为苗圃。播种日期要参考当地的自然环境，大部分地区是在5月播种。在播种前几天对苗床进行浇水，为种子提供充足的水分。当苗床温湿度稳定时，开始翻土并播种。播种方式有2种，分别为撒播和条播。云杉是一种耐寒和耐旱性比较强的植物，因此可以选择土壤疏松的半阴坡或阴坡地区，选择土壤比较疏松的地区，一方面方便云杉呼吸，另一方面利于云杉扎根土壤吸收土壤中的养分，为其后期成长奠定基础。其次，选择土壤较厚的林地，中性土壤或略微偏酸的土壤适宜。云杉耐寒性强。在管理云杉过程中发现，许多云杉都是死于病虫害，其中云杉锈病、云杉落叶针病是导致云杉死亡的重要原因，所以，要想保证云杉成活率，就必须做好病虫害防治工作。

云杉系浅根性树种，稍耐阴，能耐干燥及寒冷的环境条件，在气候凉润、土层深厚、排水良好的微酸性棕色森林土地带生长迅速，发育良好。云杉木材黄白色，较轻软，纹理直，结构细，有弹性，可作建筑、飞机、枕木、电杆、舟车、器具、家具及木纤维工业原料等用材。树干可割取松脂。根、木材、枝桠及叶均可提取芳香油。树皮可提栲胶。材质优良，生长快，适应性强，宜选为分布区内的造林树种。

006 麦吊云杉 *Picea brachytyla*

科名：松科　属名：云杉属

形态特征:乔木。树皮淡灰褐色,裂成不规则的鳞状厚块片固着于树干上;大枝平展,树冠尖塔形;侧枝细而下垂,一年生枝淡黄色或淡褐黄色,二、三年生枝褐黄色或褐色,渐变成灰色;冬芽常为卵圆形及卵状圆锥形,稀顶芽圆锥形,侧芽卵圆形,芽鳞排列紧密,褐色,先端钝,小枝基部宿存芽鳞紧贴小枝,不向外开展。小枝上面之叶覆瓦状向前伸展,两侧及下面之叶排成两列;条形,扁平,微弯或直,先端尖或微尖。球果矩圆状圆柱形或圆柱形,成熟前绿色,成熟时褐色或微带紫色,中部种鳞倒卵形或斜方状倒卵形,上部圆形排列紧密,或上部三角形则排列较疏松。花期4~5月,球果9~10月成熟。

分布与生境:为我国特有树种,产于湖北西部、陕西东南部、四川东北部和北部平武及岷江流域上游、甘肃南部白龙江流域。河南产于伏牛山区。生于海拔1 500~2 900 m(间或至3 500 m)地带。

栽培利用:种子繁殖。圃地应选土层深厚、排水良好的土壤。种子在播种前应进行选种、消毒、浸泡催芽等处理。当春季气温到8 ℃以上时即可播种,苗期应搭遮阴棚,入冬前应设置暖棚,防止冻拔。翌年开始萌动时,进行间苗、移植,一般培育4年即可出圃造林。建立种子园也很必要。

麦吊云杉为喜光、浅根性树种,稍耐阴,在气候温凉、湿润、土层深厚、排水良好的酸性黄壤或山地棕色森林土地带生长良好。木材坚韧,纹理细密,可供飞机、机器、车辆、乐器、建筑、家具、器具及木纤维工业原料等用材。在其分布区内,宜选作森林更新或荒山造林树种。

007 青扦 *Picea wilsonii*

科名：松科　属名：云杉属

形态特征:乔木。树皮灰色或暗灰色,裂成不规则鳞状块片脱落;枝条近平展,树冠塔形;一年生枝淡黄绿色或淡黄灰色,二、三年生枝淡灰色、灰色或淡褐灰色;冬芽卵圆形,无树脂,芽鳞排列紧密,淡黄褐色或褐色,先端钝,背部无纵脊,光滑无毛。叶排列较密,在小枝上部向前伸展,小枝下面之叶向两侧伸展,四棱状条形,直或微弯,较短,先端尖。球果卵状圆柱形或圆柱状长卵圆形,成熟前绿色,熟时黄褐色或淡褐色;中部种鳞倒卵形,先端圆或有急尖头,或呈钝三角形,或具突起截形之尖头,基部宽楔形,鳞背露出部分无明显的槽纹,较平滑;种子倒卵圆形,种翅倒宽披针形,淡褐色,先端圆。花期4月,球果10月成熟。

分布与生境:为我国特有树种,产于内蒙古、河北、山西、陕西南部、湖北西部、甘肃中部及南部、青海东部、四川东北部及北部岷江流域上游。河南多地有栽培。

栽培利用:9月下旬当球果由绿色变成黄褐色或淡褐色时采收球果,由于青扦球果成熟后10余天内球果便干裂,种子将自然散落,所以种子采收要及时。另外,青扦结实间隔期为2~4年,采种前要做好种子产量的预测预报和采种计划工作。采回的球果摊在晒场上暴晒,使种鳞收缩开裂,种子脱落。春季播种前15~20天用20℃温水浸种,然后再用0.4%的高锰酸钾溶液浸种消毒,消毒后低温沙藏。大量处理种子多采用低温层积或雪藏方法处理,处理前均需水浸消毒;雪藏于有雪后进行,将种子混于雪中,存于低温处。播种采用春季床面条播或撒播方法,播种时间在5月上旬,播种量50 g/m^2;撒播播种量70 g/m^2,覆土0.8 cm。只要播后30天内,每天浇水2~3次,全光育苗完全可以获得成功。1~3年生苗木均需培土防寒越冬。将4年生换床苗定植于垄上,垄宽70 cm,株距40 cm,按时除草、松土、追肥,4年后苗高可达60~80 cm,多数可用于园林绿化。

在气候温凉、土壤湿润深厚、排水良好的微酸性地带生长良好。木材淡黄白色,较轻软,纹理直,结构稍粗,可供建筑、电杆、土木工程、器具、家具及木纤维工业原料等用材。可作分布区内的造林树种。由于青扦树姿美观胜于红皮云杉,树冠茂密翠绿,已成为北方地区"四旁"绿化、园林绿化、庭院绿化的重要树种。

008 白扦 *Picea meyeri*

科名:松科 属名:云杉属

形态特征:乔木。树皮灰褐色,裂成不规则的薄块片脱落;大枝近平展,树冠塔形;小枝有密生或疏生短毛或无毛,一年生枝黄褐色,二、三年生枝淡黄褐色、淡褐色或褐色;冬芽圆锥形,间或侧芽成卵状圆锥形,褐色,微有树脂,光滑无毛,基部芽鳞有背脊,上部芽鳞的先端常微向外反曲,小枝基部宿存芽鳞的先端微反卷或开展。主枝之叶常辐射伸展,侧枝上面之叶伸展,两侧及下面之叶向上弯伸,四棱状条形,微弯曲,先端钝尖或钝,横切面四棱形。球果成熟前绿色,熟时褐黄色,矩圆状圆柱形;中部种鳞倒卵形,先端圆或钝三角形,下部宽楔形或微圆,鳞背露出部分有条纹;种子倒卵圆形,种翅淡褐色,倒宽披针形。花期4月,球果9月下旬至10月上旬成熟。

分布及生境:我国特有树种,产于山西、河北、内蒙古西乌珠穆沁旗。河南安阳等地有栽培。在海拔1 600~2 700 m、气温较低、雨量及湿度较高、土壤为灰色棕色森林土或棕色森林地带,常组成以白扦为主的针叶树阔叶树混交林。

栽培利用:一般采用播种育苗或扦插育苗,在1~5年生实生苗上剪取1年生充实枝条作插穗最好,成活率最高。硬枝扦插在2~3月进行,落叶后剪取,捆扎、沙藏越冬,翌年春季插入苗床,喷雾保湿。嫩枝扦插在 5 ~ 6 月进行,选取半木质化枝条,长 12 ~ 15 cm。种粒细小,忌旱怕涝,应选择地势平坦,排灌方便,肥沃、疏松的沙质壤土为圃地。播种期以土温在 12 ℃以上为宜,多在 3 月下旬至 4 月上旬。在种子萌发及幼苗阶段要注意经常浇水,保持土壤湿润,并适当遮阴。大苗木移植时间原则上要在苗木休眠期,即春季和秋季移植。春季移植多在 4 月中旬至 5 月底前,土壤解冻时为宜;秋季移植应在苗木停止生长,进入休眠期进行,一般从 10 月下旬开始。

白扦为华北地区高山上部主要的乔木树种之一。木材黄白色、材质较轻软,纹理直,结构细,可供建筑、电杆、桥梁、家具及木纤维工业原料用材。宜作华北地区高山上部的造林树种。亦可栽培作庭园树,北京庭园多有栽培,生长很慢。

009 江南油杉 *Keteleeria fortune*

科名:松科 属名:油杉属

形态特征:乔木。树皮灰褐色,不规则纵裂;冬芽圆球形或卵圆形;一年生枝干后呈红褐色、褐色或淡紫褐色,常有或多或少之毛,稀无毛,二、三年生枝淡褐黄色、淡褐灰色、灰褐色或灰色。叶条形,在侧枝上排列成两列,先端圆钝或微凹,稀微急尖,边缘多少卷曲或不反卷,上面光绿色;幼树及萌生枝有密毛,叶较长,先端刺状渐尖。球果圆柱形或椭圆状圆柱形,顶端或上部渐窄;苞鳞中部窄,下部稍宽,上部圆形或卵圆形,先端三裂,中裂窄长,先端渐尖,侧裂钝圆或微尖,边缘有细缺齿;种翅中部或中下部较宽。种子 10 月成熟。

分布与生境:为我国特有树种,产于云南东南部、贵州、广西西北部及东部、广东北部、湖南南部、江西西南部、浙江西南部。河南郑州、信阳等地均有栽培。常生于海拔 340 ~ 1 400 m 的山地。

栽培利用:种子采收的最佳时期为每年的 11 月上旬。种子富含油脂,要采用适度低温干燥的储藏方法,防止高温造成种子油脂外溢,才能保持其发芽力。种子无明显的休眠习性,但其种子萌发对温度有一定要求,在日均温 20 ~ 22 ℃时可正常发芽。幼苗时期稍喜荫蔽,因此宜选择背风背阴、土壤肥沃、排灌方便的山谷坡地,或地势较高的肥沃沙性良田。采用条播,行距为 15 cm,每亩[1]播种量 10 kg。3 月下旬播种,播种 10 天后胚根开始萌发。江南油杉不耐水湿,播种后浇水应少量多次,每天 1 次或隔天 1 次,保持苗床湿润,有利于种子萌发。5 月中旬至 10 月上旬,应对幼苗采取必要的遮阴,用遮阳网或遮阴棚都可以。10 月上旬后撤除遮阴进行炼山,至翌年早春起苗出圃造林。

江南油杉枝叶茂密浓绿,根系发达,抗旱性强,是优良的园林、庭院绿化树种。其树根含有胶质,民间常用于造纸胶料。

---

[1] 1 亩 = 1/15 hm^2 ≈ 666.67 m^2,下同。

010 雪松 *Cedrus deodara*

科名：松科 属名：雪松属

形态特征：乔木。树皮深灰色，裂成不规则的鳞状块片；枝平展、微斜展或微下垂，基部宿存芽鳞向外反曲，小枝常下垂，一年生长枝淡灰黄色，密生短茸毛，微有白粉。叶在长枝上辐射伸展。雄球花长卵圆形或椭圆状卵圆形，雌球花卵圆形。球果成熟前淡绿色，微有白粉，熟时红褐色，卵圆形或宽椭圆形，顶端圆钝，有短梗；中部种鳞扇状倒三角形，上部宽圆，边缘内曲，中部楔状，下部耳形，基部爪状，鳞背密生短茸毛；苞鳞短小；种子近三角状，种翅宽大，较种子为长。

分布及生境：北京、旅顺、大连、青岛、徐州、上海、南京、杭州、南平、庐山、武汉、长沙、昆明等地已广泛栽培作庭园树。河南省各地均有栽培。分布于海拔 1 300～3 300 m 地带。

栽培利用：雪松对气候的适应范围较广，从亚热带到寒带南部都能生长，在年降水量为 600～1 000 mm 的地区，尤其在长江中下游一带，生长较好。耐寒能力较强，但对湿热气候适应较差。雪松为阳性树种，幼龄阶段有一定的耐阴性，大树则要求较充足的光照。喜深厚肥沃、排水良好的土壤，也能适应瘠薄多石砾土地，但怕水，在低洼积水或地下水位高和不透水的地方甚至死亡。喜中性与微酸性土壤。雪松的繁殖方法主要有播种法和扦插法，以播种为主，但雪松自然结实率低，种子不易取得。种子播前要经过浸种催芽，以冷水浸种 2 天，然后进行层积沙藏。播种时间一般在“春分”前进行，宜早不宜迟。播后保持床面湿润，架拱棚覆盖苗床，促进种子发芽。苗木出土后搭棚遮阳，保持一定湿度。生长季节应注意中耕、除草、灌水，并酌施追肥。北方地区雪松实生幼龄树冬季需塑料膜拱棚防寒。2 年生的幼苗可移植栽培。

在气候温和凉润、土层深厚、排水良好的酸性土壤上生长旺盛。边材白色，心材褐色，纹理通直，材质坚实、致密而均匀，有树脂，具香气，少翘裂，耐久用。可作建筑、桥梁、造船、家具及器具等用。树冠形如宝塔，大枝四向平展，小枝微微下垂，针叶浓绿叠翠，尤其在瑞雪纷飞之时，皎洁的雪片纷积于翠绿色的枝叶上，形成高大的银色金字塔，更是引人入胜，不愧为风景树的“皇后”，是世界五大庭园观赏树种之一，印度民间将其视为圣树。雪松无论孤植、丛植，还是列植，都具有博大、雄伟的气势，令人感到伟而不傲，美而不媚，魅力无穷。

011 偃松 *Pinus pumila*

科名：松科　属名：松属

形态特征：灌木。树干通常伏卧状，基部多分枝，生于山顶则近直立丛生状；树皮灰褐色，裂成片状脱落；一年生枝褐色，密被柔毛。针叶5针一束，较细短，硬直而微弯，边缘锯齿不明显或近全缘，横切面近梯形，叶鞘早落。雄球花椭圆形，黄色，雌球花及小球果单生或2~3个集生，卵圆形，紫色或红紫色。球果直立，圆锥状卵圆形或卵圆形，成熟时淡紫褐色或红褐色，成熟后种鳞不张开或微张开；种鳞近宽菱形或斜方状宽倒卵形，种子生于种鳞腹面下部的凹槽中，不脱落，暗褐色，三角形倒卵圆形，微扁，无翅，仅周围有微隆起的棱脊。花期6~7月，球果第二年9月成熟。

分布及生境：产于我国东北大兴安岭白哈喇山、英吉里山上部海拔1 200 m以上，小兴安岭海拔1 000 m以上，吉林老爷岭上部海拔1 200 m以上，长白山上部海拔1 800 m以上。河南省园林上有少量应用。在土层浅薄、气候寒冷的高山上部的阴湿地带与西伯利亚刺柏混生，或在落叶松或黄花落叶松林下形成茂密的矮林。

栽培利用：偃松一般在20年左右开始结球果，60年左右达到结实高峰，树龄在200年以上仍可以结果。但丰年与歉年结实量较为明显，每年9~10月时，当球果完全变成浅褐色或红褐色时，应抓紧时间选择好采种地采种。采收后球果要暴晒，促其果鳞开裂，风选得到纯净种子，密封进行短期储藏。为使发芽提早、出苗整齐，播种前须进行雪藏催芽处理。当气温上升到15 ℃以上，地表5 cm深处温度达到8 ℃以上，种子吐白率在30%以上时，是偃松最佳播种期。一般在5月中下旬播种最佳。偃松育苗宜选择在排水良好、疏松、肥沃的轻壤土或沙壤土上，切忌在干沙或过湿且机械组成黏重的土壤上播种。土壤水分充足，但必须通气性好。偃松要求空气湿润，最好有侧方庇荫。播种地绝对不能设在风口处，应设在有防风保护之处。偃松播种采用条播的方法，在床面上用锄头或抚育镐搂出宽10 cm、深1.5~2 cm的播种沟，沟距10~15 cm，在开好的沟内进行均匀播种，播种量60~70 g/m^2。播后一般10~15天开始出芽，这时就可以架遮阴棚遮阴1~2个月，也可以通过增加浇水次数、不架遮阴棚进行全光育苗。苗木移植时期在早春土壤解冻15~20 cm时进行移植，苗木萌动前完成。移植前将苗根修剪成12~15 cm长，并按苗木大小分别移栽。

偃松是寒温带高纬度高海拔的山地建群树种，对水土保持和植被恢复有积极的作用，是食用和药用的重要经济植物，具有极高的经济价值。其松针是产抗坏血酸药物及动物饲料维生素添加剂的重要原料；同时也是重要的木本油料植物，种仁含丰富的不饱和脂肪酸和蛋白质，成分与橄榄油类似。另外，偃松的姿态优美独特，观赏价值高。

012 华山松 *Pinus armandii*

科名：松科 属名：松属

形态特征:乔木。枝条平展,形成圆锥形或柱状塔形树冠;一年生枝绿色或灰绿色(干后褐色),无毛,微被白粉;冬芽近圆柱形,褐色,微具树脂,芽鳞排列疏松。针叶5针一束。雄球花黄色,卵状圆柱形,多数集生于新枝下部成穗状,排列较疏松。球果圆锥状长卵圆形,幼时绿色,成熟时黄色或褐黄色,种鳞张开,种子脱落。种子黄褐色、暗褐色或黑色,倒卵圆形,无翅或两侧及顶端具棱脊,稀具极短的木质翅。花期4~5月,球果第二年9~10月成熟。

分布及生境:产于山西南部中条山、陕西南部秦岭甘肃南部、四川、湖北西部、贵州中部及西北部、云南及西藏雅鲁藏布江下游。河南伏牛山、太行山均有分布。生长于海拔1 000~3 300 m地带,在气候温凉而湿润、酸性黄壤、黄褐壤土或钙质土上,组成单纯林或与针叶树阔叶树种混生。稍耐干燥瘠薄的土地,能生于石灰岩石缝间。

栽培利用:选择苗圃地的过程中,应当选择地势较为平缓的地域,土壤肥力较好,具有良好通透性,达到50 cm厚的土层最佳。特别是轻黏土或者沙土偏酸性的土壤,更利于华山松的生长。之前种植过针叶科树木、松树等地块最佳。此外,一些生荒地、采伐地,土壤肥力较好、具有良好光照条件的半阴坡等,均适宜种植华山松。播种前,先对种子进行处理,将其放在干燥区域充分晾晒,不仅可以有效杀灭各种病菌,还有利于种子萌发,同时进行种子催芽,药剂消毒。播种前利用农家肥及草木灰合理配置成营养袋,将两三粒种子播于营养袋中,覆盖松毛同时浇水,之后则需根据土壤条件合理浇水。同时,播种过程中,为了更好地适应造林苗木需求,可以分成几批进行种植。前一批播种后,间隔10天播种第二批。出苗后的华山松应当去掉其表面的松毛,但必须确保土壤的湿润度。

华山松树形高大挺拔,树冠翠绿优美,形状独特,不仅是优秀的用材树种,也是重要的绿化树种,在我国中西部及西南地区广泛种植。华山松繁殖能力强,生长速度快。华山松的种子可以食用,具有非常高的经济价值与生态价值,因此深受人们的喜爱,为我国的造林工程与林业发展做出了巨大贡献。

013 大别山五针松 *Pinus fenzeliana*

科名：松科 属名：松属

形态特征:乔木。树皮棕褐色,浅裂成不规则的小方形薄片脱落;枝条开展,树冠尖塔形;一年生枝淡黄色或微带褐色,表面常具薄蜡层,无毛,有光泽,二、三年生枝灰红褐色,粗糙不平;冬芽淡黄褐色,近卵圆形,无树脂。针叶5针一束,微弯曲,先端渐尖,边缘具细锯齿,横切面三角形,叶鞘早落。球果圆柱状椭圆形,熟时种鳞张开,中部种鳞近长方状倒卵形,上部较宽,下部渐窄,鳞盾淡黄色,斜方形,有光泽,上部宽三角状圆形,先端圆钝,边缘薄,显著地向外反卷,鳞脐不显著,下部底边宽楔形;种子淡褐色,倒卵状椭圆形,上部边缘具极短的木质翅,种皮较薄。

分布及生境:为我国特有树种,大别山五针松零星分布于安徽省的岳西县和金寨县、湖北省的英山县和罗田县。河南省主要分布于商城县和新县交界的大别山区。大别山五针松属阴性树种,多生于近山脊的悬崖石缝中。

栽培利用:大别山五针松生长于阴坡、半阴坡,很少结实,且秕粒较多。采种母树宜选择50~60年生的壮年树,每年10月左右球果成熟时采收球果,种子收集后即进行水选,收取下沉的饱满种子,除去杂物并阴干,装入袋中,留待次年春季播种育苗。播种前,需要进行催芽处理,用条播,行距20 cm,播幅5~7 cm,将种子均匀排放在播种沟内。由于大别山五针松幼苗嫩弱,怕强光暴晒,应采取庇荫措施,并及时进行中耕除草喷水,保持苗床湿润。造林地宜选择土壤疏松湿润、空气湿度较大、排水良好的沙质壤土或轻壤土,海拔700~1 200 m的阴坡、半阴坡。阳坡造林,幼龄期需种植高秆作物,以资庇荫。栽植时,分层覆土,做到根系舒展、苗正,深度以“黄毛”入土为宜。

大别山五针松是我国特有的、古老的孑遗种之一。仅在鄂、皖、豫大别山局部地区残留少量植株,分布零散,资源极少,它又是华东植物区系的稀有种,对于研究松属系统发育及古植物区系和古地理气候的演变有重要的科学价值。大别山五针松干形通直,病虫害极少,材质优良,可供建筑、家具等用。木材结构细致均匀,纹理直,含树脂量较少,工艺价值高。树姿优美,可做庭院观赏树种,土壤适应性强,具有一定的耐寒、抗风、抗旱能力。土壤为山地黄棕壤,要求pH值为5~5.5,要求土壤肥力一般,生长较慢,在高山陡坡有涵养水源和固土保肥作用,是良好的高山造林树种。

014 日本五针松 *Pinus parviflora*

科名:松科 属名:松属

形态特征:乔木。幼树树皮淡灰色,平滑,大树树皮暗灰色,裂成鳞状块片脱落;枝平展,树冠圆锥形;一年生枝幼嫩时绿色,后呈黄褐色,密生淡黄色柔毛;冬芽卵圆形,无树脂。针叶5针一束,微弯曲,边缘具细锯齿,背面暗绿色,横切面三角形,叶鞘早落。球果卵圆形或卵状椭圆形,几无梗,熟时种鳞张开,中部种鳞宽倒卵状斜方形或长方状倒卵形,鳞盾淡褐色或暗灰褐色,近斜方形,先端圆,鳞脐凹下,微内曲,边缘薄,两侧边向外弯,下部底边宽楔形;种子为不规则倒卵圆形,近褐色,具黑色斑纹。

分布及生境:原产日本。在我国经引种培育多年,分布范围北至辽宁省丹东,南至福建福州、厦门。河南多地园林上有应用。

栽培利用:日本五针松种子结实率较低,且我国没有种子生产,对其播种育苗研究仅限于试验研究,种子来源于日本南方型五针松。日本五针松种子存在休眠,直接播种发芽率很低。低温层积是打破胚后熟休眠、种皮透性差种子浅休眠的常用方法。日本五针松结实率低,种子少,不易大量获得种子,播种繁殖受限制,因此在繁殖时多采用营养繁殖。日本五针松在无性繁殖时以嫁接繁殖为主,少有扦插繁殖。选用黑松和油松做砧木亲和性好,嫁接成活率高;5~9月均可嫁接,且5月、6月嫁接成活率高,另外,春末夏初嫁接成活的苗当年抽生新枝,而7月以后嫁接成活的第二年抽生新枝,接穗选择春季的新芽和新枝最佳,而嫁接部位以当年的新枝和上一年的枝条为宜。嫁接的方法可选择劈接、腹接、髓心形成层对接等方法。

日本五针松属阳性树种,喜生于阳光充足的地方。五针松原产地为山地,土壤贫瘠,排水良好,表明其对土壤肥力要求不高,对排水透气性要求较高,忌水湿。日本五针松,其树皮如龙鳞,姿态清秀古雅,干枝古朴苍劲,是珍贵的观赏树种,因其较高的观赏价值被称作松中"皇后"。或孤植作独赏树点景,或林植作林地植物景观,或植于岩石园,配奇峰怪石,构成节点景观,又或列植,作行道树,引导路线等。目前南方许多高档会所、酒店等门前对植了日本五针松,植物园引种栽培了日本五针松,不仅丰富了树木品种,还提升了整体绿化景观层次。

015 马尾松 *Pinus massoniana*

科名:松科 属名:松属

形态特征:乔木。树皮红褐色,下部灰褐色,裂成不规则的鳞状块片;枝平展或斜展,树冠宽塔形或伞形,枝条每年生长一轮,淡黄褐色,无白粉,稀有白粉,无毛;冬芽卵状圆柱形或圆柱形,褐色,顶端尖。针叶2针一束,稀3针一束,细柔,微扭曲,边缘有细锯齿。叶鞘初呈褐色,后渐变成灰黑色,宿存。雄球花淡红褐色,圆柱形,弯垂,聚生于新枝下部苞腋,穗状,雌球花单生或2~4个聚生于新枝近顶端,淡紫红色,一年生小球果圆球形或卵圆形,褐色或紫褐色。球果卵圆形或圆锥状卵圆形,有短梗,下垂,成熟前绿色,熟时栗褐色,陆续脱落。种子长卵圆形。花期4~5月,球果第二年10~12月成熟。

分布及生境:产于江苏、安徽、陕西汉水流域以南、长江中下游各省区,南达福建、广东、台湾北部低山及西海岸,西至四川中部大相岭东坡,西南至贵州贵阳、毕节及云南富宁。河南主产豫南地区。在长江下游其垂直分布于海拔700 m以下,长江中游海拔1 100~1 200 m以下,在西部分布于海拔1 500 m以下。

栽培利用:马尾松生长5~6年后开始结实,从第10年开始结实渐多。采种时应选择树冠匀称、主干通直、生长健壮的20~30年生的母树。采种时间为10月中旬至12月上旬,球果由青绿转为栗褐色,鳞片尚未开裂时采摘后可进行人工烘干,使种子在球果中自行脱落。马尾松的苗圃应选择在地形开阔、地势平坦、周围无高大林木、无遮阴、排水方便、土壤肥力中上等的地段。马尾松育苗方式较多,但以营养袋育苗成活率高、生长速度快,且培育出的苗木质量较高。一年可培育 2 次,播种时期一般选择在每年的 3 月上旬和 9 月下旬至 10 月上旬播种。在播种前,苗床要浇足底水,使土壤保持湿润。种子也应在播前进行消毒、催芽,催芽时 70% 以上的种子裂嘴时即可进行播种。为促进种子萌发和幼苗生长,棚内温度应控制在 25 ~30 ℃。对于营养钵育苗,要根据营养钵干湿状况适时适量浇水,做到小水勤,不能浇大水,以免淤泥高温致使种苗溃烂,发生立枯病。土壤 pH 值为 5 ~6,山地土层厚度不低于 50 cm,丘陵地不低于 60 cm 的条件下,阳坡、半阳坡和半阴坡都可用于种植马尾松。栽植时树坑宽度一般为 65 ~75 cm,深度为 45 ~55 cm,坑与坑上下间距 1.5 ~2 m,水平间距 2 ~2.5 cm,但上下两坑之间位置应错开。造林当年,在 5 ~6月进行锄草松土,8 月进行松土、培土和锄草,如此连续 3 ~5 年,幼树长势逐渐旺盛,此时可停止松土除草。

马尾松为喜光、深根性树种,不耐庇荫,喜温暖湿润气候,能生于干旱、瘠薄的红壤、石砾土及沙质土,或生于岩石缝中,为荒山恢复森林的先锋树种。常组成次生纯林或与栎类、山槐、黄檀等阔叶树混生。在肥润、深厚的沙质壤土上生长迅速,在钙质土上生长不良或不能生长,不耐盐碱。马尾松不仅树干挺拔,苍劲雄伟,姿态古奇,而且寿命长、适应性强、抗风力强、耐烟尘,是营造生态林和风景林的良好树种,可用于荒山造林,也可成片种植于路旁和池畔,亦可在假山、亭旁和庭院之间孤植,能够起到很好的景观效果。除具有美化景观作用外,马尾松材质硬度中等,纹理直,可作为造纸、建筑、人造纤维和家具制作的原料,其树干还可提取松脂,树皮可提取栲胶,松针叶可提取芳香油松花粉可用于加工成医用防病治病药剂和保健产品等。马尾松应用价值较高,应用领域广,因而近年来马尾松在我国的栽培面积逐年扩大。

016 白皮松 *Pinus bungeana*

科名:松科 属名:松属

形态特征:乔木。有明显的主干,或从树干近基部分成数干;枝较细长,斜展,形成宽塔形至伞形树冠;幼树树皮光滑,灰绿色,长大后树皮成不规则的薄块片脱落,露出淡黄绿色的新皮,老则树皮呈淡褐灰色或灰白色,裂成不规则的鳞状块片脱落,脱落后近光滑,露出粉白色的内皮;一年生枝灰绿色,无毛;冬芽红褐色,卵圆形。针叶 3 针一束,粗硬,叶背及腹面两侧均有气孔线,边缘有细锯齿;叶鞘脱落。雄球花卵圆形或椭圆形,多数聚生于新枝基部成穗状。球果通常单生,卵圆形或圆锥状卵圆形;种鳞矩圆状宽楔形,先端厚,鳞盾近菱形,有横脊,明显,三角状,顶端有刺;种子灰褐色,近倒卵圆形,种翅短,赤褐色,有关节易脱落。花期 4 ~5 月,球果第二年 10 ~11 月成熟。

分布与生境:为我国特有树种。分布于山西、陕西秦岭、甘肃南部及天水麦积山、四川北部江油观雾山及湖北西部等地。河南产于伏牛山、太行山区，多地有栽培。生于海拔500～1 800 m地带。

栽培利用：采用播种繁殖。选择20～60年生的生长快、干形好、抗性强的林木作为母树。当球果由绿色变为黄绿色时（9～10月）即可采种。将采收的球果放在通风良好处摊开晾晒，待果鳞开裂后，敲打脱粒，种子全部取出后，风干、去杂、储藏。早春播种，播前用湿沙层积或温水浸种方式催芽。育苗地选择在排水良好、有灌溉条件、地势平坦、土层深厚的沙壤土或壤土。白皮松怕涝，应采用高畦播种，播前用硫酸亚铁碾碎撒施，进行土壤消毒，并浇足底水。每10 m^2用种量1.0～1.5 kg，播后覆土1～1.5 cm，上面再覆1 cm厚湿锯末，在春季能起到保温、保湿作用。播种后可用塑料薄膜覆盖，能起到提高地温和保墒的作用，待幼苗出齐后，逐步增加通风时间，直至塑料薄膜全部去掉。当年苗要埋土防寒，翌年去土浇水。二年生苗裸根移植时，要保护好根系，避免吹干、损伤，随挖随栽，栽后踏实浇水。幼苗宜密植，若需继续培育大苗，可按60 cm×120 cm株行距进行二次移植，大苗带土栽植，需束草立柱，以防风倒。白皮松栽植中常见的病虫害包括猝倒病、立枯病、煤污病、松蚜与微红梢斑螟等，应注意加强防治。

白皮松为喜光树种，耐瘠薄土壤及较干冷的气候，在气候温凉、土层深厚、肥沃湿润的钙质土和黄土上生长良好。白皮松树形多姿，苍翠挺拔，树皮斑斓如白龙，为古建园林和现代城市绿化的最佳树种之一，对二氧化硫和烟尘污染抗性较强。木材质地坚硬，花纹美丽，是上等的建筑、家具、装饰及文具用材；球果有效成分为挥发油、皂甙、酚等，有平喘、镇咳、祛痰、消炎的功能，种子可润肺通便；其幼树是较好的盆景制作材料。白皮松碧叶白干，干皮斑驳美观，针叶短粗亮丽，可作庭园绿化观赏树种，配植于庭院入口两侧或建筑物周围，也可配植，或孤植、丛植于山坡、丘陵之上，或做草坪衬景。

017 赤松 *Pinus densiflora*

科名：松科　属名：松属

形态特征：乔木。树皮橘红色，裂成不规则的鳞片状块片脱落，树干上部树皮红褐色；枝平展形成伞状树冠；一年生枝淡黄色或红黄色，微被白粉，无毛；冬芽矩圆状卵圆形，暗红褐色。针叶2针一束，边缘有细锯齿；横切面半圆形。雄球花淡红黄色，圆筒形，聚生于新枝下部呈短穗状；雌球花淡红紫色，单生或2～3个聚生，一年生小球果的种鳞先端有短刺。球果成熟时暗黄褐色或淡褐黄色，种鳞张开，不久即脱落，卵圆形或卵状圆锥形，有短梗；种子倒卵状椭圆形或卵圆形，边缘有细锯齿。花期4月，球果第二年9月下旬至10月成熟。

分布与生境：分布于黑龙江东部（鸡西、东宁），吉林长白山区、辽宁中部至辽东半岛、山东胶东地区及江苏东北部云台山区。河南鸡公山有栽培。自沿海地带上达海拔920 m山区，常组成次生纯林。

栽培利用:赤松人工栽培的过程中首先需要做好对于赤松种子的育苗,在树种育苗中首先要对赤松的种子进行处理,灭菌消毒,温水浸泡,待到赤松树种的表面干燥后将其与河沙按照 1:2 的体积进行拌和,静置,待到赤松树种裂嘴达到 5 后,赤松种子的育苗完成,可用于后续的播种。播种需要在春季进行,赤松种子播撒时按照每亩 1.7 kg 一级种子、每亩 2 kg 二级种子及每亩 2.5 kg 左右的量来完成种子的播撒。在赤松种子播种完成后的 16 ~20 天即可出苗,待到赤松种子出苗后,为避免其受到立枯病的影响,需要每周完成 1 次 0.5% ~1.0% 浓度的波尔多液的喷洒,这一喷洒过程需要持续到 6 月下旬种苗进入高速生长期前结束。赤松起苗最好放在春季,以使得起苗后能够尽快进行栽培,减少其保管时间,提高赤松苗木的成活率。栽种时要控制好栽种的密度,不宜过密或过稀,防护林保持 450 株/亩为宜。

赤松为深根性喜光树种,抗风力强,生于温带沿海山区及平原,比马尾松耐寒,能耐贫瘠土壤;能生于由花岗岩、片麻岩及沙岩风化的中性土或酸质土(pH 5 ~6)山地,不耐盐碱土;在通气不良的重黏壤土上生长不好。木材富树脂,心材红褐色,边材淡红黄色,纹理直,质坚硬,结构较细,耐腐力强。可供建筑、电杆、枕木、矿柱(坑木)、家具、火柴杆、木纤维工业原料等用。树干可割树脂,提取松香及松节油;种子榨油,可供食用及工业用;针叶提取芳香油。可作庭园树,抗风力较强。赤松是一种优秀的经济、植树造林的树种,做好对于其的培育与栽培对于促进林业的发展有着极为重要的意义。

018 北美乔松 *Pinusstrobus*

科名:松科 属名:松属

形态特征:乔木。在原产地树高 30 ~50 m;树皮厚,深裂,紫色;幼枝有柔毛,后渐脱落;冬芽卵圆形,渐尖,稍有树脂。针叶 5 针一束,细柔,长 6 ~14 cm,腹面每侧有 3 ~5 条气孔线;树脂道 2 个,边生于背部。球果熟时红褐色,窄圆柱形,稍弯曲,有梗,下垂,有树脂,长 8 ~12 cm,种鳞边缘不反卷;种子有长翅。

分布及生境:原产北美。熊岳、旅顺、北京、南京等地有引种栽培。郑州植物园有引种栽培。

栽培利用:北美乔松的育苗方法主要有种子繁殖和无性繁殖两种。由于无性繁殖受技术条件限制,接穗生根困难,成苗率低,所以在生产上以播种繁殖为主,可于种子成熟后沙藏,翌年春季播种。种子采集种子在 8 月中旬,除杂后选出好种子,晒至含水量 8% ~10% 干藏,储藏温度不高于 5 ℃,待播种用。可用浸种法与层积法处理种子。浸种法:播种前 1 ~2 天,把种子放入凉水中浸 24 h。播前沙藏 60 天或用温水浸种催芽,以促进萌发。高畦播种,播后可用塑料薄膜覆盖,苗齐后应立即拆除薄膜。当年苗高 5 ~7 cm,抗寒力较差,北方育苗应埋土防寒。在出苗后搭遮阴棚遮阴一个月,以防止高温日灼。第二年春季可进行裸根移苗,2 年后再带土移植 1 次。层积法:混沙低温层积处理种子。播种时间为春季4月末到5月初或秋播，播种后及时覆土。播种方式一般采用条播，行距8～10 cm，株距控制在2 cm左右。苗圃地选择土层深厚肥沃、排水良好的沙质壤土。播种前，先将圃地耙平整细，然后开沟，沟深2～4 cm，行距15 cm。播种量30～50 g/m²。播完后，浇透水，以后每天浇水1～2次。要做好幼苗蔽荫设施，架遮阳网防日灼。全光育苗也可以，但必须保证做到及时浇水，保持床面湿润。北美乔松幼苗在生长期内，要进行2～3次追施速效肥料，对北美乔松幼苗追施0.03%氮、0.035%磷、0.015%钾和0.2%钙效果好。每次追肥量不宜多，最好使用液肥追苗。在幼苗出土后20天左右进行。第二次在6月下旬，第三次在7月上旬至中旬进行。北美乔松幼苗，初期生长很慢。生长较好的苗木，可以在第二年进行造林。多数的北美乔松幼苗，在第二年最好进行1次换床移苗工作。换床时间在春季4月上旬进行，株、行距为20 cm×20 cm，每平方米床面可移植30株左右。换床后幼苗，最好3年以后出圃造林。要注意防治北美乔松苗期立枯病。

北美乔松木性喜阳光充足的环境，稍耐阴，耐寒性强，耐干旱能力较好，对土壤要求不严格，但以疏松肥沃、排水良好的微酸性沙质土壤为佳。北美乔松木材边材带黄色，心材淡红褐色，材质轻硬，纹理通直，耐朽力强，可作建筑、器具等用材。株形美观，针叶纤细柔软，观赏价值较高，适应性强，可孤植、丛植、列植于路旁、草坪、花境等地。

019 黄山松 *Pinus taiwanensis*

科名：松科 属名：松属

形态特征：乔木。树皮深灰褐色，裂成不规则鳞状厚块片或薄片；枝平展，老树树冠平顶；一年生枝淡黄褐色或暗红褐色，无毛，不被白粉。针叶2针一束，稍硬直，边缘有细锯齿，横切面半圆形，叶鞘初呈淡褐色或褐色，后呈暗褐色或暗灰褐色，宿存。雄球花圆柱形，淡红褐色，聚生于新枝下部成短穗状。球果卵圆形，几无梗，向下弯垂，成熟前绿色，熟时褐色或暗褐色，后渐变呈暗灰褐色，常宿存树上6～7年；中部种鳞近矩圆形，近鳞盾下部稍窄，基部楔形。种子倒卵状椭圆形，具不规则的红褐色斑纹。花期4～5月，球果第二年10月成熟。

分布及生境：为我国特有树种。分布于台湾、福建东部（戴云山）及西部（武夷山）、浙江、安徽、江西、湖南东南部及西南部、湖北东部。河南产于商城、固始、罗山、新县等县，常组成单纯林。多生长在海拔600 m以上。

栽培利用："霜降"到"立冬"球果黄褐色时，从干形通直、树冠茂密、30年生以上的健壮母树上采集饱满的球果。采集的球果摊开日晒约10天种鳞开裂，及时收集种子。收集的种子去翅除杂后干藏。圃地可选择在土层深厚、排水良好的酸性土或山坡地。"春分"前后播种，撒播每亩用种子7.5 kg。播种前，种子先用水淋湿，再用钙镁磷肥拌种。播种后，用畦沟内的细泥覆盖到不见种子，再用草覆盖。播种后约1个月幼苗陆续出土。约70%的种子出土后，在阴天或傍晚揭除盖草。6月中旬及7月初，结合拔草间苗1次。7

月下旬到 8 月下旬为幼苗高生长的盛期，苗圃地前期的管理工作极为重要。到 9 月上旬约有 1/3 的幼苗形成冬芽，高生长逐渐停顿，9 月下旬停止生长。选择在土层深厚、风势较弱的酸性土地造林。初植密度一般采取株行距 1.7 m×1.7 m 或 1.3 m×1.7 m，每亩栽植 300～375 株。

黄山松为喜光、深根性树种，喜凉润、空中相对湿度较大的高山气候，在土层深厚、排水良好的酸性土及向阳山坡生长良好；耐瘠薄，但生长迟缓。其干形通直，材质良好，强度和硬度较高，更新容易，病虫危害较少。生长持续时间长，宜于培育大材。黄山松能在岩石裸露的山坡、岩缝石隙、岗脊峰岭等地生长，是华中、华东海拔较高山地的绿化和用材树种。

020 油松 *Pinus tabuliformis*

科名：松科　属名：松属

形态特征：乔木。树皮灰褐色或褐灰色，裂成不规则较厚的鳞状块片，裂缝及上部树皮红褐色；枝平展或向下斜展，老树树冠平顶，小枝较粗，褐黄色，无毛，幼时微被白粉；冬芽矩圆形，顶端尖，微具树脂，芽鳞红褐色，边缘有丝状缺裂。针叶 2 针一束，深绿色，粗硬，边缘有细锯齿，横切面半圆形，叶鞘初呈淡褐色，后呈淡黑褐色。雄球花圆柱形，在新枝下部聚生成穗状。球果卵形或圆卵形，有短梗，向下弯垂，成熟前绿色，熟时淡黄色或淡褐黄色，常宿存树上近数年之久。种子卵圆形或长卵圆形，淡褐色有斑纹。花期 4～5 月，球果第二年 10 月成熟。

分布及生境：为我国特有树种。产于吉林南部、辽宁、河北、山东、山西、内蒙古、陕西、甘肃、宁夏、青海及四川等省区。河南主要产于伏牛山和太行山。生于海拔 100～2 600 m 地带，多组成单纯林。

栽培利用：在采集种子的过程当中，要选择树龄适中并且有着良好生长状态的油松。一般情况下，9 月下旬为最佳采集时间。播种前做好种子消毒工作，用温水浸种催芽。禁止在盐碱地种植油松。如果将其种植在山地上，宜选择种植在平坦、肥沃的北坡。在山区种植油松，还需要考虑病虫害的问题。在油松的种植之前，需要做好土壤深耕工作，在深秋初冬时，继续浅耕 1 次，深度控制在 17 cm 左右。在种子萌芽处于幼苗期时，采取科学有效的方法来驱赶鸟类。油松在生长的整个过程中，对于肥料需求量非常大，尤其是在幼苗生长期。在油松栽培的过程中，防寒工作是一项重要工作，可采取覆土防寒法、覆草防寒法等方法，提升油松的成活率。油松病虫害主要包括落针病、松针锈病、松毛虫、球果螟等，在防治过程中，可采取物理、化学及生物等防治技术综合防治。

油松为喜光、深根性树种，喜干冷气候，在土层深厚、排水良好的酸性、中性或钙质黄土上均能生长良好。油松具备极强的抗风、抗旱及抗寒能力，并且具备较强的适应性，即使在非常恶劣的环境下也能够生长良好。在我国，油松的分布非常广泛，是我国北方大部分地区重要的乡土树种,是当前很多园林栽培的植物类型。随着人们对绿化和生态环境的重视,在抵抗自然灾害和增进城市绿化及改善生态环境等方面,油松发挥着不可小觑的作用,所以优化油松园林栽培管理技术对提高城市绿化效果有着重要的现实意义。油松松子广泛应用于食品、药品等领域,因此油松是集生态效益、经济效益和社会效益于一身的“三效合一”树种。

021 黑松 *Pinus thunbergii*

科名:松科 属名:松属

形态特征:乔木。幼树树皮暗灰色,老则灰黑色,粗厚,裂成块片脱落;枝条开展,树冠宽圆锥状或伞形;一年生枝淡褐黄色,无毛;冬芽银白色,圆柱状椭圆形或圆柱形,顶端尖,芽鳞披针形或条状披针形,边缘白色丝状。针叶 2 针一束,深绿色,有光泽,粗硬,边缘有细锯齿。雄球花淡红褐色,圆柱形,聚生于新枝下部;雌球花单生或 2 ~3 个聚生于新枝近顶端,直立,有梗,卵圆形,淡紫红色或淡褐红色。球果成熟前绿色,熟时褐色,圆锥状卵圆形或卵圆形,有短梗,向下弯垂。种子倒卵状椭圆形,种翅灰褐色,有深色条纹。花期 4 ~5 月,种子第二年 10 月成熟。

分布及生境:原产日本及朝鲜南部海岸地区。我国旅顺、大连、山东沿海地带和蒙山山区及武汉、南京、上海、杭州。河南常用于城市园林及荒山绿化。

栽培利用:黑松喜欢排水性良好的腐质中性土壤,应尽量避免养护过程中出现积水的状况。浇水时应遵循“不干不浇、浇则浇透”的原则。尤其夏季生长后期的黑松苗,应坚持少浇水、多施肥的原则。黑松是一种耐贫瘠的树种,喜薄肥,不同的季节施不同的肥料。春季黑松需要长高,可追施磷肥。秋天需要适当加施 1 ~2 次腐熟的薄饼水,这样有利于提高黑松自身的抵抗力和抗病虫害的能力。黑松在冬天进入休眠期,应停止施肥。尤其注意刚修剪完的黑松一定要施肥,防止影响后期的发芽。适当修剪有利于为黑松提供良好的生长环境,黑松喜阳光充足、空气流畅的生存环境。黑松几乎每个季节都可以修剪,春季要在萌芽前进行修剪,夏季发枝旺盛时修剪,秋季疏枝,冬季可在休眠以后剪枝过冬。黑松需要适时移栽。一般选择在黑松休眠期进行移栽,即冬季的 11 月至次年的 3 月。生长 2 年的苗木就可以移栽。为害黑松的害虫有很多,常见的有松材线虫、落针病、松大蚜、松梢螟和日本松干蚧等,应及时防治虫害,避免其对黑松造成严重的伤害,达到减少伤口、断绝病菌侵染途径的目的。

黑松是绿化树种,主要用途是作为防护林用于荒山绿化,也可以用于城乡绿化,又可以用于园林绿化、庭院盆景,还可以作为五针松的嫁接砧木。黑松广泛的用途决定了其种植前景非常好。

022 火炬松 *Pinus taeda*

科名：松科　属名：松属

形态特征：乔木。树皮鳞片状开裂，近黑色、暗灰褐色或淡褐色；枝条每年生长数轮；小枝黄褐色或淡红褐色；冬芽褐色，矩圆状卵圆形或短圆柱形，顶端尖，无树脂。针叶3针一束，稀2针一束，硬直，蓝绿色；横切面三角形，二型皮下层细胞，3～4层在表皮层下呈倒三角状断续分布。球果卵状圆锥形或窄圆锥形，基部对称，无梗或几无梗，熟时暗红褐色；种鳞的鳞盾横脊显著隆起，鳞脐隆起延长成尖刺；种子卵圆形，栗褐色。

分布及生境：原产北美东南部。我国庐山、南京、马鞍山、富阳、安吉、闽侯、武汉、长沙、广州、桂林、南宁、柳州、梧州等地有引种栽培。在河南商城县的金岗台、新县的山石门、鸡公山均有栽培，河南泌阳铜山湖水库库区建有火炬松种子园。

栽培利用：选择海拔500 m以下，坡度30°以下，背风向阳，土层深厚、土壤肥沃、土质疏松、湿润，通透性良好，酸性至中性的红壤、黄壤、黄红壤、黄棕壤、第四纪黏土等多种土壤栽植火炬松，适宜pH4.5～6.5，在黏土石砾含量50%左右的石砾土及岩石裸露、土层较为浅薄的丘陵岗地上火炬松也能生长。含碳酸盐的土壤及低洼积水地均不适宜栽植火炬松。火炬松需在夏季进行块状整地，整地大小不小于50 cm×50 cm，深度不小于20 cm。栽植穴底径不小于30 cm，深度不小于30 cm。整地要求将表土翻向下面，定植前1个月回填表土。火炬松一般栽植株行距(1.5～2)m×(2～3)m，初植密度111～222株/亩。火炬松于12月中下旬至翌年2月中下旬穴植，要求根系完整并稍带宿土，栽植前用黄土泥浆蘸根，栽植时掌握深栽、实埋、不窝根的栽植要点，适当深栽至苗木高度的1/3～1/2处，当填土至一半时，将苗木轻轻向上一提，使根系伸展，避免窝根，然后覆土，使苗根部分与土壤紧密接触，分层填土踩实。

火炬松喜光、喜温暖湿润。火炬松适应性强，生长快，木材质量好，松脂产量高，已成为世界上亚热带和热带地区的主栽品种。中国引种火炬松已有60多年的历史，是中国引种的国外松中表现较好的一个树种。它干形通直圆满，其木材可作建筑、纸浆、纤维用材。火炬松富含松脂，可供采脂加工成松香，其质量较高。此外，树姿挺拔优美，冠似火炬，主干端直，可用作观赏绿化树种。

023 湿地松 *Pinus elliottii*

科名：松科 属名：松属

形态特征:乔木。树皮灰褐色或暗红褐色,纵裂成鳞状块片剥落;枝条每年生长3~4轮,春季生长的节间较长,夏秋生长的节间较短,小枝粗壮,橙褐色,后变为褐色至灰褐色,鳞叶上部披针形,淡褐色,边缘有睫毛,干枯后宿存数年不落,故小枝粗糙;冬芽圆柱形,上部渐窄,无树脂,芽鳞淡灰色。针叶2~3针一束并存,刚硬,深绿色,有气孔线,边缘有锯齿。球果圆锥形或窄卵圆形,有梗,种鳞的鳞盾近斜方形,肥厚,有锐横脊,鳞脐瘤状,先端急尖,直伸或微向上弯;种子卵圆形,微具3棱,黑色,有灰色斑点,种翅易脱落。

分布及生境:原产美国东南部暖带潮湿的低海拔地区。我国湖北武汉,江西吉安,浙江安吉、余杭,江苏南京、江浦,安徽径县,福建闽侯,广东广州、台山,广西柳州、桂林,台湾等地有引种栽培。在河南商城县的金岗台、新县的山石门、鸡公山均有栽培。适生于低山丘陵地带。

栽培利用:湿地松是一种强阳性树种,喜好阳光而又不耐阴,根系发达,因此对土层厚度有一定要求,至少需要40 cm。土壤的结构松散,且具有很好的透气性和排水性。此外,最好选择pH 4~6的土壤栽培。进行湿地松造林,最好的时节是春天,尤其是阴天、连绵小雨的时候。湿地松抚育的主要措施是松土除草,一般都是造林前2年,每年进行2次抚育,第3年进行1次抚育,多在5~6月和8~9月进行。湿地松早期生长速度极快,需要密切关注林场中树苗的生长情况。在林分郁闭度达到0.9以上且被压木占总植株的25%左右时,要对其进行间伐。在使用湿地松进行园林绿化时,要详细参考当地环境。湿地松喜阳而不耐阴,喜湿却不耐渍,因此湿地松应种植在有阳光且排水性良好的环境中。为使湿地松持续处于生长旺盛的状态,应使其根系达到最高的地下水位线,确保能够在土壤水分饱和时吸收到足够的水分。对于湿地松,应避免对其进行打枝,只需要进行科学修枝,利用手锯在树干处平整锯掉即可。

湿地松生命力极强,可以在各种恶劣环境下生存,且具有较高的经济效益,受到广大工程建筑工作者的喜爱,已成为枕木和坑木的首要选择。建筑市场对木材需求量的不断增加,对我国的湿地松丰产造林技术也提出了更高要求。

024 乔松 *Pinus wallichiana*

科名：松科 属名：松属

形态特征：乔木。树皮暗灰褐色，裂成小块片脱落；枝条广展，形成宽塔形树冠；一年生枝绿色（干后呈红褐色），无毛，有光泽，微被白粉；冬芽圆柱状倒卵圆形或圆柱状圆锥形，顶端尖，微有树脂，芽鳞红褐色，渐尖，先端微分离。针叶5针一束，细柔下垂，先端渐尖，边缘具细锯齿，背面苍绿色，横切面三角形。球果圆柱形，下垂，中下部稍宽，上部微窄，两端钝，种子褐色或黑褐色，椭圆状倒卵形。花期4~5月，球果第二年秋季成熟。

分布及生境：主要分布在西藏南部和云南南部，是喜马拉雅山脉分布最广的森林类型。郑州航院有栽培。

栽培利用：容器苗带土移植，不伤根，具有造林成活率高、初期生长快的优点，适宜土壤干旱贫瘠、裸根苗造林困难的地区，同时可做到常年造林。苗圃地宜选取在地势较平坦、排灌条件良好、交通方便的地方，便于降低成本。如就地取土，宜送微酸至中性、不黏重的土壤。圃地应开好排水沟，防止暴雨后雨水冲击。在营养袋内装满基质，并填实，整齐排放在苗床上。播种前对种子进行消毒和催芽处理，催芽用50 ℃温水浸种，每袋播种2~3粒，播种深度约1 cm，播种时间宜在清明前后。播种后用塑料薄膜覆盖保湿保温，出苗比较整齐。在种子发芽阶段，要特别注意保持基质湿润，防止由于缺水造成已发芽的种子回芽死亡。出苗20天后，施用磷酸二氢钾铵，按0.2%的浓度喷施叶面肥，前期不能直接施用颗粒性肥料，否则会烧根；速生期按N∶P∶K=3∶2∶1配制混合肥料，稀释成0.6%的浓度浇灌，追肥宜在傍晚进行，不得在中午高温时追肥，以免出现肥害；苗木硬化期，只施磷、钾肥，不再施氮肥。6~8月光照过强、气温过高时用50%遮阳网遮阴，防止土温过高，引起立枯病及其他病害。

乔松喜温暖湿润的气候，适生于片岩、砂页岩和变质岩的山地棕壤或黄棕壤土，耐干旱瘠薄，喜光，耐寒。树干高大、挺直，材质优良，结构细，纹理直，较轻软，可作建筑、器具、枕木等用材，亦可提取松脂及松节油。生长快，为西藏南部及东南部的珍贵树种，可选作该地区的主要造林树种。乔松是观赏价值较高的常绿树种，在造景应用过程中可以弥补周围落叶树木的秋冬季节落叶现象，不仅可以孤植、片植，还可搭配景石进行景观营造，具有很好的园林应用价值。

025 柳杉 *Cryptomeria fortunei*

科名：杉科 属名：柳杉属

形态特征：乔木。树皮红棕色，纤维状，裂成长条片脱落；大枝近轮生，平展或斜展；小枝细长，常下垂，绿色，枝条中部的叶较长，常向两端逐渐变短。叶钻形，略向内弯曲，先端内曲，果枝的叶通常较短。雄球花单生叶腋，长椭圆形，集生于小枝上部，成短穗状花序状；雌球花顶生于短枝上。球果圆球形或扁球形，种子褐色，近椭圆形，扁平，边缘有窄翅。花期 4 月，球果 10 月成熟。

分布及生境：为我国特有树种。产于浙江天目山、福建南屏三千八百坎及江西庐山等地。河南大别山的商城、新县、罗山县，鸡公山及郑州地区均有栽培。生于海拔 1 100 m 以下地带。

栽培利用：种子采集时，一般选用树龄在 15 ~ 60 年的柳杉作为母树。每年立冬后进行种子采集工作。柳杉育苗地要选在光照充足、空气流通性好、地势较为平坦的区域，尽量选取肥沃且没有病虫害的沙质土进行育苗。在早春时节进行播种，播种前需要对种子进行消毒处理，播种过程中，采用撒播或条播的方式均可。育苗期内，要及时进行遮阴工作，避免柳杉幼苗遭长期日晒。柳杉幼苗对水分的要求很高，怕涝也怕旱，因此在夏季尤其要注意排水、补水工作，防止幼苗根部积水。5 月初开始间苗工作，按照“间弱留壮，间密留稀，留匀留足”的间苗原则，间苗后每亩地保留幼苗 4 万 ~ 5 万株。人工造林时，一般使用两年生的柳杉幼苗，需要进行移植或留床。移植一般选在 3 月、4 月进行，需使用分级移植的办法，保证柳杉幼苗大小均匀、整齐。在造林地的选择时，要选择气候温暖、湿度适宜的山区或沿海丘陵地带，保证造林地的土壤肥沃、干湿度适中，且具备良好的排水能力。柳杉栽培中的病虫害防治主要针对幼苗猝倒病、赤枯病和金龟子进行。此外，柳杉还可以进行扦插繁殖。

柳杉幼龄能稍耐阴，在温暖湿润的气候和土壤酸性、肥厚而排水良好的山地生长较快；在寒凉较干、土层瘠薄的地方生长不良。柳杉成木高而直、密度低、抗腐蚀性好，其工整的纹理，在家具制造、建筑行业中也有广泛的应用。有研究数据表明，每公顷柳杉每天可以吸收 60 kg 的二氧化碳，能有效改善空气质量。柳杉是一种速生树种，为我国主要造林树种之一，具有较高的经济价值和园林观赏价值。

026 日本柳杉 *Cryptomeria japonica*

科名：杉科　属名：柳杉属

形态特征：乔木。树皮红褐色，纤维状，裂成条片状落脱；大枝常轮状着生，水平开展或微下垂，树冠尖塔形；小枝下垂，当年生枝绿色。叶钻形，直伸，先端通常不内曲，锐尖或尖。雄球花长椭圆形或圆柱形，雄蕊有4～5花药，药隔三角状；雌球花圆球形。球果近球形，稀微扁，种鳞20～30枚，上部通常4～5(～7)深裂，裂齿较长，窄三角形，鳞背有一个三角状分离的苞鳞尖头，先端通常向外反曲，能育种鳞有2～5粒种子；种子棕褐色，椭圆形或不规则多角形，边缘有窄翅。花期4月，球果10月成熟。

分布及生境：原产日本，为日本的重要造林树种。我国山东青岛、蒙山，上海，江苏南京、江浦，浙江杭州，江西庐山，湖南衡山，湖北武汉有引种栽培。河南大别山等地有引种栽培。

栽培利用：日本柳杉根浅喜肥。比杉木耐湿、耐寒。为了不与杉木争地，海拔800～1 200 m适生地带内，一般以发展杉木为主，而在土质黏重的地方栽植日本柳杉。海拔1 200 m以上的地方营造杉木和日本柳杉混交林，土质黏重的地方营造日本柳杉林。凡当风的山口，山脊和土层浅薄的地方都不宜发展日本柳杉。在低山、丘陵地区用日本柳杉作园林绿化树种，应与速生阔叶树种混交，形成森林小气候，以利日本柳杉生长。山区造林采取挖大穴，栽两年生大苗。初植密度167～240株/亩。日本柳杉主要以种子繁殖，亦可采用嫩枝扦插。春季3～4月播种，发芽率高。苗期管理除适度遮阴外，每10天喷布波尔多液，以防赤枯病。嫩枝扦插可在梅雨季节，成活率达50%左右。二年生小苗即可出圃用于造林，但在城市园林绿化中要用大苗，需栽培4～5年，带土球出圃。

日本柳杉树干通直，树冠严整，并列种植于道路两旁，或群植于广场周围和高大建筑物前面，气势雄伟壮观，可与龙柏媲美；孤植小绿地中心，或种植在树丛中作常绿背景树，均很相宜；在城乡绿化中，亦可作防护林或用材树种。

027 杉木 *Cunninghamia lanceolata*

科名：杉科　属名：杉木属

形态特征：乔木。幼树树冠尖塔形，大树树冠圆锥形，树皮灰褐色，裂成长条片脱落，内皮淡红色；大枝平展，小枝近对生或轮生，常成二列状，幼枝绿色，光滑无毛。叶在主枝上辐射伸展，侧枝之叶基部扭转成二列状，披针形或条状披针形，通常微弯，呈镰状，革质、坚硬,边缘有细缺齿,先端渐尖,稀微钝,上面深绿色,有光泽,微具白粉或白粉不明显,下面淡绿色;老树之叶通常较窄短、较厚。雄球花圆锥状,有短梗,通常40余个簇生枝顶;雌球花单生或2~3(~4)个集生,绿色。球果卵圆形,种子扁平,遮盖着种鳞,长卵形或矩圆形,暗褐色,有光泽,两侧边缘有窄翅。花期4月,球果10月下旬成熟。

分布及生境:栽培区北起秦岭南坡、安徽大别山,江苏句容、宜兴,南至广东信宜,广西玉林、龙津,云南广南、麻栗坡、屏边、昆明、会泽、大理,东自江苏南部、浙江、福建西部山区,西至四川大渡河流域及西南部安宁河流域。河南产于大别山、桐柏山、伏牛山南部。杉木适合在年降水量为800~2 000 mm的地区栽培,并且保证有一定的温差变化。但是,大部分杉木不适合在海拔不足800 m的丘陵地区栽培。

栽培利用:在建设杉木苗圃时,要保证均衡的日照时间,并且对水源进行高效利用,提高其灌溉与排水管理。此外,在确定栽培地点后,需要做好集中整地、施肥管理等工作。集中整地工作通常在每年1月进行。施肥可以选择复合肥,施肥量在1 500 kg/hm^2以上。选种时尽量选择国家级杉木种植培育基地的种子,在立冬到冬至期间集中选择成熟度较高的种子,采集由青色变为青黄色的种子。杉木的播种时间应选择在每年的1~2月。常用的播种方式包括撒播和条播,播种量一般为90~120 kg/hm^2。杉木的栽植处理通常在每年的冬季和初春进行,只有高度高于35 cm,地径大于0.6 cm,根系发达的杉木符合栽植要求。也可以使用扦插进行繁殖,选择两年生的粗壮树枝作为扦插条,扦插最佳时间是早春期间。造林结束后,当年和第2年,需要做好除草抚育,通常为2~3次,到第3年或第4年要各进行2次抚育。还要把根际萌芽枝条及时清除掉。还要做好按时施肥,施肥包括定根肥、追肥2种形式。在移栽定植结束后,要施加足够的定根肥,可以选择有机肥料混合复合肥。此外,还要做好黄化病、赤枯病、白蚁、杉稍小卷叶蛾类等病虫害的防治。

木材黄白色,有时心材带淡红褐色,质较软,细致,有香气,纹理直,易加工,耐腐力强,不受白蚁蛀食。供建筑、桥梁、造船、矿柱、木桩、电杆、家具及木纤维工业原料等用。树皮含单宁。种植杉木的区域主要为长江流域以及秦岭南部,这种树木具有生长速度快的特点,能够缓解我国木材短缺的现象,因此对其进行种植,能够获得较高的经济效益。杉木生长快,用种子繁殖或插条繁殖,或根株萌芽更新,栽培地区广,木材优良、用途广,为长江以南温暖地区最重要的速生用材树种。河南还有一个灰叶杉木(*Cunninghamia lanceolata* cv. Glauca)为杉木变种,叶灰绿色,两面均有白粉。

028 中山杉 *Taxodium* 'Zhongshanshan'

科名:杉科 属名:落羽杉属

形态特征:乔木。树皮为长条片状脱落,棕色;枝条呈水平开展;树冠以圆锥形和伞状卵形为主,枝叶非常茂密,树干挺拔、通直,主干明显,中上部易出现分叉现象,通常会形成扫帚状。树叶呈条形,互相伴生,叶子较小,呈螺旋状散生于小枝上。雌雄球花为孢子叶球,异花同株,雌球花生于新枝的顶端,单个居多,也有两三个簇生,成熟时呈球形,完全成熟之后球鳞张开。雄球花多生于小枝之上,成熟时的形状为椭圆形,多个雄球花聚集在一起形成葇荑花序,成熟之后会飘散出大量的花粉。球果圆形或卵圆形,有短梗,向下垂,成熟后淡褐黄色,有白粉。种子为不规则的三角形或多边形,皮质较厚、坚硬,不易透水。花期4月下旬,球果成熟期10月。

分布及生境:中山杉主要分布于中国江苏、浙江、云南和重庆等地。河南郑州、濮阳有栽培。适生于长江中下游及其以南地区平原湿地和沿海滩涂地。

栽培利用:中山杉主要采用扦插繁殖。对于沙质土或沙壤土的苗圃地,可将园土作为扦插基质。如果是比较黏重的园土,则应当掺入适量的沙子,土和沙的比例可以控制在1:2,并在充分搅拌均匀后,制作成扦插床。在夏季和秋季对中山杉进行无性系嫩枝扦插时,采集枝条应选择空气湿度较大的清晨或是阴雨天,并将采到的枝条及时运到室内或是室外阴凉无风处剪穗,当天采集的枝条应当及时完成剪穗扦插,尽量不要超过24 h。插穗要选择粗壮的,长度为10~12 cm,中段的插穗可以短一些,较细的梢端插穗则可长一些。为确保切口光滑、整齐,应使用锋利的剪刀,每根插穗的上端应当保留三四个脱落性小枝,这样可以在扦插后进行光合作用,同时应将插穗下部脱落的小枝全部剪除掉。在处理的过程中,枝条从树上剪下之后,直至扦插入土之前,均应当喷雾保湿,防止枝条因水分缺失而枯萎,从而对扦插生根造成影响。嫩枝扦插应尽可能选择阴雨天进行,这样扦插效果较好,如果是晴天扦插嫩枝,则应当在17时以后温度下降时进行作业。在夏季扦插嫩枝时,株行距为4 cm×5 cm,秋季扦插嫩枝时,由于当年根苗地上部分的生长量较小,故此,株行距可控制在3 cm×4 cm。扦插完成之后按照光照和水分情况,进行遮光和浇水,同时要结合喷药经常对叶面追肥,当根系大量形成后,直至移栽之前,可喷施0.5%~0.6%的尿素与磷酸二氢钾混合溶液。中山杉造林的株行距一般为3 cm×3 cm或4 cm×4 cm,以错位三角形的方式布置,挖大穴、深栽植。挖穴的规格为60 cm×60 cm×60 cm,也可以选择80 cm×80 cm×80 cm。中山杉造林时应尽量选取2~3年生、高度在1.5~2.5 m,带土球的苗木,并遵循随起、随运、随栽的原则,同时在挖掘和苗木运输的过程中,应采取有效的措施保护好土球,并在栽植时适当疏枝,如果是大苗造林,则应支立防风架。

中山杉是落羽杉属种间优势杂种,其树形优美,形如宝塔,叶色墨绿,为半常绿的绿化观赏树种。中山杉在园林绿化、生态建设和滩涂造林等许多领域都可以发挥其重要作用。因其树冠优美、绿色期长、耐水耐盐等生态特性,已被广泛应用于滩涂湿地、生态园区、城市绿地等环境绿化,也呈现其应用于绿墙、夹景、背景树方面的绿化功能。中国沿海地区常受台风等强劲风力影响,加之地表多属湿地环境,一般树木往往由于根系不够发达,极易发生折枝或倒伏。中山杉则不同,它具有发达的根系,可向深处延伸,且其树干相对坚韧,不易被大风折断,因此已成为沿海滩涂绿化的优选植被。

029 翠柏 *Calocedrus macrolepis*

科名：柏科　属名：翠柏属

形态特征：乔木。树皮红褐色、灰褐色或褐灰色，幼时平滑，老则纵裂；枝斜展，幼树树冠尖塔形，老树则呈广圆形；小枝互生，两列状，生鳞叶的小枝直展、扁平、排成平面。鳞叶两对交叉对生，小枝上下两面中央的鳞叶扁平，露出部分楔状。雌雄球花分别生于不同短枝的顶端，雄球花矩圆形或卵圆形，黄色。着生雌球花及球果的小枝圆柱形或四棱形，或下部圆形、上部四棱形。球果矩圆形、椭圆柱形或长卵状圆柱形，熟时红褐色，木质；种子近卵圆形或椭圆形，微扁，暗褐色，上部有两个大小不等的膜质翅。

分布及生境：产于云南昆明、易门、龙陵、禄丰、石屏、元江、墨江、思茅、景洪等地。河南郑州、洛阳、开封、信阳、新乡、商城县等地有栽培。生于海拔 1 000 ~ 2 000 m 地带。

栽培利用：苗木移栽宜在春季 3 ~ 5 月进行，要带土球。每年 1 月可在树周围刨坑或沟施肥。春季修剪，夏季中耕除草，注意防治病虫害。盆栽翠柏要选择合适的侧柏作砧木，2 ~ 3 月上盆，1 年后再靠接翠柏。成活后要经常向枝叶喷水，保持清洁美观。室内放置的要注意通风，怕热捂，隔 3 ~ 4 天要搬到室外晾晒，才能保持叶子翠蓝色，并注意整形修枝。另外，要注意防治红蜘蛛、天牛等。繁殖以靠接为主，亦可播种、压条、扦插繁殖。翠柏在南方扦插成活率高，在北方扦插成活率低。花农多采用靠接和腹接法繁殖。

翠柏喜光，耐寒，耐旱，幼树稍耐阴。各种土壤均可生长，但在半沙质壤土上生长较好。翠柏是一种优美、奇特的庭园绿化树种，珍贵、稀有、古老，被列为国家二类保护树种。很多地方已经对该树种进行了研究，大范围地进行推广应用。边材淡黄褐色，心材黄褐色，纹理直，结构细，有香气，有光泽，耐久用，质稍脆。供建筑、桥梁、板料、家具等用。亦为庭园树种。翠柏生长快，木材优良，可做造林树种。

030 侧柏 *Platycladus orientalis*

科名：柏科　属名：侧柏属

形态特征：乔木。树皮薄，浅灰褐色，纵裂成条片。生鳞叶的小枝细，向上直展或斜展，扁平，排成一平面。雄球花黄色，卵圆形；雌球花近球形，蓝绿色，被白粉。球果近卵圆形，成熟前近肉质，蓝绿色，被白粉，成熟后木质，开裂。种子卵圆形或近椭圆形，顶端微尖，灰褐色或紫褐色，稍有棱脊，无翅或有极窄之翅。花期 3 ~ 4 月，球果 10 月成熟。

分布及生境：产于内蒙古南部、吉林、辽宁、河北、山西、山东、江苏、浙江、福建、安徽、江西、陕西、甘肃、四川、云南、贵州、湖北、湖南、广东北部及广西北部等省区。西藏德庆、达孜等地有栽培。河南各地均产。

栽培利用:易于侧柏生长的土壤大多为沙壤土或者轻壤土。侧柏必须深植,并保证土壤中养分充足。如果秋季进行种植,那么种植深度需控制在 25 cm;如果春季进行种植,需较冬季浅 10 cm 左右。同时,根据耕种深度,可施入专用的化学肥料或者自然粪肥。侧柏选种时需对种子进行浸泡处理并消毒后再种植。种植侧柏要尽早,通常采取春播,可集中在 3 月中下旬进行。在播种过程中,应将株行距控制在 20 cm 左右。对植物种苗进行管理分为 3 个时间段:一是生长期。保证充足的养分和水分,另外,种植人员需针对过密的情况进行处理。二是速生期。需要种植人员定期为种苗进行施肥。一般在第 1 次施肥后 15 天再次施肥,肥料尽量选用化学成分较少的粪肥。三是苗后期。需注重清除杂草,以免其与幼苗争夺养分和水分。同时,需要进行松土,一般选在土壤上冻前进行。在整个抚育管理过程中,水肥管理十分关键。在侧柏幼林生长早期,对其进行松土除草,配合施肥、灌溉,连续进行 3 年。施肥时所用肥料最好选择氮含量较高的优质肥。对侧柏人工林进行 2 年的抚育间伐,林区内生物多样性会有很大程度的提升。此外,要注意对侧柏毛虫及叶凋病的防治。

喜光,幼时稍耐阴,适应性强,对土壤要求不严,在酸性、中性、石灰性和轻盐碱土壤上均可生长。淮河以北、华北地区石炭岩山地、阳坡及平原多选用造林。侧柏具有寿命长、树枝优美等特点,现如今在我国受到广泛运用,成为荒山造林的主要植物之一。侧柏萌芽性强、耐修剪、寿命长,抗烟尘,抗二氧化硫、氯化氢等有害气体,分布广,为我国应用最普遍的观赏树木之一。

031 千头柏 *Platycladus orientalis* cv. Sieboldii

科名:柏科　属名:侧柏属

形态特征:丛生灌木,无主干;枝密,上伸;树冠卵圆形或球形。树皮浅褐色,呈片状剥离。大枝斜出,小枝直展,扁平,排成一平面。叶鳞形,交互对生,紧贴于小枝,两面均为绿色。3~4 月开花,球花单生于小枝顶端。球果卵圆形,肉质,蓝绿色,被白粉,10~11 月果熟,熟时红褐色。种子卵圆形或长卵形。

分布及生境:全国各地均有栽培。河南全省各地广泛栽培。

栽培利用:在定植时施 1~2 锹圈肥做基肥,以后每年春季施一次农家肥。千头柏的繁殖一般采取播种法,可于春季的 4 月,将头年采摘的种子条播于露地苗床,用沙土覆盖,并用塑料布遮盖保湿,等种子发芽后逐渐撤去塑料布。夏季是生长旺季,应加强水肥管理,如管理得当,幼苗当年就可高达 20 cm 左右,第二年 4 月中旬可移植。

千头柏为侧柏的栽培变种,栽培品种洒金千头柏,在河南各地均有栽培。千头柏适应性较强,耐轻度盐碱,耐干旱、瘠薄,怕涝。树冠紧密,近球形,长江流域多栽培作绿篱树或庭园树种。

032 美国香柏 *Thuja occidentalis*

科名：柏科 属名：崖柏属

形态特征：乔木。树皮红褐色或橘红色，纵裂成条状块片脱落，枝条开展，树冠塔形，当年生小枝扁，2～3 年后逐渐变为圆柱形。叶鳞形，先端尖，中央之叶菱形或斜方形，尖头下方有透明隆起圆形腺点。球果幼时直立，绿色，成熟时淡红褐色，向下弯垂，种子扁平，周围有狭翅。

分布及生境：原产北美，现我国青岛、庐山、南京、上海、浙江南部和杭州、武汉等地有栽培。郑州及豫北地区有引种栽培。

栽培利用：可采用播种育苗和扦插育苗两种繁殖方式。播种育苗需将种子混沙埋藏并消毒，苗期 1～3 面冬覆土防生理干旱。扦插育苗将一年生枝条处理后，插床为有塑料膜棚覆盖的沙床，扦插深度 4～5 cm，生根后 30～50 天将苗木按 10～15 cm 株行距植于带有庇荫棚，经消毒好的苗床上。4 年生苗高 30～40 cm 苗木应出圃，用于绿篱或大地定植育大苗。用作绿篱的，株行距按照 30 cm × 20 cm。定植育大苗用于园林栽植的，株行距 40～70 cm。

美国香柏生长对土壤要求不严，以肥沃的中性土及石灰岩发育的碱性土上生长为佳。美国香柏树形优美，耐修剪，抗烟尘和有毒气体能力强，可供观赏。木材呈白色或黄棕色，材质软，纹理粗，极耐用，可供作枕木、桩柱、房屋建筑等；枝叶芳香，富含维生素、黄酮、萜类等多种活性成分，是抗坏血病、抗衰老、预防心脑血管疾病的良药；从枝叶中提取的精油芳香迷人、抑菌驱虫，是高级香水、香油、建筑清洁剂的优质原料。因此，美国香柏是园林观赏、用材、药用兼备的优良树种。

033 台湾扁柏 *Chamaecyparis obtusa* var. *formosana*

科名：柏科 属名：扁柏属

形态特征：乔木。树冠尖塔形；树皮淡红褐色，较平滑，裂成薄条片脱落；枝条平展，红褐色，枝皮裂成鳞状薄片脱落。鳞形叶较薄，先端钝尖，小枝上面之叶露出部分菱形，绿色，小枝下面之叶被白粉，干时变红褐色或褐色，侧面之叶斜三角状卵形，先端微内弯。球果圆球形，熟时红褐色；种鳞 4～5 对，顶部为不规则五角形，表面皱缩，有不规则的沟纹，中央微凹，有凸起的三角状小尖头；种子扁，倒卵圆形，两侧边缘有窄翅，稀具三棱，棱上有窄翅,红褐色,微有光泽。

分布及生境:为我国的特有树种,产于台湾中央山脉北部及中部太平山、三星山、八仙山、阿里山等地。河南商城县黄柏山、新县石山门、郑州、洛阳等地有栽培。适宜海拔1 300~2 800 m、气候温和湿润、雨量多、相对湿度大、富含腐殖质的黄壤、灰棕壤及黄棕壤土上。

栽培利用:台湾扁柏多采用播种育苗,技术要点同扁柏。台湾扁柏适于雨季造林用苗,因雨季降水渐多,空气湿度、土壤含水量均较大,造林成活率高,苗木根系恢复快,有利于地径、树高生长。台湾扁柏最适宜造林密度为1 600 株/hm^2,其单位面积蓄积和单位面积干生物量两个最重要的林分生产能力指标,均较造林密度为1 100 株/hm^2的林分大。造林密度为2 500 株/hm^2的林分,虽然树高生长、单位面积干生物量较造林密度为1 600 株/hm^2的林分大一些,但未达到显著差异水平,且由于个体间竞争激烈,自然整枝提前,树冠窄小,群体内分化严重,不利于林分生长。造林密度为1 100 株/hm^2的林分,林分郁闭度低,生产能力明显不如其他两种造林密度的林分。

台湾扁柏材质好,色泽美丽,纹理细密且少开裂,边材淡红黄色,心材淡黄褐色,有光泽,有香气,材质坚韧,耐久用,供建筑、桥梁、造船、车辆、电杆、家具、器具及木纤维工业原料等用材。同时,抗性强,耐低温,抗雪压,抗强风,抗冰冻,病虫害少,是优良的风景林树种和城市园林绿化树种。台湾扁柏的市场发展前景广阔,是山地绿化美化的可选树种。

034 日本扁柏 *Chamaecyparis obtusa*

科名:柏科　属名:扁柏属

形态特征:乔木。树冠尖塔形;树皮红褐色,光滑,裂成薄片脱落;生鳞叶的小枝条扁平,排成一平面。鳞叶肥厚,先端钝,小枝上面中央之叶露出部分近方形,绿色,背部具纵脊,通常无腺点,侧面之叶对折呈倒卵状菱形,小枝下面之叶微被白粉。雄球花椭圆形,雄蕊6对,花药黄色。球果圆球形,熟时红褐色;种鳞4对,顶部五角形,平或中央稍凹,有小尖头;种子近圆形两侧有窄翅。花期4月,球果10~11月成熟。

分布及生境:原产日本,我国青岛、南京、上海、庐山、杭州、广州及台湾等地有引种栽培。河南鸡公山、黄柏山、郑州、洛阳有栽培。

栽培利用:日本扁柏最适合采种的树龄一般是20年生长健壮、无病虫害的母树。采摘时,连同球果一同采集,球果采集后摊晒脱粒,种子要干藏。日本扁柏种粒比较小,饱满种子和瘪粒难以区别,利用风选有困难。因此,一般采用液体浸种筛选的方法,通常利用清水,也有利用食盐水、酒精、肥皂水的。选择地势平坦,交通方便,便于苗木调拨,土壤肥沃、湿润、疏松的沙壤土、壤土作圃地。施足基肥后整地筑床,要精耕细作,打碎泥块,平整床面。繁育方式主要是播种育苗、扦插育苗和嫁接育苗。日本扁柏种粒小,一般采用撒播方式,选择无风的阴天或晴天播种。播后要薄土覆盖,可用焦泥灰盖种,以仍能见到部分种子为宜,然后盖草(现在大多采用遮阴网)。日本扁柏一般以春季播种为好。扦插一般采用硬枝扦插,3~4月进行,嫩枝扦插,在6月中下旬和8月上旬进行,需搭双层荫棚。日本扁柏种子园或采穗圃所需的苗木,一般是采用嫁接方法繁育的苗木,方法是采用腹接法。日本扁柏苗木初期,除草要倍加小心,要做到“拔早、拔小、拔了”,切忌松动苗木根系。干旱季节,及时遮阴和灌溉。生长季节要加强肥水管理。苗木生长停滞后,及时掀除荫棚,促进苗木早日木质化,切忌施肥,防止苗木徒长,受冻害。

日本扁柏较耐阴,喜温暖湿润的气候,能耐 -20 ℃低温,喜肥沃、排水良好的土壤。树干通直,材质好,为优良的建筑、造船、家具用材。抗性强,耐低温,抗雪压,抗强风,抗冰冻,病虫兽害少。树形优美,四季常青,可作园景树、行道树、树丛、绿篱、基础种植材料及风景林用。材质坚韧耐腐芳香。能抗二氧化硫气体,适于受空气污染的工矿区绿化。

035 日本花柏 *Chamaecyparis pisifera*

科名:柏科 属名:扁柏属

形态特征:乔木。树皮红褐色,裂成薄皮脱落;树冠尖塔形;生鳞叶小枝条扁平,排成一平面。鳞叶先端锐尖,侧面之叶较中间之叶稍长,小枝上面中央之叶深绿色,下面之叶有明显的白粉。球果圆球形,熟时暗褐色;种鳞5~6对,顶部中央稍凹,有凸起的小尖头,发育的种鳞各有1~2粒种子;种子三角状卵圆形,有棱脊,两侧有宽翅。

分布及生境:原产日本。我国青岛、庐山、南京、上海、杭州等地有引种栽培,河南鸡公山、黄柏山、龙峪湾、郑州、洛阳有栽培。

栽培利用:可采用扦插育苗和播种育苗进行繁殖。扦插时间在早春抽出新梢后,剪15 cm长插穗,在塑料大棚内进行扦插。播种育苗,种子储藏到播种前一周左右取出,混以湿沙,并催芽。每亩地播种5~7 kg,随播随压,搭遮阴网。在出苗60%以上撤去遮阴网。苗木出齐后,及时进行松土除草。第二年春天移植,定期松土、除草、施肥。另外,要注意柏木毒蛾的防治。

日本花柏较耐阴,不耐旱,较耐贫瘠,喜温暖湿润气候及深厚的沙壤土。树干通直,木材坚韧耐用,边材白色,心材褐黄色,耐朽性强,纹理美观,是制造器具、建筑、桥梁、造船、车辆、枕木、家具等的理想用材;木材富有纤维素,是造纸的好原料。栽培上可见绒柏(*Chamaecyparis pisifera* cv. squarrosa),可以露地栽培,主要见于盆栽。

036 日本线柏 *Chamaecyparis pisifera* cv. Filifera

科名：柏科 属名：扁柏属

形态特征：乔木。在原产地高达 50 m；树皮红褐色，裂成薄皮脱落；树冠尖塔形；生鳞叶小枝条扁平，排成一平面。鳞叶先端锐尖，侧面之叶较中间之叶稍长，小枝上面中央之叶深绿色，下面之叶有明显的白粉。球果圆球形，径约 6 mm，熟时暗褐色；种鳞 5～6 对，顶部中央稍凹，有凸起的小尖头，发育的种鳞各有 1～2 粒种子；种子三角状卵圆形，有棱脊，两侧有宽翅，径 2～3 mm。

分布及生境：原产日本。我国庐山、南京、杭州等地有引种栽培。河南郑州、开封、新乡、洛阳等地公园有栽培。

栽培利用：《中国植物志》中把本种作为日本花柏栽培变种处理，近年来市场上又出现了一个园艺种——金线柏 *C. pisifera* 'Filifera Aurea'。线柏播种、扦插、压条均可繁殖。日本线柏喜光，耐半阴，抗寒，耐旱，温带及亚热带树种，较耐阴，性喜温暖湿润气候及深厚的沙壤土，能适应平原环境。幼苗期生长缓慢，待郁闭后渐茂盛，抗寒力较强，耐修剪。适于庭园绿化、观赏。线柏枝叶细柔，姿态婆娑，园林中孤植、丛植、群植均宜。在草坪、坡地上前后成丛交错配植，丛外点缀数株观叶灌木，相衬成趣。列植地甬道、纪念性建筑物周围，亦颇雄伟。其园艺品种可植于庭院、门边、屋隅。在规则式园林中列植成篱或修成绿墙、绿门及花坛模纹，均甚别致。金线柏在河南有一定的发展潜力。

037 干香柏 *Cupressus duclouxiana*

科名：柏科 属名：柏木属

形态特征：乔木。树干端直，树皮灰褐色，裂成长条片脱落；枝条密集，树冠近圆形或广圆形；小枝不排成平面，不下垂，一年生枝四棱形，绿色，二年生枝上部稍弯，向上斜展，近圆形，褐紫色。鳞叶密生，近斜方形，先端微钝，有时稍尖，背面有纵脊及腺槽，蓝绿色，微被蜡质白粉，无明显的腺点。雄球花近球形或椭圆形，雄蕊 6～8 对，花药黄色，药隔三角状卵形，中间绿色，周围红褐色，边缘半透明。球果圆球形。种鳞 4～5 对，熟时暗褐色或紫褐色，被白粉，顶部五角形或近方形，具不规则向四周放射的皱纹，中央平或稍凹，有短失头，能育种鳞有多数种子；种子褐色或紫褐色，两侧具窄翅。

分布及生境：为我国特有树种。产于云南中部、西北部及四川西南部等地。河南大别山的商城县、新县等地有栽培。海拔 1 400～3 300 m 地带；散生于干热或干燥山坡之林中,或成小面积纯林。

栽培利用:干香柏种子于冬季采种,种子装入布袋储藏在 3 ℃冰箱内,9 月播种。可采用多穴盘容器育苗。多穴容器盘育苗能从根本上解决无导根或边缝切根的容器育苗产生的根系盘绕现象,多穴容器盘规格可选择导根线类多穴容器盘,容积为 90 ~ 150 mL 以上。适合采用的育苗基质配方由爆红土、泥碳土和牛粪组成,体积比为 5% 爆红土、35% 泥碳土、60% 牛粪。

干香柏喜生于气候温和、夏秋多雨、冬春干旱的山区,在深厚、湿润的土壤上生长迅速。木材淡褐黄色或淡褐色,结构细密,纹理直密,材质坚硬,有香气,耐久用,易加工。干香柏木材因具良好的材性,而广泛用于建筑、造船、家具、枕木、电杆、玩具、雕刻等。干香柏林木葱茂,挺拔苍劲,在城市园林绿化植物的配置中,具有古朴典雅的美感,能增添城市园林清雅的情趣。再者,干香柏及其柏类林木的植物具有显著医疗保健功能的有机物即芳香类挥发物质,故此,干香柏成为城市庭园绿化中功能独特、不可替代的树种。

038 蓝冰柏 *Cupressus glabra* 'Blue Ice'

科名:柏科　属名:柏木属

形态特征:乔木。株型垂直,枝条紧凑,整体呈圆形或圆锥形。鳞叶蓝色或蓝绿色,小枝四棱形或圆柱形,通常不排成一个平面,鳞叶小,交叉对生,雌雄同株,球花单生枝顶球果翌年成熟,球形或近球形。种鳞 4 ~ 8 对,木质、盾形,熟时张开,中部发育,各对种鳞具 5 粒以上种子,种子长圆形或长圆状倒卵形,稍扁,有棱角,两侧具窄翅。

分布及生境:江苏、上海栽培较多。河南多地有栽培。

栽培利用:圃地选择在道路交通方便的地方,地势平坦,土壤质地疏松,配备有地下灌溉管网,排灌方便。大棚育苗先建一个简易大棚,棚地选择在地势平坦、干燥、北风、向阳的地方,扦插前要用甲基硫菌灵可湿性粉剂 500 倍液进行喷洒消毒。营养基质主要用蛭石粉、珍珠岩和草炭土按 2∶3∶5 的比例拌好营养载体,营养载体里面再拌入 500 倍液高锰酸钾消毒,最后装入营养钵中。插条选择 4 ~ 5 年生的母树,一般在每年的 8 月进行。将剪后的插条捆好,用生根粉浸泡之后扦插。扦插时间一般在每年 8 月,一般扦插后 9 ~ 10 个月就可以定植。扦插插条的时候,每个营养钵中最多插 3 株,扦插深度约 3 cm。也可采用嫁接繁殖。嫁接蓝冰柏,一般均采用侧柏作为砧木,苗木地径 0.6 cm 以上为宜。生产上一般多采用腹接法繁殖。腹接分为秋季腹接和春季腹接。秋季腹接时间在 11 ~ 12 月,春季腹接在每年的 3 月。扦插或嫁接后第二年 5 ~ 6 月,苗木生出 5 ~ 6 cm 的根须,就可以起苗了。移栽定植一般在当年秋季 9 ~ 10 月,定植前对定植地进行深翻,同时用高锰酸钾 500 倍液对土壤进行消毒。定植穴深 20 cm、宽 30 cm,株行距 40 cm × 40 cm。栽种时每穴施入复合肥 50 g 左右,保证定植后的营养供给。定植后要连续浇水 7 天左右,以后浇水视天气和具体情况而定。

蓝冰柏适应性强，具有较强的抗寒、抗旱能力，喜疏松、湿润的生长环境，在气温 -25 ~ 35 ℃下均可正常生长。蓝冰柏树姿优美，株型垂直紧凑，树冠圆锥形，全年呈现迷人的霜蓝色。生长迅速，较耐盐碱，因叶面小、散热快，所以具有耐寒又耐高温的特点。我国大部分地区均适宜种植，是少有的常绿园林彩色观赏树种，可孤植或丛植，适用于营造隔离树墙、绿化背景或布置广场树阵等，被誉为蓝色系彩叶树种之冠、最优的色块观赏树种。在郑州及豫北地区表现出良好的景观价值。

039 柏木 *Cupressus funebris*

科名：柏科　属名：柏木属

形态特征：乔木。树皮淡褐灰色，裂成窄长条片；小枝细长下垂，生鳞叶的小枝扁，排成一平面，两面同形，绿色，较老的小枝圆柱形，暗褐紫色，略有光泽。鳞叶二型，先端锐尖，中央之叶的背部有条状腺点，两侧的叶对折，背部有棱脊。雄球花椭圆形或卵圆形，雄蕊通常 6 对，药隔顶端常具短尖头，中央具纵脊，淡绿色，边缘带褐色；雌球花近球形。球果圆球形，熟时暗褐色；种鳞 4 对，顶端为不规则五角形或方形，中央有尖头或无，能育种鳞有 5 ~ 6 粒种子；种子宽倒卵状菱形或近圆形，扁，熟时淡褐色。花期 3 ~ 5 月，种子第二年 5 ~ 6 月成熟。

分布及生境：为我国特有树种。分布主要省份包括甘肃、陕西、河北、贵州、安徽、云南、广东等。以四川、湖北西部、贵州栽培最多，生长旺盛；江苏南京等地有栽培。河南信阳、洛阳、郑州有栽培。柏木在华东、华中地区分布于海拔 1 100 m 以下，在四川分布于海拔 1 600 m 以下，在云南中部分布于海拔 2 000 m 以下，均长成大乔木。

栽培利用：采种时选择成年、比较健壮、没有检疫性病虫害及干形好的采种母树。严禁采摘生长在主枝及大枝上的多年不脱落和长期宿存且不开裂的球果，群植健壮母树的树种往往比孤立母树要好。柏木苗木繁育圃选择地势平坦、土壤肥沃、湿润、向阳的地方，尤其以沙质壤土或者是黏质壤土最为适宜，而酸性土壤及相对干燥的瘠薄土壤不适合用于圃地。播种前应用清水选种，然后将其放置到 45 ℃的温水中浸种，之后捞出并实施催芽，当半数以上已经萌动开口时就可以播种。柏木以春播为主，特殊情况下也可以秋播，利用条播方式，条距为 20 ~ 25 cm，播幅为 5 cm，亩播种量应该控制到 6 ~ 8 kg。柏木生长比较迅速，在造林当年的雨季结束之后必须浅松土，然后适当扩塘覆土。需要对柏木每年松土除草 1 ~ 2 次，并以树为中心，内浅外深，逐年扩穴及翻埋杂草，从而增加柏木肥源。对柏木定期施肥，当柏木处于生长初期时，及时除草松土、排灌，确保苗床湿润，雨后及时清除柏木苗床的积水，从而有效减少赤枯病的发生。实施第 1 次间苗应留优去劣及留稀去密，当间苗完成之后再培土 0.5 ~ 1 cm，避免日灼危害。当柏木处于速生期时，不仅要加强除草松土，还必须及时追施速效肥料 1 ~ 2 次，例如，腐熟的人粪尿及尿素等，确保苗木营养供给。在柏木速生期的中期需要实施第 2 次间苗，具体留苗标准为 1 m 留50 ~ 60

株。当柏木生长到速生期后期时应严禁施氮肥,可叶面追施钾肥。此外,要注意柏木赤枯病、柏毛虫等的防治。

柏木是非常优良的城镇绿化与观赏树种,其木材能够用在建筑、家具及农具等制造中,其枝、叶、根及种子能够提炼出部分柏木油,而树根则可以在提取柏木油经过粉碎之后做成香料,柏木球果根及枝叶都能够入药,具有非常广泛的用途。枝叶浓密,小枝下垂,树冠优美,可作庭园树种。柏木喜生于温暖湿润的各种土壤地带,尤以在石灰岩山地钙质土上生长良好。生长快,用途广,适应性强,产区人民有栽培的习惯,可作长江以南湿暖地区石灰岩山地的造林树种。

040 金冠柏 *Cupressus macrocarpa* 'Goldcrest'

科名:柏科 属名:柏木属

形态特征:乔木。树冠呈宝塔形,枝叶紧密,叶色随着季节变化,全年呈三种颜色,冬季金黄色。春秋两季浅黄色,夏季呈浅绿色。其叶色变化幅度之大是针叶树种中少见的,小枝斜上伸展,稀下垂,叶鳞形,交叉对生,排列成 4 行,叶背有腺点,边缘具极细的齿毛,雌雄同株。球花单生枝顶;雄球花具多数雄蕊,每雄蕊具 2 ~ 6 花药,药隔显著,鳞片状;雌球花近球形,具 4 ~ 8 对盾形珠鳞,部分珠鳞的基部着生 5 至多枚直立胚珠,胚珠排成一行或数行。球果第二年夏初成熟,球形或近球形;种鳞熟时张开,木质,盾形,顶端中部常具凸起的短尖头,能育种鳞至多粒种子;种子稍扁,有棱角,两侧具窄翅。

分布及生境:柏木属大果柏木的栽培品种。原产北美,后引入西欧、日本等地区。中国在 1990 年从日本引进栽培。河南郑州、驻马店有栽培。

栽培利用:先制作苗床,用 0. 15 mm 厚的塑料薄膜,透光度在 60% ~70% 的遮阳网,钢管和砖块制作好扦插用的 1. 5 m 宽的苗床。选择金冠柏中长势旺盛、没有病虫害、50 ~ 200 cm 高的作为母树,选择上半部木质化的枝条作为插穗。修剪好的插穗需要浸泡,用萘乙酸生根粉加入适量的酒精加水搅拌,把扦插的一端浸泡水中 30 min。在开始生根的阶段,要控制水分,拱棚内的温度继续保持 28 ~ 30 ℃,到翌年 2 月扦插苗全部生根,4 月准备移栽到大棚里。第 2 年 4 月到第 3 年 4 月,需要在大棚里培育 1 年。用肥沃的园土搅拌谷糠,比例 6∶1,装入营养钵,移栽苗木后送入大棚,浇透定根水。刚移栽的苗木要预防真菌的入侵,最初 20 天,隔 7 天预防一次病菌,以后每隔 15 ~ 20 天喷药 1 次。在夏季,温度在 30 ℃以下时不用通风,温度在 30 ~ 40 ℃时,在 10 ~ 16 时需要把大棚的门打开通风降温;冬季温度在 0 ~ 20 ℃时,门要关严,土壤湿度保持在 30% 左右,浇水时不能太多;光照不用调节,因为遮阴网一年要全覆盖。1 个月后,用氯化钾均匀投放到营养钵内,每亩苗圃地需要 3 kg 的复合肥。

金冠柏喜冷凉气候,喜光照充足,较耐高温,要求排水良好的土壤。最低能耐 - 18 ℃低温。耐盐碱,抗污染,一般土壤均能生长。生长快,适应性强,是一种广泛适用于城乡绿化和荒山荒坡绿化、美化的树种。

041 福建柏 *Fokienia hodginsii*

科名：柏科　属名：福建柏属

形态特征：乔木。树皮紫褐色，平滑；生鳞叶的小枝扁平，排成一平面，二、三年生枝褐色，光滑，圆柱形。鳞叶2对交叉对生，成节状，生于幼树或萌芽枝上的中央之叶呈楔状倒披针形，上面之叶蓝绿色，下面之叶中脉隆起，侧面之叶对折，近长椭圆形，多少斜展，较中央之叶为长，背有棱脊，先端渐尖或微急尖，通常直而斜展，稀微向内曲；生于成龄树上之叶较小，两先端稍内曲，急尖或微钝，常较中央的叶稍长或近于等长。雄球花近球形。球果近球形，熟时褐色；种鳞顶部多角形，表面皱缩稍凹陷，中间有一小尖头突起；种子顶端尖，具3～4棱，上部有两个大小不等的翅。花期3～4月，种子翌年10～11月成熟。

分布及生境：产于浙江南部、福建、广东北部、江西、湖南南部、贵州、广西、四川及云南东南部。河南鸡公山、商城县黄柏山、新县山石门、罗山县董寨、郑州、洛阳等地均有栽培。福建柏垂直分布于海拔580～1 500 m，但在1 000～1 300 m的常绿阔叶林中较常见。阳性树种，适生于酸性或强酸性黄壤、红黄壤和紫色土。

栽培利用：选择15～40年生长健壮、树干通直、无病虫害、生长旺盛的母树进行采种，采种在10～11月进行。选择疏松、肥沃湿润、排水良好、pH 5～7.5的沙壤土作为苗圃地，忌用黏重土壤。播种前种子用温水浸种30 min，并进行种子消毒。播种在"惊蛰"前后进行为宜，可用条播或散播，用火土灰或细土覆盖，然后再盖一层薄草或塑料薄膜覆盖。一般30天左右开始发芽，覆盖薄草的苗床有70%以上发芽的苗，分2次揭去覆盖物；用塑料薄膜覆盖的苗床，可根据苗木生长情况而定，苗木10 cm左右揭去塑料薄膜。出苗后可适当遮阴，每月除草1～2次，经常保持苗圃无草，圃地土壤疏松。加强水肥管理，在4～10月每15天追施草木灰、火土灰和化学肥料等速效性肥料或采用磷酸二氢钾水溶液进行叶面施肥。一年生苗高可达30～40 cm，低于30 cm的小苗可集中种植在圃地，第2年再出圃。

福建柏是常绿乔木，为我国南方和越南北方特有的珍贵速生用材树种。其主干通直，生长较快，适应性强，栽培管理容易。木材纹理细致美观，材质好，坚韧而有弹性，耐腐性强，加工性能好，可广泛用于高档家具、装饰面板、地板条、造纸、胶合板及建筑等方面。福建柏树形优美，树干挺拔雄伟，大枝平展，蓝白相间，奇特可爱，叶色多变，可作为园林绿化及庭园观赏树种。

042 粉柏 *Sabina squamata* 'Meyeri'

科名：柏科　属名：圆柏属

形态特征：乔木。树皮红褐色、灰褐色或褐灰色，幼时平滑，老则纵裂；枝斜展，幼树树冠尖塔形，老树则呈广圆形；小枝互生，两列状，生鳞叶的小枝直展、扁平、排成平面，两面异形，下面微凹。雌雄球花分别生于不同短枝的顶端，雄球花矩圆形或卵圆形，黄色。球果矩圆形、椭圆柱形或长卵状圆柱形，熟时红褐色；种子近卵圆形或椭圆形，微扁，暗褐色，上部有两个大小不等的膜质翅，长翅连同种子几与中部种鳞等长。花期 3 ~ 4 月，果熟期 9 ~ 10 月。

分布及生境：粉柏系栽培植物，天津、北京、上海、南京、杭州、庐山、山东、江苏等地栽培作庭园树或盆栽。河南郑州、洛阳、南阳、许昌、新乡、开封等地有栽培。

栽培利用：粉柏宜置于空气流通、阳光充足之处，夏季经常喷叶面水则利于生长，冬季可在室外越冬，如置于室内须注意通风，以免造成叶片黄枯脱落，影响美观。翠柏不耐水湿，盆土排水不良过于潮湿可引起叶枯脱落，故盆土宜常带干。浇水须干透浇透，不干不浇，雨季久下不停时须将盆侧倒，不可积水。粉柏较喜肥，故施肥可略多于其他松柏类，在 4 ~ 6 月生长旺季可每隔 15 天施一次腐熟的饼肥水，夏季施 2 次稀薄的淡肥水，秋季在盆中放置发酵过的饼肥屑即可。粉柏不宜多修剪，可将影响造型美观的平行枝、重叠枝及枯弱枝剪除，抽出过长的嫩枝梢可用手指掐去，以保持树形美观。翠柏宜每隔 2 ~ 3 年翻一次盆，时间宜在春季 3 ~ 4 月，秋季亦可。翻盆时将旧土去掉 1/3 ~ 1/2，并整理疏剪根部，换以肥沃疏松的培养土。粉柏以靠接为主，亦可播种、压条、扦插繁殖。

粉柏边材淡黄褐色，心材黄褐色，纹理直，结构细，有香气，有光泽，耐久用，质稍脆。供建筑、桥梁、板料、家具等用。粉柏喜光，耐湿、耐寒性差，喜石灰质肥沃土壤。生长快，木材优良，可做多地的造林树种、城镇绿化与庭园观赏树种。

043 蓝剑柏 *Sabina scop* 'Blue arrow'

科名：柏科　属名：圆柏属

形态特征：常绿乔木。直立，整体呈剑形。冬芽不显著。叶刺形或鳞形，叶色呈霜蓝色，刺叶通常三叶轮生，稀交叉对生，基部下延生长，无关节，上面有气孔带；鳞叶交叉对生，稀三叶轮生、菱形，下面常具腺体。球花单生短枝顶端；雄球花卵圆形或矩圆形，黄色。球果通常第二年成熟，种鳞合生，肉质，苞鳞与种鳞结合而生、仅苞鳞顶端尖头分离，熟时不开裂;种子无翅,常有树脂槽,有时具棱脊。

分布及生境:原产欧洲,浙江、安徽有引种栽培。河南郑州有栽培。

栽培利用:蓝剑柏一般都用桧柏苗做砧木,当年生桧柏是最理想的砧木,也可用二年生苗,但对成活有影响。将选好的桧柏苗全根起出,成捆绑好,用新河沙埋好待用。从生长健壮的成年蓝剑柏大树上采集接穗。把采集到的接穗集中起来撒上水,后用草苫盖好,防止风干失水和霜冻。嫁接时间一般从 11 月下旬开始,将准备好的砧木、接穗分别运入棚内开始嫁接。采用切腹接法。在整好的大畦内再分行,每行宽 26 ~ 28 cm,条沟深 10 ~ 12 cm,把嫁接好的蓝剑柏苗按株距 4 ~ 6 cm 栽好。然后踏实,再将行中间土两分伏柏苗上,以便浇水,浇时要用塑料软管顺行而浇。栽好柏苗的大畦内要建小拱棚,也叫棚内棚,这样可明显提高幼苗生长环境温湿度,对成活十分有利。嫁接后砧木要分次修剪,苗子植好后,先浇水,第一次剪砧木要剪去砧木总高 1/3(从嫁接处至梢顶),第二次剪去已留高度的一半,这时蓝剑柏已成活,新梢长到 3 ~ 5 cm,第三次蓝剑柏新梢长到 12 ~ 16 cm,在嫁接处上留 0.8 ~ 1 cm,剪掉上部,时间大约在嫁接后 45 天。再生长一段时间后,为增加光照,可将小拱棚撤掉,及时清除杂草。

蓝剑柏能适应多种气候及土壤条件,喜光也耐半阴,在全日照至 50% 耐阴都能正常生长,耐寒耐热,在 -25 ~ 35 ℃环境中都可以生长。适宜土壤酸碱度为 pH 5.0 ~ 8.0,忌积水。蓝剑柏由于其株型垂直,整体呈剑形,呈现高雅脱俗、迷人的霜蓝色,是小型空间绿化的首选,尤其适用于庭院入口前对植观赏。同时还可以用于公园和居住区、广场等场所。适用于孤植或三五丛植,若与花坛组合,效果更佳。

044 龙柏 *Sabina chinensis* 'Kaizuca'

科名:柏科 属名:圆柏属

形态特征:高可达 8 m,树干挺直,树形呈狭圆柱形,小枝密集,枝条向上直展,常有扭转上升之势,故而得名。叶二型,即刺叶及鳞叶;刺叶生于老树之上,幼龄树则全为鳞叶,壮龄树兼有刺叶与鳞叶;生于一年生小枝的一回分枝的鳞叶三叶轮生,直伸而紧密,近披针形,先端微渐尖,长 2.5 ~ 5 mm,背面近中部有椭圆形微凹的腺体;刺叶三叶交互轮生,斜展,疏松,披针形,先端渐尖,长 6 ~ 12 mm,上面微凹,有两条白粉带。叶密生,幼叶淡黄绿色,老后为翠绿色。球果蓝绿色,果面略具白粉。

分布及生境:产于中国内蒙古乌拉山、河北、山西、山东、江苏、浙江、福建、安徽、江西、陕西南部、甘肃南部、四川、湖北西部、湖南、贵州、广东、广西北部及云南等地。河南各地均有栽培。生于中性土、钙质土及微酸性土上。

栽培利用:龙柏是圆柏的人工栽培变种。龙柏可采用播种、嫁接、压条、扦插等技术进行繁殖。播种:种子 9 ~ 10 月成熟,采种后经风选或水选,将干燥种子用布袋装好,放在木箱等容器内置通风干燥处储藏。播种季节一般在 3 月下旬。播种前先消毒,然后用 30 ~

40 ℃温水浸种 24 h 进行催芽处理。条播育苗,条距 15 cm,用种子 10 kg/亩。一般播种后 25 天左右开始发芽出土,待幼苗大部分出土后,揭除盖草,早晚要设专人看管。幼苗出齐后,立即喷洒波尔多液或多菌灵,每隔 7 ~10 天喷 1 次,连续喷洒 3 ~4 次可预防立枯病发生。一般当幼苗高 3 ~5 cm 时进行两次间苗,每亩留苗 15 万株左右。幼苗生长期要及时除草松土。嫁接应选用生长健壮、无病害的根系发达的 1 年生侧柏作为砧木,接穗应选用生长健壮、无病虫危害的幼年龙柏侧枝梢端作接穗。嫁接常用腹接法,一般从 11 月就可以嫁接,但嫁接的最佳时间为 2 ~3 月。也可采用靠接和枝接。为了保持湿度和温度。可采用简易塑料拱棚覆膜,在薄膜外覆 50% 的遮阳网。龙柏接穗基本成活时,开始修剪砧木苗,第一次剪去砧木苗高度的 1/3,并逐渐揭去薄膜和遮阳网。再隔一个月,进行第二次修剪,部位是在接口上沿,剪去砧木所有枝条。

龙柏是圆柏的变种,原产于我国东北及华北等地,现在南北各地均有分布,而且已成为冬季北方常绿的优良树种。龙柏除作观赏树种外,对绿化环保的作用也相当大。它的侧枝呈螺旋状扭曲抱干而生,别具一格,常被用于园林、街道、小区、公路绿化等。尤其是近年来,龙柏小球在园林绿化工程中代替草坪被批量栽培应用。

045 圆柏 *Juniperus chinensis*

科名：柏科　属名：圆柏属

形态特征:乔木。树皮深灰色,纵裂,成条片开裂;幼树的枝条通常斜上伸展,形成尖塔形树冠,老则下部大枝平展,形成广圆形的树冠;树皮灰褐色,纵裂,裂成不规则的薄片脱落;小枝通常直或稍成弧状弯曲,生鳞叶的小枝近圆柱形或近四棱形。叶二型,即刺叶及鳞叶;刺叶生于幼树之上,老龄树则全为鳞叶,壮龄树兼有刺叶与鳞叶;生于一年生小枝的一回分枝的鳞叶三叶轮生,直伸而紧密,近披针形,先端微渐尖;刺叶三叶交互轮生,斜展,疏松,披针形,先端渐尖。雌雄异株,稀同株,雄球花黄色。球果近圆球形,两年成熟,熟时暗褐色;种子卵圆形,顶端钝,有棱脊及少数树脂槽。

分布及生境:产于内蒙古乌拉山、河北、山西、山东、江苏、浙江、福建、安徽、江西、河南、陕西南部、甘肃南部、四川、湖北西部、湖南、贵州、广东、广西北部及云南等地。河南各地均有栽培。生于中性土、钙质土及微酸性土上。

栽培利用:圆柏耐干旱,浇水不可偏湿,不干不浇,做到见干见湿。梅雨季节要注意盆内不能积水,夏季高温时,要早晚浇水,保持盆土湿润即可,常喷叶面水,可使叶色翠绿。圆柏桩景不宜多施肥,以免徒长影响树形美观。每年春季 3 ~5 月施稀薄腐熟的饼肥水或有机肥 2 ~3 次,秋季施 1 ~2 次,保持枝叶鲜绿浓密,生长健壮。圆柏盆景,以摘心为主,对徒长枝可进行打梢,剪去顶尖,促生侧枝。在生长旺盛期,尤应注意及时摘心打梢,保持树冠浓密,姿态美观。圆柏桩景生长缓慢,可每隔 3 ~4 年翻盆一次,以春季 3 ~4 月间为好。翻盆时可适当去一部分老根,换去 1/2 宿土,培以肥沃疏松的培养土,以促进新根生长发育。高深盆钵应注意盆底垫层粗砂和碎瓦片,以利排水。可采用种子繁殖。播种前对种子进行消毒、温水催芽处理。播种时按 3 cm×5 cm 的间距点播。播后覆盖基质,覆盖厚度为种粒的 2~3 倍。大多数的种子出齐后,需要适当地间苗,当大部分的幼苗长出了 3 片或 3 片以上的叶子后就可以移栽。移栽后,对于地栽的植株,春夏两季根据干旱情况,施用 2~4 次肥水。在冬季植株进入休眠或半休眠期后,要把瘦弱、病虫、枯死、过密等枝条剪掉。

圆柏也称桧柏,木材致密且坚韧,具香气,耐腐朽,属于优良用材树种;枝叶可以提取芳香油;树姿优美,耐修剪;不仅抗寒抗旱,且能治理大气污染。主要用于防护林、用材林、园林绿地。

046 北美圆柏 *Juniperus virginiana*

科名:柏科　属名:圆柏属

形态特征:乔木。树皮红褐色,裂成长条片脱落;枝条直立或向外伸展,形成柱状圆锥形或圆锥形树冠;生鳞叶的小枝细,四棱形。鳞叶排列较疏,菱状卵形,先端急尖或渐尖,背面中下部有卵形或椭圆形下凹的腺体;刺叶出现在幼树或大树上,交互对生,斜展,先端有角质尖头,上面凹,被白粉。雌雄球花常生于不同的植株之上,雄球花通常有 6 对雄蕊。球果当年成熟,近圆球形或卵圆形,蓝绿色,被白粉;种子 1~2 粒,卵圆形,有树脂槽,熟时褐色。

分布及生境:原产北美。主要在华北地区引种栽培。河南洛阳有引种栽培。

栽培利用:可采用种子繁殖和扦插繁殖。北美圆柏为深根性树种,圃地选择土层深厚肥沃、水源充足、排水良好的沙质壤土,最好是靠近山脚的农田。播种前要对种子进行消毒与温水催芽处理。播种采用条播,行向最好采用南北向,播种量 20 kg/亩,种子间距 5~7 cm,播种时间 3 月上旬。从苗木出土到 6 月中旬为苗木生长初期。初期苗木相对生长缓慢,此时要注意适时除草,除草后及时浇水,并每隔 15 天浇 1 稀薄肥。6 月下旬至 8 月上旬为苗木的生长中期。此时气温较高苗木生长较快,苗木需肥量增加。从 6 月下旬开始施尿素每 10 天施 1 次。从 8 月中旬到 10 月上旬苗木进入生长后期。此阶段苗木生长渐缓,要停止施尿素肥,改施磷钾肥。北美圆柏幼苗长到 30 cm 以上时,即可移栽到平地培育大苗。前 2 年要除草和松土 4 次,分别在 4 月下旬、6 月下旬、8 月上旬和 10 月中旬进行,而后需施追肥。

北美圆柏属阳性树种,适应性强,抗污染,能耐干旱,又耐低湿,既耐寒还能抗热,抗瘠薄,在各种土壤上均能生长。可做园景树、行道树。性耐修剪又有很强的耐阴性,故作绿篱比侧柏优良,下枝不易枯,冬季颜色不变褐色或黄色,且可植于建筑之北侧阴处。中国古来多配植于庙宇陵墓作墓道树或柏林。木材可提炼高倍显微镜用油;是制铅笔杆及细木工的优良用材。材质优良,是用材、园林绿化及观赏树种。

047 偃柏 *Juniperus chinensis* var. *sargentii*

科名：柏科 属名：圆柏属

形态特征:乔木。树皮深灰色,纵裂,成条片开裂;幼树的枝条通常斜上伸展,形成尖塔形树冠,老则下部大枝平展,形成广圆形的树冠;树皮灰褐色,纵裂,裂成不规则的薄片脱落;小枝通常直或稍成弧状弯曲,生鳞叶的小枝近圆柱形或近四棱形。叶二型,即刺叶及鳞叶;刺叶生于幼树之上,老龄树则全为鳞叶,壮龄树兼有刺叶与鳞叶;生于一年生小枝的一回分枝的鳞叶三叶轮生,直伸而紧密,近披针形,先端微渐尖;刺叶三叶交互轮生,斜展,疏松,披针形,先端渐尖。雌雄异株,稀同株,雄球花黄色,椭圆形,常有 3 ~4 花药。球果近圆球形,两年成熟,熟时暗褐色,被白粉或白粉脱落,有 1 ~4 粒种子;种子卵圆形,扁,顶端钝。球果成熟时不开裂,球果翌年成熟,果期 10 ~11 月。

分布及生境:适应范围为东北、华北、西南和亚热带地区。河南郑州、信阳、洛阳、开封、新乡均有栽培。产于东北张广才岭海拔约 1 400 m 处。

栽培利用:选择排水良好,微酸性、中性和微碱性土壤,建立母本区采穗圃,施足基肥,每亩施充分腐熟的有机肥 3 000 kg。于 11 月上旬至翌年 3 月选择优质小容器苗移栽。栽植密度:株距 40 cm、行距 40 cm,每亩种植 2 500 株,定点挖穴,剪除过长的侧根,移栽深度与原来植株深度一致。在缓苗期及时浇水,如果连续雨天,要及时排水。移栽后 15 天开始,3 ~8 月施追肥,每隔半个月撒施 1 次复合肥,每次每亩 15 kg,9 月后停止施追肥。采穗后在 11 ~12 月,施 1 次腐熟的有机肥,每亩 1 500 kg,开沟埋施。基质配方国产泥炭: 进口泥炭: 蛭石: 珍珠岩 =3: 3: 3: 1(体积比)。在杭州地区 1 年可以扦插 2 次:第 1 次剪取穗条时间在 6 月上旬,第 2 次在 11 月上旬以剪取穗条为主。扦插后 10 天左右,及时浇水,使基质含水量达到 70% ,棚内空气相对湿度 95% 以上。扦插后 120 天左右,当生根率达到 85% 左右时进行炼苗。

偃柏喜光,喜温凉、温暖气候及湿润土壤。在华北及长江下游海拔 500 m 以下,中上游海拔 1 000 m 以下排水良好的山地可选用造林。较耐盐碱,抗风、抗霜冻、耐寒性强,耐旱,在板结僵硬的土壤和沿海也可生长。主要应用于地被栽植,可在沿海、河岸、斜坡等处栽植,防止水土流失。是优良的沿海、河岸、坡地地被植物和较好的装饰植物及优良的园林绿地植物。适应范围较广,扦插繁殖成活率较高,有较好的市场前景,为普遍栽培的庭园树种。

048 杜松 *Juniperus rigida*

科名：柏科　属名：刺柏属

形态特征：灌木或小乔木。枝条直展，形成塔形或圆柱形的树冠，枝皮褐灰色，纵裂；小枝下垂，幼枝三棱形，无毛。叶三叶轮生，条状刺形，质厚，坚硬，上部渐窄，先端锐尖，上面凹下成深槽，槽内有 1 条窄白粉带。雄球花椭圆状或近球状，药隔三角状宽卵形，先端尖，背面有纵脊。球果圆球形，成熟前紫褐色，熟时淡褐黑色或蓝黑色，常被白粉；种子近卵圆形，顶端尖，有 4 条不显著的棱角。

分布及生境：产于黑龙江、吉林、辽宁、内蒙古、河北北部、山西、陕西、甘肃及宁夏等地。河南郑州、洛阳、开封、新乡、三门峡、周口等地均有栽培。生于比较干燥的山地。

栽培利用：杜松育苗地应选择凉爽、地势平坦、排灌方便的地块为宜；土壤要求中性、微酸性沙壤土或壤土。杜松播种季节冬、春、夏均可，但夏季 7 ~ 9 月播种最好。种子不进行任何处理，按条直接播撒在畦地上。播撒行距 15 ~ 20 cm；每亩需种子 40 kg 左右，密度要大。杜松苗期管理以浇水、除草为主，苗木萌发后要保持苗床经常湿润。杜松苗木培育要经过换床和移植两个过程，在幼苗生长的第二年春季进行换床，床面整地与育苗相同。株行距 15 ~ 20 cm，栽植深度 10 ~ 15 cm，植后及时灌水。2 天开始扶苗，5 ~ 7 天后第二次灌水。春季待树体盟动之前撤去覆土，并及时浇解冻水（地表 10 ~ 15 cm 解冻为佳）。翌年即可定植造林。

杜松为强阳性喜光树种，主根长而侧根发达，对土壤要求不严。陡壁及向阳山坡、干燥沙地岩隙间皆能生长。杜松树型好、抗性强，已成为城市园林绿化中重要的造景观赏树种。杜松是红白松阔叶混交林的喜温标志树种，可耐绝对低温 -45 ℃，是东北地区少有的常绿树种，树干挺拔，树冠锥体形，叶深绿色，树姿峻峭，耐寒，病虫害少。北方广泛用于庭园树、风景树等绿化树种，或栽植道边，楼前假山点缀，干净整洁，别具特色，观赏效果好，还可用于盆栽或制作盆景，供室内装饰增加生活气息。

049 刺柏 *Juniperus formosana*

科名：柏科　属名：刺柏属

形态特征：乔木。树皮褐色，纵裂成长条薄片脱落；枝条斜展或直展，树冠塔形或圆柱形；小枝下垂，三棱形。叶三叶轮生，条状披针形或条状刺形，先端渐尖具锐尖头，上面稍凹，中脉微隆起，绿色，两侧各有 1 条白色、很少紫色或淡绿色的气孔带，气孔带较绿色边带稍宽，在叶的先端汇合为1条，下面绿色，有光泽，具纵钝脊，横切面新月形。雄球花圆球形或椭圆形，药隔先端渐尖，背有纵脊。球果近球形或宽卵圆形，熟时淡红褐色，被白粉或白粉脱落，间或顶部微张开；种子半月圆形，具3~4棱脊，顶端尖，近基部有3~4个树脂槽。

分布及生境：为我国特有树种。分布很广，产于台湾中央山脉、江苏南部、安徽南部、浙江、福建西部、江西、湖北西部、湖南南部、陕西南部、甘肃东部、青海东北部、西藏南部、四川、贵州、云南中部和北部。河南郑州、洛阳、开封、许昌、信阳、南阳、新乡等地均有栽培。

栽培利用：在林业生产中，刺柏多采用种子进行繁殖，但其种子不易采集。因此，硬枝扦插繁殖在育苗实践中应用更多。最佳扦插时间为8月下旬至10月中旬。最好选取生长健壮、树势较旺的2年生枝条。采用湿插法，即先在苗床灌水，待水下渗后，将处理过的插穗直接插入容器袋，每袋一支，扦插深度为10 cm左右。然后，在床面覆厚度为2 cm左右的草木灰或锯末，以便保湿保温，防止土壤板结。春季扦插在3月中旬至4月上旬进行，方法与秋季相同。秋季扦插时，可在苗床上搭建小型弓棚，利于保湿、保温，促进生根。刺柏硬枝扦插后2个月左右才能生根，而且病虫害较少，因此苗期管理主要以灌水、除草、施肥为工作内容。春季扦插时，在插后20天左右灌一次透水，秋季扦插时，来年开春后浇一次透水。施肥采取两种方法进行，7月中旬以前，用0.5%的磷酸二氢钾进行叶面喷施，分别在每月中旬进行；7月中旬以后，结合灌水撒施2次氮肥（尿素或二铵），用量为每万袋撒施0.5 kg，要注意及时用清水冲洗叶面肥料，以防烧苗，分别在7月下旬和8月中旬进行。

刺柏喜光，耐寒，抗旱能力强，耐修剪，具有很强的分蘖能力，主侧根均很发达，在干旱沙地、向阳山坡及岩石缝隙处均可生长，是城乡绿化、美化、净化的主要树种。刺柏在园林造景、造型中具有不可替代性，被广泛应用于绿化点缀、行道栽植、庭院美化等园林景观工程中，因其适生性强、树枝耐修剪、萌生能力强、体形秀丽、四季常绿等特点，在园林绿化中倍受青睐。

050 欧洲刺柏 *Juniperus communis*

科名：柏科　属名：刺柏属

形态特征：乔木，或为直立灌木。树皮灰褐色；枝条直展或斜展。叶三叶轮生，全为刺形，宿存树上约3年，通常与小枝成钝角开展，直，条状披针形，先端渐窄成锐尖头，上面稍凹，具1条较绿色边带为宽的白粉带，白粉带的基部常被绿色中脉分为两条，下面有钝纵脊，常沿脊具细纵槽。球果球形或宽卵圆形，成熟时蓝黑色，种子卵圆形，具三棱，顶端尖。

分布与生境：原产欧洲、苏联亚洲部分的中亚细亚地区和西伯利亚及北非、北美。我国河北、青岛、南京、上海、杭州等地有引种栽培。河南郑州、信阳、开封作观赏树栽培。

栽培利用:生产上多使用扦插育苗。选择10年生左右生长良好、无病虫害的健壮树作采穗母树。从母树上部和外围采集受光充分、发育充实的1~2年生、茎粗1 cm左右的健壮硬枝作插条,从插条中上部截取插穗,穗长25 cm左右,剪去中下部的叶子(约10 cm),插穗下切口剪成马蹄形。采用随采、随剪、随蘸、随插的办法。秋季扦插在9~10月进行,采用湿插法,即先在苗床灌水,待水下渗后,将处理过的插穗直接插入容器袋,每袋一支,扦插深度为10 cm左右。春季扦插在3月中旬至4月上旬进行,方法与秋季相同。秋季扦插时,可在苗床上搭建小型弓棚,利于保湿、保温,促进生根。欧洲刺柏硬枝扦插后2个月左右才能生根,而且病虫害较少,因此苗期管理主要以灌水、除草、施肥为工作内容。春季扦插时,在插后20天左右灌一次透水,秋季扦插时,来年开春后浇一次透水。施肥采取两种方法进行,7月中旬以前,用0.5%的磷酸二氢钾进行叶面喷施,分别在每月中旬进行;7月中旬以后,结合灌水撒施2次氮肥(尿素或二铵),用量为每万袋撒施0.5 kg,要注意及时用清水冲洗叶面肥料,以防烧苗,分别在7月下旬和8月中旬进行。由于欧洲刺柏扦插育苗环境湿度过大,会引起插穗黑茎病、蚜虫等刺柏常见的病虫害,所以在育苗初期每周必须喷洒一次百菌清、多菌灵、氧乐氰、高锰酸钾等杀菌灭虫的药剂。

欧洲刺柏喜光,耐寒,耐旱,主侧根均甚发达,在干旱沙地、肥沃通透性土壤上生长最好。可作工艺品、雕刻品、家具、器具及农具等用材。可栽培作庭园树。果实入药,有利尿、发汗、驱风的效用。

051 罗汉松 *Podocarpus macrophyllus*

科名:罗汉松科 属名:罗汉松属

形态特征:乔木。树皮灰色或灰褐色,浅纵裂,成薄片状脱落;枝开展或斜展,较密。叶螺旋状着生,条状披针形,微弯,先端尖,基部楔形,上面深绿色,有光泽,中脉显著隆起,下面带白色、灰绿色或淡绿色,中脉微隆起。雄球花穗状、腋生,常3~5个簇生于极短的总梗上,基部有数枚三角状苞片;雌球花单生叶腋,有梗,基部有少数苞片。种子卵圆形,先端圆,熟时肉质假种皮紫黑色,有白粉,种托肉质圆柱形,红色或紫红色。花期4~5月,种子8~9月成熟。

分布与生境:产于江苏、浙江、福建、安徽、江西、湖南、四川、云南、贵州、广西、广东等省区。河南郑州、开封、洛阳、信阳等地有栽培。

栽培利用:在每年的2月或者3月,适合播种。对于采下的种子,不能放在阳光下暴晒。在对种子育苗期间,需要选择在地势平坦区域,也可以选择排水好、土质疏松区域,土壤最好选择沙质土壤或者轻黏土,后期进行整地、撒基肥等工作。覆盖土壤的厚度为种子的3倍,并在最后覆盖稻草。在8月,执行随采随播工作,在9月禁止对其施肥,在冬季,也要注重防寒工作。在扦插育苗工作中,一般在春节或者秋季进行。在春季,主要在3月的时候,选择母树上树冠中部的枝叶,对于一些年龄较大的母树,可以选择树冠以上的枝条,保证枝条更强壮。在插穗工作中,可将插穗用生根溶液进行浸泡。基于扦插方法,可以将其开沟,直接插入,入土深度为 5 cm。为了促进造林工作,可以将罗汉松移栽到适合生长的地区,需要选择土质湿润、土壤疏松、排水效果好的地区种植。其中,造林行距可以为 3 m×2 m 密度的规格。对于扦插的小苗,可以在每年 3 月进行带土移植。盆栽在每年的 4 月实行,并在后期进行一次或者两次的换土工作,促进其根部舒展。在对罗汉松进行施肥期间,需要一年执行两次。第一次,可以在每年的 2 月或者 3 月。第二次在每年的 6 月或者 7 月。

罗汉松是一种偏阴植物,喜欢在阳光比较充足的地区生长,气候温暖湿润。幼苗适合在树荫下生长。罗汉松四季常绿,苍劲优雅,是一种较名贵的绿化树种,目前广泛应用于公园和公共绿地的园林绿化中。在我国的一些城市公园中,种植罗汉松不仅会起到绿化的作用,还能供人参观,尤其在我国的盆栽艺术中更为重要。该种不耐寒,忌干热。在河南多地引种表现生长不良,枯叶、脱叶严重,栽培利用需慎重。

052 竹柏 *Nageia nagi*

科名:罗汉松科　属名:竹柏属

形态特征:乔木。树皮近于平滑,红褐色或暗紫红色,成小块薄片脱落;枝条开展或伸展,树冠广圆锥形。叶对生,革质,长卵形、卵状披针形或披针状椭圆形,有多数并列的细脉,无中脉,上面深绿色,有光泽,下面浅绿色,上部渐窄,基部楔形或宽楔形,向下窄成柄状。雄球花穗状圆柱形,单生叶腋,常呈分枝状,总梗粗短,基部有少数三角状苞片;雌球花单生叶腋,稀成对腋生,基部有数枚苞片,花后苞片不肥大成肉质种托。种子圆球形,成熟时假种皮暗紫色,有白粉,其上有苞片脱落的痕迹;骨质外种皮黄褐色,顶端圆,基部尖,其上密被细小的凹点,内种皮膜质。花期 3～4 月,种子 10 月成熟。

分布与生境:竹柏分布于浙江、福建、江西、四川、广东、广西、湖南等省区。河南有少量引种栽培。

栽培利用:竹柏为喜光照植物,但尽量保持在散射至较好光照范围之间。喜温暖至高温环境,温度范围为 20～30 ℃,越冬温度要高于 12 ℃。喜湿润的环境,最佳环境为 65%～90%。保持湿润,不可过于湿涝,浇水最好在表土稍见干时浇透。冬季如果温度低于 15 ℃,则需要在表土干燥后再浇透。最好施用酸性肥料,而且是浇灌肥液最好,要少施勤施。只需剪除干枯叶尖和枯黄叶片,花序开谢后要及时剪除,避免消耗过多的养分。竹柏病虫害主要是红蜘蛛、介壳虫、炭疽病、叶斑病。竹柏主要通过播种育苗和扦插育苗进行繁殖。播种以冬播或随采随播为好,亦可春播,春播在 2 月中下旬,播种时一般在苗床上进行挖穴播种。冬播或随采随播的种子出苗参差不齐,春播稍好,20 天后开始发芽出土。幼苗期耐阴,忌积水及高温,幼苗出土后揭除盖草,搭棚蔽荫,采用喷灌或滴灌,保持土壤湿润。扦插育苗时,竹柏常于春末秋初用当年生的枝条进行嫩枝扦插,或于早春用头年生的枝条进行老枝扦插。进行嫩枝扦插时，在春末至早秋植株生长旺盛时，选用当年生粗壮枝条作为插穗，扦插时间以 3 月上中旬最佳。

竹柏耐阴，在气候温和湿润之地生长较好。对土壤要求较严，深厚、疏松、湿润、腐殖质层厚、呈酸性的沙壤土至轻黏土上能生长，尤以沙质壤土上生长迅速，低洼积水不宜生长。竹柏四季常绿，整体冠形美观，生长速度较慢，老化慢，主根深，侧根不大，对道路机械破坏性小，同时具有抗大气污染、抗风和防火性能，适合作为城乡行道树及庭院绿化等生态景观树种。竹柏的叶片和树皮能常年散发缕缕丁香浓味，有分解多种有害废气的功能，具有净化空气、抗污染和强烈驱蚊的效果。在豫南地区引种表现生长不良，枯叶、脱叶严重，推广意义不大。

053 三尖杉 *Cephalotaxus fortunei*

科名：三尖杉科　属名：三尖杉属

形态特征：乔木。树皮褐色或红褐色，裂成片状脱落；枝条较细长，稍下垂；树冠广圆形。叶排成两列，披针状条形，通常微弯，上部渐窄，先端有渐尖的长尖头，基部楔形或宽楔形，上面深绿色，中脉隆起，下面气孔带白色，较绿色边带宽 3 ~ 5 倍，绿色中脉带明显或微明显。雄球花 8 ~ 10 聚生成头状，总花梗粗，基部及总花梗上部有 18 ~ 24 枚苞片，每一雄球花雄蕊花药 3，花丝短；雌球花的胚珠 3 ~ 8 枚发育成种子。种子椭圆状卵形或近圆球形，假种皮成熟时紫色或红紫色，顶端有小尖头。花期 4 月，种子 8 ~ 10 月成熟。

分布与生境：为我国特有树种。产于浙江、安徽南部、福建、江西、湖南、湖北、陕西南部、甘肃南部、四川、云南、贵州、广西及广东等省区。河南大别山、伏牛山、桐柏山均有分布。在东部各省生于海拔 200 ~ 1 000 m 地带，在西南各省区分布较高，可达 2 700 ~ 3 000 m，生于阔叶树、针叶树混交林中。

栽培利用：三尖杉可采用种子育苗和扦插育苗进行繁殖。种子成熟期一般是在 9 月下旬至 10 月上旬，成熟的种子采回处理后进行沙藏或直接装入麻袋于通风、干燥、阴凉处储藏，待翌年 1 ~ 2 月再层积沙藏催芽。由于三尖杉层积催芽的时间长，所以要加强催芽的水分管理，每隔半个月检查 1 次种子含水量。每隔 1 个月翻动 1 次，及时捡出霉烂种子，适时喷水保持沙子湿润。三尖杉一般采用裸根育苗，选择土壤疏松、深厚、肥沃、透气良好的地方作苗圃，圃地要施足基肥。采用条播方法来培育裸根苗，条宽 10 ~ 15 cm，条间距 15 cm，种子均匀播于每条播带内，播种子 200 g/m^2。扦插育苗时采取树冠中上部 1 ~2年生粗壮枝条或伐桩萌生条为插条，长度一般为 10 ~ 15 cm，扦插之前用生根液进行浸泡。三尖杉扦插育苗以夏季为好，但要注意苗床排水、消毒，否则会发生严重的根腐病。扦插密度为 6 cm × 5 cm，深度为 3 ~ 5 cm。遮阴保湿先在扦插好的苗床上铺 1 ~2 cm 的保湿锯末，再覆以高 50 cm 的塑料小拱棚，拱棚上再盖 1 层草帘。苗期的管理主要是每天进行喷雾浇水。

三尖杉根、皮、叶和种子因含有高效抗癌活性物质三尖杉酯碱、高三尖杉酯碱等多种生物碱而备受关注，同时，它亦是制作家具和雕刻的高级用材及优良的园林绿化树种，综合开发利用价值大。

054 粗榧 *Cephalotaxus sinensis*

科名：三尖杉科 属名：三尖杉属

形态特征：灌木或小乔木。少为大乔木。树皮灰色或灰褐色，裂成薄片状脱落。叶条形，排列成两列，通常直，稀微弯，基部近圆形，几无柄，上部通常与中下部等宽或微窄，先端通常渐尖或微凸尖，稀凸尖，上面深绿色，中脉明显，下面有 2 条白色气孔带，较绿色边带宽 2 ~ 4 倍。雄球花 6 ~ 7 聚生成头状，基部及总梗上有多数苞片，雄球花卵圆形，基部有 1 枚苞片，雄蕊花丝短。种子通常 2 ~ 5 个着生于轴上，卵圆形、椭圆状卵形或近球形，很少成倒卵状椭圆形，顶端中央有一小尖头。花期 3 ~ 4 月，种子 8 ~ 10 月成熟。

分布与生境：为中国特有树种。自然分布于长江流域及以南地区，产于江苏南部、浙江、安徽南部、福建、江西、湖南、湖北、陕西南部、甘肃南部、四川、云南东南部、贵州东北部、广西、广东西南部。河南大别山、伏牛山、桐柏山均有分布。多数生于海拔 600 ~ 2 200 m 的花岗岩、砂岩及石灰岩山地。

栽培利用：粗榧 10 月种子成熟后，选生长优良、健壮的 50 龄左右的母树，当球果变为淡黄色时尽快采集，采集后晾于干阴环境 7 ~ 10 天，脱去假种皮，经水选种子，消毒后，湿沙储藏于 50 cm 左右的土坑内。选择地势平坦、水源充足、排水良好、背风向阳地段进行作床。3 月上旬至中旬，将消毒后的种子，温水浸泡 6 h，保持 22 ℃左右的温度进行催芽。每天用 25 ℃温水冲洗种子 1 ~ 2 次并及时进行翻动，保持种子均匀湿润。经 5 ~ 7 天，种子开始裂嘴露白 1/3 以上即可播种。一般在 3 月下旬对处理好的种子进行条播。每亩播种量为 30 kg，播幅 15 cm，播距 25 cm，播幅深 2 cm 左右。播种后至苗木出苗要保持床面湿润。幼苗期每 20 天左右喷施 1 次 1% 的尿素液，或者追施硝铵或碳铵等速效性化肥。从 6 月初开始每 30 天左右施追肥 1 次。第 1 年，在 9 月后停止苗木施肥，也可在苗木入冬前，喷施 1% 磷酸二氢钾，促进苗木木质化，防止冻害。速生期（5 ~ 8 月）追施硝铵或磷酸二铵 1 次。幼苗出齐后要做好间苗、除草、松土及病虫害防治工作。

粗榧是阴性树种，较喜温暖，具有较强的耐寒性，喜温凉、湿润气候及黄壤、黄棕壤、棕色森林土的山地，喜生于富含有机质的土壤中。粗榧耐修剪。树型优美、四季常青，红果镶于绿叶之中，观赏价值较高，已成为荒山绿化和城市园林美化建设中的优良观赏树种。常用于庭院绿化、草坪孤植，也用于假山和水榭旁种植，同时也是制作盆景的良好材料。树皮可提取栲胶，种子榨油，用于洗涤剂、润滑油等工业原料。

055 红豆杉 *Taxus chinensis*

科名：红豆杉科 属名：红豆杉属

形态特征：乔木。树皮灰褐色、红褐色或暗褐色，裂成条片脱落；大枝开展，一年生枝绿色或淡黄绿色，秋季变成绿黄色或淡红褐色，二、三年生枝黄褐色、淡红褐色或灰褐色；冬芽黄褐色、淡褐色或红褐色，有光泽，芽鳞三角状卵形，脱落或少数宿存于小枝的基部叶排列成两列。雄球花淡黄色。种子生于杯状红色肉质的假种皮中，间或生于近膜质盘状的种托之上，常呈卵圆形，上部渐窄，稀倒卵状，微扁或圆，上部常具二钝棱脊，稀上部三角状具三条钝脊，先端有突起的短钝尖头，种脐近圆形或宽椭圆形，稀三角状圆形。

分布与生境：为我国特有树种。分布于甘肃南部、陕西南部、四川、云南东北部及东南部、贵州西部及东南部、湖北西部、湖南东北部、广西北部和安徽南部（黄山）。河南产于太行山、伏牛山。常生于海拔 1 000 ~ 1 200 m 以上的高山上部。

栽培利用：红豆杉的适应性较强，在我国的南北方均可以种植，可以通过播种和扦插进行繁殖。红豆杉种子于 10 ~ 11 月成熟，待果实呈深红色时即可采收。种子采收后以湿沙进行储藏。播种前应先以高于 40 ℃ 的温水泡种 20 h，再进行消毒处理。红豆杉苗圃地应选择土壤湿润、疏松，便于排灌，土层浓厚的耕地，若是在山地培育，则保证阴坡坡度低于 25°，注意遮阴。经处理后的种子可于 3 月左右播种，播种量保持在 225 kg/hm^2 左右。依南方红豆杉的生物学特性与天然分布区域，其宜栽培于山坡中下部、坡脚、沟槽、阴坡、半阴坡处，坡度不宜超过 30°，注意土壤应深厚、肥沃，pH 保持在 5 ~ 7。扦插繁殖时间选择在 5 ~ 6 月。选择 1 ~ 4 年生的红豆杉，截取一段大约 10 cm 的木质实生枝做插条。栽培红豆杉的土壤挑选沙土、珍珠岩等比较粗糙的泥土作为扦插土，每天浇水 2 ~ 3 次，土壤的温度最好可以保持在 20 ~ 30 ℃。

红豆杉喜欢凉爽的气候，可以耐寒，也可以耐阴。喜欢湿润，但是怕涝。土壤要求疏松、肥沃并要排水性良好，以沙质土壤为佳。红豆杉属四季常青类植物，其干型挺拔、树型古朴、树叶整齐排列、树冠呈塔状，外形较为美观，入秋后果实成熟呈诱人的红色，与常青的树叶搭配，具优美的观赏效果。将其种植于庭院、公园、街道等处，均可作为一种良好的观赏材料。另外，红豆杉的树龄长、生命力强，被人们誉为“长寿树”，有长寿、吉祥之意，寓意荣华富贵，将其制成盆景置于家中，不但可装点房间，而且可体现主人的情趣。

056 南方红豆杉 *Taxus wallichiana* var. *Mairei*

科名：红豆杉科 属名：红豆杉属

形态特征:本变种与红豆杉的区别主要在于叶常较宽长,多呈弯镰状,上部常渐窄,先端渐尖,下面中脉带上无角质乳头状突起点,或局部有成片或零星分布的角质乳头状突起点,或与气孔带相邻的中脉带两边有一至数条角质乳头状突起点,中脉带明晰可见,其色泽与气孔带相异,呈淡黄绿色或绿色,绿色边带亦较宽而明显;种子通常较大,微扁,多呈倒卵圆形,上部较宽,稀柱状矩圆形,种脐常呈椭圆形。

分布与生境:产于安徽南部、浙江、台湾、福建、江西、广东北部、广西北部及东北部、湖南、湖北西部、陕西南部、甘肃南部、四川、贵州及云南东北部。河南主要分布在伏牛山一带。垂直分布一般较红豆杉低,在多数省区常生于海拔 1 000 ~ 1 200 m 以下的地方。

栽培利用:南方红豆杉的繁殖可采用种子繁殖和扦插繁殖,后期再育苗移栽。南方红豆杉种子采收时间一般在 10 月中下旬,种子休眠期较长,需要湿沙储藏 1 年后才能发芽。选择郁闭度在 0.6 ~ 0.7、坡度平缓、土层和有机质层深厚、排水良好的湿地松或马尾松成林地作为圃地。红豆杉一般于早春播种。在树木休眠萌动期,可以选择泥炭、沙土、珍珠岩等混合基质作为扦插土,选择 ABT、IAA、IBA 等药剂浸泡,提高成活率。嫩枝在整个生长季都可以扦插,但尽量错过夏季。一般来说,种子育苗后 1 ~ 2 年,扦插繁殖 1 年左右,苗高大于 30 cm 时即可移栽。移栽时间选择在秋季 10 ~ 11 月或春季 2 ~ 4 月萌芽前进行。造林地最好选择山坡中下部和河谷溪流两岸,以土质疏松、富含腐殖质、呈中性或微酸性的棕壤和暗棕壤为好。栽植后每年应抚育 2 ~ 3 次,抚育以中耕除草为主,并结合施肥,施肥以农家肥为主。幼树期应剪除萌蘖,以保证主干快长。雨季要注意谨防积水,以免烂根。南方红豆杉病害主要有根腐病和叶枯病等,要注意防治。

057 曼地亚红豆杉 *Taxus madia*

科名：红豆杉科 属名：红豆杉属

形态特征:灌木。树冠卵形,树皮灰色或赤褐色,有浅裂纹,枝条平展或斜上直立密生,1 年生枝绿色,秋后呈淡红褐色,2 ~ 3 年生枝呈红褐色或黄褐色。叶排成不规则的 2 列或略呈螺旋状,条形,为镰状弯曲,浓绿色,中肋稍隆起,背面灰绿色,有 2 条气孔带,雌雄异株,种子广卵形,生于鲜红色杯状肉质假种皮中,上部稍外露。4 ~ 5 月开花,7 ~ 8 月种子成熟,9 ~ 10 月可采收果实。

分布与生境:原产于美国、加拿大,是一种天然杂交品种。是我国20世纪90年代中期从加拿大引种而来的。现在四川、广西、山东等全国大部分地区均有栽培。河南多地有引种栽培,在郑州绿博园生长良好。

栽培利用:曼地亚红豆杉栽植选择川道、丘陵、缓坡的中下部及坡脚,阴坡或半阴坡,要求土壤pH值在5.8~8.0、土层深厚肥沃、土质疏松、排水良好,以沙土、沙壤土和壤土为佳。栽植前1个月,施入基肥。所选苗木必须经过1~2年时间炼苗,要求无病虫害。一般在春季2~3月或秋季9~10月栽植。其中,以秋季栽植为佳。栽植前,用1 500倍生根剂水溶液与黏细土调配泥浆,对种苗根须进行蘸浆处理。经过长途运输的种苗,要适当剪掉部分枝叶和根须再蘸浆。将蘸根后的种苗分发到栽植穴中。栽植成活后的前3年是幼树期管理阶段。当年冬季不用管理,可自然越冬,管理工作主要集中在春季。栽植后约60天,对未成活的苗木选用同龄苗及时补植,浇足清粪水确保成活。幼苗喜阴,到中龄期喜中性偏阳。栽植30天后开始追肥,每年2次,连续3年。3月下旬至4月上旬施氮肥,以促进枝条生长;8月上旬施磷钾复合肥,以促进新梢木质化和根系生长。定植3年后进入成树阶段,在春季萌芽前的2~3月进行修剪,主要是打顶,以促进多发侧枝形成较大树冠。每年4月中旬至6月上旬,间隔约15天施1次尿素和复合肥。3年的曼地亚基本都是带花蕾的,雄性曼地亚的花蕾比较大、比较明显,从8月花蕾开始明显,一直到来年的3月左右开花,给雌株授粉。雌株花蕾比较小,与芽很相似,开花的时候是一个小水珠,没有花粉。生长快,高度年生长实测40~90 cm,最高可达60~70 cm,是国内红豆杉(中国红豆杉、云南红豆杉等)的300%~700%生长量。3~4年生生物量积累为600~800株/年,5年生时产鲜原料1.5 kg以上,可用于提炼紫杉醇。次年又可萌生新的枝叶,其生物量还大于头年采收量

曼地亚红豆杉生物量十分巨大,生长时间短。其主根不明显,侧根发达,枝叶茂盛,萌发力强,耐低寒,能耐-25 ℃的低温。曼地亚红豆杉枝叶繁茂,能耐多次修剪,易造型,四季常青,其果实成熟时颜色鲜艳,给人以健康饱满的感受,是制作盆景的上好材料。曼地亚红豆杉具有侧根发达、生长速度快、对环境适应性强等优点,可广泛应用于营建水土保持林、水源涵养林,是正在实施的天然林保护工程、退耕还林工程等国家重点生态建设工程首选树种之一。

058 矮紫杉 *Taxus cuspidata*

科名:红豆杉科 属名:红豆杉属

形态特征:矮紫杉是东北红豆杉(紫杉)培育出来的一个具有很高观赏价值的品种。半球状密纵灌木。树型矮小,树姿秀美;叶螺旋状着生,呈不规则两列,与小枝约成45°角斜展,条形,基部窄,有短柄,先端且凸尖,上面绿色有光泽,下面有两条灰绿色气孔线。该树种具有较强的耐阴性,浅根性,侧根发达,生长迟缓;假种皮鲜红色,异常亮丽。花期

5 ~6月,种子9 ~10 月成熟。

分布与生境:原产日本,我国北京、吉林、辽宁、山东、上海、浙江等地有栽培。郑州绿博园有栽培。

栽培利用:矮紫杉的繁殖可采用种子直播和扦插两种育苗技术。种子繁殖:9 月下旬当种子呈现深红色时要及时采收。采后用清水浸泡,将纯净种子混湿沙藏于窖中,翌年春播前半月取出窑藏种子。播种床应筑在土壤疏松、结构良好、表土深厚、酸碱度适中的壤土地上。矮紫杉属耐阴性植物,小苗易发生日灼伤害,因此必须在播种床上设遮阴网。种子发芽期和保苗期浇水要遵循少量多次原则,苗木生产阶段遵循量多次少原则,秋季不旱时可少浇或不浇,以促进苗木木质化。扦插繁殖:由于矮紫杉种源不足,成苗率也不很高,因此为获得大量苗木,也可采用扦插育苗方法。扦插育苗应在 4 月下旬至 6 月下旬期间进行,可采用全光喷雾设备,以提高管理水平。插穗应由当年生新梢和 2 年生成熟枝条两部分组成。插床基质可用蛭石或珍珠岩,采用萘乙酸或生根粉做生根促进剂均可。当年苗要留床越冬,并做覆盖防寒。次春移栽时要做到随起随栽,移植后及时灌水,4 ~5 年即可用于绿化市场。

矮紫杉非常耐寒,又有极强的耐阴性,耐修剪,怕涝,喜生于富含有机质的湿润土壤中,在空气湿度较高处生长良好。矮紫杉枝叶繁茂、苍翠碧绿,因其生长缓慢、枝叶繁多而不易枯疏,剪后可较长时期保持原状,在欧美地区园林中常用于整剪为各种雕塑物像或作整形篱用,中国亦开始用于高山园或盆栽装饰,特别是近年来用于做观赏草坪上的点景植物。矮紫杉在园林绿化树适宜做庭院、街头绿地等处的观赏树,可列植、孤植、丛植等。矮紫杉是高档的造型树种,可修剪成各种形状,也可做绿篱,其常绿的叶片加上红豆状果实,形成的景观别具一格。

059 巴山榧树 *Torreya fargesii*

科名:红豆杉科　属名:榧树属

形态特征:乔木。树皮深灰色,不规则纵裂;一年生枝绿色,二、三年生枝呈黄绿色或黄色,稀淡褐黄色。叶条形,稀条状披针形,通常直,先端微凸尖或微渐尖,具刺状短尖头,基部微偏斜,宽楔形,上面亮绿色,无明显隆起的中脉。雄球花卵圆形,基部的苞片背部具纵脊,雄蕊常具 4 个花药,花丝短,药隔三角状,边具细缺齿。种子卵圆形、圆球形或宽椭圆形,肉质假种皮微被白粉,顶端具小凸尖,基部有宿存的苞片;骨质种皮的内壁平滑;胚乳周围显著地向内深皱。花期 4 ~5 月,种子 9 ~10 月成熟。

分布与生境:为我国特有树种。产于陕西南部、湖北西部、四川东部、东北部及西部峨眉山等地。河南商城县黄柏山有分布。散生于海拔 1 000 ~1 800 m 的针、阔叶林中。

栽培利用:选择土层深厚、疏松、肥沃的沙壤土苗圃地播种育苗。清除杂草和石砾,深挖翻土 20 cm 以上,整地做成苗床。播种前适量施农家肥,并进行土壤消毒,随后用塑料薄膜覆盖苗床,2 天后将湿沙层积发芽种子按不同种源地分区播于苗床上。于 3 月初播种,采用条播,种子间距 10 cm×10 cm,上面覆盖 2 cm 左右的细沙,浇透水。搭建简易塑料棚,以提高土壤温度,促进根系生长和幼芽发育。幼苗出苗前,每隔 4 天左右浇透水 1 次。幼苗出土后,随着气温升高、光照增强,拆除塑料薄膜,及时换上遮阳网,避免强光和高温对幼苗的危害;勤浇水,保持土壤湿润;及时除草、疏松土壤。

巴山榧树较喜温凉气候,分布于中亚热带山地湿润季风气候区,适生于酸性或微酸性的山地黄壤,在土壤深厚肥沃、排水良好的土壤上生长良好,在土层浅薄的环境也能生长。巴山榧树木材坚硬,结构细致,可做家具、农具等,种子可榨油,同时也是我国亚热带山区森林更新和荒山造林的优良树种,具有较高的经济价值和生态价值。

060 杨梅 *Myrica rubra*

科名:杨梅科　属名:杨梅属

形态特征:常绿乔木。树皮灰色,树冠圆球形。小枝无毛,皮孔少而不显著,幼嫩时仅被圆形而盾状着生的腺体。叶革质,无毛,常密集于小枝上端部分;长椭圆状或楔状披针形,顶端渐尖或急尖,边缘中部以上具稀疏的锐锯齿,基部楔形;上面深绿色,下面浅绿色,被有稀疏的金黄色腺体。花雌雄异株。雄花序单独或数条丛生于叶腋,圆柱状,不分枝呈单穗状。雌花序常单生于叶腋。核果球状,外表面具乳头状凸起,外果皮肉质,多汁,味酸甜,成熟时深红色或紫红色;核常为圆卵形,内果皮极硬,木质。4 月开花,6~7 月果实成熟。

分布与生境:产于江苏、浙江、台湾、福建、江西、湖南、贵州、四川、云南、广西和广东。豫南地区有栽培。生长在海拔 125~1 500 m 的山坡或山谷林中,喜酸性土壤。

栽培利用:适合杨梅生长的土壤 pH 值为 5.5~6.0。对于 pH 值 5.5 以下的山地建园,可通过施用生石灰的方式调整土壤的 pH 值,一般于春季和秋季施用 2 次。根据杨梅园土壤的实际情况,通过残枝杂草覆盖、培客土和增施有机肥等措施改良土壤。杨梅园肥料管理以农家肥和有机肥为主,以化学肥料为辅。3 月中旬前看树施,对花量多、树势中等的树,一般施硫酸钾 0.5~1.0 kg/株或草木灰 15~20 kg/株,树势弱的可加施复合肥 0.3~0.5 kg/株,以满足开花、坐果和春梢生长的需要。果实坐果后看树施,时间在 5 月中旬。挂果多、树势弱的树,再补充施入硫酸钾 0.5~1.0 kg/株,促进幼果发育膨大;树势强、挂果少的树不施。

园林用杨梅大树移栽技术:大树移栽的时期以秋季最好,春季次之。杨梅喜在含石砾的酸性或微酸性的红壤或黄壤土上生长。移栽前先挖好定植穴,直径 1~1.5 m,深为 1 m,穴内先填少量的小石砾,以利排水,再填入肥沃的红壤或黄壤土。杨梅树一般选择树龄在 6~10 年生,主干直径 6~10 cm,原树高度与冠幅均在 2~3.5 m,并在生长密度较大的杨梅园中选取。杨梅大树要求随挖随栽,以提高成活率。

杨梅为迄今为止所发现的亚热带地区最耐瘠薄及防止水土流失的最优树种之一；杨梅能共生固氮，耐旱耐瘠，省工省肥，是山地退耕还林、保持生态的理想树种，早春开花。杨梅树性强健，耐寒耐旱，适应性广，栽培容易。初夏成熟，果色红艳，风味佳美，成熟期又值一年中鲜果淡季，倍受群众青睐。杨梅在园林上应用很广，可作为城市行道树、休闲观光杨梅果园，公园绿化树种、居住小区的绿化树种，可采用孤植、对植或丛植方式栽植，既提高环境质量，又可以收获果实。

061 橿子栎 *Quercus baronii*

科名：壳斗科　属名：栎属

形态特征：半常绿灌木或乔木。小枝幼时被星状柔毛，后渐脱落。叶片卵状披针形，顶端渐尖，基部圆形或宽楔形，叶缘1/3以上有锐锯齿，叶片幼时两面疏被星状微柔毛，叶背中脉有灰黄色长茸毛，后渐脱落。雄花序花序轴被茸毛；雌花序具1至数朵花。壳斗杯形，包着坚果1/2～2/3；小苞片钻形，反曲，被灰白色短柔毛。坚果卵形或椭圆形；顶端平或微凹陷，柱座长约2 mm，被白色短柔毛；果脐微突起。花期4月，果期翌年9月。

分布与生境：产于山西、陕西、甘肃、湖北、四川等省。河南太行山、伏牛山均有分布。生于海拔500～2 700 m的山坡、山谷杂木林中，常生于石灰岩山地。

栽培利用：橿子栎以直播造林为主，也可采用植苗造林和萌芽更新。良种采集：橿子栎靠种子繁殖，应选择立地条件好、树体健壮、无病虫害、树干通直的林分作为种子林。种子9～10月成熟，应选择有光泽、饱满、粒重、无病虫害的作种。一般随采随播。需储藏的，采摘后应及时风干，拌种，或用60 ℃的温水浸种10～15 min，以起到杀虫作用，然后沙藏，待播种。播种移栽：整地时要施足底肥，深耕细耙做畦。苗床宽1 m，长度随地势而定，行距15 cm，先开5～7 cm小沟，然后将种子均匀撒在沟内，封土踏实，每公顷用种量300 kg。第二年出苗后应及时中耕、除草、施肥、浇水及病虫害防治。晚秋和来年春天即可移栽。播种造林：在预先整好的土地上，每穴位播种5～6粒种子，要求均匀播在穴内，然后用湿润的碎土覆盖3～4 cm厚，轻轻压实。若在秋季播种，覆土应略厚一点，为防治鸟兽害及虫害。在播后第一、第二年，每年松土除草2～3次，以后1～2次。立地条件较好时，第二、第三年就需开始间苗。立地条件差可适当推迟，待苗木生长稳定时，才可将纤弱苗除去。

橿子栎作为中国北方干旱和水土流失严重地区发展生物质能源的优良树种之一，不仅具有重要的生态学价值，同时其本身木材坚硬，种子、树皮、壳斗都有较大的经济价值。其中，种子含淀粉为60%～70%，可以食用、酿酒、浆纱或作饲料，树皮、壳斗等经加工可制栲胶，是一种很好的化工原料，木材坚硬，耐久，耐磨损，可供车辆、家具等用材，具有重要的经济价值。

062 匙叶栎 *Quercus dolicholepis*

科名：壳斗科 属名：栎属

形态特征:乔木。小枝幼时被灰黄色星状柔毛,后渐脱落。叶革质,叶片倒卵状匙形、倒卵状长椭圆形,顶端圆形或钝尖,基部宽楔形、圆形或心形,叶缘上部有锯齿或全缘,幼叶两面有黄色单毛或束毛,老时叶背有毛或脱落;叶柄有茸毛。雄花序花序轴被苍黄色茸毛。壳斗杯形,包着坚果2/3～3/4;小苞片线状披针形,赭褐色,被灰白色柔毛,先端向外反曲。坚果卵形至近球形,顶端有茸毛,果脐微突起。花期3～5月,果期翌年10月。

分布与生境:产于山西、陕西、甘肃、湖北、四川、贵州、云南等省。河南主要分布于伏牛山。生于海拔500～2 800 m的山地森林中,喜温凉湿润气候和肥沃深厚土壤。

栽培利用:选择健壮母树,果皮由青色转棕褐色时即采种。采回及时浸入水中2～3天,窒杀果内害虫,然后混润沙储藏于地窖里。圃地宜土壤深厚、疏松和比较隐蔽的环境,也可在林中空地或山冲地带育苗。为避免鼠害,以春播为好。细致整地,施足基肥,做床条播,条距15 cm左右。播种前,储藏的种子如尚未发芽,要进行催芽,方法是用冷水浸3～5天,待胚根萌发出0.2～0.5 cm时,搓断胚根尖头后再播下,促使多发侧根。每亩播种80～100 kg,在沟内实行点播,种子宜平放,覆土约2 cm,再适量覆草。待种子发芽出土1/3时就可揭除盖草,松土除草。当苗高10～15 cm时进行间苗,每平方米保留苗木50～60株,每亩产苗2万～3万株。如种实没有经过断胚根处理,间苗后,要用铁铲子15 cm深处切断主根,促进侧根生长。一般培育两年出圃造林。

匙叶栎木材坚硬、耐久,可供制车辆、家具用材;种子含淀粉,树皮、壳斗含单宁,可提取栲胶。

063 岩栎 *Quercus acrodonta*

科名：壳斗科 属名：栎属

形态特征:乔木。有时灌木状。小枝幼时密被灰黄色短星状茸毛。叶片椭圆形、椭圆状披针形或长倒卵形,顶端短渐尖,基部圆形或近心形,叶片中部以上有刺状疏锯齿,叶背密被灰黄色星状茸毛;叶柄密被灰黄色茸毛。雄花序花序轴纤细,被疏毛,花被近无毛;雌花序生于枝顶叶腋,着生2～3朵花,花序轴被黄色茸毛。壳斗杯形,包着坚果1/2;小苞片椭圆形,覆瓦状排列紧密,除顶端红色无毛外被灰白色茸毛。坚果长椭圆形,顶端被灰黄色茸毛,有宿存花柱;果脐微突起。花期3～4月,果期9～10月。

分布与生境:产于陕西、甘肃、湖北、四川、贵州和云南等省。河南产于伏牛山、大别山。生于海拔 300 ~2 300 m 的山谷或山坡。

栽培利用:直播造林宜在土壤疏松的山地进行,每穴种子 5 粒,成梅花形排列,覆土 3 ~5 cm。冬播的覆土应厚些。实生苗造林一年生幼苗主根特别发达,侧根稀少,必须严格掌握栽植技术。造林前苗木进行修剪枝叶,剪去 2/3 的枝叶和过长的主根,选择阴天或小雨天随起苗随栽植,根部打泥浆,栽时根系舒展,层层放土压实,埋土可至根际 8 ~10 cm 处。

岩栎耐贫瘠,是石漠化地区重要的造林树种。木材坚硬,为优良木制车轴和农具柄用材。

064 乌冈栎 *Quercus phillyreoides*

科名:壳斗科 属名:栎属

形态特征:灌木或小乔木。小枝纤细,灰褐色,幼时有短茸毛,后渐无毛。叶片革质,倒卵形或窄椭圆形,顶端钝尖或短渐尖,基部圆形或近心形,叶缘中部以上具疏锯齿,两面同为绿色,老叶两面无毛或仅叶背中脉被疏柔毛;叶柄被疏柔毛。雄花序纤细,花序轴被黄褐色茸毛;雌花序柱头 2 ~5 裂。壳斗杯形,包着坚果 1/2 ~2/3;小苞片三角形,覆瓦状排列紧密,除顶端外被灰白色柔毛,果长椭圆形,果脐平坦或微突起。花期 3 ~4 月,果期 9 ~10 月。

分布与生境:分布于中国陕西、浙江、江西、安徽、福建、湖北、湖南、广东、广西、四川、贵州、云南等省区。河南主要分布于伏牛山区。生长在海拔 300 ~1 200 m 的山坡、山顶和山谷密林中,常生于山地岩石上。

栽培利用:利用种子播种繁殖,种子成熟后及时采收沙藏,在 1 月播种,发芽率 100%;其幼苗发育良好,主根在土中不规则伸展、较细、弯曲,侧根发达,而扦插繁殖,乌冈栎难于生根,常规的技术手段如 IBA 诱导、遮阳处理等均对其根部愈伤的形成没有多大的影响,其生根周期较长,且成活率不高。

乌冈栎属于常绿植物,其叶呈深绿色,枝繁叶茂,它萌蘖性、再生性强,适合于各种绿篱造型的修剪,并且具有较强的抗病虫害能力。此外,乌冈栎的叶、花、果均小而密,适合于绿篱作为背景墙的功能。因此,选择乌冈栎种植于庭院四周、一般建筑物边缘、喷泉、背景图等,具有极佳的景观效果。乌冈栎树冠浓密,枝条形态奇特,可在庭院内、亭台前后、路旁、草坪上孤植。乌冈栎的资源开发利用具有极广阔的前景,尤其作为园林观赏植物、能源植物、淀粉植物,以及水土保护与荒山绿化等方面。在园林应用方面,日本已经对乌冈栎进行了引种驯化,在盆景、道路、景观绿化等方面进行了尝试,取得了一定的成效;作为能源植物,乌冈栎的木材和果实分别是烧制上等白炭与提炼乙醇的上等原材料,如何深度开发使其发挥更高的经济价值值得进一步深入研究;水土保持和生态恢复方面,乌冈栎具有耐寒、耐旱、耐贫瘠、根系发达等优点,这些优点是许多树种所不具备的,具有较强的竞争力。

065 青冈 *Cyclobalanopsis glauca*

科名:壳斗科 属名:青冈属

形态特征:乔木。小枝无毛。叶片革质,倒卵状椭圆形或长椭圆形,顶端渐尖或短尾状,基部圆形或宽楔形,叶缘中部以上有疏锯齿,叶背支脉明显,叶面无毛,叶背有整齐平伏白色单毛,老时渐脱落,常有白色鳞秕。雄花序轴被苍色茸毛。果序着生果 2 ~ 3 个。壳斗碗形,包着坚果 1/3 ~ 1/2,被薄毛;小苞片合生成 5 ~ 6 条同心环带,环带全缘或有细缺刻,排列紧密。坚果卵形、长卵形或椭圆形,无毛或被薄毛,果脐平坦或微凸起。花期 4 ~ 5 月,果期 10 月。

分布与生境:产于陕西、甘肃、江苏、安徽、浙江、江西、福建、台湾、湖北、湖南、广东、广西、四川、贵州、云南、西藏等省区。河南大别山、伏牛山均有分布。生于海拔 60 ~ 2 600 m 的山坡或沟谷,组成常绿阔叶林或常绿阔叶与落叶、阔叶混交林。本种是本属在我国分布最广的树种之一。

栽培利用:青冈 9 ~ 10 月种子逐步开始成熟,入冬后种子即可完全成熟,种皮由青色转褐色时即可采集。种子采集后用水选的方法选择优良种子。青冈栎种子含水量高,种子晾干表面水分后,宜立即湿沙储藏,并注意通风。青冈一般采用实生苗培育技术,在春初或随采随播的方法进行。苗圃选择在土壤疏松、深厚的稻田,可以选择平缓山坡下部土壤疏松、深厚的地段,冬播或秋播均可,以沟状条播为宜。翌年入春后开始出苗,出苗 1/3 时即可揭除稻草,注意遮阴和喷水。幼苗出齐后适当间苗。由于青冈 2 月上旬树液开始流动,越冬芽开始萌发,因此造林季节要适当提前,从每年的 11 月底到翌年 2 月初最为适宜,雨水节气之后造林的成活率明显降低。造林方法一般多采用实生苗造林。青冈生长较快,因此应加大抚育的强度,在栽植的前 5 年,每年进行抚育,头 3 年每年松土除草 2 次,分别在 5 月和 9 月各 1 次,第 4、5 年每年 1 次,在 9 月进行。幼林抚育应注意施肥,一般造林的头 5 年,每年于春季展叶前每株穴施复合肥 0. 25 ~ 0. 5 kg。

青冈用途广泛,是重要的园林绿化树种,也可作为防火、防风林树种,也是重要的经济、用材树种。由于青冈耐贫瘠,喜钙质土壤,因此在我国的应用前景良好。青冈栎的木材坚硬,韧度高,干缩较大,耐腐蚀,可做家具、地板等,是非常具有开发前景的用材树种。由于青冈根系发达、侧枝多、生物量大等特点,青冈在我国南方地区还广泛用作薪炭材、水保树种,能保持水土、改善土壤肥力,具有极为重要的生态效益。

066 小叶青冈 *Cyclobalanopsis myrsinifolia*

科名：壳斗科　属名：青冈属

形态特征:乔木。小枝无毛,被凸起淡褐色长圆形皮孔。叶卵状披针形或椭圆状披针形,顶端长渐尖或短尾状,基部楔形或近圆形,叶缘中部以上有细锯齿,侧脉常不达叶缘,叶背支脉不明显,叶面绿色,叶背粉白色,干后为暗灰色,无毛;叶柄无毛。壳斗杯形,包着坚果1/3~1/2,壁薄而脆,内壁无毛,外壁被灰白色细柔毛;小苞片合生成6~9条同心环带,环带全缘。坚果卵形或椭圆形,无毛,顶端圆,柱座明显,有5~6条环纹;果脐平坦。花期6月,果期10月。

分布与生境:北自陕西,东自福建、台湾,南至广东、广西,西南至四川、贵州、云南等省区。河南产于大别山、伏牛山、桐柏山区。该种为中性喜光树种,幼年稍耐蔽荫,好生于层比较深厚、肥沃之处。生于海拔200~2 500 m的山谷、阴坡杂木林中。

栽培利用:小叶青冈9~10月种子逐步开始成熟,入冬后种子即可完全成熟,种皮由青色转褐色时即可采集。种子采集后用水漂选种。种子晾干表面水分后,宜立即湿沙储藏。青冈一般采用实生苗培育技术,在春初或随采随播的方法进行。小叶青冈外种皮和胚及胚乳均存在抑制种子萌发的抑制物质,其抑制了小叶青冈的发芽率和根长的生长,因此必须对小叶青冈种子进行适当处理才能促进其发芽。500 mg/L溶液和30 mg/L 6-BA浸种能有效地打破小叶青冈种子的休眠,另外还需要对小叶青冈种子进行层积处理。小叶青冈种子在25 ℃时,小叶青冈种子的萌发率在能达到70%。栽植时,每穴施基肥复合肥0.25 kg、磷肥0.5 kg、农家肥1.5~2 kg,或微生物肥料2.5~3.5 kg。选择Ⅰ、Ⅱ级苗,侧根发达造林成活率最高。由于青冈2月上旬树液开始流动,越冬芽开始萌发。因此,造林季节要适当提前,从每年的11月底到翌年2月初最为适宜,雨水节气之后造林的成活率明显降低。

小叶青冈是优质的珍贵用材树种,是重要的园林绿化树种,而且具有极强的观赏价值。

067 巴东栎 *Quercus engleriana*

科名：壳斗科　属名：栎属

形态特征:乔木。树皮灰褐色,条状开裂。小枝幼时被灰黄色茸毛,后渐脱落。叶片椭圆形、卵形、卵状披针形,顶端渐尖,基部圆形或宽楔形,稀为浅心形,叶缘中部以上有锯齿,有时全缘,叶片幼时两面密被棕黄色短茸毛,后渐无毛或仅叶背脉腋有簇生毛,叶面中脉、侧脉平坦,有时凹陷;叶柄幼时被茸毛,后渐无毛;托叶线形,背面被黄色茸毛。雄花序生于新枝基部,花序轴被茸毛,雄蕊 4 ~ 6;雌花序生于新枝上端叶腋。壳斗碗形,包着坚果 1/3 ~ 1/2;小苞片卵状披针形,中下部被灰褐色柔毛,顶端紫红色,无毛。坚果长卵形,无毛,果脐突起。花期 4 ~ 5 月,果期 11 月。

分布与生境:产于陕西、江西、福建、湖北、湖南、广西、四川、贵州、云南、西藏等省区。河南主要产于伏牛山、桐柏山区。生于海拔 700 ~ 2 700 m 的山坡、山谷疏林中。

栽培利用:用种子繁殖,坚果变黄褐色时可以采种。坚果采回后,也可用 60 ℃温水浸泡 10 min。种子处理后,混湿沙 4 ~ 5 倍,分层堆积储藏于地窖内或温室中,定期翻动检查,严防干沙和室温过高,至使果皮开裂或提前发芽;也可随采随播,发芽率更高。圃地应选择海拔较高,土壤肥沃、湿润和排水良好的地方,阴坡或半阴坡为好,注意水肥管理,苗期生长缓慢,2 ~ 3 年方可出圃造林。林地选海拔 800 m 以上缓坡或山坡中下部,造林前应将林地低价值林木全部清除,并局部清理非目的树种,使林地留有部分价值较高的天然林木,有利巴东栎幼树生长和防止水土严重流失。该种树冠较窄,可适当密植,每亩 200 ~ 250株为宜。

巴东栎耐阴,喜温凉潮气候和土层深厚、腐殖质含量丰富的酸性黄壤或黄棕壤,但也适应干燥瘠薄地,在山脊、山顶和悬崖壁上也能生长。巴东栎木材坚重,气干密度 0.722 g/cm^3,供作桩木、农具、木滑轮等用材;树皮及壳斗可制栲胶。

068 刺叶高山栎 *Quercus spinosa*

科名:壳斗科 属名:栎属

形态特征:乔木或灌木。小枝幼时被黄色星状毛,后渐脱落。叶面皱褶不平,叶片倒卵形、椭圆形,顶端圆钝,基部圆形或心形,叶缘有刺状锯齿或全缘,幼叶两面被腺状单毛和束毛,老叶仅叶背中脉下段被灰黄色星状毛,其余无毛,中脉、侧脉在叶面均凹陷,中脉之字形曲折。雄花序轴被疏毛。壳斗杯形,包着坚果 1/4 ~ 1/3;小苞片三角形,排列紧密。坚果卵形至椭圆形。花期 5 ~ 6 月,果期翌年 9 ~ 10 月。

分布与生境:产于陕西、甘肃、江西、福建、台湾、湖北、四川、贵州、云南等省。河南鲜见于高山区,郑州树木园有引种栽培。生于海拔 900 ~ 3 000 m 的山坡、山谷森林中,常生于岩石裸露的峭壁上。

栽培利用:刺叶高山栎 10 月下旬种子成熟,可以进行采种,采收种子消毒清洗后,湿沙储藏。种子适宜随采随播,播种时间在土层封冻前,以条播为主。刺叶高山栎由于秋季播种出苗较早,在幼苗出土期一定要做好防霜冻措施,并及时中耕除草。刺叶高山栎一般采用叶面追肥的方式进行。在苗木出土进入速生期之后,要适时进行苗木叶面追肥。当苗木进入秋季时,停止使用氮肥,增施磷钾肥。在种子发芽和幼苗期注意勤灌水。

刺叶高山栎是常绿阔叶树种，萌芽性强，耐修剪，在圃地及绿化培养过程中，应加强整形修剪，通过整形修剪，可以使树冠按照园林设计需求发展，培养出主干通直圆满，树冠匀称，紧凑牢靠、优美的树形。通过整形修剪也可以使树体得到一定程度的矮化，满足人们的视觉审美要求。

069 弗吉尼亚栎 *Quercus virginiana*

科名：壳斗科　属名：栎属

形态特征：树型高大，独特、优美的延展性拱形树冠，可形成一个宽大圆形的遮蓬，乔木，单叶互生，椭圆倒卵形，全缘或刺状，略外卷；表面有光泽，新叶黄绿色渐转略带红色，老叶暗绿，背面无毛，灰绿。嫩枝树皮由黄绿转暗红，老枝灰白，当年枝较纤细，柔韧性佳，老枝坚韧硬度强。

分布与生境：弗吉尼亚栎原产于美国东南部；在俄克拉哈马州南部和莫西科东北山区也有零星分布。湖南、浙江、山东等省有引种栽培，河南郑州、驻马店等地有栽培。

栽培利用：可采用播种育苗和扦插育苗进行繁殖。采种后，水漂选种。播前放在20～25 ℃空调房间中催芽。一般选用穴盘或育苗框播种。播种基质可用70%广东泥炭（纤维较粗，通透性好）+30%珍珠岩；因弗吉尼亚栎根系发达，穴盘须选用60穴高盘林木种子专用穴盘。将基质先装好盘，在基质中用竹筷打一小孔，把已发芽种子的胚根插入小孔中，种子平放（这是根据弗吉尼亚栎胚根、胚芽生长特性确定的，这与许多种子不同，需十分注意）按压入基质当中，一般种子离穴盘上部1 cm为好，弗吉尼亚栎种子为子叶留土的种子，在种子播好后，再在上部覆盖一层蛭石，浇好水，穴盘覆膜保温保湿。也可以进行框播，在最后未发芽种子播种中采用，先在育苗框中铺好2/3的介质，介质表面平整。然后再将种子密播在框子中，一般种子间稍留1 cm左右的空隙，每盘的播种量为330～400粒种子。播好后覆盖1 cm左右的基质，在苗床上摆放好，浇透水，覆膜保温。也可扦插育苗。扦插时间以秋季9月上中旬为宜，可做到成活后过冬，在春季及时移栽。插穗留叶数以留3叶为宜。插穗处理以15 000～20 000 mg/kg萘乙酸蘸根处理为宜。弗吉尼亚栎适应性较强，对土质要求不太严格，尤其在土层深厚、排水透气性能较好的土壤里生长速度快，长势好。弗吉尼亚栎因横向生长较快，种植过密，往往会出现光照不良，枝条长势弱、易落叶。所以，种植时应保持一定的株行距，短期定植株行距为0.5 m×1 m，即19 500株/hm^2，中期定植间距可为1 m×1.5 m，种6 000株/hm^2。同时，弗吉尼亚栎病虫害较少，如蛀干虫、蚜虫、黄刺蛾等主要病虫害，易于防治和维持树势。弗吉尼亚栎喜欢湿润环境，在生长季节要保证水分供应。

弗吉尼亚栎抗风、耐盐碱、耐瘠薄、耐水湿、耐低温。喜沙质土壤。弗吉尼亚栎冠幅优美宽大，养护粗放、低成本，在园林生产中已被人们日益重视，现已用作行道树、公园景观树、庭院绿化树等，同时可以美化环境与营造生机。是滩涂湿地、盐碱地绿化及沿海防风林建设中不可多得的优良常绿阔叶树种。该种可以作为河南中南部地区常绿树种资源适量发展。

070 柯 *Lithocarpus glaber*

科名：壳斗科 属名：柯属

形态特征：乔木。一年生枝、嫩叶叶柄、叶背及花序轴均密被灰黄色短茸毛，二年生枝的毛较疏且短，常变为污黑色。叶革质或厚纸质，倒卵形、倒卵状椭圆形或长椭圆形，顶部突急尖，短尾状，或长渐尖，基部楔形，上部叶缘有2～4个浅裂齿或全缘，中脉在叶面微凸起；雄穗状花序多排成圆锥花序或单穗腋生；雌花序常着生少数雄花。果序轴通常被短柔毛；壳斗碟状或浅碗状；坚果椭圆形，顶端尖，或长卵形，有淡薄的白色粉霜，暗栗褐色，果脐深达2 mm。花期7～11月，果次年同期成熟。

分布与生境：产于秦岭南坡以南各地，但北回归线以南极少见，海南和云南南部不产。河南新县、商城县均有分布。生于海拔约1 500 m以下坡地杂木林中，阳坡较常见，常因被砍伐，故生成灌木状。

栽培利用：10～11月，柯坚果由青色变栗褐色时成熟，选择生长健壮、结果率高、无病虫害的优良单株作为采种母树。种子采集后用细润沙在室内采用层积法储藏。播种前种子用90 ℃的开水淋泼一遍，并用温水浸种24 h后播种。柯苗主根生长强，裸根苗移植成活率低，可采用营养袋苗造林以确保造林成功。营养土采用黄心土50%＋腐殖土30%＋火烧土20%配置，营养袋装好土后用竹签在中间插一个深约2 cm的小孔，用于芽苗移植。当芽苗长到2～3 cm时起苗，剪去主根长度的1/3～2/3，植入营养袋。及时浇水，遮上透光率30%的遮阴网，60天后阴雨天期间揭开遮阴网，不再遮阴。9月中旬左右，苗木根系开始穿透营养袋，此时进行苗木分级和移袋，不同规格苗木分级管理，促苗木侧根生长。造林地宜选择土层深厚、土质疏松、土壤肥力较好的山坡中下部及山谷地带，山脊、山顶及山坡上部不宜种植柯。挖穴规格50 cm×50 cm×40 cm，株行距2.0 m×2.5 m或3.0 m×2.5 m配置，每穴施基肥(复合肥)250 g。栽后3年，每年分别于4～5月和9～10月抚育两次，结合除草浅松土扩穴，在幼树树冠滴水外围开环形沟，每株追施复合肥150 g，覆土。下次抚育在另一侧开沟施肥。环形沟随着幼树长大而向外扩展，施肥量适当增加。

柯是常绿乔木，是我国南亚热带地区广泛分布的优良用材林、水源涵养林和水土保持林树种，木材纹理直、质地硬，光泽好，是家具、建筑、船只及胶合板贴面的良好材料来源。

071 苦槠 *Castanopsis sclerophylla*

科名：壳斗科　属名：锥属

形态特征：乔木。树皮浅纵裂，片状剥落，小枝灰色，散生皮孔，当年生枝红褐色，略具棱，枝、叶均无毛。叶二列，叶片革质，长椭圆形，卵状椭圆形或兼有倒卵状椭圆形，顶部渐尖或骤狭急尖，短尾状，基部近于圆或宽楔形，通常一侧略短且偏斜，叶缘在中部以上有锯齿状锐齿，很少兼有全缘叶，成长叶叶背淡银灰色。花序轴无毛，雄穗状花序通常单穗腋生。壳斗圆球形或半圆球形，全包或包着坚果的大部分，壳壁厚不规则瓣状爆裂，小苞片鳞片状，大部分退化并横向连生成脊肋状圆环，或仅基部连生，呈环带状突起，外壁被黄棕色微柔毛；坚果近圆球形，顶部短尖，被短伏毛，果脐位于坚果的底部。花期 4 ~5 月，果当年 10 ~11 月成熟。

分布与生境：产于长江以南五岭以北各地，西南地区仅见于四川东部及贵州东北部。河南信阳有栽培。见于海拔 200 ~1 000 m 丘陵或山坡疏或密林中，常与杉、樟混生，村边、路旁时有栽培。喜阳光充足，耐旱。

栽培利用：选一年生健壮母树在 10 月下旬当壳斗呈茶褐色时采种，采回的种子可立即播种，如不立即播种，应及时沙藏，沙藏时不宜过湿，可与干沙埋于避风雪处。应选择排灌条件好的开阔地带作为圃地，在鼠害严重或早春幼苗萌芽出土时有冻害的地区，宜春播、条播，每亩播种量约 60 kg。选择海拔 600 m 以下的低山山区或丘陵黄壤或红壤土均可造林，土壤酸碱度应在 5 ~6. 5。2 月至 3 月上旬以苦槠的芽还未萌动之前栽植为最好。裸根苗采用“三覆二踩一提苗”的通用造林方法，如果是容器苗在容器袋解散过程中要确保容器中的土壤不散。在头一年及时剪除树根处的萌发枝、树干上的霸王枝，确保主茎的生长。在头 3 ~5 年于每年芽子萌发前在树冠周围开沟，每株施复合肥 0. 25 kg。幼林抚育宜在生长高峰和雨水较少季节进行，造林的第一年抚育次数宜多，一般以不少于 3 次较好。

树叶有光泽，枝叶常以螺旋状排列上升，有很大的观赏价值，雄花序穗状，乳白色，有香气，树干高耸，枝叶茂密，四季常绿，冠形优美，宜在庭园中孤植、丛植、混交栽植或作风景林、防护林及公路、厂矿绿化、园林绿化树种应用。

072 珍珠莲 *Ficus sarmentosa* var. *henryi*

科名：桑科　属名：榕属

形态特征：木质攀缘匍匐藤状灌木。幼枝密被褐色长柔毛，叶革质，卵状椭圆形，长8～10 cm，宽3～4 cm，先端渐尖，基部圆形至楔形，表面无毛，背面密被褐色柔毛或长柔毛，基生侧脉延长，侧脉5～7对，小脉网结成蜂窝状；叶柄长5～10 mm，被毛。榕果成对腋生，圆锥形，直径1～1.5 cm，表面密被褐色长柔毛，成长后脱落，顶生苞片直立，长约3 mm，基生苞片卵状披针形，长3～6 mm。榕果无总梗或具短梗。

分布与生境：产于台湾、浙江、江西、福建、广西（大苗山）、广东、湖南、湖北、贵州、云南、四川、陕西、甘肃。河南伏牛山南部、大别山、桐柏山均有分布。本变种广泛分布于秦岭、淮河以南，自东向西海拔渐高，广西升至900 m，陕西升至1 200 m，贵州升至1 800 m，云南升至2 500 m。

栽培利用：珍珠莲容易繁殖，在实际生产中，采用扦插繁殖能够达到快速繁育的目的。它栽培技术简单，只要气候、土壤、水分适宜，在雨季栽种，成活率高达90%以上。一般3月上旬至4月上旬气温升高后是扦插繁殖的最好时期，剪取1年生枝条长10～15 cm，扦插基质不限，细沙或壤土均可。如果不需要快速长出，还可以直接扦插在需要绿化的地点，株行距为15 cm×15 cm，3月扦插，5月底便可以封行。同时，扦插试验显示，带有一个节的茎段就有可能发展成一个种群，因为其节触地生根的特性很容易长出新的植株。据多年的栽培经验，珍珠莲地栽后，在苗期要注意浇水和拔除杂草，封行后每周浇水1次即可。在营养生长季节，对N、P的需求量较大，可根据其长势和立地条件，在雨天撒施一些含N、P较高的尿素、复合肥，以促进苗木生长。珍珠莲抗逆性强，适宜粗放管理，种植后无须经常更换和经常性的人工修剪。偶尔会有食叶害虫发生，需早防治。

珍珠莲是绿化岩石园、园林假山的好材料，与岩石搭配，其茎叶能够柔化岩石生硬的外表，使线条自然化。耐贫瘠，节水耐旱，可附着在石壁上生长，将其栽植于石头缝隙间，覆盖在岩石上、假山石的表面或与山石配置，能形成独特的山野风光。根系强大，纵横交错的匍匐茎紧贴地面，能迅速蔓延生长，在地表形成一个稳定的结构层，使地面能够抵挡住狂风暴雨的袭击，同时其叶片较大，在防止雨水对土壤的直接冲蚀方面也能发挥作用，再加上其木质藤具有斜向支撑力，能够加固土层，是一种优良的水土保持植物，在公路护坡、河岸、边坡绿化中可发挥重要的作用。其匍匐茎可以无限伸长，可用在高楼大厦的走廊花坛、屋顶高台或立交桥进行悬垂绿化。瘦果水洗可制作冰凉粉。

073 爬藤榕 *Ficus sarmentosa* var. *Impressa*

科名：桑科 属名：榕属

形态特征:藤状匍匐灌木。叶革质,披针形,长 4 ~ 7 cm,宽 1 ~ 2 cm,先端渐尖,基部钝,背面白色至浅灰褐色,侧脉 6 ~ 8 对,网脉明显;叶柄长 5 ~ 10 mm。榕果成对腋生或生于落叶枝叶腋,球形,直径 7 ~ 10 mm,幼时被柔毛。花期 4 ~ 5 月,果期 6 ~ 7 月。

分布与生境:华东、华南、西南常见,北至陕西、甘肃。河南产于伏牛山南部、大别山、桐柏山。常攀缘于树上、岩石上或陡坡峭壁及屋墙上。

栽培利用:《河南植物志》记载有纽榕(*Ficus sarmentosa*),在《中国植物志》中已归并至爬藤榕。爬藤榕可用扦插进行繁殖。外源 IBA 可有效地促进爬藤榕扦插生根。150 mg/L IBA 浸泡 10 h,生根率最高。扦插时间以 4 月中旬为宜,插穗经过长时间低浓度的浸泡在混合基质和珍珠岩中生根效果好。

爬藤榕观赏性状优良,叶革质,披针形,叶表皮光滑油亮,球形榕果成对腋生,凌冬不凋,枝条蔓性极强,可被广泛应用于棚架、花格、栏杆、亭廊、山石、屋顶等造景形式,形成优美的植物景观,也适于立交桥、挡土墙、建筑立面、假山、采石场绿化美化,在万物凋零的寒冬,造景效果更显一斑;天然生境特殊,常攀缘在树上或石壁上,具有保持水土和防风固沙的效用,对于荒山绿化具有重要意义。

074 薜荔 *Ficus pumila*

科名：桑科 属名：榕属

形态特征:攀缘或匍匐灌木。叶两型,不结果枝节上生不定根,叶卵状心形,薄革质,基部稍不对称,尖端渐尖,叶柄很短;结果枝上无不定根,革质,卵状椭圆形,先端急尖至钝形,基部圆形至浅心形,全缘,上面无毛,背面被黄褐色柔毛,基生叶脉延长,网脉 3 ~ 4 对,呈蜂窝状;托叶 2,披针形,被黄褐色丝状毛。榕果单生叶腋,瘿花果梨形,雌花果近球形,顶部截平,基生苞片宿存,三角状卵形,密被长柔毛,榕果幼时被黄色短柔毛,成熟时黄绿色或微红;雄花,生榕果内壁口部,多数,有柄,花被片 2 ~ 3,线形,雄蕊 2 枚,花丝短;瘿花具柄,花被片 3 ~ 4,线形,花柱侧生,短;雌花生另一植株榕一果内壁,花柄长,花被片 4 ~ 5。瘦果近球形,有黏液。花果期 5 ~ 8 月。

分布与生境:产于福建、江西、浙江、安徽、江苏、台湾、湖南、广东、广西、贵州、云南东南部、四川及陕西。河南伏牛山南部、大别山、桐柏山均有分布。垂直分布海拔 50 ~ 800

m，无论山区、丘陵、平原在土壤湿润肥沃的地块都有程度不同的零星野生分布。

栽培利用：目前多采用播种育苗和扦插法等繁殖。种子繁殖：采种，阴干储藏至翌年春播。早春整地做畦耙平后，覆1 cm厚的黄心土，用木板整平床面撒播，覆土以不见种子为度，洒透水，用竹弓支撑扣上薄膜和遮阳网，以利保温保湿和避免强阳光直射。于4月中下旬阴雨天按株行距15 cm×20 cm移植于大田苗床，然后盖上遮阳网，按常规育苗管理，至9月中下旬揭去遮阳网进行日光锻炼，11月下旬扣上薄膜罩以防霜冻危害，翌年春可供造林。扦插繁殖：常用1∶1的黄心土和细河沙，有条件的可用蛭石、珍珠岩和谷壳灰作扦插基质。当年萌发的半木质化或一年生木质化的大叶枝条（结果枝）及一年生木质化的小叶枝条（营养枝）都可选用做插穗，扦插前，将插穗浸泡在生根液中促进生根。春、夏、秋三季都可扦插，以6月下旬至8月中下旬较适宜，此时日平均温度在25 ℃以上，利于生根。移栽造林：对土壤要求不严，酸性或中性环境均可生长，但以排水良好的湿润肥沃的沙质壤土生长最好。春季选阴天或晴天的16时后栽植，栽前用磷肥黄泥浆蘸根或用生根液蘸根。松土除草，追施稀薄的尿素或复合肥，于5月、6月、8月、9月各追肥一次。

薜荔多攀附在村庄前后、山脚、山窝及沿河沙洲、公路两侧的古树、大树上和断墙残壁、古石桥、庭园围墙等。薜荔瘦果水洗可作凉粉，藤叶药用。

075 灰毛桑寄生 *Taxillus sutchuenensis*

科名：桑寄生科　属名：钝果寄生属

形态特征：灌木。嫩枝、叶密被褐色或红褐色星状毛，有时具散生叠生星状毛，小枝黑色，无毛，具散生皮孔。叶近对生或互生，革质，卵形、长卵形或椭圆形，顶端圆钝，基部近圆形，上面无毛，下面被茸毛；侧脉4～5对，在叶上面明显；叶柄无毛。总状花序，1～3个生于小枝已落叶腋部或叶腋，具花（2～）3～4（～5）朵，密集呈伞形，花序和花均密被褐色星状毛；苞片卵状三角形；花红色，花托椭圆状；副萼环状，具4齿；花冠花蕾时管状，稍弯，下半部膨胀，顶部椭圆状，裂片4枚，披针形，反折，开花后毛变稀疏；药室常具横隔；花柱线状，柱头圆锥状。果椭圆状，两端均圆钝，黄绿色，果皮具颗粒状体，被疏毛。花期6～8月。

分布与生境：产于云南、四川、甘肃、陕西、山西、贵州、湖北、湖南、广西、广东、江西、浙江、福建、台湾。河南产于伏牛山南部、大别山和桐柏山。海拔500～1 900 m山地阔叶林中，寄生于桑树、梨树、李树、梅树、油茶、厚皮香、漆树、核桃或栎属、柯属、水青冈属、桦属、榛属等植物上。

栽培利用：灰毛桑寄生与落叶寄主的组合景观是其观赏的重点和特色。灰毛桑寄生树形、叶、花、果均具有一定的观赏性。树形有丛生形、垂枝形及团状。单叶绿色，多革质和附属毛，紫色和血红色异色叶极具观赏性。花冠管状，多红色，多在秋冬季盛开，花量大而花期长，在秋冬季具有较好的观赏性。果实小，果期长，多在秋冬季，结实量大，成熟果实颜色较鲜艳,黄色。为常绿灌木,在冬季落叶树木的树干、枝头十分醒目。与落叶寄主组成的景观特色主要表现为对落叶树木的绿量补充,弥补了秋冬季园林景观的萧条之感,寄生科植物,在一段时期内使园林树木具有新的观赏价值。寄生在常绿寄主之上的桑生寄生在园林树木的树冠一隅,使被其寄生的园林树木具有“同树异花、同树异果”的别样景观。桑寄生科植物以花果吸引鸟类,具有生态观赏性。同树异形,“鸟语花香”。

076 槲寄生 *Viscum coloratum*

科名:桑寄生科 属名:槲寄生属

形态特征:灌木。茎、枝均圆柱状,二歧或三歧,稀多歧分枝,节稍膨大。叶对生,稀3枚轮生,厚革质或革质,长椭圆形至椭圆状披针形,顶端圆形或圆钝,基部渐狭;基出脉3~5条;叶柄短。雌雄异株;花序顶生或腋生于茎叉状分枝处;雄花序聚伞状,总花梗总苞舟形;雌花序聚伞式穗状,总花梗具花3~5朵。果球形,具宿存花柱,成熟时淡黄色或橙红色,果皮平滑。花期4~5月,果期9~11月。

分布与生境:我国大部分省区均产。仅新疆、西藏、云南、广东不产。产于河南各地,以山区居多。寄生于榆、杨、柳、桦、栎、梨、李、苹果、枫杨、赤杨、椴属植物上。

栽培利用:槲寄生主要通过种子繁殖,每年秋冬季节,槲寄生的枝条上结满了橘红色的小果,以槲寄生的果实为食的鸟类有灰椋鸟、太平鸟、小太平鸟(俗称冬青鸟)、棕头鸦雀等。到了冬天,这些鸟类会聚集在结有果实的槲寄生丛周围取食果实。由于槲寄生果的果肉富有黏液,它们在吃的过程中会在树枝上蹭嘴巴,这样就会使果核粘在树枝上;有的果核被它们吞进肚子里,就会随着粪便排出来,粘在树枝上。这些种子并不能很快萌发,一般要经过3~5年才会萌发,长出新的小枝。有时槲寄生的种子落在槲寄生身上,也会长出小的槲寄生。

全株入药,即中药材槲寄生正品,具治风湿痹痛、腰膝酸软、胎动、胎漏及降低血压等功效。槲寄生是中国北方地区少见的常绿植物之一,特别是在东北地区早春季节,在冰雪覆盖之际,槲寄生给当地单调的背景增添了绿意,是良好的早春观叶植物。槲寄生果实从9月开始成熟,持续至12月,从绿色逐渐变成红色或黄色,2种果实型的植株常混生于同一寄主上,产生红黄相间的视觉效果,成为阔叶树种落叶后不可多得的观果植物。槲寄生是森林生态系统中联系鸟类与其他木本植物的纽带,成为调节森林物种多样性的重要一环。

077 栗寄生 *Korthalsella japonica*

科名：桑寄生科 属名：栗寄生属

形态特征:亚灌木。小枝扁平,通常对生,节间狭倒卵形至倒卵状披针形,干后中肋明显。叶退化呈鳞片状,成对合生呈环状。花淡绿色,有具节的毛围绕于基部;雄花:花蕾时近球形,长萼片3枚,三角形,聚药雄蕊扁球形,花梗短;雌花:花蕾时椭圆状,花托椭圆状;萼片3枚,阔三角形,小;柱头乳头状。果椭圆状或梨形,淡黄色。花果期几全年。

分布与生境:产于西藏(波密)、云南、贵州、四川、湖北、广西、广东、福建、浙江(舟山)、台湾等省区。河南伏牛山、大别山、桐柏山均有分布。多生于海拔150~1 700(~2 500)m山地常绿阔叶林中,寄生于壳斗科栎属、柯属或山茶科、樟科、桃金娘科、山矾科、木犀科等植物上。

栽培利用:栗寄生以干燥的带叶茎枝入药,具祛风湿、补肝肾、强筋骨、安胎、降压等功效。寄生按其功效可分为以下几类:①补肝肾、强筋骨类,多用于腰膝痛、肾虚、筋骨痿弱等症;②祛风除湿类,多用于风湿关节炎、风寒湿痹及风湿痹痛等症;③活血散瘀类,多用于跌打损伤、腰肌劳伤、腰腿痛等症;④妇科用药类,多用于胎漏血崩、胎动不安、乳疮、先兆流产等症。中药寄生的品种较复杂,即使同一种,由于其寄主不同,对寄主本身在物质代谢方面有所影响。因此,其成分和疗效可能不太一致。故在使用寄生类药材时,必须附带寄主枝条,以供鉴别。

078 柱果铁线莲 *Clematis uncinata*

科名：毛茛科 属名：铁线莲属

形态特征:藤本。茎圆柱形,有纵条纹。一至二回羽状复叶,有5~15小叶,基部二对常为2~3小叶,茎基部为单叶或三出叶;小叶片纸质或薄革质,宽卵形、卵形、长圆状卵形至卵状披针形,顶端渐尖至锐尖,偶有微凹,基部圆形或宽楔形,有时浅心形或截形,全缘,上面亮绿,下面灰绿色,两面网脉突出。圆锥状聚伞花序腋生或顶生,多花;萼片4,开展,白色,干时变褐色至黑色,线状披针形至倒披针形;雄蕊无毛。瘦果圆柱状钻形,干后变黑。花期6~7月,果期7~9月。

分布与生境:在我国分布于云南东南部、贵州、四川、甘肃南部、陕西南部、广西、广东、湖南、福建、台湾、江西、安徽南部、浙江、江苏宜兴。产于河南伏牛山南部、桐柏山、大别山。生于山地、山谷、溪边的灌丛中或林边,或石灰岩灌丛中。

栽培利用:柱果铁线莲的繁殖方式主要有播种、压条、嫁接、分株或扦插繁殖。播种:原种可用播种法繁殖。如在春季播种,3~4 周可发芽。在秋季播种,要到春暖时萌发。春化处理如用 0~3 ℃低温冷藏种子 40 日,发芽需 9~10 个月,也可用一定浓度的赤霉素处理。压条:3 月用去年生成熟枝条压条。通常在 1 年内生根。嫁接:可用单节接穗以劈接法接于 *C. vitalba* 或 *C. viticella* 根砧上。分株:丛生植株,可以分株。扦插:以扦插为主要繁殖方法。7~8 月取半成熟枝条,介质用泥炭和沙各半。扦插深度为节上芽刚露出上面。底温 15~18 ℃。生根后上 3 寸盆,在防冻的温床或温室内越冬。春季换盆,移出室外。夏季需遮阴防阵雨,10 月底定植。

柱果铁线莲根入药,能祛风除湿、舒筋活络、镇痛,治风湿性关节痛、牙痛、骨鲠喉;叶外用治外伤出血。柱果铁线莲可做垂直绿化植物,垂直绿化的主要方式有廊架绿亭、立柱、墙面、造型和篱垣栅栏式,具有良好的景观效果。

079 小木通 *Clematis armandii*

科名:毛茛科 属名:铁线莲属

形态特征:木质藤本。茎圆柱形,有纵条纹,小枝有棱,有白色短柔毛,后脱落。三出复叶;小叶片革质,卵状披针形、长椭圆状卵形至卵形,顶端渐尖,基部圆形、心形或宽楔形,全缘,两面无毛。聚伞花序或圆锥状聚伞花序,腋生或顶生,通常比叶长或近等长;腋生花序基部有多数宿存芽鳞。萼片 4(~5),开展,白色,偶带淡红色,长圆形或长椭圆形,大小变异极大,外面边缘密生短茸毛至稀疏,雄蕊无毛。瘦果扁,卵形至椭圆形,疏生柔毛,有白色长柔毛。花期 3~4 月,果期 4~7 月。

分布与生境:在我国分布于西藏东部、云南、贵州、四川、甘肃和陕西南部、湖北、湖南、广东、广西、福建西南部。河南产于伏牛山南部、桐柏山、大别山。生于山坡、山谷、路边灌丛中、林边或水沟旁。

栽培利用:繁殖方式主要有播种、压条、嫁接或扦插繁殖。播种:原种可以播种法繁殖。子叶出土类型的种子(瘦果较小,果皮较薄),如在春季播种,3~4 周可发芽。在秋季播种,要到春暖时萌发。子叶留土类型的种子(较大,种皮较厚),要经过一个低温春化阶段才能萌发,第一对真叶出生。春化处理如用 0~3 ℃低温冷藏种子 40 日,发芽需 9~10 个月。也可用一定浓度的赤霉素处理。压条:3 月用去年生成熟枝条压条。通常在 1 年内生根。扦插:7~8 月取半成熟枝条,介质用泥炭和沙各半。扦插深度为节上芽刚露出上面。底温 15~18 ℃。生根后上 3 寸盆,在防冻的温床或温室内越冬。春季换4~5寸盆,移出室外。夏季需遮阴防阵雨,10 月底定植。

080 鹰爪枫 *Holboellia coriacea*

科名：木通科　属名：八月瓜属

形态特征：常绿木质藤本。茎皮褐色。掌状复叶有小叶3片；小叶厚革质，椭圆形或卵状椭圆形，较少为披针形或长圆形，顶小叶有时倒卵形，边缘略背卷，上面深绿色，有光泽，下面粉绿色；中脉基部三出脉，侧脉每边4条。花雌雄同株，白绿色或紫色，组成短的伞房式总状花序；总花梗短或近于无梗，数至多个簇生于叶腋。雄花：萼片长圆形；顶端钝，内轮的较狭；花瓣极小，近圆形。雌花：花梗稍粗；萼片紫色，与雄花的近似但稍大；退化雄蕊极小，无花丝。果长圆状柱形，熟时紫色，干后黑色，外面密布小疣点；种子椭圆形，略扁平，种皮黑色，有光泽。花期4~5月，果期6~8月。

分布与生境：四川、陕西、湖北、贵州、湖南、江西、安徽、江苏和浙江均有分布。河南产于伏牛山南部、桐柏山、大别山。生于海拔500~2 000 m的山地杂木林或路旁灌丛中。

栽培利用：鹰爪枫繁殖方法有4种：种子繁殖、埋条繁殖、分根繁殖、扦插繁殖。种子繁殖：在9~10月果实成熟时，留下种子及时秋播。种子农历约11月沙藏50~70天，来年春季2月初及时撒播在已整理好的苗床内。种子繁殖简单易行，繁育出来的苗木结果迟，一般3年以后方能结果。生产上一般不采用。埋条繁殖：藤茎萌芽力强，选1~2年生枝蔓埋入土中，1个月后即可生根，一年四季均可繁殖。一般定植后第2年即可开花结实。分根繁殖：分根繁殖在早春萌芽前进行。一兜多株的用手从根部分成多株。在不剪断枝蔓的情况下，当年定植当年结果。扦插繁殖：一年四季均可进行扦插。选择生长健壮、无病虫害的1~2年生枝蔓，剪成10 cm长的枝条，扦插到已整理好的苗床内，注意水渍、遮阴、防旱。可用生根粉浸枝蔓扦插。鹰爪枫属浅根性树种。有喜光特性，必须选择阳光充足的地方栽培，要求土层深厚、肥沃，排灌方便。土壤酸碱度选择微酸至微碱，每亩定植300株，苗木萌芽前必须定植完毕。待幼苗长出新梢时，进行搭架绑蔓，促进幼苗生长。鹰爪枫开花和新叶、新梢生长同时进行，幼果第一次速长期在5月中旬至6月中旬，第二次速长期在8月果实速长期前，增施磷钾肥，促进果实膨大、成熟。

鹰爪枫果可食，亦可酿酒；根和茎皮药用，治关节炎及风湿痹痛。《河南植物志》中记载的短柄牛姆瓜（*Helboellis brevipes*），在《中国植物志》中作为鹰爪枫的异名处理。

081 五月瓜藤 *Holboellia angustifolia*

科名：木通科　属名：八月瓜属

形态特征：木质藤本。茎与枝圆柱形，灰褐色，具线纹。掌状复叶有小叶(3)5～7(9)片；小叶近革质或革质，线状长圆形、长圆状披针形至倒披针形，边缘略背卷，上面绿色，有光泽。花雌雄同株，红色、紫红色、暗紫色、绿白色或淡黄色，数朵组成伞房式的短总状花序；总花梗短，多个簇生于叶腋，基部为阔卵形的芽鳞片所包。雄花外轮萼片线状长圆形；花瓣极小，近圆形。雌花紫红色；外轮萼片倒卵状圆形或广卵形，内轮的较小；花瓣小，卵状三角形。果紫色，长圆形，顶端圆而具凸头；种子椭圆形，种皮褐黑色，有光泽。花期4～5月，果期7～8月。

分布与生境：云南、贵州、四川、湖北、湖南、陕西、安徽、广西、广东和福建均有分布。河南产于伏牛山南部、桐柏山、大别山。生于海拔500～3 000 m的山坡杂木林及沟谷林中。

栽培利用：五月瓜藤抗逆性强，病害少，为无公害珍稀优质高档保健果品。农历8月果实成熟，果实耐储耐运，南北可种，粗生易长，管理容易。亩植300株，一般栽培2年结果，盛果期亩产达2 000～3 000 kg，综合开发效益更加可观。目前该品种处在开发阶段，还没有形成规模化生产，全国大部分城市尚无其鲜果上市。因其根、茎、叶、花、果全身是宝，开发应用价值较高，市场潜力大，发展前景广阔。五月瓜藤种子皮不厚但坚硬，必须在播种前用温水浸种7天，将水倒出后用湿毛巾浸润7天，使其膨胀即可下种育苗。或将种子用湿沙混合储藏，次年3～4月播种。在宽1.3 m的高畦上按30 cm行距开横沟，每沟播种100粒，播后施腐熟有机肥，薄盖一层草木灰，再盖细土厚约1.5 cm，当幼苗开始长出蔓茎时定苗，每隔6 cm留苗1株，同时用带枝的小竹条间插于行中以供攀缘。还可采用压条、扦插法繁殖，方法与葡萄相似。幼苗培育一年后出圃移栽，以4月前最佳，行距2.5～3 m，株距2 m，亩栽100～120株，挖穴栽培，每穴施腐熟有机肥20 kg、复合肥2 kg，与土混匀后回填表土，再种上果苗。苗长20 cm，需搭棚立架，让其攀缘，其他管理如葡萄。其根药用，治劳伤咳嗽，果治肾虚腰痛、疝气；种子含油40%，可榨油。

082 牛姆瓜 *Holboellia grandiflora*

科名：木通科　属名：八月瓜属

形态特征：木质大藤本。枝圆柱形，具线纹和皮孔；茎皮褐色。掌状复叶具长柄，有小叶3~7片;叶柄稍粗,叶革质或薄革质,倒卵状长圆形或长圆形,有时椭圆形或披针形,通常中部以上最阔,边缘略背卷,上面深绿色,有光泽。花淡绿白色或淡紫色,雌雄同株,数朵组成伞房式的总状花序;总花梗2~4个簇生于叶腋。果长圆形,常孪生;种子多数,黑色。花期4~5月,果期7~9月。

分布与生境:分布于四川、贵州和云南。河南产于伏牛山南部和大别山区。生于海拔1 100~3 000 m的山地杂木林或沟边灌丛内。

栽培利用:牛姆瓜果形似香蕉,其味甜香,富含糖、维生素C和12种氨基酸,以及人体不能合成的缬基酸、蛋氨酸、异亮氨酸、苯丙氨酸、赖氨酸等。种子繁殖法:于每年的9月到10月中旬,采摘一些野生果,同时将浆果肉及籽粒掏出来,剔除其籽粒,最后运用清水将果肉淘净,将其中的干籽粒保存在下年的育苗。压条繁殖法:在枝条选择上应该选用实际生长十分旺盛、野生二年生的枝条。将枝条浸泡于生根粉中24 h,然后将浸泡过的枝条掩埋在细泥中,时间为3月中旬,进而保证生根良好,还能保证其顺利发芽。分根繁殖法:选用野生的八月瓜种苗,在早春时节挖回种苗。扦插繁殖是一种四季通用的方法,因而在实际中应该选用较为健壮及无病虫害的枝条,剪成大约10 cm的插穗。同时选用一定浓度的生根粉溶液处理,在夏天应注意遮阴。八月瓜是一种喜光的植物,应该选用阳光较为充足的地方种植,要求土层深厚、肥沃。八月瓜生产需要搭架和绑蔓。同时还应注意疏果,在5月中旬每一花朵中留有2个果,将其多余的成分掐掉,剪掉枯枝。在10月,果实呈现出紫色或褐色可以进行采摘。

083 尾叶那藤 *Stauntonia obovatifoliola* subsp. *urophylla*

科名:木通科 属名:野木瓜属

形态特征:木质藤本。茎、枝和叶柄具细线纹。掌状复叶有小叶5~7片;叶柄纤细;小叶革质,倒卵形或阔匙形,基部1~2片小叶较小,先端猝然收缩为一狭而弯的长尾尖,基部狭圆或阔楔形。总状花序数个簇生于叶腋,每个花序有3~5朵淡黄绿色的花。雄花:外轮萼片卵状披针形,内轮萼片披针形,无花瓣;雄蕊花丝合生为管状。果长圆形或椭圆形;种子三角形,压扁,基部稍呈心形,种皮深褐色,有光泽。花期4月,果期6~7月。

分布与生境:产于中国福建、广东、广西、江西、湖南、浙江。河南信阳有引种栽培。生于山谷林缘灌丛、山坡林缘、山坡路边。

栽培利用:尾叶那藤育苗一般采用扦插。在冬末春初选择土壤肥沃、土层疏松深厚、向阳、灌溉和排水条件方便的地块做苗床。在实生幼树上选择长势健壮、高产的树枝为插条。按15 cm×15 cm株行距进行扦插。扦插枝长33~66 cm。插后浇足水,用稻草覆盖于行间。以疏松、肥沃、排水良好的微酸性至中性沙壤土和壤土最好。也适合于荒山和庭院种植,喜生于阳光充足、温暖湿润的土壤环境。在初春气候转暖后进行栽植。一般亩栽80~110株。移栽第一年根据苗情每株淋粪水0.5~1.5 kg。成年树每年施农家肥10~

15 kg/株,用肥 2 ~5 kg。施肥时期一般分 3 次。第一次基肥占年总施肥量的 50%,于秋末冬初施下;第二次于开花前施用,占年总施肥时的 30%;第三次于果实生长后期施用,占年总施肥量的 20%。一般在离果树 33 ~66 cm 开环形沟,把肥料施入沟内,覆土。也可在开花后期和果实膨大期叶面喷施叶面肥。

尾叶那藤具有清香气,味酸微涩,果大,皮薄,肉厚,质嫩无毒。含齐墩果酸等多种有机酸,特别含有极高的超氧化物歧化酶(SOD),是葡萄干的 300 倍,是世界上所有水果难以比拟的。具有抗衰老、美容养颜、护肝、防辐射等功效。

084 少齿小檗 *Berberis potaninii*

科名:小檗科 属名:小檗属

形态特征:灌木。老枝光滑无毛,暗紫红色或暗灰色,幼枝有时灰黄色,具条棱,散生黑色小疣点;茎刺三分叉,粗壮,腹面具浅槽。叶革质,披针形、倒卵形或狭倒卵形,先端急尖,具硬尖头,基部渐狭或楔形,每边中部以上具 1 ~4 刺锯齿,但枝顶叶常全缘;近无柄。总状花序具 4 ~12 朵花;花梗无毛;花黄色;花瓣倒卵形,先端全缘,基部平截。浆果长圆形或长圆状球形,红色,顶端具明显宿存花柱。花期 4 ~5 月,果期 8 ~10 月。

分布与生境:分布于陕西、甘肃、四川。河南产于西峡县和南召县。生于海拔 450 ~2 100 m 的向阳山坡、路旁、沟边或河谷。

栽培利用:少齿小檗的种子采集时间为 9 月至翌年春天。将采集到的种子除去果皮和杂质后,放在室外晾晒,然后放入种子袋内置通风干燥处保存,其间注意防潮、防虫。少齿小檗的种子播种育苗的常规发芽率很高,平均为 86%,发芽势也较高,5 天开始发芽,15 天左右出齐,故种子不需进行沙藏处理;但由于其种子细小,发芽后幼苗纤细,成苗速度较慢,一般 1 年生苗的高生长仅为 10 ~15 cm,且发芽出土时需将种皮顶出土壤,故推荐采用温室内容器播种育苗,以利于控制播种深度并提供适宜的光、热、水条件,保证发芽出苗、培育壮苗、缩短成苗期限。容器袋填充的土壤基质以透气性好、保墒性好、肥力足的耕作土为主,同时混以适量的磷肥和氮肥。将混合均匀的基质土用 0.5 cm 的筛网过筛后,装填容器袋。在播前 15 天,用 2% ~3% 的硫酸亚铁溶液消毒,并灌足底水。温室播种应做到适时早播。播种深度以 0.5 ~1 cm 为宜,每袋播种 3 ~5 粒,覆土采用已消毒的森林土。苗期水分管理:出苗期每天喷水 1 ~2 次,保持温室光照充足,空气流通,湿度适中。生长期可根据天气和土壤墒情,适时浇水,经常保持苗床土壤湿润。

少齿小檗枝繁叶茂,其叶、花、果色彩绚丽,观色期长,适于园林绿化。

085 南岭小檗 *Berberis impedita*

科名：小檗科　属名：小檗属

形态特征：灌木。枝具条棱，暗灰色，无疣点，幼枝淡黄色；茎刺缺如或极细弱，三分叉，淡黄色。叶革质，椭圆形、长圆形或狭椭圆形，先端钝或急尖，基部渐狭，上面暗绿色，中脉凹陷，侧脉微隆起，网脉不显，背面灰绿色或黄绿色，中脉和侧脉明显隆起，网脉不显著，叶缘平展，每边具8～12刺齿。花2～4朵簇生；小苞片卵形，先端急尖；花黄色。果柄常带红色；浆果长圆形，熟时黑色，顶端无宿存花柱，有时具极短宿存花柱，不被白粉。花期4～5月，果期6～10月。

分布与生境：产于广西、广东、四川、湖南、江西。郑州树木园有引种栽培。生于海拔1 400～2 800 m的山顶阳处、林地、路边、灌丛中、疏林下或沟边。

栽培利用：南岭小檗多采用扦插繁殖。插条多使用苗床。插床应选在地势高燥、无积水的场所，扦插基质要疏松、肥沃、通气性好。苗床一般选长6 m、宽1 m、深0.5 m的南北向扦插床，床底铺一层厚1 cm细炉渣，再铺20 cm厚的沙质壤土，施腐熟过筛的土杂肥20 kg，混施呋喃丹0.2 kg、硫酸亚铁0.5 kg，翻细整平。插穗采集要在进入速生期的健壮母树上采集，采集头年秋季平茬后当年生半木质化枝条，长度10～12 cm，径粗0.5 cm左右，插穗上部离芽1 cm处平剪，下口剪成斜形，剪口要求光滑、不劈不裂，上端留2～3片叶。每50根一捆，用100 mg/kg ABT2号生根粉溶液浸泡2 h，取出晾干后即可扦插。扦插尽量选在阴天或傍晚时进行，扦插深度为5 cm，株距3 cm，行距8 cm。扦插前，在床面定点打孔，插后用手压实插穗基部细沙。插后及时搭设塑料薄膜棚架，覆盖80%～40%遮光网，根据干湿温度计指数及时喷水、防风，保证空气相对湿度在80%以上，温度25 ℃左右，这样的环境条件能够使插条成活率达90%以上。

南岭小檗株型紧凑，冬色浓绿。在郑州引种已经超过10年，生长结果表现良好。可以作为中部地区绿化常绿灌木资源推广应用。

086 豪猪刺 *Berberis julianae*

科名：小檗科　属名：小檗属

形态特征：灌木。老枝黄褐色或灰褐色，幼枝淡黄色，具条棱和稀疏黑色疣点；茎刺粗壮，三分叉，腹面具槽，与枝同色。叶革质，椭圆形，披针形或倒披针形，先端渐尖，基部楔形，上面深绿色，中脉凹陷，侧脉微显，背面淡绿色，中脉隆起，侧脉微隆起或不显，两面网脉不显,不被白粉,叶缘平展,边刺齿。花 10～25 朵簇生;花黄色。浆果长圆形,蓝黑色,顶端具明显宿存花柱,被白粉。花期 3 月,果期 5～11 月。

分布与生境:产于湖北、四川、贵州、湖南、广西。河南郑州有栽培。生于海拔 1 100～2 100 m 的山坡、沟边、林中、林缘、灌丛中或竹林中。

栽培利用:豪猪刺以播种育苗为主,采摘成熟的浆果,将浆果放置到容器内,搅拌揉搓,用清水冲洗,清除果肉和果皮,将种子放到阴凉通风处晾干进行催芽处理。采用变温混沙层积处理催芽,在 2 月上旬,把种子用 50% 多菌灵可湿性粉剂 800 倍液浸泡 1 h,捞出反复清洗去除残液,然后将 45～55 ℃ 的热水倒入种子中不断搅拌,直到水温降至 25 ℃。浸种 72 h,每隔 24 h 换一次清水。将浸好的种子捞出备用。然后将细河沙用高锰酸钾 1 000 倍液消毒 1 h,再用清水反复冲洗,沥去多余的水,按种子与河沙的体积比为 1∶3 混合均匀,进行沙藏,当种子有 30% 萌芽时即可播种。苗圃选择向阳、背风、排灌水条件好及土壤疏松、深厚、肥沃的地方,播前用百菌清 150 倍液进行床面消毒,播种量为每 15 g/m^2,覆土厚 1 cm,播种后镇压保墒。播种后要搭设遮阳网:幼苗出土怕强光,为防止灼伤幼苗需搭设遮阳网。育苗期为 2 年,在第 2 年的 9 月下旬至 10 月上旬起苗,出圃的苗高 15～20 cm,应按照苗高分级,然后进行假植越冬。

豪猪刺以根入药,具有清热燥湿、泻火解毒、消炎止痛及健胃等功效,用于治疗湿热泻痢、黄疸、湿疹、咽痛目赤、醇耳流脓及痈肿疮毒等症。主要分布于东北、华北和华东地区,是一种珍贵的药用植物,经济价值较高。

087 阔叶十大功劳 *Mahonia bealei*

科名:小檗科 属名:十大功劳属

形态特征:灌木或小乔木。叶狭倒卵形至长圆形,具 4～10 对小叶,上面暗灰绿色,背面被白霜,有时淡黄绿色或苍白色,两面叶脉不显;小叶厚革质,硬直,自叶下部往上小叶渐次变长而狭,最下一对小叶卵形,具 1～2 粗锯齿,往上小叶近圆形至卵形或长圆形,基部阔楔形或圆形,偏斜,有时心形,边缘具粗锯齿,顶生小叶较大,具柄。总状花序直立,通常 3～9 个簇生;花黄色。浆果卵形,深蓝色,被白粉。花期 9 月至翌年 1 月,果期 3～5 月。

分布与生境:浙江、安徽、江西、福建、湖南、湖北、陕西、广东、广西、四川均有分布。产于河南伏牛山南部、大别山、桐柏山。生长在阔叶林、竹林、杉木林及混交林下。喜温暖、湿润和阳光充足的环境,耐阴,较耐寒;对土壤要求不严,在肥沃、排水良好的沙质壤土上生长最好。

栽培利用:苗木繁育可用播种、扦插、压条、分株繁殖。播种育苗:播种一般在春季 4 月进行。果实在 4 月成熟,收取种子,随采随播。可直播播种,也可采用营养杯或露地苗床育苗移栽。育苗移栽,将种子条播在准备好的育苗畦上的浅沟里,沟距 25 cm,深约 7

cm,播种量约 300 kg/hm^2,播后轻轻覆土。亦可以刨成浅穴,穴距 20 cm 左右,每穴播种 3 ~5 粒。育苗期间应注意中耕除草。同时,应注意肥水管理。露地扦插:应在 3 月下旬进行,采冬季落叶的健壮茎干作插穗,截 15 cm 插入疏松的沙壤土中,入土深 10 cm,并搭设苇帘或遮阳网遮阴。扦插繁殖时需截干采条,成活后对原有茎干进行短截,促使根系萌发新的根蘖条而形成新的株丛。压条:8 月进行压条试验,长根较慢的,使用此种方法时用生根粉剂处理植株效果会更好。分株繁殖:分株可在 10 月中旬至 11 月中旬或 2 月下旬至 3 月下旬进行。移植在春、秋季均可。以选半阴、潮湿的石山地林下、排水良好、土层深厚且含丰富腐殖质的沙质壤土为好。一般在 3 ~4 月移栽为好,此时天气回暖,正是萌芽的时期。十大功劳生长 2 ~3 年后可进行 1 次平茬,以促进新茎干和新叶的生长。此外,注意十大功劳炭疽病、斑点病、叶斑病、锈病、枯叶夜蛾、蓑蛾、日本草履蚧、糠片盾蚧等病虫害的防治。

阔叶十大功劳枝叶扶疏,叶形多变,花色秀丽,四季常青。尤在老叶转色为橙红时,与新发翠叶红绿相映,十分美观秀雅。秋来赏它的花,花谢赏它的果,果落了就赏它的枝干和叶片。可用于布置庭园、水榭等,常与山石配置。此外,阔叶十大功劳全株可入药,具有清热解毒、止咳化痰、清肿止泻等功效,在我国民间很受欢迎。该树对污染气体也有一定抗性,可用于工业园区绿化。亦可栽植于庭院中,既供观赏,又可收获药材,效果良好。

088 十大功劳 *Mahonia fortune*

科名:小檗科 属名:十大功劳属

形态特征:灌木。叶倒卵形至倒卵状披针形,具 2 ~5 对小叶,最下一对小叶外形与往上小叶相似,上面暗绿色至深绿色,叶脉不显,背面淡黄色,偶稍苍白色,叶脉隆起,往上渐短;小叶无柄或近无柄,狭披针形至狭椭圆形,基部楔形,边缘具刺齿,先端急尖或渐尖。总状花序 4 ~10 个簇生;花黄色。浆果球形,紫黑色,被白粉。花期 7 ~9 月,果期 9 ~11 月。

分布与生境:广西、四川、贵州、湖北、江西、浙江均有分布,河南产于伏牛山南部、大别山、桐柏山。生于海拔 350 ~2 000 m 的山坡沟谷林中、灌丛中、路边或河边。

栽培利用:十大功劳宜选择交通方便、空气流通的东南坡且无环境污染、水源充足、排水良好、疏松肥沃的微酸性沙质壤土的土地。十大功劳性喜半阳,要选择一种乡土落叶乔木大苗与其配植,以使夏天酷暑时有树荫庇护苗木生长,冬天乔木落叶阳光充足有利于苗木生长。于 1 ~2 月栽好落叶乔木,十大功劳栽植时间在 2 ~5 月均可,以 2 ~3 月为佳,树冠之间要留有充足的生长空间。苗木栽植前先在栽植穴中施入草木灰 100 g/穴和工厂生产经高温消毒的有机肥 200 g/穴并与土壤拌匀,以防治地下害虫,后对苗木适当修枝整型,剪去密枝、枯枝、病虫枝和影响树冠美观的枝条。遵守"薄肥勤施"的原则,在苗木生长发育旺盛期(4 ~9 月)进行根外追肥。在 3 ~10 月杂草生长旺季要及时松土除草。做到“里浅外深,苗小浅松,苗大深松;沙土浅松,黏土深松;土湿浅松,土干深松”。

十大功劳叶形奇特,典雅美观,盆栽植株可供室内陈设,因其耐阴性能良好,可长期在室内散射光条件下养植。在庭院中亦可栽于假山旁侧或石缝中,不过最好有大树遮阴。十大功劳花性凉、味甘。根、茎性寒,味苦。含小檗碱、药根碱、木兰花碱等。有清热解毒、止咳化痰之功效。

089 南天竹 *Nandina domestica*

科名:小檗科 属名:南天竹属

形态特征:小灌木。茎常丛生而少分枝,光滑无毛,幼枝常为红色,老后呈灰色。叶互生,集生于茎的上部,三回羽状复叶;二至三回羽片对生;小叶薄革质,椭圆形或椭圆状披针形,顶端渐尖,基部楔形,全缘,上面深绿色,冬季变红色,背面叶脉隆起,两面无毛;近无柄。圆锥花序直立;花小,白色,具芳香。浆果球形,熟时鲜红色,稀橙红色。种子扁圆形。花期 3 ~6 月,果期 5 ~11 月。

分布与生境:产于福建、浙江、山东、江苏、江西、安徽、湖南、湖北、广西、广东、四川、云南、贵州、陕西。河南新县有野生分布,广泛栽培于全省各地。生于海拔 1 200 m 以下山地林下沟旁、路边或灌丛中。

栽培利用:南天竹以播种、分株为主。分株法:春、秋两季将丛状植株掘出,从根基结合薄弱处剪断,每丛带茎干 2 ~3 个,需带一部分根系,地栽或上盆。扦插法:多采用春插,时间在 2 ~3 月。选取 1 ~2 年生茎干,截成长 20 ~25 cm 的穗段,剪去大部分叶片,经生根粉处理后插于沙壤土苗床中,插后浇透水。入夏后需搭遮阴棚,可于梅雨季节或秋季扦插,但扦插基质用黄心土,也可用淋去碱性的砻糠灰与细沙以 1∶1 的比例混合配制,穗条可用当年生枝。播种法:秋季果实变红前采种,采后即播。第 2 年幼苗生长较慢,要经常除草、松土,并施清淡人畜粪尿;以后每年要注意中耕除草、追肥,培育 3 年后可出圃定植;移栽宜在春天雨后进行。种植:对土壤要求较严,喜深厚、肥沃和排水良好的壤土。盆栽应于每年早春换盆,换盆时,去掉部分旧土和老根,施入基肥,填进新的培养土。盆栽春季分株换盆,适当疏去老枝,用肥沃、疏松的沙质壤土。开花时遇梅雨季节,可人工授粉,使结果良好。南天竹树姿潇洒,红果和根都具观赏价值,可掘取老桩,带土上盆,制作盆景,可养成丛生式或单干式。因开花、结果都在新梢上,因此春季萌动前进行修剪,促其萌发新枝。南天竹喜湿润但怕积水,生育期间浇水次数应随天气变化增减。南天竹喜肥,5 ~9 月每 15 ~20 天施 1 次稀薄饼肥水,约每 2 个月浇 1 次 0.2% 硫酸亚铁水。在半阴、凉爽、湿润处养护最好。适宜生长温度为 20 ℃左右,适宜开花结实温度为 24 ~25 ℃。

南天竹茎干丛生,枝叶扶疏,秋冬叶色变红,有红果,经久不落,是赏叶观果的佳品,可作为城市庭院绿化的观花观果优良树种。可丛植于草坪、路边、林缘池畔,或与其他树混植,至秋天叶片变为褐红色,观赏其秀丽的叶形及奇异的花朵和红灿灿的果实。此外,其管理比较粗放，有固土护堤和涵养水源的作用，可作为防护树，是值得开发和推广的优良乡土树种。

090 夜香木兰 *Magnolia coco*

科名：木兰科 属名：木兰属

形态特征：灌木或小乔木。全株各部无毛。树皮灰色，小枝绿色，平滑，稍具角棱而有光泽。叶革质，椭圆形，狭椭圆形或倒卵状椭圆形，先端长渐尖，基部楔形，上面深绿色有光泽，稍起波皱，边缘稍反卷；托叶痕达叶柄顶端。花梗向下弯垂，具3~4苞片脱落痕。花圆球形，花被片9，肉质，倒卵形，腹面凹，外面的3片带绿色，有5条纵脉纹，内两轮纯白色；雄蕊药隔伸出成短尖头；花丝白色；雌蕊群绿色，卵形。蓇葖近木质；种子卵圆形。花期夏季，果期秋季。

分布与生境：产于浙江、福建、台湾、广东、广西、云南。河南洛阳、郑州有栽培(《河南植物志》记载)。生于海拔600~900 m的湿润、肥沃土壤林下。

栽培利用：夜香木兰喜湿润、肥沃土壤，耐阴，通常用靠接法或高空压条法繁殖。嫁接以紫玉兰、火力楠、木莲等为砧木；高空压条繁殖在早春天气转暖后或秋天进行，生根后移入苗圃育成大苗，方可定植。近年也常用扦插繁殖，在1~2年生幼苗上剪穗沙插。盆栽用山泥最好，忌用石灰质土壤栽培，一定要土壤酸性，pH为5.5~8.5。家庭栽植也可用菜园土6份、河沙4份，加半羹匙黑矾混合使用。夜香木兰4月中旬出室后放置散光处养护，透光率达30%~40%为宜。春季2~3天浇水一次，北方春天干燥，易引起叶子发黄，故要每隔两三天连续浇矾肥水三四次。夏季宜半阴，经常喷水，增加空气湿度。入秋后，要少浇水。逐渐增加光照，使植株充实。秋季对枯枝和错位枝加以修剪整形。冬季入室置于阳光不直射的地方，白天保持10~12 ℃，晚间不低于5 ℃，不高于10 ℃以上。在生长期，每隔15天左右追施一次腐熟的饼肥液。花期前停施氮肥，多施磷、钾肥，以促花大香浓。

夜香木兰种枝叶深绿婆娑，花朵纯白，入夜香气更浓郁。为华南久经栽培的著名庭园观赏树种。花可提取香精，亦有掺入茶叶内作熏香剂。根皮入药，能散瘀除湿，治风湿跌打，花治淋浊带下。通常栽植于庭园中或为行道树。木材耐水湿，可制作家具；树皮含鞣质，纤维可制人造板；种子可榨油；树皮及花能药用，有安神、活血、止痛之效；对二氧化硫、氯气等有毒气体有较强的抗性。

091 荷花玉兰 *Magnolia grandiflora*

科名：木兰科 属名：木兰属

形态特征:乔木。树皮淡褐色或灰色,薄鳞片状开裂;小枝粗壮,具横隔的髓心;小枝、芽、叶下面,叶柄均密被褐色、灰褐色短茸毛或无毛。叶厚革质,椭圆形,长圆状椭圆形或倒卵状椭圆形,先端钝或短钝尖,基部楔形,叶面深绿色,有光泽;叶柄无托叶痕,具深沟。花白色,有芳香;花被片 9~12,厚肉质,倒卵形。聚合果圆柱状长圆形或卵圆形,密被褐色或淡灰黄色茸毛;蓇葖背裂,背面圆,顶端外侧具长喙;种子近卵圆形或卵形。花期 5~6 月,果期 9~10 月。

分布与生境:原产北美洲东南部。我国长江流域以南各城市有栽培。河南各地均有栽培。弱阳性,喜温暖湿润气候,抗污染,不耐碱土。

栽培利用:荷花玉兰可以通过播种育苗、嫁接育苗、压条、扦插进行繁育。生产上应用最广泛的是扦插和嫁接。扦插:荷花玉兰在春、夏、秋、冬四季均可进行扦插繁殖。但以冬季 11 月扦插较好,其次是早夏 6 月,扦插之前用 K-NAA 20 mg/L 生根剂进行浸泡,成活率更高。嫁接:在 3 月底至 4 月中旬,用胸径 3~4 cm 的辛夷作砧木,此时辛夷叶芽已开始萌动、展叶。但嫁接时期不可推迟到 5 月,因为此时荷花玉兰叶芽也将萌动。接穗采自生长健壮的荷花玉兰的旺盛树,把叶剪去仅留叶柄,芽饱满、顶、侧芽均可。嫁接方法可采用切接或皮下接法,嫁接部位应距地面 1 m 左右,以便于操作为宜。接后立即套上塑料袋,使接穗与砧木切面均笼罩在袋内,然后用塑料条绑扎紧嫁接口。5 月初,当接穗芽开始萌动时,挑破塑料袋,使芽顺利展开,抽生枝条。以后及时去除砧木萌蘖,接穗成活,无须修剪,到秋后枝条停长时,所有成活的接穗全部抽生二次枝,当年大苗即可出圃栽植,次年全部嫁接苗均符合出圃要求。

荷花玉兰树形古朴典雅,叶大浓郁,终年光泽亮绿,是优美的庭院、行道、绿化树种。该树还具有较强的耐干旱、耐瘠薄、抗烟尘、抗污染等优良特性。其叶和花均可提取芳香油,具有荫、香、美、材四方面的效益,属园林花木中的珍品。荷花玉兰在黄河以南表现优良,属不可多得的常绿阔叶树资源,缺点是移栽返苗慢。豫北地区也有栽植,表现一般,属于其适生边缘地区。

092 乐东拟单性木兰 *Parakmeria lotungensis*

科名：木兰科　属名：拟单性木兰属

形态特征：乔木。树皮灰白色；当年生枝绿色。叶革质，狭倒卵状椭圆形、倒卵状椭圆形或狭椭圆形，先端尖而尖头钝，基部楔形，或狭楔形；上面深绿色，有光泽。花杂性，雄花两性花异株；雄花：花被片 9～14，外轮 3～4 片浅黄色，倒卵状长圆形，内 2～3 轮白色，较狭少。两性花：花被片与雄花同形而较小，雄蕊 10～35 枚，雌蕊群卵圆形，绿色，具雌蕊 10～20 枚。聚合果卵状长圆形体或椭圆状卵圆形，很少倒卵形；种子椭圆形或椭圆状卵圆形，外种皮红色。花期 4～5 月，果期 8～9 月。

分布与生境：分布于我国西南部至东南部。河南郑州、平顶山、南阳等地有栽培。生于海拔 700～1 400 m 的肥沃的阔叶林中。

栽培利用：果实一般 9 月初至 10 月初成熟，可采种。可随采随播，必要的层积沙藏可促进发芽。育苗方法有 2 种，即直播育苗和芽苗移栽。直播育苗因用种量大，而且不便于管理和成本高，苗木质量也较差，因此生产上采用芽苗移栽的两段育苗方式。选择开阔向阳避风且水源充足、排水良好的农田作为苗床。整地时每亩施 1 000 kg 磷肥作底肥。苗床准备好后，于当年 12 月至次年 1 月播种，也可以随采随播。芽苗培育可以采取高度密植，待苗木出土长至 10 cm（或 3～4 叶以上）左右即可移植到大田里面。种子播下后 40 天左右开始发芽，出苗期主要应做好以下工作：一是保温保湿。二是防病虫害和鼠害。三是防高温灼伤苗木。苗木长至 3～4 叶以后就可以移植，时间一般在 4 月左右。移植圃要选择向阳开阔、水源充足、排水透气性能良好的生荒地或稻田。苗期管理主要应做好松土除草、追肥、防病虫害、防水涝灾害等工作。追肥前期以氮肥为主，每月 1～2 次，9 月再施 1 次复合肥。

乐东拟单性木兰树形优美，叶色浓密有光泽，花大而香，是一种珍贵的园林绿化树种，市场前景广阔。干形通直圆满，木材坚重，纹理致密，色泽优良，可用作板材、装饰材、家具、农具等。峨眉拟单性木兰（*P. omeiensis*）南阳、郑州也有引种，生长表现良好。

093 木莲 *Manglietia fordiana*

科名：木兰科　属名：木莲属

形态特征：乔木。嫩枝及芽有红褐短毛，后脱落无毛。叶革质、狭倒卵形、狭椭圆状倒卵形，或倒披针形。先端短急尖，通常尖头钝，基部楔形，沿叶柄稍下延，边缘稍内卷，下面疏生红褐色短毛;叶柄基部稍膨大;托叶痕半椭圆形。总花梗具1环状苞片脱落痕,被红褐色短柔毛。花被片纯白色,每轮3片,外轮3片质较薄,近革质,凹入,长圆状椭圆形。聚合果褐色,卵球形,蓇葖露出面有粗点状凸起;种子红色。花期5月,果期10月。

分布与生境:产于福建、广东、广西、贵州、云南。河南郑州、洛阳、开封、信阳有栽培。生于海拔1 200 m的花岗岩、沙质岩山地丘陵。

栽培利用:木莲可用种子繁殖、嫁接繁殖和扦插繁殖。种子繁殖:木莲可在11月聚合果成熟后采收,种子脱出后用40 ℃左右的温水浸泡24 h,去掉红色的假种皮。木莲种子休眠期长,一般采用低温沙藏后春播。选择背风向阳、交通和水源方便的酸性或沙质壤土作圃地。木莲播种分为秋播或春播。秋播为随采随播。春播是在第二年3月当有10%左右的种子开始"露白"时,每亩25 kg(每千克2 400粒左右)条播。嫁接繁殖:木莲嫁接繁殖一般在春季进行,以白玉兰或紫玉兰作砧木,采用枝接中的切接方式进行。木莲嫁接成活后要及时剪砧及去萌蘖。扦插繁殖:木莲扦插繁殖多采用嫩枝扦插。主要是因为5~6月或9月木莲嫩枝细胞分裂相对旺盛,扦插易于生根,易成活。苗期管理:木莲播种苗,在夏季应适当遮阴。对于播种苗,可在生长初期分两次进行间苗。第一次在幼苗出土出齐后长出2片真叶时间苗,第二次在第一次间苗后2周左右。对播种苗和嫁接苗,6~8月,每亩追施尿素5 kg,每隔15天1次,连续3次。木莲移栽应在春季芽萌动前进行,小苗带宿土,大苗应带土球。移植后适当修剪枝叶。萌发新叶成活后,进行修枝整型,在春季开花前施肥1次,夏季高温干旱时注意浇水,保持土壤湿润。冬季适当修剪。

木莲树姿雄伟,树冠浑圆,枝繁叶茂,花大而香,是我国特有树种,也是江南园林和南方庭园中极佳的常绿景观树。木莲树形优美,树冠浑圆,初夏花朵盛开,繁华满树。既可孤植又可群植,广泛栽植于花园、庭园、小区或名胜古迹处。另外,河南信阳十三里桥有红花木莲(*Manglietia insignis*)栽培。

094 巴东木莲 *Manglietia patungensis*

科名:木兰科 属名:木莲属

形态特征:乔木。树皮淡灰褐色带红色;小枝带灰褐色。叶薄革质,倒卵状椭圆形,先端尾状渐尖,基部楔形。两面无毛,上面绿色,有光泽,下面淡绿色;叶柄上的托叶痕长为叶柄长的1/5~1/7;花白色,有芳香,花被片具1苞片脱落痕,花被片9,外轮3片近革质,狭长圆形,先端圆,中轮及内轮肉质,倒卵形,花药紫红色,药室基部靠合,有时上端稍分开,药隔伸出成钝尖头;雌蕊群圆锥形,雌蕊背面无纵沟纹,每心皮有胚珠4~8。聚合果圆柱状椭圆形,淡紫红色。蓇葖露出面具点状凸起。花期5~6月,果期7~10月。

分布与生境:产于湖北西部(巴东、利川)、四川东南部(合江、南川)。河南南阳有栽培。生于海拔600~1 000 m的密林中。

栽培利用:巴东木莲可采用种子育苗、嫁接育苗、扦插育苗。种子育苗:巴东木莲的种子在自然条件下发芽率低，出苗整齐度良好，幼苗易得立枯病和根腐病。自然播种(3月20日播种)，控制温度(25±2)℃条件下，7天开始破壳，25天发芽。苗期主要病害有立枯病和根腐病。冬季移栽苗的成活率及各项形态指标均优于夏季移栽苗。嫁接育苗：采用1～5年生的玉兰、武当玉兰等2种实生苗作砧木。选取20年生巴东木莲母树中上部生长健壮、无病虫害的一年生枝条作接穗。采用切接、腹接2种嫁接方法。通过在春季2～3月嫁接成活率高。扦插育苗：7月上旬至8月中旬剪取8～12 cm长的新生半木质化嫩枝，插床底部以本地耕作过的黄棕壤为基础，上撒一层呋喃丹以防止地下病虫害的入侵，然后铺上约18 cm厚的未耕作的细红沙作插壤。将插穗剪成长8～10 cm，用嫁接刀或单面刀快速斜切插穗基部，经各种处理后插入插壤，插穗基部用手按紧。在每插床上方扣上塑料小拱棚，在整个扦插苗圃上用遮阳网搭盖约2 m的遮阳棚。

巴东木莲单叶互生，叶片薄而硕大。春末夏初开花，花直径达8 cm左右，色白、芳香浓郁，绿叶相衬，显得妖艳美丽，丰姿绰约，是珍贵的风景绿化观赏树种。生长较快，树干通直，材质轻，易加工，是珍贵的造林树种。其树形优美，枝叶繁茂，花大，美丽芳香，可作产区的园林绿化树种。

095 黄心夜合 *Michelia martini*

科名：木兰科　属名：含笑属

形态特征：乔木。树皮灰色；芽、托叶背面、总花梗、苞片背面均被淡黄色开展的长柔毛；小枝疏生圆点状皮孔，无毛。叶片薄革质，卵状椭圆形、椭圆形或倒卵状椭圆形，先端短渐尖或急尖，基部楔形或阔楔形，上面深绿色，有光泽，下面浅绿色，两面均无毛；叶柄无毛，上面有宽沟，无托叶痕。花被片白色，两轮，外轮3片倒卵形，内轮3片倒卵形或狭倒卵形。聚合果；蓇葖宽倒卵圆形、长圆体形或近球形，顶端具向下弯的尖喙。花期4～5月，果期11月。

分布与生境：分布于湖北西部、四川中部和南部、贵州、云南东北部。河南产于伏牛山南部生于海拔1 000～2 000 m的林间。

栽培利用：黄心夜合果于9～10月成熟。果实成熟时采回后在阴凉通风处摊开阴干3～5天，待果开裂后用木棍轻敲或翻动，种子即可脱出，将种子薄摊于室内，保持湿润，使外种皮软化，待假种皮充分软化后在流动清水中漂洗，搓去假种皮洗净，洗出的种子应摊于阴凉处晾干2～3天，用含水量约5%的细沙分层储藏，保持湿润。种子千粒重为55～60 g，发芽率在70%～80%范围内。育苗地宜选择在阳光直射少、土壤肥沃、排水良好的微酸性沙质壤土的沟谷地或平地。要求细致平整，碎土均匀，不含杂草和草根。首先对苗圃地进行翻耕，翻耕的同时撒入呋喃丹进行土壤消毒，每公顷用量30～60 kg。第二步做好苗床，苗床宽以1.0～1.1 m为宜，便于管理，待苗床整细做平后，再覆盖一层厚6～7 cm的细黄土并铺平，喷洒多菌灵或可湿性托布津等药剂后用塑料薄膜封盖3～5天，揭开薄膜即可播种。播种时间一般在2～3月，也可选择在元旦前后7天内。播种分条播或撒播，每公顷播种量为105～120 kg，播后最好用焦泥灰覆盖，厚度以种子直径的1倍为宜，不宜太厚；若用条播，条沟不宜太深，以4～5 cm为好，沟与沟间距10 cm左右，种子播于沟中，覆盖1～2 cm焦泥灰。种子覆盖后可以用毛竹条先搭一拱形架，高60～70 cm，再盖一层塑料薄膜，这样起到抑制杂草生长并能保湿和保温的作用，也有利于种子发芽和幼苗生长。播种后应经常检查，保持土壤湿润。黄心夜合一般播种后40～50天即可发芽，当种子发芽达60%时，应及时揭去覆盖的稻草，覆盖塑料薄膜。当芽苗基本出整齐后，即可揭去薄膜。经常观察，并适时加强苗期管理。苗木生长期间，杂草生长很快，要按除早、除少、除了的原则进行除草，苗木生长前期每10天或15天除草1次。有些杂草根系比较发达，这类杂草要用手按住基部除去，以免触伤幼苗的根部造成幼苗死亡。

黄心夜合树干通直圆满，树形呈尖塔状，其幼枝、芽和幼叶嫩黄色。花淡黄色，芳香，可提炼芳香油，是一种十分珍贵的园林绿化树种。木材纹理通直，结构细致，刨面光滑，易加工，又是优良的用材树种。

096 含笑花 *Michelia figo*

科名：木兰科　属名：含笑属

形态特征：灌木。树皮灰褐色，分枝繁密；芽、嫩枝，叶柄，花梗均密被黄褐色茸毛。叶革质，狭椭圆形或倒卵状椭圆形，先端钝短尖，基部楔形或阔楔形，上面有光泽，无毛，下面中脉上留有褐色平伏毛，余脱落无毛，托叶痕长达叶柄顶端。花直立，淡黄色而边缘有时红色或紫色，具甜浓的芳香，花被片6，肉质，较肥厚，长椭圆形。聚合果；蓇葖卵圆形或球形，顶端有短尖的喙。花期3～5月，果期7～8月。

分布与生境：原产华南南部各省区，广东鼎湖山有野生，河南多地公园均有栽培。生于阴坡杂木林中，溪谷沿岸尤为茂盛。

栽培利用：含笑花为暖地木本花，灌木树种，不甚耐寒，大树可完全露地越冬。不耐干旱瘠薄，但也怕水渍，要求排水良好、肥沃的微酸性土壤，中性土壤也能适应生长。含笑花苗培育可采用扦插、嫁接和圈枝等方式繁殖。扦插：插床宜选择地势稍高、灌排便利的地块，土壤质地要疏松、透气、湿润而肥沃。母树一般选择8～15年生健康无病虫害的壮龄树体。春插选择1年生枝条做穗条，夏插选择当年半木质化枝条做穗条。插条的长度一般留取8～15 cm。剪好的穗条基部最好插入到新鲜的黄泥浆与生根粉混合溶液中1～2 h。扦插入土深度约为穗条长的1/2，穗条插完浇透水。扦插、浇水、消毒完成后，扦插苗要放置遮阴棚。嫁接繁殖：砧木一般用木兰，木兰播种苗培育1年，在第2年的5～6月间进行。采用切接法，适当覆盖遮阴，中耕除草除萌、施肥、浇水。圈枝繁殖：含笑花圈枝繁殖通常在4～5月，选择发育良好、无病虫害、组织充实健壮、中上部着生的2年生枝条。在枝条的下部做宽0.6 cm的环剥，深达木质部，之后用湿润苔藓植物与菜土混合敷于环剥部位,用塑料膜包在外面,上下扎紧。待新根充分发育后,剪下上盆栽培,栽培后要浇透水,并适当遮阴。

饮用含笑花不仅可使人心情愉悦、振奋精神,还具有活血调筋、养肤养颜、安神减压、纤身美体、保健强身和祛病延年的神奇功效。含笑以盆栽为主,庭园造景次之。在园艺用途上主要是栽植 2 ~3 m 的小型含笑花灌木,作为庭园中备供观赏暨散发香气之植物,当花苞膨大而外苞行将裂解脱落时,采摘下的含笑花气味最为香浓。

097 阔瓣含笑 *Michelia platypetala*

科名:木兰科　属名:含笑属

形态特征:乔木。嫩枝、芽、嫩叶均被红褐色绢毛。叶薄革质,长圆形、椭圆状长圆形,先端渐尖,或骤狭短渐尖,基部宽楔形或圆钝,下面被灰白色或杂有红褐色平伏微柔毛;叶柄无托叶痕,被红褐色平伏毛。花梗通常具 2 苞片脱落痕,被平伏毛;花被片 9,白色,外轮倒卵状椭圆形或椭圆形,中轮稍狭,内轮狭卵状披针形。聚合果;蓇葖无柄,长圆体形,很少球形或卵圆形,顶端圆,有时偏上部一侧有短尖,基部无柄,有灰白色皮孔,常背腹两面全部开裂;种子淡红色,扁宽卵圆形或长圆体形。花期 3 ~4 月,果期 8 ~9 月。

分布与生境:产于湖北西部、湖南西南部、广东东部、广西东北部、贵州东部。河南黄河以南地区栽培较多。生于海拔 1 200 ~1 500 m 的密林中。

栽培利用:阔瓣含笑可采用种子进行繁殖。阔瓣含笑果实大多数在 8 月下旬至 9 月上旬成熟,种子处理后进行沙藏。阔瓣含笑播种方式可随采随播或翌春 3 月用撒播或条播,为提高种子发芽率及提早发芽,一般采用芽苗移栽法育苗。苗圃地宜选择地势平坦、坡度平缓、交通方便、水源充足、排灌水方便、无污染、土层深厚、肥沃的沙质壤土为好。芽苗移栽前苗圃地要进行深耕翻土,整地要细致,做到“三耕三耙”。当芽苗长至 3 ~5 cm,中间出现 1 ~2 枚真叶时,就可以进行移栽。一般在 4 月中旬前后最佳。及时施肥、除草、遮阴。阔瓣含笑经过 1 年的培育,当年生苗高可达 50 ~120 cm,地径可达 0.6 ~1.0 cm,可在当年 11 月上中旬或次年春季 2 ~3 月移栽。

阔瓣含笑主干挺秀,枝茂叶密,开花素雅,花期可长达 5 周。园林观赏或绿化造林用树种。孤植、丛植均佳,也可作盆栽观赏。

098 深山含笑 *Michelia maudiae*

科名：木兰科 属名：含笑属

形态特征：乔木。各部均无毛；树皮薄、浅灰色或灰褐色；芽、嫩枝、叶下面、苞片均被白粉。叶革质，长圆状椭圆形，很少卵状椭圆形，先端骤狭短渐尖或短渐尖而尖头钝，基部楔形，阔楔形或近圆钝，上面深绿色，有光泽，下面灰绿色，被白粉。叶柄无托叶痕。花梗绿色具3环状苞片脱落痕，佛焰苞状苞片淡褐色，薄革质；花芳香，花被片9片，纯白色，基部稍呈淡红色，外轮的倒卵形，顶端具短急尖，内两轮则渐狭小；近匙形，顶端尖；雄蕊花丝宽扁，淡紫色；心皮绿色，狭卵圆形。聚合果，蓇葖长圆体形、倒卵圆形、卵圆形、顶端圆钝或具短突尖头。种子红色，斜卵圆形，稍扁。花期2～3月，果期9～10月。

分布与生境：产于浙江南部、福建、湖南、广东（北部、中部及南部沿海岛屿）、广西、贵州。河南黄河以南地区有栽培。生于海拔600～1 500 m的密林中。

栽培利用：深山含笑常采用播种、嫁接方式进行繁殖。播种繁殖：深山含笑的聚合果长圆体形或卵圆形，10～11月种子成熟。由于种子油性大，不耐干藏，可随采随播，也可采用低温层积催芽后次年3月播种。选择土地肥沃、交通及水源方便的微酸性壤土作圃地。3月，将低温层积催芽的深山含笑种子用筛子筛出，精选，条播。播种量10 kg/亩，播好后覆细土2 cm，用喷壶浇透水，再用松针、秸秆、锯末等覆盖，以保墒透气。嫁接繁殖：常用1～2年生紫玉兰（辛夷）或白玉兰作砧木，以深山含笑的枝条作接穗进行切接繁殖。当紫玉兰或白玉兰生长一年后，到第二年3月，采用枝接中的切接方式进行嫁接。深山含笑接穗在生长初期比较娇嫩，易受风折。需在新梢的对侧插立支柱将接穗绑扎住，使苗木直立生长。播种苗长到5 cm时应进行间苗，并结合间苗进行补苗。对当年生深山含笑播种苗或嫁接苗，在5～8月应适当遮阴。6～8月，可结合浇水进行追肥。对播种苗、嫁接苗根部追施尿素水溶液（防止浇到叶片上），并用清水清洗根部，以免烧苗，造成肥害。追肥间隔15天1次，连续追肥2～3次，可有效促进幼苗生长。8月20日以后停止追肥。

深山含笑树枝雄伟壮丽，枝叶繁密，花大洁白，为优良的园林绿化树种，孤植、丛植、列植均可。花叶可提取香料，木材可用作建筑、装饰材料，用途十分广泛。园林上应用的还有一个深山含笑的变异品种——红花深山含笑（*Michelia maudiae* var. rubicunda），与原种不同之处在于花较小，花被片7～9，上部带淡红色，下部深紫红色，长4.5～5 cm，宽1.5～2.4 cm；雄蕊深紫红色，长1.7～2.2 cm，花丝长6～8 mm，心皮连柱头紫红色，长2.5～5 mm，易于区别。红花深山含笑树冠整齐，树姿美观，早春花开满树，花大清香，生态适应范围广，有望与深山含笑一样成为现代园林的观赏绿化优良树种之一；且其花色红，为中国传统喜庆色系，花期与春节基本吻合，是年宵花的极佳材料；其花色不同于原亚种，也是研究花色基因调控机制、培育木兰科新品种等的优良植物资源。川含笑（*M. szechuanica*）河南也有引种，生长表现不错。

099 野八角 *Illicium simonsii*

科名：木兰科 属名：八角属

形态特征：乔木。幼枝带褐绿色，稍具棱，老枝变灰色；芽卵形或尖卵形，外芽鳞明显具棱。叶近对生或互生，有时 3～5 片聚生，革质，披针形至椭圆形，或长圆状椭圆形，先端急尖或短渐尖，基部渐狭楔形，下延至叶柄成窄翅；干时上面暗绿色，下面灰绿色或浅棕色；叶柄在上面下凹成沟状。花有香气，淡黄色，芳香，有时为奶油色或白色，很少为粉红色，腋生，常密集于枝顶端聚生；花梗极短；花被片 18～23 片，很少 26 片，最外面的 2～5 片，薄纸质，椭圆状长圆形，长圆状披针形至舌状，膜质，里面的花被片渐狭，最内的几片狭舌形。蓇葖 8～13 枚。种子灰棕色至稻秆色。花期几乎全年，多为 2～5 月（少数是 12 月至次年 6 月），果期 6～10 月。

分布与生境：产于四川西南部（西昌、会理、普格）、贵州西部和云南西北、东北部、中部。河南大别山有分布。生于海拔 1 700～3 200（～4 000）m 的杂木林、灌丛中或开阔处，常生于山谷、溪流、沿江两岸潮湿处。也有成片纯林的。

栽培利用：野八角可播种育苗和扦插育苗。播种育苗：种子经储藏和催芽后，于 11～12 月开始发芽，所以，播种时间一般在 12 月至次年 2 月。播种期宜早不宜迟。将苗床上的土、肥拌匀充分打碎整平，在苗床上开深 3～4 cm 小沟，沟距 20 cm，再把种子点播在沟内，每隔 4～5 cm 点种子一粒，随后用细土盖上。每亩用种量 7.5～10 kg。扦插育苗：根据其喜湿润的特点，插扦苗圃地以地势较平坦、水源充足、排水良好、土壤结构疏松的酸性红黄壤沙质土为好。剪一年生充分木质化或半木质化、生长旺盛、芽眼饱满的枝条作插条。插扦一年四季均可进行，以秋插为好。用休眠枝进行春插和冬插，用嫩枝（半木质化）进行夏插，硬枝（木质化）进行秋插。选地育苗：考虑幼苗不能受阳光直射，需要遮阴，如有稀疏的其他林木地或林间空地，选作苗圃最好。苗圃地选好后，在 10～11 月即可整地。幼苗在 10 月龄以前经不住强阳光照射，在苗圃整好地后要搭遮阴棚。苗圃做好水、肥、卫生、病虫害及炼苗等的管理。

100 红茴香 *Illicium henryi*

科名：木兰科 属名：八角属

形态特征：灌木或乔木。树皮灰褐色至灰白色。芽近卵形。叶互生或 2～5 片簇生，革质，倒披针形，长披针形或倒卵状椭圆形，先端长渐尖，基部楔形；中脉在叶上面下凹，在下面突起,侧脉不明显;叶柄上部有不明显的狭翅。花粉红至深红,暗红色,腋生或近顶生,单生或2~3朵簇生;花梗细长;最大的花被片长圆状椭圆形或宽椭圆形。蓇葖7~9,先端明显钻形,细尖。花期4~6月,果期8~10月。

分布与生境:产于陕西南部、甘肃南部、安徽、江西、福建、湖北、湖南、广东、广西、四川、贵州、云南等省区。河南大别山、伏牛山有分布。生于海拔300~2 500 m的山地、丘陵、盆地的密林、疏林、灌丛、山谷、溪边或峡谷的悬崖峭壁上,喜阴湿。

栽培利用:红茴香除用种子繁殖外,还可扦插繁殖。播种繁殖:将红茴香种子倒入盆中,然后倒入50~60 ℃热水,盆中水以达到盆体积的2/3为宜,捞出秕种,将这些种子放置在室内浸泡24 h,然后将种子倒进透气的塑料胶袋内,大约3天即可进行播种。扦插繁殖:6月中旬采用全光照喷雾嫩枝扦插技术对红茴香进行扦插试验,基质为大沙,喷雾设备为自制的定时间歇喷雾装置。扦插前对扦插基质进行全面消毒。插穗长为8~10 cm,上留1枚叶片,且剪去叶片面积的3/4,插穗生根粉溶液中浸泡2 h后再进行扦插。红茴香幼苗不能受阳光直射,需要遮阴,如有稀疏的其他林木地或林间空地,选作苗圃最好。苗圃地选好后,在10~11月即可整地。幼苗在10月龄以前经不住强阳光照射,在苗圃整好地后要搭遮阴棚。苗圃做好水、肥、卫生、病虫害及炼苗等的管理。

红茴香叶绿花红美丽,可栽培作规赏和经济树种。叶、果含芳香油,果含芳香油0.24%,叶含0.126%,但果含莽草亭,有剧毒,不能作食用香料。另有红毒茴(*Illicium lanceolatum*),郑州、信阳等地有栽培,生长表现一般。

101 南五味子 *Kadsura longipedunculata*

科名:木兰科 属名:南五味子属

形态特征:藤本。各部无毛。叶长圆状披针形、倒卵状披针形或卵状长圆形,先端渐尖或尖,基部狭楔形或宽楔形,边有疏齿;上面具淡褐色透明腺点。花单生于叶腋,雌雄异株;雄花:花被片白色或淡黄色,中轮最大1片椭圆形;花托椭圆体形,顶端伸长圆柱状,不凸出雄蕊群外;雄蕊群球形;雄蕊药隔与花丝连成扁四方形,药隔顶端横长圆形,药室几与雄蕊等长,花丝极短。雌花:花被片与雄花相似。聚合果球形;小浆果倒卵圆形,外果皮薄革质,干时显出种子。种子2~3,稀4~5,肾形或肾状椭圆体形。花期6~9月,果期9~12月。

分布与生境:产于江苏、安徽、浙江、江西、福建、湖北、湖南、广东、广西、四川、云南。河南大别山、伏牛山均有分布。生于海拔1 000 m以下的山坡、林中。

栽培利用:8月中旬至9月上旬,是南五味子果实成熟时节,进行采种。种子阴干后装袋在自然条件下放置。圃地最好选择地势平坦、水源方便、易排水、疏松肥沃的沙壤土地块。在秋末冬初进行翻耕、耙细。南五味子播种最佳时节是在清明节前,将土壤杀菌处理后,作苗床,采用条播最好,顺浅沟播种,播量1.25 kg/亩为宜,播后覆2 cm细土。选地势平坦、水源充足、窝风处，做好区划工作，便于管理。选苗标准以根系发达、生长良好、无机械损伤和病虫害为主。定植时间在4月中下旬，栽植密度一般株行为0.6 m×2 m。定植后第2年进行搭架、牵蔓、绑缚、去萌，完成建园的后期成型工作。栽后翌年要灌1次催芽水，结合灌水可追肥，以磷肥为主，氮磷相结合的肥料。中耕除草以人工为主，一般不用化学除草剂。整形与修剪的原则是：留强壮主蔓，确保合理利用空间；去老留少，留中长枝，去短枝和基生枝；去病弱枝、过密枝和衰老枝。

南五味子植物为常绿藤本植物，叶片椭圆形，终年翠绿，枝条缠绕多姿，有红花、红果，挂果期较长，叶、花、果均可供观赏，是很好的垂直绿化园林植物。可作绿廊、篱墙、屋顶、园门、居室、移动凉亭、园林配置等，也可作为家庭盆栽或凉台供架。既赏叶又观果，叶果并美，繁中见秀，别具一格，是观光农业的首选物种之一。

另有一种狭叶五味子 *Schisandra propinqua* var. *sinensis*，为五味子属合蕊五味子的变种，河南主要分布于西峡、南召、淅川等地。河南植物志记载为落叶藤本，实际调查为常绿藤本。

102 山蜡梅 *Chimonanthus nitens*

科名：蜡梅科 属名：蜡梅属

形态特征：灌木。幼枝四方形，老枝近圆柱形，被微毛，后渐无毛。叶纸质至近革质，椭圆形至卵状披针形，少数为长圆状披针形，顶端渐尖，基部钝至急尖，叶面略粗糙，有光泽，基部有不明显的腺毛，叶背无毛，或有时在叶缘、叶脉和叶柄上被短柔毛；叶脉在叶面扁平，在叶背凸起，网脉不明显。花小，黄色或黄白色；花被片圆形、卵形、倒卵形、卵状披针形或长圆形外面被短柔毛，内面无毛；雄蕊花丝短，被短柔毛，花药卵形，向内弯，比花丝；心皮基部及花柱基部被疏硬毛。果托坛状，口部收缩，成熟时灰褐色，被短茸毛，内藏聚合瘦果。花期10月至翌年1月，果期4~7月。

分布与生境：产于安徽、浙江、江苏、江西、福建、湖北、湖南、广西、云南、贵州和陕西等省区。郑州地区有引种栽培。生于山地疏林中或石灰岩山地。

栽培利用：山蜡梅可用播种、压条、嫁接进行繁殖。播种：长江流域一带当果实呈黄褐色时，可随采随播，秋天即能长成小苗，越冬时稍加防寒，即可安全越冬。北方地区宜将种子储藏（干藏与沙藏均可）至春季播种。压条：常用的方法有地压和高压两种。在春季进行压条，秋后做切离分栽。一般在压条时宜选隔年生粗壮枝，先行环状剥皮或金属丝环状扭捋，然后将处理部位埋入土中或用塑料袋、钵套上加土，干旱时注意浇水，至深秋落叶后即可生根分栽。嫁接通常以蜡梅实生苗为砧木，用二年生苗或一年生中的大苗。春季发芽前或发芽初期进行，多用切接法，7~8月生长期常用腹接法，接穗用当年生粗壮枝，去叶后嫁接。山蜡梅喜肥，每年冬季需施一次饼肥等有机肥作基肥，生长期每半月左右施一次液肥，开花前再施一次完全肥，可促使开花时花色亮丽、花朵肥大。山蜡梅还常被用作盆栽。由于蜡梅长势旺盛，一般宜选用较大型的素烧盆，下垫瓦片以利排水。盆底先加一层粗粒土，再加一层细土并混以少量腐熟饼肥或厩肥作基肥。然后将苗栽盆。这里应注意的还要做好浇水工作。以上所说“旱不死的蜡梅”只是指地栽蜡梅，而盆栽蜡梅宜见干见湿，切不可过干。

山蜡梅花黄色美丽，叶常绿，是良好的园林绿化植物。根可药用，治跌打损伤、风湿、劳伤咳嗽、寒性胃痛、感冒头痛、疔疮毒疮等。种子含油脂。

103 樟 *Cinnamomum camphora*

科名：樟科　属名：樟属

形态特征：大乔木。树冠广卵形；枝、叶及木材均有樟脑气味；树皮黄褐色，有不规则的纵裂。顶芽广卵形或圆球形，鳞片宽卵形或近圆形，外面略被绢状毛。枝条圆柱形，淡褐色，无毛。叶互生，卵状椭圆形，先端急尖，基部宽楔形至近圆形，边缘全缘，软骨质，有时呈微波状；叶柄无毛。圆锥花序腋生，具梗，与各级序轴均无毛或被灰白至黄褐色微柔毛，被毛时往往在节上尤为明显。花绿白或带黄色；花梗无毛。果卵球形或近球形，紫黑色；果托杯状，顶端截平，具纵向沟纹。花期4~5月，果期8~11月。

分布与生境：产南方及西南各省区。常生于山坡或沟谷中，但常有栽培的。河南黄河以南多有栽培。喜光，稍耐阴；喜温暖湿润气候，耐寒性不强。适生于深厚肥沃的酸性或中性沙壤土，根系发达，深根性，抗倒能力强。

栽培利用：樟栽种季节一般以早春为宜，2~3月种植均可。移栽最好选在阴天或多云天气，尽量避免暴雨或高温天气。土球大小是移栽成败的重要因素，土球大小为树木胸径的8~10倍，可以保证根系少受损伤，易于树势恢复。为给植株提供一个局部土壤小环境，常采用局部换土的方式进行移植。以胸径10 cm的樟为例，树穴开挖宽度为1 m×1 m×1 m为宜。首先配置种植土，即把沙壤土、种植土、腐殖土按照3∶2∶1的比例进行配置，在搅拌的同时，适当放一些腐熟的有机肥及盐碱地改良肥，充分搅拌。新植樟枝干最易为烈日灼伤，以致皮部爆裂枯朽，形成严重损伤。通常植株移栽后需进行草绳裹干处理，一般缠绕高度为1.5 m，以减少水分蒸发。常以三角架形式固定植株。新植樟第1次浇水一定要浇透、浇足，同时，在浇水过程中可适当放置高效的生根剂，以促进植株根系快速萌发。7~10天后浇第2次水，20天后再浇第3次水。植株入冬以后，要注意防寒处理，常用的方法有3种：树干刷白、缠绕草绳、缠绕农用塑料薄膜。樟常见的病虫害有3种，即蚜虫、介壳虫、煤烟病等，应注意防治。樟可采用播种、嫁接、扦插进行防治。

樟枝干笔直、枝叶繁茂，是绿化园林中普遍种植的一种树木类型。樟在美化环境、维持自然平衡系统上起到了重要作用，可有效吸附二氧化碳、氟等有毒气体。樟用途也较为广泛，如工业、医药等。园林栽培有红叶和金叶变种。

104 川桂 *Cinnamomum wilsonii*

科名：樟科 属名：樟属

形态特征：乔木。枝条圆柱形，干时深褐色或紫褐色。叶互生或近对生，卵圆形或卵圆状长圆形，先端渐尖，尖头钝，但有时为近圆形，革质，边缘软骨质而内卷，离基三出脉；叶柄腹面略具槽，无毛。圆锥花序腋生，单一或多数密集，少花，近总状或为2～5花的聚伞状，具梗，总梗纤细。花白色。成熟果未见；果托顶端截平，边缘具极短裂片。花期4～5月，果期6月以后。

分布与生境：陕西、四川、湖北、湖南、广西、广东及江西均有分布。河南产于伏牛山南部和大别山区。生于海拔(30～300)800～2 400 m的山谷或山坡阳处或沟边、疏林或密林中。

栽培利用：川桂的繁殖方法以种子繁殖为主。川桂是深根性树种，选土壤深厚、质地疏松、排水性良好的黄壤土为最佳，不宜在地下水位高、含沙质大的土壤中繁殖育苗。整地要全部翻耕晒田，待晒白了表土后，起畦宽1.2 m，沟宽40 cm，打碎土块，推耙平整。2～3月，当川桂种子果皮呈紫黑色时即可分批采收。收回的鲜果应放在水池中洗刷去果皮及果肉，之后捞起晾干表面水分就可播种。种子不宜于阳光下暴晒和长期久放。此外，要注意苗木锈病、蛴螬、袋蛾的防治。

川桂中的各部位均含有挥发油，且具有较浓烈的芳香气味和生物活性，川桂用作中药材，具有温经散寒、行气活血、止痛和抗菌消炎等功效。川桂在西方古代被用作香料，为食品香料或烹饪调料，具有去腥增香的作用，中餐里用作炖肉调味，是五香粉的成分之一。

105 猴樟 *Cinnamomum bodinieri*

科名：樟科 属名：樟属

形态特征：乔木。树皮灰褐色。枝条圆柱形，紫褐色，无毛，嫩时多少具棱角。芽小，卵圆形，芽鳞疏被绢毛。叶互生，卵圆形或椭圆状卵圆形，先端短渐尖，基部锐尖、宽楔形至圆形，坚纸质，上面光亮，幼时被极细的微柔毛老时变无毛，下面苍白，极密被绢状微柔毛，叶柄腹凹背凸，略被微柔毛。圆锥花序在幼枝上腋生或侧生，同时亦有近侧生，有时基部具苞叶，多分枝，分枝两歧状，具棱角，总梗圆柱形，与各级序轴均无毛。花绿白色，花梗丝状，被绢状微柔毛。果球形，绿色，无毛；果托浅杯状。花期5～6月，果期7～8月。

分布与生境：产于贵州、四川东部、湖北、湖南西部及云南东北和东南部。郑州地区有栽培。生于路旁、沟边、疏林或灌丛中，海拔 700～1 480 m。

栽培利用：猴樟果实在 9 月中旬至 10 月上旬成熟，采种时，应选择叶大、叶色深绿、枝叶密的母树采种。水洗法选种，种子处理好后，可用沙藏和锯末藏，是将新鲜锯末用水淋湿，然后锯末和种子按 2∶1 混合后堆放或放在花钵等容器中，上面再覆一层锯末，厚度 5～10 cm。储藏温度最好低于 10 ℃，以防发芽。苗圃宜选择在沙壤土上，忌积水，普通苗床最好在冬季翻耕，3 月初碎土做床，3 月中上旬播种，采用撒播较好。苗木出土后，及时分二次间出弱苗，每平方米保留 31～36 株是最佳密度，松土结合除草进行，小苗时除草十分关键。一年生苗要适当控制生长，采取控制施肥等措施增加苗木木质化程度，同时为了获得高质量的苗，也可采取移植小苗方法，方法是出苗后有 3～4 片叶、高度 10～15 cm 时，于 6 月上中旬，选择阴雨天，择大移植，随起随栽。一年生苗在出土时有立枯病出现，特别是在排水不畅之地，地下害虫特别是螟虫和蝼蛄容易危害幼苗，进入夏秋季，食叶害虫特别是樟叶蜂的危害较大，应加以防治。猴樟移栽时，为保证移栽成活率和移栽质量，尽快发挥园林效果，其一，在出圃前应提前半年进行断根，促使须根发达；其二，最佳移植时间应选择在 3 月中下旬至 4 月上中旬，物候表现为芽萌动膨大而未展叶抽梢，此时，只需修剪 1/3 或 1/2 的叶，不修枝即可移栽；其三，在植穴内打泥浆后移植和定植后浇水。

猴樟树体枝叶浓密，树冠卵球形，叶大色浓、终年常绿，幼叶的新绿淡雅诱人，在林间有绿树丛中点点红之景，5 月中旬开花，花小而黄白色，猴樟叶含有芳香油，使环境空气清香。

106 银木 *Cinnamomum septentrionale*

科名：樟科　属名：樟属

形态特征：中至大乔木。树皮灰色，光滑。枝条稍粗壮，具棱，被白色绢毛。芽卵珠形，芽鳞先端微凹，具小突尖，被白色绢毛。叶互生，椭圆形或椭圆状倒披针形，先端短渐尖，基部楔形，近革质，上面被短柔毛，羽状脉。圆锥花序腋生，多花密集，末端为 3～7 花的聚伞花序，总轴细长，与序轴被绢毛。花梗被绢毛。花被筒倒锥形，外面密被白色绢毛，花被裂片 6，近等大，宽卵圆形，先端锐尖。果球形，无毛，果托先端增大成盘状。花期 5～6 月，果期 7～9 月。

分布与生境：产于四川西部、陕西南部及甘肃南部。河南南部有栽培。生于海拔 600～1 000 m 山谷或山坡上。

栽培利用：选 20～30 年生的高大通直、健壮无病虫害的母树，于每年 9～10 月，人工辅助采摘收集。再加水冲洗漂净杂质，置通风处阴干，经消毒处理后，层积沙藏。选有水浇条件及排水良好的土壤作圃地。每年 3 月上旬到 4 月中旬播种为宜。采用以下 2 种方式催芽播种：①用 15 ℃温水浸种 4～5 h 进行催芽处理；②在播种前，将种子和沙按一定比例混合放置在恒温（20 ℃）培养箱内，保持一定湿度，5～7 天种子裂开，取出经过催芽露白的种子。银木幼苗前期生长较慢,1 月生苗木幼嫩,扎根较浅,抗性较弱,应勤浇水抗旱,保持苗床湿润。一直到 6 月,苗木均生长缓慢,可适量追施复合肥,以促苗生长,宜少量多次,并及时除草。7 ~9 月为其生长旺期,要注意灌溉施肥,9 月下旬后停止施氮肥,可适当喷施 0. 3% KH_2PO_4 液,增强苗木木质化程度,防止冬季苗木冻梢。于春季将 1 年生播种小苗移栽,移苗时最好带好宿土,按照 25 cm×30 cm 的密度进行首次移栽,2 年后进行隔行、隔株疏间,将被间的带土苗木按 50 cm×60 cm 的株行距再次移栽,继续培育 2 ~3 年,然后再隔株、隔行疏间,被疏间的苗木可视其大小,或用于一般绿化造林,或继续在圃地移栽。

银木是我国珍贵和盛产芳香油类的树种,在林业生产上占有重要地位。银木木材黄褐色,纹理美,结构细,有香气,抗虫蛀,可供建筑、造船、家具、乐器之用。其根材美丽,也可用作美术工艺品。银木根深叶茂,可用于水土保持,改善生态环境,其冠大荫浓,树姿雄伟,有香气,具有较好的观赏性和园林利用价值。

107 黄樟 *Cinnamomum porrectum*

科名:樟科 属名:樟属

形态特征:常绿乔木。树干通直。树皮暗灰褐色,上部为灰黄色,深纵裂,内皮带红色,具有樟脑气味。枝条粗壮,圆柱形,绿褐色,小枝具棱角,灰绿色,无毛。芽卵形,鳞片近圆形,被绢状毛。叶互生,通常为椭圆状卵形或长椭圆状卵形,先端通常急尖或短渐尖,基部楔形或阔楔形,革质,羽状脉。圆锥花序于枝条上部腋生或近顶生,总梗与各级序轴及花梗无毛。花小,绿带黄色。花被外面无毛,内面被短柔毛,花被筒倒锥形,花被裂片宽长椭圆形,具点,先端钝形。果球形,黑色;果托狭长倒锥形,红色,有纵长的条纹。花期 3 ~5月,果期 4 ~10 月。

分布与生境:产于广东、广西、福建、江西、湖南、贵州、四川、云南。郑州地区有栽培。生于海拔 1 500 m 以下的常绿阔叶林或灌木丛中,后一生境中多呈矮生灌木型,云南南部有利用野生乔木辟为栽培的樟茶混交林。

栽培利用:黄樟的种子 9 月下旬就可采集,到 10 月下旬基本结束。采后去掉果皮,将种子洗净摊晾,经过 10 ~20 天的风干,就可进行沙藏。幼苗育苗地应选在排灌方便、避风向阳的地方。将储藏的种子于 2 月上旬从沙中筛出,进行消毒。将消毒过的种子,按 300 ~400 g/m^2 的播种量均匀地撒在苗床上,再用未受污染的湿沙土覆盖种子,厚度约为 1 cm,然后浇透水。待种子出土率达到 70% 左右时,或在苗木出圃前 10 ~15 天,选在晴朗的天气,揭去塑料薄膜进行炼苗。同时除去苗床的杂草,喷甲基托布津 800 ~1 000 倍液,预防病虫害的发生。当幼苗长出 4 片以上真叶时,就可进行大田移植。行距和株距均为 0. 6 m,幼苗要定植于土壤疏松的苗圃地,定植要在 5 月前结束。5 月底之前,苗圃的主要工作是确保苗木成活,6 ~9 月四个月是苗木生长的高峰期,需加强水肥管理,同时进行摘除侧枝等工作。黄樟的病害较少，虫害不定时会发生，在6～12月，比较容易发生刺吸式害虫对叶片的危害，危害症状为叶背密布角斑。经过苗圃3～4年的培育，黄樟的胸径可达到6 cm以上，此时可出圃，苗木的土球应保持在35 cm以上，一般会在2.5～3 m处截干。

黄樟的主干明显而通直，生长速度快，枝繁叶茂，四季常青，耐修剪，可造型；树冠高大，能遮阳避日，可滞尘吸音，净化空气。叶片较大，叶色浓绿，有光泽，秋末时有部分老叶呈橘红色，较为美观。黄樟是我国大部分地区公路绿化、街道美化和"四旁"种植的首选树种。也会成为水土保持、荒坡绿化和风景旅游胜地造林的常用树种。

108 岩樟 *Cinnamomum saxatile*

科名：樟科 属名：樟属

形态特征：乔木。枝条圆柱形，略具棱角，具纵向细条纹，有少数淡褐色圆形至长圆形皮孔，无毛，幼枝明显压扁，具棱角，被淡褐色微柔毛。芽卵珠形至长卵圆形，芽鳞极密。叶互生，或有时在枝条上部者近对生，长圆形或有时卵状长圆形，先端短渐尖，尖头钝，基部楔形至近圆形，两侧常不对称，近革质，羽状脉，中脉直贯叶端。圆锥花序近顶生，6～15花，具分枝，末端通常为3花的聚伞花序。花绿色。花被筒倒锥形，花被裂片6，卵圆形，先端锐尖。果卵球形；果托浅杯状，全缘。花期4～5月，果期10月。

分布与生境：产于云南东南部及广西。豫南地区有引种栽培。生于石灰岩山上的灌丛中、林下或水边，海拔600～1 500 m。

栽培利用：岩樟一般采用种子繁殖或无性繁殖。种子繁殖：采种时选用健壮母株采种。"白露"前后采种。鉴于岩樟种子发芽率只有30%左右，故采用"两段"育苗，可提高出苗率，并培育壮苗。无性繁殖的方法很多，可用埋根、压条、嫩枝扦插育苗等。嫩枝扦插：选择地势平坦、水源方便、排水良好、半阴半阳的酸性或微酸性沙土或沙壤土做插穗圃。扦插季节，春、夏、秋均可，但以立夏至小满时节为宜。选用10年生以下岩樟的侧枝或10年生以上母株2 m以下枝条和萌芽条侧枝，采后用生根粉浸泡。保持沙床湿润，不能过湿，浇水时忌用井水；插床地温不超过35 ℃，高温时可揭膜散热；插条走根发叶后，揭开覆盖，再进行水肥管理。幼林阶段主要是中耕除草，常以窝扶、防治水土流失为管理要点，年扶1～2次，同时防止人畜践踏，3年即可郁蔽成林，开始采收果实。

岩樟，性味甘、辛、温、温中散寒，理气止痛。主治胃疼、腹痛、风湿关节炎、胸闷和呕吐，是贵州传统苗药。岩樟种仁含油量为54.8%（广西凌云）。可供工业用油。木材又为造船、橱箱和建筑等用材。

109 沉水樟 *Cinnamomum micranthum*

科名：樟科 属名：樟属

形态特征：乔木。树皮黑褐色或红褐灰色，内皮褐色，外有不规则纵向裂缝。顶芽大，卵球形。枝条圆柱形，茶褐色，疏布有凸起的圆形皮孔，幼枝无皮孔，无毛。叶互生，常生于幼枝上部，长圆形、椭圆形或卵状椭圆形，先端短渐尖，基部宽楔形至近圆形，坚纸质或近革质，羽状脉；叶柄腹平背凸，茶褐色，无毛。圆锥花序顶生及腋生，分枝开展，末端为聚伞花序。花白色或紫红色，具香气。花被外面无毛，内面密被柔毛，花被筒钟形，花被裂片6，长卵圆形，先端钝。果椭圆形，鲜时淡绿色，具斑点，光亮，无毛；果托壶形，长9 mm，向上骤然喇叭状增大，边缘全缘或具波齿。花期7~8(10)月，果期10月。

分布与生境：产于广西、广东、湖南、江西、福建及台湾等省区。郑州地区有引种栽培。生于山坡或山谷密林中或路边、河旁水边，海拔300~650 m(台湾达1 800 m)。沉水樟适生于土层深厚的酸性红壤，多分布于阴坡及避风的沟谷、坡面。

栽培利用：宜选择50年生左右生长健壮且无病虫害的母树，在10月左右果实由青绿色变为紫黑色时采集。种子采摘后不可堆积在编织袋或麻袋中，应及时将采回的果实处理洗净后晾干，切忌暴晒。应选择阳光照射少、排水良好、土壤肥沃、微酸性沙质壤土的水稻田作圃地。沉水樟种子播种前应进行水选和温水催芽处理。因沉水樟种子含油丰富，极易感染病虫害，种子播种前要用0.5%(质量分数)的高锰酸钾溶液浸种2 h，再进行消毒灭菌。沉水樟播种育苗一般1~2月播种。因种子来源困难和种子空壳率高，宜采用点播，并适当增加播种量。同时因沉水樟幼苗生长快、个体大，行间隔要大些，以25 cm为宜，播种深2 cm左右。播种后覆盖火烧土，厚度1 cm为宜，上盖稻草，保持表土湿润，出土60%左右时可在阴天或傍晚揭草。苗期管理主要是揭草、拔草、浇水，以保持苗床湿润、整洁。除草、松土、施肥和间苗同时进行。在幼苗期应利用阴雨潮湿天气进行间苗和补苗，并定期适量施氮肥和磷钾肥，以促进苗木的生长。造林：沉水樟对林地肥力要求不高，在一般林地上均可正常生长，但在土层深厚、湿润肥沃的林地上生长更好，因此沉水樟人工造林应选择Ⅱ、Ⅲ类地。因沉水樟苗木较大，应采用60 cm×40 cm×40 cm穴状整地，挖明穴，回表土。

沉水樟精油由黄樟油素、乙酸龙脑酯、橙花叔醇、毕澄茄醇等32种化合物组成，其根部、树干、枝条、叶均含有精油，故沉水樟是较好的提炼芳香油的材料。沉水樟木材也是很好的造纸材料。沉水樟树体含水量高、根系发达，是涵养水源和保持水土的优良树种。沉水樟属自花授粉植物，保持地面清洁，且树形优美，是很好的园林绿化树种。

110 天竺桂 *Cinnamomum japonicum*

科名：樟科　属名：樟属

形态特征:乔木。枝条圆柱形,极无毛,红色或红褐色,具香气。叶近对生或在枝条上部者互生,卵圆状长圆形至长圆状披针形,先端锐尖至渐尖,基部宽楔形或钝形,革质,上面绿色,光亮,下面灰绿色,晦暗,两面无毛,离基三出脉,中脉直贯叶端,在叶片上部有少数支脉;叶柄粗壮,腹凹背凸,红褐色,无毛。圆锥花序腋生,无毛,末端为 3 ~ 5 花的聚伞花序。花被筒倒锥形,短小,花被裂片 6,卵圆形,先端锐尖。果长圆形,无毛;果托浅杯状,顶部极开张,边缘极全缘或具浅圆齿,基部骤然收缩成细长的果梗。花期 4 ~ 5 月,果期 7 ~ 9 月。

分布与生境:分布于江苏、浙江、安徽、江西、福建及台湾。河南产于大别山和伏牛山南部。生于海拔 300 ~ 1 000 m 或以下的低山或近海的常绿阔叶林中。

栽培利用:天竺桂 3 ~ 4 月开花,10 ~ 11 月果实成熟,成熟的果实为紫黑色。采种时,应选择生长健壮、无病虫害 10 年生以上的树为采种母树。种子采取湿沙分层的方式进行储藏。在进行播种之前,水温在 40 ~ 50 ℃ 采取间歇浸种的方式,持续浸种时间为 3 ~ 4 天。等到次年 3 月中旬时进行播种。在播种时,种子的行距应控制在 15 ~ 20 cm,播种沟深应控制在 2 ~ 3 cm,每 1 m 长度的苗床播种数量为 15 ~ 20 粒。在夏季,需要在天竺桂的幼苗上部设置遮阳网,并于当年 8 月下旬,将遮阳网拆除。由于天竺桂的苗木怕寒,因此在冬季来临时,还要采用塑料薄膜对苗木进行覆盖。苗木在生长旺季时,应根据天气对磷肥与氮肥进行施加,施加次数控制在 2 ~ 3 次即可。在天竺桂苗木栽培中,栽培地点应选择在排水良好,并且背风向阳的山脚下,同时还要确保土层较为深厚、肥沃。在引种初期,需要在苗圃地中栽植小苗。对天竺桂苗木的栽植时间应控制在 3 月中旬至 4 月上旬。在对苗床进行定植时,植株的株行距应控制在 0. 5 m × 0. 5 m。在栽培天竺桂苗木时,还要对其枝叶进行适当的修剪,然后同时进行起苗、打浆与栽植。对大苗的移植应以幼芽萌发初期为宜,同时在栽培过程中要将株行距控制在 2 m × 2 m,在整地时,则采用回表土栽植、挖明穴等方法,并进行充足浇水。

天竺桂树冠为自然圆头形,四季常绿,树形优美,长势强,树冠扩展快,有着极高的观赏价值,而且很少发生病虫害,并具有较强的二氧化硫抗性。因此,天竺桂经常被栽种至人行道上,也常常被用于庭院绿化。

111 野黄桂 *Cinnamomum jensenianum*

科名：樟科　属名：樟属

形态特征：小乔木。树皮灰褐色，有桂皮香味。枝条曲折，二年生枝褐色，密布皮孔，一年生枝具棱角。芽纺锤形，芽鳞硬壳质，先端锐尖，外面被极短的绢状毛。叶常近对生，披针形或长圆状披针形，先端尾状渐尖，基部宽楔形至近圆形，厚革质，上面绿色，光亮，无毛，下面幼时被粉状微柔毛，但老时常极无毛，晦暗，被蜡粉。花序伞房状，具2～5花，常远离，或在常几不伸长的当年生枝条基部有成对的花或单花，总梗纤细，近无毛。花黄色或白色。果卵球形，无毛；果托倒卵形，具齿裂，齿的顶端截平。花期4～6月，果期7～8月。

分布及生境：产于湖南西部、湖北、四川、江西、广东及福建等地。河南信阳有引种栽培。生于山坡常绿阔叶林或竹林中，海拔500～1 600 m。

栽培利用：一般用种子育苗移植法，在种子成熟后随采随种，或用湿沙混藏，但不得超过20天，过期则丧失发芽力。用条播法，行距约15 cm，沟深3～4 cm，每隔3～4 cm播种子1粒，播种后覆土、浇水，上盖干草。苗高10 cm时间苗，每6 cm留苗1株。3年后苗高约1 m时，选2～3月中的阴雨天定植，行、株距2 m×3 m左右。播种后20～40天即可发芽，此时应清除杂草，架搭荫棚，防止烈日暴晒，经常注意浇水，保持土壤湿润，防止干旱。苗高16～20 cm时，拆除荫棚，注意灌溉及施肥。造林后，每年必须除草、松土、施肥3次。害虫有樟红天牛的幼虫，发现后可将受害部分砍去焚毁，并进行捕杀，或用硫黄蒸气熏杀。苗期以防病为主，每一次喷施叶面肥都可以加杀虫剂、杀菌剂混合喷施。移植后应注意褐斑病、炭疽病、白粉病、蛀心虫、卷叶虫、桂蚕天牛等病虫害防治。

野黄桂味辛、甘，性温。归肝经、胃经。具有行气活血、散寒止痛之功。主治脘腹疼痛、风寒湿痹、跌打损伤。野黄桂在我国众多省份有分布，资源丰富。其枝叶和果含有芳香油，可作工业原料。

112 宜昌润楠 *Machilus ichangensis*

科名：樟科　属名：润楠属

形态特征：乔木。树冠卵形。小枝纤细而短，无毛，褐红色，极少褐灰色。顶芽近球形，芽鳞近圆形，先端有小尖，外面有灰白色很快脱落小柔毛，边缘常有浓密的缘毛。叶常集生当年生枝上，长圆状披针形至长圆状倒披针形，先端短渐尖，有时尖头稍呈镰形，基部楔形,坚纸质,上面无毛,稍光亮,下面带粉白色,有贴伏小绢毛或变无毛,中脉上面凹下,下面明显突起。圆锥花序生自当年生枝基部脱落苞片的腋内,花白色。果近球形,直径约1 cm,黑色,有小尖头;果梗不增大。花期4月,果期8月。

分布与生境:主产台湾。河南产于大别山、伏牛山、桐柏山南部。生于低海拔的阔叶混交林中。

栽培利用:宜昌润楠主要采用播种繁育,当果实有70%由青色转为紫黑色时即可采收。果实外种皮肉质多汁,易腐烂变质,影响种子质量。果实采收后要及时处理,将果实放入箩筐内,在水中漂去坏果,然后和草木灰反复搓揉使果皮与种子分离,捞出干净种子晾干储藏。储藏时将种子和清水河沙消毒后,进行层积处理。播种期在3月中旬,用开沟点播或条播方式,条距18 cm,点距12 cm,每亩播种量10 kg左右,播后覆盖细沙。从播种到齐苗期要常检查。夏秋两季注意排水。

宜昌润楠材淡红褐色,坚软中庸,纹理细致,易加工,耐久用,为我国台湾全岛阔叶林中最主要和优良用材树种之一,可供建筑、车辆、家具、乐器等用材。

113 小果润楠 *Machilus microcarpa*

科名:樟科 属名:润楠属

形态特征:乔木。小枝纤细,无毛。顶芽卵形,芽鳞宽,早落,密被绢毛。叶倒卵形、倒披针形至椭圆形或长椭圆形,先端尾状渐尖,基部楔形,革质,上面光亮,下面带粉绿色,中脉上面凹下,下面明显凸起;叶柄细弱,无毛。圆锥花序集生小枝枝端,较叶为短;花梗与花等长或较长;花被裂片近等长,卵状长圆形,先端很钝,外面无毛,内面基部有柔毛,有纵脉;花丝无毛,第三轮雄蕊腺体近肾形,有柄,基部有柔毛;子房近球形;花柱略蜿蜒弯曲,柱头盘状。果球形。

分布与生境:分布于四川、湖北、贵州。河南产于大别山、伏牛山、桐柏山南部。生于山地阔叶混交林中。

栽培利用:用种子繁殖。7月中下旬到8月初,果实成熟,进行果实采收后,搓去外果皮,种子有油质,寿命短,阴干后即可播种。若次年春播,需用湿沙储藏。幼苗期需遮阴,当幼苗长成真叶即可间苗或移植,一般1年生苗即可出圃造林。如绿化用大苗,可换床培育3~5年。大苗栽植,必须带土团,并剪去部分叶片。栽植时要选择温暖湿润、土壤肥沃的环境。幼苗初期生长缓慢,喜阴湿,宜选择日照时间短、排灌方便、肥沃湿润的土壤作圃地。播种从大寒至雨水均可进行。一般用条播,条距15~20 cm,条宽6~10 cm。每亩播种量15~20 kg。播后覆盖火烧土1~2 cm,再盖草或锯屑、谷壳,以保持苗床湿润。幼苗出土后,要及时进行除草、松土、施肥和灌溉。在平地育苗,由于日照时间长,地表温度高,在暑天,易遭日灼为害,因此尚需给以适当遮阴。植树造林地以选择低山丘陵、土层深厚、肥沃湿润的山坡、山谷两侧为宜。造林时间应选择1月中旬至2月中旬的阴天或毛毛雨天气为好。选用2年生的壮苗造林，尽量做到随起苗随栽植。起苗后应剪去叶片，留叶柄，适当修根，随即蘸泥浆栽植。栽植时，严格做到苗正、根舒、压紧等技术措施，以保证成活。

小果润楠四季常绿，新叶鲜红，树形优美，材质优良，且种子繁殖容易，生长迅速，是极具开发价值的绿化兼用材树种。

114 楠木 *Phoebe zhennan*

科名：樟科 属名：楠属

形态特征：大乔木；小枝被黄褐色或灰褐色柔毛；叶革质，椭圆形，少为披针形或倒披针形，先端渐尖，尖头直或呈镰状，基部楔形，最末端钝或尖，中脉在上面下陷成沟，下面明显突起；叶柄细，被毛；聚伞状圆锥花序十分开展，被毛，在中部以上分枝，每伞形花序有花3~6朵，一般为5朵；花中等大，花梗与花等长。果椭圆形；果梗微增粗；宿存花被片卵形，革质、紧贴。花期4~5月，果期9~10月。

分布与生境：分布于湖北西部、贵州西北部及四川阔叶林中。河南产于鸡公山。多见于海拔1 500 m以下的阔叶林中。

栽培利用：楠木采种工作应在11月末进行。当果皮逐渐由青绿色转变为蓝黑色时，表示楠木种子已经足够成熟，即可采集楠木种子。通常从20~40年生的楠木上采集种子。将种子在水中浸泡24 h，水选种子，之后湿沙储藏。在选择培育楠木的苗圃时，应保障苗圃土壤肥沃、有机质含量丰富、土质为黏性土或沙土、土壤pH值为5~6、水源足够且利于排灌。楠木的播种时期多选在春季，播种的最佳时间为每年2月下旬至3月上旬，当气温达到15 ℃后，应取出储藏的楠木种子，并将种子浸泡在0.3%的高锰酸钾溶液中2 h。浸泡结束后，借助湿润的沙子进行催芽3天。一般当楠木种子露芽之后即可开展播种。楠木播种应采用条播方式，行距为20 cm，株距为5 cm，播种量为12~15 kg/亩。播后应注意灌溉、除草、间苗、遮阴、施肥工作。通常楠木首次栽植的密度为2.0 m×2.0 m，亩栽植167株。

楠木是珍贵的用材树种，有较高的药用价值，具有消水肿、散寒化浊等功效。楠木的木质坚硬耐腐蚀、用时间长、容易加工，是良好的木材，用途广泛。楠木是我国特有的国家二级重点保护树种，具有较高的经济、生态价值和观赏价值，是极具开发潜力的园林绿化树种。

115 闽楠 *Phoebe bournei*

科名：樟科 属名：楠属

形态特征：大乔木。树干通直，分枝少；老的树皮灰白色，新的树皮带黄褐色。小枝有毛或近无毛。叶革质或厚革质，披针形或倒披针形，先端渐尖或长渐尖，基部渐狭或楔形，上面发亮，下面有短柔毛，脉上被伸展长柔毛，有时具缘毛，中脉上面下陷。花序生于新枝中、下部，被毛，通常 3～4 个，为紧缩不开展的圆锥花序；花被片卵形，两面被短柔毛。果椭圆形或长圆形；宿存花被片被毛，紧贴。花期 4 月，果期 10～11 月。

分布及生境：江西、福建、浙江南部、广东、广西北部及东北部、湖南、湖北、贵州东南及东北部均有分布。河南产于伏牛山南部、大别山、桐柏山。野生的多见于山地沟谷阔叶林中，也有栽培。

栽培利用：闽楠种子在 11 月下旬（小雪前后）成熟，果实由青变黑时即可采集。用湿沙分层储藏，最好用容器袋育苗。每袋播种 1～2 粒，播后盖土 1～2 cm，再盖锯屑以保持水分。苗木出土后，及时搭棚遮阴，当幼苗长出 2～3 片叶时，开始施肥，每 10 天施肥一次，每 50 kg 水用 200 g 尿素。前期少、后期多，每次抽梢完，木质化后施复合肥，每 50 kg 配 400～500 g，应掌握前少后多。闽楠 11 月还可能抽梢一次，因此应注意防冻。造林地应选择土层深厚、肥沃、湿润、阴坡、半阴坡的中下部，山谷两侧及河边台地。应积极提倡不炼山整地。栽植时应注意把握好以下几个环节：①适当提早造林时间，宜选择 9～10 月栽植，此时，苗木秋梢抽完进入木质化，苗高达到 30～40 cm，移植林地内，让其提早发根，有利于来年生长；②雨后，土壤充分湿透后进行；③穴内土团必须整细，在穴内挖一小穴，深约 20 cm，将容器苗放入穴内，脱去容器袋，再用细土将容器苗土球四周回满，由外向内压紧，切忌直接压到土球，以防土球原状被破坏，压紧后再盖土，高出土球表面6～8 cm 即可。

闽楠是常绿大乔木，是我国特有的珍稀渐危树种。闽楠干形通直，木材芳香耐久、纹理美观，材质致密坚韧，不易反翘开裂，为上等建筑、家具用材。

116 湘楠 *Phoebe hunanensis*

科名：樟科 属名：楠属

形态特征：灌木或小乔木。小枝干时常为红褐色或红黑色，有棱，无毛。叶革质或近革质，倒阔披针形，少为倒卵状披针形，先端短渐尖，有时尖头呈镰状，基部楔形或狭楔形，老叶上面无毛,发亮,苍白色或被白粉,幼叶下面密被贴伏银白绢状柔毛,中脉粗壮,在上面下陷,极少为平坦,下面极明显突起,侧脉下面十分突起,横脉及小脉下面明显。花序生当年生枝上部,近于总状或在上部分枝,无毛。果卵形;果梗略增粗;宿存花被片卵形,纵脉明显,松散,常可见到缘毛。花期 5 ~6 月,果期 8 ~9 月。

分布及生境:主要分布在甘肃、陕西、江西西南部、江苏、湖北、湖南中部和东南部及西部、贵州东部。河南产于大别山。生于沟谷或水边。

栽培利用:湘楠主要采用播种育苗,选择优良的母树采集饱满的种子,先搓去外面一层黑色的种皮,用水冲洗后进行净种、分级湿藏。苗圃地秋冬季深翻土壤两遍,每亩施 500 kg 已腐熟的饼肥,均匀地撒在床面上,随后进行深翻,把饼肥翻入土壤中。然后做成高 20 cm、宽 1 m 的苗床,播种前两星期在每一苗床面洒上 1% ~3% 的硫酸亚铁水溶液进行消毒。将沙藏的种子用水选的方法从沙中滤出后,用 0.3% 的高锰酸钾溶液浸泡 2 h,然后继续用消毒灭菌过的湿沙层积催芽 3 ~4 天。一般采取条播的方法进行播种,将种子均匀地撒播在播幅内,覆盖细土厚 2 cm 左右,然后用木板进行镇压,覆盖一层稻草。如果土壤十分干燥,就用喷壶将床面浇透。播种以后为防止土壤水分蒸发过快,及时浇水的同时,要搭遮阴网,发芽出苗后要及时揭草。土壤过度板结时,在行距之间用小耙轻轻松土以利芽的萌出。幼苗长出土以后,5 ~10 cm 时,在 6 月下旬和 8 月下旬施复合肥或尿素一次,每亩约 3 kg,施肥时必须用小铲开一小沟,将肥均匀地撒入沟内,然后覆土盖好,避免肥料与叶片接触。在管理期间,发现有病害,一般用退菌特 65% 可湿性粉剂,每亩用 280 g 稀释水 140 kg 喷洒。同时要做好及时浇水、松土、除草、排水、间苗、抹芽等生产管理环节。

117 白楠 *Phoebe neurantha*

科名:樟科 属名:楠属

形态特征:大灌木至乔木。树皮灰黑色。小枝初时疏被短柔毛或密被长柔毛,后变近无毛。叶革质,狭披针形、披针形或倒披针形,先端尾状渐尖或渐尖,基部渐狭下延,极少为楔形,上面无毛或嫩时有毛,下面绿色或有时苍白色,初时疏或密被灰白色柔毛,后渐变为仅被散生短柔毛或近于无毛,中脉上面下陷,侧脉下面明显突起;叶柄被柔毛或近于无毛。圆锥花序,在近顶部分枝,被柔毛;花梗被毛;花被片卵状长圆形。果卵形;宿存花被片革质,松散,有时先端外倾,具明显纵脉。花期 5 月,果期 8 ~10 月。

分布及生境:江西、湖北、湖南、广西、贵州、陕西、甘肃、四川、云南均有分布。河南产于伏牛山、大别山和桐柏山南部。生于山地密林中。

栽培利用:当白楠种子的外种皮由青色变为紫褐色时,种子即成熟,一般为 11 月底至 12 月初。白楠每公顷参考播种量为 187.5 kg,播种后 40 天,种子开始发芽,白楠种子发芽期较长。苗木出齐后及时进行间苗,将多余的苗移栽,确保苗木正常生长,并及时进行松土、除草、施肥等工作。

白楠为常绿乔木树种,树干通直,木材纹理直,结构细密,耐腐蚀,不翘裂,不变形,具芳香味,不易被虫蛀,是建筑、家具等的优良用材。白楠树形美观,枝叶繁茂,生长迅速,是优美的庭荫和绿化树种。白楠还是亚热带常绿阔叶林中的重要伴生树种,具有强大的生态功能。

118 紫楠 *Phoebe sheareri*

科名:樟科 属名:楠属

形态特征:大灌木至乔木。树皮灰白色。小枝、叶柄及花序密被黄褐色或灰黑色柔毛或茸毛。叶革质,倒卵形、椭圆状倒卵形或阔倒披针形,先端突渐尖或突尾状渐尖,基部渐狭,上面完全无毛或沿脉上有毛,下面密被黄褐色长柔毛,少为短柔毛,中脉和侧脉上面下陷;圆锥花序,在顶端分枝;花被片近等大,卵形,两面被毛。果卵形,果梗略增粗,被毛;宿存花被片卵形,两面被毛,松散;种子单胚性,两侧对称。花期4~5月,果期9~10月。

分布及生境:主要分布于长江流域及以南地区。河南产于大别山和伏牛山南部。多生于海拔1 000 m以下的山地阔叶林中。

栽培利用:紫楠用种子繁殖,11月中下旬至12月初,成熟的果实外果皮变成紫黑色。采收果实。随采随播或者春季3~4月播种均可。用湿沙储藏种子。播种育苗应选择排水良好、微酸性沙壤土作苗圃地。条播为好,12月初随采随播,播种后覆肥土1~1.5 cm,并覆盖稻草,气温达20 ℃以上时种子萌发出土,出土后需架设阴棚或选择中龄人工林内(郁闭度0.6左右)做畦播种,利用林冠自然遮阴。紫楠喜阴湿环境,宜选择地形复杂的山坞或沟谷溪旁,北面需有自然屏障,阻滞寒潮袭击,并选择土层深厚、湿润、有机质含量高的落叶阔叶林地。梅雨季节带土移栽,浇透水,并保持湿润,成活率可达100%。待紫楠植株渐渐长大再逐步疏伐其他杂树,改造成以紫楠为主的常绿落叶阔叶混交林。

紫楠树形端正美观,叶大荫浓,宜作庭荫树及绿化、风景树。在草坪孤植、丛植,或在大型建筑物前后配植,显得雄伟壮观。紫楠还有较好的防风、防火效能,可栽作防护林带。木材坚硬、耐腐,是建筑、造船、家具等良材。根、枝、叶均可提炼芳香油,供医药或工业用;种子可榨油,供制皂和作润滑油。

119 山楠 *Phoebe chinensis*

科名：樟科　属名：楠属

形态特征：大乔木。顶芽卵珠形或近球形，除边缘外，近无毛，干时黑色。小枝圆柱状，无毛，干后变黑褐色。叶革质或厚革质，倒阔披针形、阔披针形或长圆状披针形，先端短尖或急渐尖，少为钝尖，基部楔形，两面无毛或下面有微柔毛，中脉粗壮，侧脉两面均不明显或有时下面略明显，横脉及小脉在两面模糊或完全消失；叶柄粗，无毛。花序数个，粗壮，生于枝端或新枝基部，无毛，在中部以上分枝；花黄绿色。果球形或近球形；果梗红褐色；宿存花被片紧贴或松散，下半部略变硬，上半部通常不变硬，也不脱落。花期 4 ~5 月，果期 6 ~7 月。

分布及生境：甘肃、陕西、湖北、贵州、四川、西藏、云南均有分布。河南产于伏牛山、大别山和桐柏山。多见于海拔 1 400 ~1 600 m 的山坡或山谷常绿阔叶林中，散生或成片，有时也种植于村旁。

栽培利用：山楠四季常青，树形高大通直，树冠端庄美观，极具观赏价值，是理想的可选树种。基于楠属植物的众多优良特性，其在园林植物造景中运用形式较为丰富，可作为庭荫树、行道树、风景树等。可以孤植在空旷的草坪或山坡上，作为独立的庇荫树，也可在场地的构图中心配置单株树形端直的成年树作孤植景观，以体现其树形优美。亦可与其他树种搭配形成混交林。将其按照一定的株行距栽植，形成园林景观体富于整齐美、线条美，可以用于道路景观或规则式园林中。

120 竹叶楠 *Phoebe faberi*

科名：樟科　属名：楠属

形态特征：乔木。小枝粗壮，干后变黑色或黑褐色，无毛。叶厚革质或革质，长圆状披针形或椭圆形，先端钝头或短尖，少为短渐尖，基部楔形或圆钝，通常歪斜，上面光滑无毛，下面苍白色或苍绿色，无毛或嫩叶下面有灰白贴伏柔毛，中脉上面下陷，下面突起，叶缘外反。花序多个，生于新枝下部叶腋，无毛，中部以上分枝，每伞形花序有花 3 ~5 朵；花黄绿色；花被片卵圆形，外面无毛，内面及边缘有毛；花丝无毛或仅基部有毛，第三轮花丝基部腺体有短柄或近无柄；子房卵形，无毛，花柱纤细，柱头不明显。果球形；果梗微增粗；宿存花被片卵形，革质，略紧贴或松散，先端外倾。花期 4 ~5 月，果期 6 ~7 月。

分布及生境：产于陕西、湖北西部、贵州及云南中至北部。河南产于伏牛山南部，大别山和桐柏山区。多见于海拔 800 ~ 1 500 m 的阔叶林中。

栽培利用:竹叶楠繁殖方法同紫楠。其大树不耐移植,移栽前 7 天挖好新栽地定植穴,定植穴直径要比移栽树土球直径大 40 ~ 50 cm。起挖土球高度为土球直径的 70% ~ 80% 。挖到土球 1/2 高度时向里收缩至直径的 1/3,再修土球“肩角”,使土球成“倒圆台”形。植前对挖好的植穴用土壤消毒剂对土坑消毒。用呋喃丹、多菌灵颗粒杀虫灭菌,树干伤口消毒,防腐涂膜处理。土质不好的,有条件的要更换适于树木生长的好土。定植或假植后及时立支撑柱防歪斜倾倒,有利于根系生长。对栽后大树采用先进养护的树体内部给水的输液方法,可解决移栽大树的水分供需矛盾,促其成活。4 月下旬后,应在树体的三个方向(留北方,便于光合作用)和顶部架设荫棚,树冠与荫棚保持 50 cm 的距离(以免阳光灼伤树体,保持棚内空气流动)。10 月中旬以后,天气渐凉,可拆除荫棚。大树移植后,萌芽力较强的树种应定期、分次进行剥芽除萌、除嫩梢,及时除去基部及中下部的萌芽,控制新梢在中上部、顶部发展成为新树冠。移栽后大树萌发第二次嫩梢后,可结合浇水施入氮磷钾(N、P、K)复合肥,浓度宜稀,当年施 1 ~ 2 次,10 月后停止施肥。栽后的大树因起苗、修剪、运输造成各种伤口,故易感染病虫害。可用杀虫杀菌类农药混合喷施。

竹叶楠不仅材性优良,是极佳的建筑和家具用材,心材芳香可入药,用于散寒止痛、温胃止呕。而且竹叶楠树干通直,尖削度较小,树形优美,树冠浓密,是园林上良好的庭院绿化树种和重要交通地段的行道树。

121 黄丹木姜子 *Litsea elongata*

科名:樟科　属名:木姜子属

形态特征:小乔木或中乔木。树皮灰黄色或褐色。小枝黄褐至灰褐色,密被褐色茸毛。顶芽卵圆形,鳞片外面被丝状短柔毛。叶互生,长圆形、长圆状披针形至倒披针形,先端钝或短渐尖,基部楔形或近圆,革质,上面无毛,下面被短柔毛,沿中脉及侧脉有长柔毛,羽状脉,中脉及侧脉在叶上面平或稍下陷;叶柄密被褐色茸毛。伞形花序单生,少簇生;总梗通常较粗短,密被褐色茸毛。果长圆形,成熟时黑紫色;果托杯状。花期 5 ~ 11 月,果期 2 ~ 6 月。

分布及生境:广东、广西、湖南、湖北、四川、贵州、云南、西藏、安徽、浙江、江苏、江西、福建均有分布。河南产于大别山和伏牛山南部。生于海拔 500 ~ 2 000 m 的山坡路旁、溪旁、杂木林下。

栽培利用:从生长健壮的树木采集果实,果实由青绿色转为紫黑色即可采收。采集到的果实在室内堆沤一周时间后,搓揉,漂洗,去除杂质。黄丹木姜子种子富含油脂,不耐储藏,宜随采随播。圃地选择要求交通便利,排灌条件良好,土壤肥沃。施足底肥,并进行土壤消杀。采用条播,行距 20 cm,沟深 4 ~ 5 cm,覆土 2 ~ 2.5 cm,播后盖上稻草,每亩播种量为 15 ~ 20 kg。第二年 4 月上旬左右,幼苗出土 40% 左右时就分批揭除覆盖,尽量选择傍晚或阴天进行,不要一次性揭除,宜保留30%左右,以利于遮阴保墒。由于黄丹木姜子小苗不耐高温,揭草后要及时搭建遮阴网。其间注意除草、松土。5~7月间,每2~3周增施一次氮肥,以少量多次为原则。根据土壤降雨情况及时排灌水。8月以后少施氮肥,多施磷、钾肥,以促进苗木木质化。在此期间开始炼苗,晴天下午4时除去遮阴网,第二天上午9时再盖上,阴天不用遮阴。通过1个月左右的炼苗后可以去除遮阴网。

黄丹木姜子木材可供建筑及家具等用;种子可榨油,供工业用。

122 豹皮樟 *Litsea coreana* var. *sinensis*

科名:樟科 属名:木姜子属

形态特征:乔木。幼枝红褐色,无毛,老枝黑褐色,无毛;顶芽卵圆形,先端钝,鳞片无毛或仅上部有毛。叶互生;叶柄上面有柔毛;叶片革质,长椭圆形或披针形,先端急尖,基部楔形,全缘,上面绿色有光泽,下面绿灰白色,两面均无毛,羽状脉,中脉在下面稍隆起,网纹不明显。雌雄异株;伞形花序腋生,无花梗;苞片早落;花被片6,等长。果实球形或近球形,先端有短尖,基部具带宿存花被片的扁平果托;果梗颇粗壮,果初时红色,熟时呈黑色。花期8~9月,果期翌年5月。

分布及生境:浙江、江苏、安徽、湖北、江西、福建均有分布。河南产于大别山。生于海拔900 m以下的山地杂木林中。

栽培利用:豹皮樟主要采用播种繁殖,播种技术同紫楠。也可采用扦插繁殖,但属于难生根植物,一般采取春梢嫩枝扦插。基质显著影响插穗的扦插生根能力,基质筛选是扦插繁殖的关键技术点。珍珠岩、蛭石和老鹰茶原生地紫色沙壤土3种基质极显著影响豹皮樟插穗的生根能力,其中紫色土基质插穗的生根率最高,可在生产中推广应用。

豹皮樟是西南地区古茶饮老鹰茶的主要原料植物,被《中国茶经》收录为非茶之茶茶种资源,被誉为我国非物质文化遗产的瑰宝。老鹰茶饮用地域广,被贵州、四川、重庆、湖北等夏季高温湿热地区原住民当作消食去胀、清凉解暑的特色凉茶;老鹰茶富含山奈酚、槲皮素等黄酮类抗氧化物质,具有降血糖、血脂的功效,市场开发前景较好。

123 豺皮樟 *Litsea rotundifolia* var. *oblongifolia*

科名:樟科 属名:木姜子属

形态特征:灌木或小乔木。树皮灰色或灰褐色,常有褐色斑块。小枝灰褐色,纤细,无毛或近无毛。顶芽卵圆形,鳞片外面被丝状黄色短柔毛。叶散生,叶片卵状长圆形,先端钝或短渐尖,基部楔形或钝。薄革质,上面绿色,光亮,无毛,下面粉绿色,无毛,羽状脉,中脉、侧脉在叶上面下陷,下面突起;叶柄粗短,初时有柔毛,以后毛脱落变无毛。伞形花序常3个簇生叶腋,几无总梗;每一花序有花3~4朵,花小,近于无梗;花被筒杯状,被柔毛;花被裂片6。果球形,几无果梗,成熟时灰蓝黑色。花期8~9月,果期9~11月。

分布及生境:产于广东、广西、湖南、江西、福建、台湾、浙江(平阳)。河南产于大别山、桐柏山。生于海拔800 m以下丘陵地下部的灌木林中或疏林中或山地路旁。

栽培利用:豺皮樟有生物碱、黄酮、萜类、内酯类及挥发油等,具有抗微生物、退热、抗肿瘤等多种活性。从豺皮樟叶挥发油中分离和鉴定27个化合物,占挥发油总量的88.75%,其中主要成分是十二烷酸(43.68%)、肉豆盐酸(14.61%)、十一烷酸(4.70%)、棕桐酸(4.15%)。从其树皮的正丁醇提取物中分离得到的2个异喹啉类生物碱,经波谱分析分别鉴定为(+)reticuline和(+)norboidine。豺皮樟根部分离出37种化合物,占挥发油总量的86.37%,基本上可反映挥发油组分的情况。豺皮樟的挥发油主要含有脂肪酸(7种,占18.29%)、单萜(6种,占16.22%)、倍半萜(8种,22.62%)、醛(5种,占13.51%)、醇(5种,占13.51%)、酸(4种,占10.81%)、酮(2种,占5.40%)等几类化合物,其中含量较高的组分为愈创木醇(18.76%)、E-5-烯-十二醛(9.24%)、乙酸龙脑醋(7.29%)、月桂酸(5.27%)、10-十一炔-1-醇(4.16%)、反式氧化芳樟醇(3.31%)。豺皮樟种子含脂肪油63%~80%,可供工业用。叶、果可提芳香油。

124 红果黄肉楠 *Actinodaphne cupularis*

科名:樟科　属名:黄肉楠属

形态特征:灌木或小乔木。小枝细,灰褐色,幼时有灰色或灰褐色微柔毛。顶芽卵圆形或圆锥形,鳞片外面被锈色丝状短柔毛。叶通常5~6片簇生于枝端成轮生状,长圆形至长圆状披针形,革质,羽状脉,中脉在叶上面下陷,在下面突起;叶柄有沟槽,被灰色或灰褐色短柔毛。伞形花序单生或数个簇生于枝侧,无总梗;苞片5~6,外被锈色丝状短柔毛;每一雄花序有雄花6~7朵,雌花序常有雌花5朵。果卵形或卵圆形,成熟时红色,着生于杯状果托上;果托外面有皱褶。花期10~11月,果期8~9月。

分布及生境:湖北、湖南、四川、广西(田林)、云南(富宁)、贵州均有分布。河南产于伏牛山、大别山和桐柏山南部。生于海拔360~1 300 m的山坡密林、溪旁及灌丛中。

栽培利用:红果黄肉楠在少数地方加工利用,制作老鹰茶,老鹰茶中硒、铁、锌、钙、镁等人体必需微量元素含量较多种名优绿茶高;氨基酸含量也高于绿茶,种类丰富。从豹皮樟、红果黄肉楠中分离出的山奈酚、槲皮素-3-O-β-D-葡萄糖苷、山奈酚-3-O-β-D-葡萄糖苷等黄酮类、多酚类、多糖类等抗氧化成分;老鹰茶中含有天然的红色食用色素,该色素较稳定,维生素C、苯甲酸钠、谷氨酸、过氧化氢、亚硝酸钠对色素的影响较小,也具有一定的抗氧化性。以豹皮樟嫩叶制备的老鹰茶民间俗称为“白老鹰茶”;民间主要饮用白老鹰茶;

以红果黄肉楠嫩叶制备的老鹰茶民间俗称为“红老鹰茶”或“药茶”，红老鹰茶口感带涩味，主要用来制备饲喂产茶昆虫的原料植物。目前老鹰茶饮用习惯也因地域不同而有差异。息烽地区主要饮用以豹皮樟或红果黄肉楠嫩叶炒制的老鹰茶，不添加其他茶叶，数量有限。遵义、湄潭一带，喜饮用以豹皮樟或红果黄肉楠老嫩叶混炒制的老鹰茶，添加一半绿茶，既能消暑，又能解困，由于当地盛产绿茶和制法粗糙，所以老鹰茶的饮用在农村较多。赤水一带喜饮用虫茶，多以豹皮樟、红果黄肉楠、川黔润楠老嫩叶片单独或混杂在一起制成老鹰茶或白茶。

红果黄肉楠种子含油脂，榨油可供制皂及机器润滑等用；根、叶辛凉，民间外用治脚癣、烫火伤及痔疮等。

125 簇叶新木姜子 *Neolitsea confertifolia*

科名：樟科　属名：新木姜子属

形态特征：小乔木。树皮灰色，平滑。小枝常轮生，黄褐色，嫩时有灰褐色短柔毛，老时脱落无毛。顶芽常数个聚生，圆锥形、鳞片外被锈色丝状柔毛。叶密集呈轮生状，长圆形、披针形至狭披针形，先端渐尖或短渐尖，基部楔形，薄革质，羽状脉，或有时近似远离基三出脉，中脉、侧脉两面皆突起。伞形花序常3～5个簇生于叶腋或节间，几无总梗；苞片4，外面被丝状柔毛；每一花序有花4朵，花被裂片黄色。果卵形或椭圆形，成熟时灰蓝黑色；果托扁平盘状；果梗顶端略增粗，无毛或初时有柔毛。花期4～5月，果期9～10月。

分布及生境：广东北部、广西东北部、四川、贵州、陕西东南部、河南西南部、湖北、湖南南部、江西西部均有分布。河南产于伏牛山南部。生于海拔460～2 000 m的山地、水旁、灌丛及山谷密林中。

栽培利用：簇叶新木姜子种子育苗方法简便易行、成本低。果实处理后，以湿沙常温储藏越冬。选排水良好、灌溉方便、土壤肥沃的水稻田或山坡平缓地带。当年秋播或翌年2月底至3月上旬。条播、撒播、点播均可。4月上旬以后，种子进入发芽期，要确保土壤湿润，当出苗达30%左右时，揭除覆盖物，有种子暴露及时按入土内。然后除草、松土、施肥、抗旱等及时跟上，6月中旬小苗注意遮阴，防止日灼，越冬时，小苗注意防冻。

簇叶新木姜子树姿美观，观赏价值高。簇叶新木姜子材质优良，纹理通直，结构细致，并且有香气，容易上油漆，是建筑、造航、家具上等用材。萌芽力强，抗风性好。种子可榨油，供制肥皂及机器润滑等用。

126 香叶子 *Lindera fragrans*

科名：樟科　属名：山胡椒属

形态特征:小乔木。树皮黄褐色,有纵裂及皮孔。幼枝青绿或棕黄色,纤细、光滑、有纵纹,无毛或被白色柔毛。叶互生;披针形至长狭卵形,先端渐尖,基部楔形或宽楔形;上面绿色,无毛;下面绿带苍白色,无毛或被白色微柔毛;三出脉,第一对侧脉紧沿叶缘上伸,纤细而不甚明显,但有时几与叶缘并行而近似羽状脉。伞形花序腋生;总苞片4,内有花2~4朵。雄花黄色,有香味;花被片6,近等长。果长卵形,幼时青绿色,成熟时紫黑色,果梗有疏柔毛,果托膨大。

分布及生境:产于陕西、湖北、四川、贵州、广西等省区。河南产于伏牛山南部及大别山区。生于海拔700~2 030 m的沟边、山坡灌丛中。

栽培利用:繁殖技术同香叶树。具有温经通脉,行气散结,治疗胃痛、胃溃疡等功效。该植物根部证明有抗炎活性。从香叶子的根部分离出了3个化合物,分别为laurotetanine、norpredicentrine、norboldine。香叶子宜于中国亚热带地区作园林、庭院绿化美化栽培。经过特殊培育的植株是园林部门制作盆景的极好材料。本种叶形因海拔的不同而有很大变异,海拔700~1 000 m的,叶为披针形,纸质、无光泽,长3~5 cm,被白色柔毛;1 000~1 500 m以上的,叶披针形,长5~12 cm,纸质或近革质,有光泽,无毛;海拔愈高则第一对侧脉愈紧贴叶缘,甚至有时就在叶缘上。本种在较高海拔的类型,其叶很像菱叶钓樟 *Lindera supracostata* 的披针形叶,易误定为后者,但后者叶第一对侧脉不贴近叶缘,尤其是雄蕊、雌蕊均被毛,可以区别。

香叶子宜于中国亚热带地区作园林、庭院绿化美化栽培。经过特殊培育的植株是园林部门制作盆景的极好材料。香叶子树皮,温经通脉,行气散结。枝、叶,顺气。用于治疗胃脘痛、食积气滞。

127 香叶树 *Lindera communis*

科名：樟科　属名：山胡椒属

形态特征:灌木或小乔木。当年生枝条纤细,平滑,具纵条纹,绿色,干时棕褐色。叶互生,通常披针形、卵形或椭圆形,先端渐尖、急尖、骤尖或有时近尾尖,基部宽楔形或近圆形;薄革质至厚革质;上面无毛,下面被黄褐色柔毛,羽状脉,侧脉弧曲,与中脉上面凹陷,下面突起,被黄褐色微柔毛或近无毛。伞形花序具5~8朵花,单生或二个同生于叶腋,总梗极短;总苞片4,早落。雄花黄色,花梗略被金黄色微柔毛;花被片6,卵形。果卵形,也有时略小而近球形,无毛,成熟时红色。花期3~4月,果期9~10月。

分布及生境:产于陕西、甘肃、湖南、湖北、江西、浙江、福建、台湾、广东、广西、云南、贵州、四川等省区。河南产于伏牛山南部、大别山和桐柏山。常见于干燥沙质土壤,散生或混生于常绿阔叶林中。

栽培利用:香叶树多采用插种育苗,选择15年生以上母树采集种子。于10月上旬,核果由绿色变成红色时采集果实。置于室内堆沤2~3天,使果肉充分软化后,装入竹篓中,置于水中一边搓一边淘洗,除去皮肉和杂质,取出果核,再拌草木灰进行脱脂。果核切忌日晒,不宜过度失水,置于室内摊开阴干2~3天。香叶树种子有明显的休眠期,可进行沙藏处理。到3月初果核胚根露白,即可播种。苗圃地土壤忌黏重板结。苗床宽1 m、高25 cm,步道宽40 cm,苗床有效面积占苗圃面积的60%。采用条播,播种量为48 kg/hm^2。行距20 cm,1 m长的播种行内播种果核25粒左右。于3月初播种。在气温25~28 ℃条件下,发芽较快,从胚根露白至胚芽出土需35~45天。果核和子叶不出土,胚芽伸出土面后,具初生不育叶4~6片;出土21天左右,发出初生叶;主根明显,侧根稀疏。一般1年生苗平均高32.2 cm,平均地径0.45 cm。3年生苗平均苗高2.49 m,平均胸径3.08 cm,平均冠幅86.5 cm。

香叶树具有耐阴、适应性强、干形良好、耐修剪、根系发达及生长迅速等特点。香叶树木材结构细致、坚重、耐腐,是一种优良的用材树种;果实及种子含油率较高,全果出油量为40%~60%,是制皂、润滑油和油墨等化工制品和制药的优质原料;其树干通直、树冠浓密,是优良的绿化树种;叶和茎皮可用于治疗跌打损伤、外伤出血和疮痈等;是目前市场上新晋的多用途树种,兼具用材、绿化、油用及药用等多种用途,市场需求广泛。

128 乌药 *Lindera aggregate*

科名:樟科 属名:山胡椒属

形态特征:灌木或小乔木。树皮灰褐色;根有纺锤状或结节状膨胀,外面棕黄色至棕黑色,有香味,微苦,有刺激性和清凉感。幼枝青绿色,具纵向细条纹,密被金黄色绢毛,后渐脱落,老时无毛,干时褐色。顶芽长椭圆形。叶互生,卵形,椭圆形至近圆形,先端长渐尖或尾尖,基部圆形,革质或有时近革质,三出脉。伞形花序腋生,无总梗,常6~8花序集生于一短枝上,每花序有一苞片,一般有花7朵;花被片6,近等长,外面被白色柔毛,内面无毛,黄色或黄绿色,偶有外乳白色、内紫红色;花梗被柔毛。果卵形或有时近圆形。花期3~4月,果期5~11月。

分布及生境:浙江、江西、福建、安徽、湖南、广东,广西、台湾等省区均有分布。河南产于伏牛山南部、大别山和桐柏山。生于海拔200~1 000 m向阳坡地、山谷或疏林灌丛中。

栽培利用:选择土层深厚肥沃、土质疏松、排灌方便的沙质壤土或壤土田块种植。忌连作。种根挖出后,选择倒卵形、个圆、色泽新鲜、芽口紧包、无病虫、重量约 30 g 的健壮块根。放在背风阴凉的地方摊开晾 7 ~ 15 天,使皮层水分稍干一些。栽种前用 62.5% 精甲霜灵 + 咯菌腈悬浮种衣剂 3 000 ~ 4 000 倍液拌种,拌种后晾干水分播种。播种宜在 10 月下旬进行,采用行距 20 ~ 25 cm、株距 10 ~ 15 cm,每亩栽 10 000 ~ 12 000 穴,沟深 10 cm,覆土 6 cm,每 4 行为一厢,厢与厢之间留宽 30 ~ 40 cm 垄沟,厢面做成弓背形,以利排水;土壤黏重的地块应起高畦,深开沟。3 月中旬幼苗全部出土后,检查各厢植株情况,如发现病株应及时拔除,同时在病株周围撒生石灰消毒处理。4 月上旬在垄沟套种玉米进行遮阴,穴距 50 cm。一般追施两次,第一次在 3 月上旬,每亩施复合肥 10 ~ 15 kg,在每两行的中间挖坑施入。第二次在 5 月上旬,亩用复合肥 10 ~ 15 kg。乌药喜湿润环境,干旱时每隔 15 天早或晚间浸灌(小水)一次,雨多时要及时排水,水分过多时容易使附子霉烂。乌药生长旺盛易引起徒长,控旺能起到控地上部分生长,促进地下乌药块根膨大,是高产的关键技术措施,可分别在 5 月中旬、6 月上旬,每亩用控旺药剂均匀喷雾。乌药整个生长期注意对霜霉病、根腐病、白绢病、叶斑病、黑小卷蛾、乌头翠雀蚜、地老虎等地下害虫的防治。

乌药根药用,一般在 11 月至次年 3 月采挖,为散寒理气健胃药。用于寒凝气滞、胸腹胀痛、气逆喘急、膀胱虚冷、遗尿尿频、疝气疼痛、经寒腹痛。果实、根、叶均可提芳香油制香皂;根、种子磨粉可杀虫。

129 黑壳楠 *Lindera megaphylla*

科名:樟科 属名:山胡椒属

形态特征:乔木。树皮灰黑色。枝条圆柱形,紫黑色,无毛,散布有木栓质凸起的近圆形纵裂皮孔。顶芽大,卵形。叶互生,倒披针形至倒卵状长圆形,有时长卵形,先端急尖或渐尖,基部渐狭,革质,上面深绿色,下面淡绿苍白色,两面无毛;羽状脉。伞形花序多花,雄的多达 16 朵,雌的 12 朵,通常着生于叶腋具顶芽的短枝上,两侧各 1,具总梗。雄花黄绿色;花被片 6,椭圆形,雌花黄绿色,花被片 6。果椭圆形至卵形,成熟时紫黑色,果梗向上渐粗壮,粗糙;宿存果托杯状,全缘,略成微波状。花期 2 ~ 4 月,果期 9 ~ 12 月。

分布及生境:陕西、甘肃、四川、云南、贵州、湖北、湖南、安徽、江西、福建、广东、广西等省区均有分布。河南产于伏牛山南部、大别山和桐柏山。生于海拔 1 600 ~ 2 000 m 处山坡、谷地湿润常绿阔叶林或灌丛中。

栽培利用:种子采购后用温水浸泡 24 h,湿沙储藏。沙藏时间从 11 月下旬开始到翌年 3 月中旬结束。先用高锰酸钾溶液浸泡种子 30 min 后捞出,再用赤霉素溶液浸泡 24 h。播种采用撒播,把种子均匀撒播在苗床上,用过筛的细土覆盖 1 ~ 2 cm,用喷壶淋透水后加塑料薄膜覆盖,播种量为 40 g/m^2。浇水宜在早上或傍晚进行,浇水以床表面干燥,而种子层土壤湿润为宜。选择 9 cm × 9 cm 的育苗容器。在幼苗有 2 片以上真叶、高度 6

cm左右时即可分批移植装袋。装袋的苗木移入搭遮阴网的荫棚内,适时浇水。在苗木恢复期内每天进行1次浇水。苗木恢复期过后要及时加强肥水管理。在5月速生初期每周浇施腐熟鸡粪水1次,6~9月每半月施尿素1次。9月后,苗木停止生长,为促进苗木木质化,可用磷酸二氢钾水溶液进行叶面喷施。在幼苗整个生长期间均要结合肥水管理进行中耕除草。在苗期主要的病害为立枯病、猝倒病,为了防止苗木病害发生,在苗木恢复期过后要用多菌灵溶液和代森锰锌溶液交叉喷雾,进行病害防治。进入10月,趁阴雨天撤除遮阴网,对苗木进行炼苗。

黑壳楠为阔叶常绿大乔木,树干通直,冠大荫浓,树姿雄伟,枝叶茂密秀丽而具香气,是城市优良的庭荫树、行道树。黑壳楠有抗风、耐烟尘的能力,对氯气、二氧化硫、氟等有毒气体的抗性较强,并能吸收多种有毒气体,较好地适应城市环境,故常作为厂矿区绿化树种。生长季节病虫害少,又是重要的环保树种。黑壳楠是特种经济价值的树种,果实及叶含芳香油,根、树皮或枝均可入药。

130 长叶乌药 *Lindera pulcherrima* var. *hemsleyana*

科名:樟科 属名:山胡椒属

形态特征:乔木。枝条绿色,平滑,有细纵条纹;芽小,卵状长圆形,芽鳞被白色柔毛。叶互生,叶通常椭圆形、倒卵形、狭椭圆形、长圆形,少有椭圆状披针形,不为卵形或披针形,偶具长尾尖,上面绿色,下面蓝灰色,幼叶两面被白色疏柔毛,不久脱落成无毛或近无毛;三出脉,中、侧脉黄色,在叶上面略凸出,下面明显凸出;叶柄被白色柔毛。伞形花序无总梗或具极短总梗,3~5生于叶腋的短枝先端,短枝偶有发育成正常枝。雄花(总苞中)花梗被白色柔毛,花被片6,近等长。果椭圆形,幼果仍被稀疏白色柔毛,幼果顶部及未脱落的花柱密被白色柔毛。果期6~8月。

分布及生境:分布在陕西、四川、湖北、湖南、广西、贵州、云南等省区。河南产于伏牛山南部、大别山和桐柏山。生长于海拔2 000 m左右的山坡、灌丛中或林缘。

栽培利用:长叶乌药《中国植物志》正名为川钓樟,是作为西藏钓樟 *Lindera pulcherrima* 的一个变种处理的。俗称关桂,在商品中药材学中之官桂,有别于中医临床药学中所谓之官桂。其商品来源加之地方习用品种较为复杂。目前国内作为商品中药材与地方习用品种官桂有如下情况:安徽官桂,原植物天竺桂 *C. japonicum* Sieb;广西官桂,原植物野黄桂 *C. jensenianum* Hand. Mazz.;四川、陕西、湖北、广西官桂,原植物银叶桂 *C. mairei* Levl.,柴桂 *C. tamala*(Buch. Ham.),川桂 *C. wilsonii* Gamble,绿叶甘橿 *Lindera fruticosa* Hemsl.;云南官桂,原植物川钓樟 *L. pulcherrima*(Wall.) Benth. var hemsleyana(Diels.) H. P. Tsui;甘肃官桂,原植物大叶钓樟 *L. umbellata* Thunb.,三桠乌药 *L. obtusiloba* Blume等。以上各种官桂均无肉桂临床药效,只作为调味香料。中专教材药材学将川桂、柴桂等作官桂使用,并指出:官桂 *L. aurus nobilis* L. 等,一般不作药用,作食品调料。今市售桂皮为樟科樟属植物的树皮，称作官桂。这是从植物分类属种来源来认识官桂，也就是说，商品中药材所称官桂，不是古代医药文献中所指肉桂之官桂。官桂自唐宋就已用之。据古代本草文献记载，官桂乃肉桂之佳品，以质优效高而著称。现今中医临床中药学中，中药饮片很少用之，均以肉桂取而代之。在古代中医药文献中官桂即现今肉桂。现代研究证实，商品中药材官桂不能作肉桂进入中医临床应用，只能作为食品香料或另作他药入药。

131 月桂 *Laurus nobilis*

科名：樟科　属名：月桂属

形态特征：小乔木或灌木状。树皮黑褐色。小枝圆柱形，具纵向细条纹，幼嫩部分略被微柔毛或近无毛。叶互生，长圆形或长圆状披针形，先端锐尖或渐尖，基部楔形，革质，两面无毛，羽状脉；叶柄鲜时紫红色，略被微柔毛或近无毛，腹面具槽。花为雌雄异株。伞形花序腋生，1～3 个成簇状或短总状排列；总苞片近圆形，外面无毛，内面被绢毛，略被微柔毛或近无毛。每一伞形花序有花 5 朵；花小，黄绿色。果卵珠形，熟时暗紫色。花期 3～5月，果期 6～9 月。

分布及生境：原产地中海一带，我国浙江、江苏、福建、台湾、四川及云南等省有引种栽培。河南郑州、洛阳等地有栽培。喜光，稍耐阴，喜温暖湿润气候，也耐短期低温。适宜深厚、肥沃、排水良好的壤土或沙壤土，不耐盐碱，怕涝。

栽培利用：月桂主要采用扦插和播种繁殖。播种：在 9 月中下旬采种，将采集的种子除去果皮阴干后沙藏，翌年春季播种。播种时将种子取出，在 25 ℃的温水中浸泡 24 h，再用 150 mg/L 的赤霉素处理 2 h 后播种。土壤要保持较高湿度，应提前一天灌透水，环境温度控制在 15 ℃以上，播种后根据环境条件及时补充水分，20～30 天种子即可萌发。扦插：穗条选择树体中上部分的当年生半木质化、生长健壮、无病虫害的枝条，穗条长 7～9 cm。将穗条基部入高锰酸钾溶液消毒灭菌 10～15 min，消毒后的插穗速蘸生根剂 5～15 s 后进行扦插。扦插后即开始进行全光照喷雾管理，在未形成愈伤组织前要保持温室内湿度在 90% 以上，温度控制在 38 ℃以下，基质含水量在 50% ～75%，根据情况适当遮阴。愈伤组织逐渐形成，此时应根据情况适当减少喷水次数，每隔 10 天于傍晚停止喷雾，待叶面水分晾干后喷施叶面肥。80% 以上插穗生根后注意疏松土壤，保持通气良好，并开始通风炼苗。月桂对环境适应性强，移植第一、二年长效缓释肥与速效肥配合使用可有效促进其生长。月桂根系相对较浅，需带土球移植，地栽苗进行人工除草时，需采取措施避免根系损伤。

月桂树形紧凑，树姿优美，叶片细致，具光泽，并有浓郁香气，四季常青，春季满树的淡黄色小花清香怡人，在庭院种植尤为美观，住宅前院用作绿墙分隔空间，隐蔽遮挡效果较好。园林应用时，通常可做成丛生形、单杆球形、塔形、高秆球形及自然形等。月桂是一种很好的保健杀菌树种，且抗有毒气体能力较强，是集观赏和经济价值于一身的好树种。

132 赤壁木 *Decumaria sinensis*

科名：虎耳草科　属名：赤壁木属

形态特征：攀缘灌木。小枝圆柱形，灰棕色，嫩枝疏被长柔毛，老枝无毛，节稍肿胀。叶薄革质，倒卵形、椭圆形或倒披针状椭圆形，先端钝或急尖，基部楔形，边全缘或上部有时具疏离锯齿或波状，近无毛或嫩叶疏被长柔毛。伞房状圆锥花序；花序梗长疏被长柔毛；花白色，芳香；花梗疏被长柔毛；萼筒陀螺形，无毛，裂片卵形或卵状三角形；花瓣长圆状椭圆形。蒴果钟状或陀螺状，先端截形，具宿存花柱和柱头，暗褐色，有隆起的脉纹或棱条10～12；种子细小，两端尖，有白翅。花期3～5月，果期8～10月。

分布及生境：陕西、甘肃、湖北、四川、贵州均有分布。河南产于伏牛山南部、大别山和桐柏山区。生于海拔600～1 300 m山坡岩石缝的灌丛中。

栽培利用：赤壁木观赏价值高，花、叶、果均具有较高观赏性。以吸附方式攀缘，攀爬能力强，可用于城市垂直绿化。建筑物垂直面绿化是垂直绿化的主体，包括墙面、立柱、廊柱等，由钢筋水泥构成的现代建筑，展示的全是硬质景观，在缺乏柔美的同时，还无限放大着热岛效应。现代垂直绿化，以软质柔性藤蔓植物穿插其中，使人目光所及一片绿色，赋予了建筑物绿色的生命，尤其是人居建筑，炎炎夏日，藤蔓植物浓密的枝叶既可为建筑物遮挡阳光，又可通过蒸腾、光合等为人居提供舒适的环境因子。对一些旧建筑，藤本植物可以起到很好的遮盖。藤本植物在城市建筑物垂直面绿化上，不但起到了美化作用，更大的是提高了城市绿化覆盖率，增加了人均绿量，发挥了更大的生态效益，这在城市有限的土地资源上，做到这一点非常难能可贵。一般来说，下垫面的粗糙度越大，越有利于藤本植物的攀爬。作为野生状态的林间植物，赤壁木具有较好的耐阴性，可以在立交桥下，采光不足的柱状、杆状建筑通过攀爬覆盖形成绿柱。对于相对光滑的大体量建筑物垂直墙面，藤本植物攀爬比较困难，对植物材料和种植技术要求较高。种植可以采用早期铆钉压茎、牵引、空中补水等技术措施。

133 冠盖藤 *Pileostegia viburnoides*

科名：虎耳草科　属名：冠盖藤属

形态特征：攀缘状灌木。小枝圆柱形，灰色或灰褐色，无毛。叶对生，薄革质，椭圆状倒披针形或长椭圆形，先端渐尖或急尖，基部楔形或阔楔形，边全缘或稍波状，常稍背卷，有时近先端有稀疏蜿蜒状齿缺，上面绿色或暗绿色，具光泽，无毛，下面干后黄绿色，无毛或主脉和侧脉交接处穴孔内有长柔毛，少具稀疏星状柔毛。伞房状圆锥花序顶生，无毛或稍被褐锈色微柔毛；苞片和小苞片线状披针形，无毛，褐色；花白色，花瓣卵形。蒴果圆锥形5~10肋纹或棱，具宿存花柱和柱头。花期7~8月，果期9~12月。

分布及生境：安徽、浙江、江西、福建、台湾、湖北、湖南、广东、广西、四川、贵州和云南均有分布。河南产于伏牛山南部、大别山和桐柏山区。生于海拔600~1 000 m的山谷林中。印度、越南和日本琉球群岛亦有分布。

栽培利用：冠盖藤多采用扦插繁殖，从生长健壮、无病虫害的母株上剪取1~2年生的枝条，采集到的枝条要及时给其喷水，补充其组织对水分的需要。在枝条运送的过程中也应该将其装进塑料袋，或用塑料纸进行包裹，以尽量减少水分的散失。扦插前截成10~15 cm的插穗。注意插穗上端切口平剪，下端切口斜剪，每段要有3个以上的节，剪去下端叶片，然后每50~100根插条捆成一捆，然后将下端剪口浸泡于50 mg/kg生根粉溶液中，浸泡3~4 h，扦插以10~15 cm的株行距为宜。扦插深度，插穗较短的插入1/2，较长的插穗插入2/3，或者入土深度以10~15 cm为好，叶片外露，把插穗周围的基质压实，插后立即浇水且一定要浇透，防止叶片萎蔫并使插穗与基质密接紧实。硬枝扦插生根速度较快，一般10~15天即可产生愈伤组织，5月、6月天气里同时需要注意遮阴、除草、杀虫。

文献报道从冠盖藤藤茎甲醇提取物中分离得到13个化合物，分别为木栓酮（friedelin）、3-氧代木栓烷-28-醛（3-oxo-nofriedelin28-al）、豆甾-4-烯-3-酮（stigmast-4-en-3-one）、豆甾醇（stigmasterol）、（24R）-5A-豆甾烷-3，6-二酮［（24R）-5A-stigmastane-3，6-dione］、二十四烷胺（tetracosyl amine）、乌苏酸（ursolic acid）、坡模酸（pomolic acid）、齐墩果酸（oleanolic acid）、伞形花内酯（umbelliferone）、4-hydroxymellein、臭矢菜素A（cleomiscosin A）、胡萝卜苷（daucosterol）。冠盖藤全株入药，味辛、微苦，性温。具有祛风除湿、散瘀止痛、舒筋活络、消肿解毒的功效，用于治疗风湿麻木、跌打损伤、骨伤、肾虚腰痛、外伤出血、多发性脓肿、多年烂疮，为苗族常用药材。

冠盖藤耐阴性好，攀爬能力强，是天然林中重要的林间植物。园林中可用作绿蓠、石景、垂直绿化等。

134 弗森鼠刺 *Pittosporum tobira*

科名：虎耳草科　属名：鼠刺属

形态特征：半常绿灌木。小枝下垂，叶互生，叶片春、夏季呈现绿色，秋、冬季呈现鲜红色和橙色；穗状花序顶生，花序长5~15 cm，花微小，浅黄色，有蜂蜜香味，花期4~5月。

分布与生境：原产北美东部，沿海地区栽培较多。河南驻马店、郑州有栽培。

栽培利用：弗森鼠刺主要采用扦插繁殖，扦插深度为2 cm左右。插穗长约4 cm，带3~4个芽，去除全部叶片，并保证插条的基部切口平滑。用IAA、IBA、NAA、ABT 4种激素处理对弗吉尼亚鼠刺嫩枝插穗生根影响效果明显。将处理好的插条放置在托盘中，用浸湿的无纺布覆盖1 h后插入预先杀过菌的72孔穴盘中，扦插深度占整个插条的1/3。扦插完毕后，立即浇一次透水，喷洒1 000倍的多菌灵，每隔7～10天用1 000倍多菌灵进行消毒，每隔半月喷施浓度为0.5%的尿素1次，及时补充水分，使基质含水量为饱和含水量的60%～70%，空气湿度在90%左右，保持插穗的上部湿润鲜活，最有利于生根。

弗森虎刺又名弗吉尼亚鼠刺、美国鼠刺、白花鼠刺等。弗吉尼亚鼠刺的叶子、花、果实和枝条都具有独特的观赏效果。它的叶一年呈现两种颜色。树形美观，耐修剪，长势旺盛，是庭院色块和园林绿化的优良观赏树种，可作色块、绿篱、造型群植或孤植等。弗吉尼亚鼠刺的叶片中含有稀少糖蒜糖醇，这种稀少糖具有治疗便秘、降血糖、抗龋齿等医疗价值，更重要的价值是可作为六碳稀少糖相互转化的基础。国内对弗吉尼亚鼠刺的研究尚处于起步阶段，许多价值未被开发利用，经过引种驯化和繁育，有望使其成为重要的观赏和经济树种，发挥其价值。

135 海桐 *Pittosporum tobira*

科名：海桐花科　属名：海桐属

形态特征：灌木或小乔木。嫩枝被褐色柔毛，有皮孔。叶聚生于枝顶，二年生，革质，倒卵形或倒卵状披针形，上面深绿色，发亮，先端圆形或钝，常微凹入或为微心形，基部窄楔形，全缘。伞形花序或伞房状伞形花序顶生或近顶生，密被黄褐色柔毛；苞片披针形，苞片与小苞片均被褐毛。花白色，有芳香，后变黄色；萼片卵形，被柔毛；花瓣倒披针形，离生。蒴果圆球形，有棱或呈三角形，子房柄3片裂开，果片木质，内侧黄褐色，有光泽，具横格；种子多数，多角形，红色。

分布及生境：分布于长江以南滨海各省。河南各地均有栽培。海桐喜肥沃、排水良好的沙质酸性土壤，耐水湿，稍耐干旱。

栽培利用：海桐苗木培育采用播种或扦插繁殖。播种：春秋季节均可播种，春季播种前宜沙藏，35天左右可出苗；秋播在冬季需要覆盖防寒，第2年春季可出苗。幼苗生长缓慢，要注意水肥管理，夏季要适当进行遮阴，一般2年生可上盆。扦插繁殖：可在春季和秋季进行，选取1年生木质化健壮枝条，剪成长10 cm左右的插穗，扦插后浇透水，要在保持基质湿度的同时进行遮阴，7～10天后可微弱阳光照晒，促进生根，40天左右可生根。生根后注意水肥管理，春季扦插的植株，秋季可进行移植；秋季扦插的植株，可在第2年春季进行移植。春季海桐生长旺盛，要保持土壤湿度，可1～2天浇水1次；夏季气温高，可每天浇水1次；秋季要减少浇水量，可每2～3天浇水1次；冬季如果所处温度较低，浇水量应减少。每年春季要每15～20天追施全效肥1次；夏季要薄肥勤施；秋季和春季一样，每15～20天施用全效肥1次；冬季如果所处温度较低，可不施用肥料。海桐病虫害主要是叶斑病、介壳虫、红蜘蛛，应注意防治。

海桐属于常绿的灌木植物，枝叶比较繁茂，叶子颜色浓绿而富有光泽，树冠呈球状，开花时间较长,花朵带着清新的芳香,秋天开裂的果实露出红色的种子,非常美观。海桐易种植,且具有较强的观赏性,通常被作为绿篱进行栽培,种植在园林景观中,再加上海桐具有抗海潮和有毒气体的功能,常常被用于海岸防潮林、矿区绿化、城市隔噪声植物带等区域。

136 狭叶海桐 *Pittosporum glabratum* var. *neriifolium*

科名:海桐花科　属名:海桐属

形态特征:灌木。全株无毛。叶聚生枝端,似轮生,狭披针形、披针形,两端渐狭,全缘,叶脉不明显,表面中脉稍凹下。伞形花序,生于枝端,花淡黄色,有芳香,萼片5个,三角形,花瓣5个,长约1 cm,子房无毛。蒴果梨形或椭圆状球形,果皮革质,种子红黄色。花期4~5月,果熟期8~9月。

分布及生境:广东、广西、江西、湖南、贵州、湖北等省区均有分布。河南产于大别山的新县及商城黄柏山。生于海拔600~1 700 m的山谷、山腹、山坡、溪边处。

栽培利用:狭叶海桐以果实、根皮或全株入药。具有清热除湿、镇静、降压、消炎、退热、通经活血、敛汗之功效。主治黄疸病、子宫脱垂等症。从狭叶海桐根部挥发油中共鉴定出24种成分,已鉴定成分的总量约占全油的90.08%。狭叶海桐根挥发油化学成分含脂肪酸类化合物最高,其总量为70.57%。其中的含量最高的是软脂酸(17.75%),其他依次为亚油酸16.31%、十四烷酸9.64%、油酸8.67%,还含有Falcarinol(Z)-(-)-1,9-heptadecadiene-4,6-diyne-3-ol(含量为21.5%),醛类化合物及少量的萜类。

狭叶海桐适宜作绿篱或培养成球类,群植或孤植于庭院及绿地。根有消炎镇痛功效,贵州用全株入药,清热除湿。

137 崖花子 *Pittosporum truncatum*

科名:海桐花科　属名:海桐属

形态特征:灌木。多分枝,嫩枝有灰毛,不久变秃净。叶簇生于枝顶,硬革质,倒卵形或菱形,中部以上最宽;先端宽而有一个短急尖,有时有浅裂,中部以下急剧收窄而下延;上面深绿色,发亮,下面初时有白毛,不久变秃净;网脉在上面不明显,在下面能见。花单生或数朵成伞形状,生于枝顶叶腋内,花梗纤细,无毛,或略有白茸毛;萼片卵形,无毛,边缘有睫毛;花瓣倒披针形。蒴果短椭圆形,2片裂开,果片薄,内侧有小横格;种子16~18个,种柄扁而细。

分布及生境:分布于四川、贵州、湖南、江西、福建、浙江、江苏、安徽、湖北等地。产于河南伏牛山南部、大别山区的信阳、罗山、商城、新县等地。生于溪边林下、岩石旁及山坡杂木林中。

栽培利用:崖花子园林用途同海桐,叶形叶色更加秀丽。繁殖多采用嫩枝扦插法,苗床选在排水良好的地方,待崖花子新梢长到 10 ~ 15 cm 时,剪下做插穗,采条时边采边将嫩枝下部浸泡在清水中,以防失水,在庇荫处用枝剪剪除枝下部叶片。将剪好的扦穗下切口整齐地浸泡在生根粉溶液中。最适宜的扦插季节是春季,在沙床中先挖 5 cm 深的沟,沟距 5 ~ 10 cm,把插穗排放在沟内,入土约 1/3,株距 2 ~ 3 cm,插完一行后回沙压实。扦插结束后,在沙床上用枝条、竹片搭建小拱棚,然后覆盖塑料薄膜,薄膜地均匀并拉紧,边上用土压实,以防积水或风剥。如温度过高,可在薄膜上盖一层遮阳网。为提高棚内湿度,扦插生根前要密封增温保湿,当沙床湿度不够时,应揭开拱膜一边淋水后再复原,每隔 2 ~ 3 天揭开拱棚两头做短时间的通气,生根后可揭开两头或去掉薄膜只盖遮阳网,保持沙床的湿润。

138 海金子 *Pittosporum illicioides*

科名:海桐花科　属名:海桐属

形态特征:灌木。嫩枝无毛,老枝有皮孔。叶生于枝顶,3 ~ 8 片簇生呈假轮生状,薄革质,倒卵状披针形或倒披针形,先端渐尖,基部窄楔形,常向下延,上面深绿色,干后仍发亮,下面浅绿色,无毛;侧脉 6 ~ 8 对,在上面不明显,在下面稍突起,网脉在下面明显,边缘平展,或略皱折。伞形花序顶生,有花 2 ~ 10 朵,花梗纤细,无毛,常向下弯。蒴果近圆形,多少三角形,或有纵沟 3 条,子房柄 3 片裂开,果片薄木质;种子 8 ~ 15 个,种柄短而扁平;果梗纤细,常向下弯。

分布及生境:分布于福建、台湾、浙江、江苏、安徽、江西、湖北、湖南、贵州等省。河南产于伏牛山南部、大别山和桐柏山。对气候的适应性较强,能耐寒冷,亦颇耐暑热。对光照的适应能力亦较强,较耐荫蔽,亦颇耐烈日,但以半阴地生长最佳。喜肥沃湿润土壤,干旱贫瘠地生长不良,稍耐干旱,颇耐水湿。

栽培利用:海金子又名莽草海桐,贵州省民间称为山桅茶。分布于福建、浙江、江苏、安徽、江西、湖北、贵州等省,同时分布到日本。海金子的根民间用于治疗风湿性关节炎、坐骨神经痛、骨折、胃痛、牙痛、高血压及神经衰弱,还具有杀精子作用。海金子叶可用于治疗蛇咬伤、疮疖肿毒、过敏性皮炎和外伤出血。海金子作为湘西土家族民间用药,对于风湿痛、跌打损伤等有较好疗效。现代研究从湘产海金子的叶中分离、纯化得到了两个黄酮普类化合物,其中一个化合物为柽柳素-3-0-芸香糖普,另一个化合物为芦丁。

海金子种子含油,提出油脂可制肥皂,茎皮纤维可制纸。

139 厚圆果海桐 *Pittosporum rehderianum*

科名：海桐花科　属名：海桐属

形态特征:灌木。嫩枝无毛,干后暗褐色,老枝灰褐色,有皮孔。叶簇生于枝顶,4~5片排成假轮生状,二年生,革质,倒披针形,先端渐尖,基部楔形,上面深绿色,发亮,干后仍有光泽,下面淡绿色,干后带棕色,无毛;侧脉6~9对,干后在上面不明显,在下面略能见,网脉在上下两面均不明显,边缘平展。伞形花序顶生,无毛;苞片细小,卵形,无毛;萼片三角状卵形,基部稍连合,无毛;花瓣分离,黄色。蒴果圆球形,有棱,3片裂开,果片木质,阔卵形;种子2~3个,红色,干后变黑色。

分布及生境:分布于四川西部及西北部、湖北西部、陕西及甘肃东南部。河南产于伏牛山南部的西峡、淅川、南召等县。生于海拔1 000 m以下的山谷沟旁或山坡灌丛中。

栽培利用:秦岭海桐是圆果海桐的异名。其种子可以考虑作为山枝仁的替代品使用,海桐种子的抗炎作用较为明显,可以进一步开发为抗炎抗菌类药物,而作为山枝仁的替代品则不太适宜。山枝仁的药材性状鉴别特征为:呈不规则的多面体,直径3~6 mm,表面红褐色或橙红色;海桐种子直径为4~7.5 mm,表面红褐色或橙黄色。组织构造上,从外向内依次为种皮、色素层、糊粉层、颓废层和胚乳细胞,可根据种子过种脐横切面及纵切面种脐处的糊粉层相对于种脐处色素层和维管束的位置,将皱叶海桐种子、海金子种子、海桐种子及厚圆果海桐种子区别开来。厚圆果海桐的种子均含有槲皮素,而海桐种子中含量极微。

140 蚊母树 *Distylium racemosum*

科名：金缕梅科　属名：蚊母树属

形态特征:灌木或中乔木。嫩枝有鳞垢,老枝秃净,干后暗褐色。芽体裸露无鳞状苞片,被鳞垢。叶革质,椭圆形或倒卵状椭圆形,先端钝或略尖,基部阔楔形,上面深绿色,发亮,下面初时有鳞垢,以后变秃净,在上面不明显,在下面稍突起,网脉在上下两面均不明显,边缘无锯齿;叶柄略有鳞垢。托叶细小,早落。总状花序长约2 cm,花序轴无毛,花雌雄同在一个花序上,雌花位于花序的顶端;萼筒短,萼齿大小不相等,被鳞垢;雄蕊5~6个。蒴果卵圆形,上半部两片裂开,每片2浅裂,不具宿存萼筒,果梗短,长不及2 mm。种子卵圆形,深褐色、发亮,种脐白色。

分布与生境:分布于福建、浙江、台湾、广东、海南岛。河南多地有栽培。

栽培利用:蚊母树采用播种育苗,9 月下旬,当果皮由绿色变为黄色并有部分开裂,显露出深褐色种子时,即可采集。果实采集后晾 3 ~ 5 天,蒴果开裂,种子脱出。然后去除杂质,净种干藏。播前 60 天左右,先用 0.125% 多菌灵溶液将种子进行消毒灭菌,然后用 50 ℃温水浸种。浸泡 24 h,种子吸胀后,进行室外混沙层积催芽,当有 1/3 种子露白时进行播种。播种在 3 月中旬进行。育苗地选背风向阳、地势平坦、排水良好的地方,土壤为微酸性沙壤土。整地做床后,为提高土壤肥力,适当撒施有机肥。苗床进行土壤消毒灭虫。播种用撒播,覆土厚 1 cm 左右,播种量 1 000 粒/m^2左右,播后用地膜覆盖保湿。播后 35 天左右,幼苗陆续出土。场圃发芽率在 90% 以上。幼苗出土后,分 2 ~ 3 次撤去地膜。由于种粒较小,撒播苗木在苗床上的密度较大,幼苗长出 2 片真叶后进行了分栽,移栽株行距为 10 ~ 15 cm,栽后及时浇足水。为促进苗木生长,移栽 7 ~ 10 天幼苗恢复生长后,进行叶面喷肥,用 0.5% 的尿素,每 7 天喷 1 次,连续喷 2 次,然后喷 0.5% 的磷酸二氢钾 1 次。干旱时适时浇水,及时进行松土除草和病虫害防治。

蚊母树枝叶繁茂、四季常青、抗性强,园林上常用作植篱墙或整形后孤植、丛植于草坪、园路转角、湖滨,也常栽培在庭荫树下,是庭院观赏、城市、工矿区绿化的优良树种,长江流域城市园林中栽培较多。

141 中华蚊母树 *Distylium chinense*

科名:金缕梅科 属名:蚊母树属

形态特征:灌木。嫩枝粗壮,被褐色柔毛,老枝暗褐色,秃净无毛;芽体裸露、有柔毛。叶革质,矩圆形,先端略尖,基部阔楔形,上面绿色,稍发亮,下面秃净无毛;侧脉 5 对,在上面不明显,在下面隐约可见,网脉在上下两面均不明显;边缘在靠近先端处有 2 ~3 个小锯齿;叶柄略有柔毛;托叶披针形,早落。雄花穗状花序,花无柄;萼筒极短,萼齿卵形或披针形。蒴果卵圆形,外面有褐色星状柔毛,宿存花柱,干后 4 片裂开。种子褐色,有光泽。

分布及生境:分布于湖北及四川。河南各地均有栽培。喜生于河溪旁。

栽培利用:中华蚊母树生命力、繁殖力很强,可采用播种、扦插等方法进行繁殖。9 月下旬,当果皮由绿色变为黄色并有部分开裂,显露出深褐色种子时,表明种子已充分成熟,即行采种。翌年 3 月进行春播(10 月中旬也可进行秋季播种)。播前将种子进行消毒灭菌,然后用温水浸泡,进行室外混沙层积催芽。育苗地选背风向阳、地势平坦、排水良好的地方,土壤以微酸性沙壤土为宜。栽植前施足基肥,应在春季晚霜过后定植,建议单行栽植,可每米 6 株;色块栽植 32 ~38 株/m^2。中华蚊母树种植第一年要加强水分管理,每月浇 1 ~2 次透水,以利于植株扎根和生长。7 月、8 月高温多雨季节和 10 月后要注意控水,防止枝条生长过快,发生越冬抽条。一般年份,在 11 月底 12 月初浇封冻水最好,以昼化夜冻为宜,以便安全越冬。翌年早春要浇解冻水,此后每月浇一次透水。中华蚊母树在栽植时可施入圈肥作基肥,秋季后可结合浇冻水施入腐熟的有机肥,翌春 4 月底追施一次氮磷钾复合肥,9月底追施一次磷钾肥,以提高枝条木质化程度,利于安全越冬。定植缓苗后,为使其尽快分枝,株高25 cm时及时打顶,使主干变粗,尽快分出侧枝。随着植株的生长,要合理疏枝,增强植株内部通风、透光。中华蚊母植物上出现的病虫害有康片盾蚧、蜡蝉、小袋蛾和日灼病,应注意防治。

中华蚊母树具有观赏植物无可比拟的优越性,它是极好的绿篱植物材料,既可孤植、丛植、片植、列植,又可作色叶绿篱,还可修剪成各种形状,目前在宜昌地区广泛应用在城市公共绿地、分车道绿化带,特别是在绿色草坪的背景下,被衬托得更加美丽。

142 小叶蚊母树 *Distylium buxifolium*

科名:金缕梅科 属名:蚊母树属

形态特征:灌木。嫩枝秃净或略有柔毛,纤细;老枝无毛,有皮孔,干后灰褐色;芽体有褐色柔毛。叶薄革质,倒披针形或矩圆状倒披针形,先端锐尖,基部狭窄下延;上面绿色,干后暗晦无光泽,下面秃净无毛,干后稍带褐色;侧脉4~6对,在上面不明显,在下面略突起,网脉在两面均不显著;边缘无锯齿,仅在最尖端有中肋突出的小尖突;叶柄极短,无毛;托叶短小,早落。雌花或两性花的穗状花序腋生。蒴果卵圆形,有褐色星状茸毛,先端尖锐,宿存花柱。种子褐色,发亮。

分布及生境:分布于四川、湖北、湖南、福建、广东及广西等省区。河南多地园林有栽培。常生于山溪旁或河边。

栽培利用:小叶蚊母树具较强的抗盐碱、耐阴、抗烟尘、耐瘠薄等特点,生长速度快,萌芽能力强,可耐-8~-12 ℃的低温,该品种适应性强,苗木繁殖采用种子、扦插均可,无病虫害,极易管理。在土壤pH 9.5、含盐量6‰以下时,仍生长良好。耐水湿,连续浸水30天,仍能正常生长,根系十分发达,发枝能力强,一年多次抽稍,耐修剪,容易形成紧密的树冠。

小叶蚊母树叶小质厚,花序密,花药红艳。花丝深红色,具极好的观赏效果。适宜园林中涧边栽培。耐修剪,又是制作盆景的好树种,嫩梢及新发幼枝暗红色,叶表深绿色,宜作色块植物,整形修剪成型快,为当前广泛应用的园林绿化色块植物新秀。

143 水丝梨 *Sycopsis sinensis*

科名:金缕梅科 属名:水丝梨属

形态特征:乔木。嫩枝被鳞垢;老枝暗褐色,秃净无毛;顶芽裸露。叶革质,长卵形或披针形,先端渐尖,基部楔形或钝;上面深绿色,发亮,秃净无毛,下面橄榄绿色,略有稀疏星状柔毛,通常嫩叶两面有星状柔毛,兼有鳞垢,老叶秃净无毛;侧脉6~7对,在上面干后轻微下陷,在下面不显著;全缘或中部以上有几个小锯齿;叶柄被鳞垢。雄花穗状花序密集,近似头状,有花8~10朵,苞片红褐色,卵圆形,雌花或两性花排成短穗状花序。蒴果有长丝毛,宿存萼筒被鳞垢,不规则裂开,宿存花柱短。种子褐色。

分布及生境:分布于陕西、四川、云南、贵州、湖北、安徽、浙江、江西、福建、台湾、湖南、广东、广西等省区。河南产于伏牛山南部的淅川、西峡等县,郑州、信阳等地有栽培。生于山地常绿林及灌丛。

栽培利用:水丝梨种群的生境非常狭窄和特殊,它们主要分布在地形陡峭、空气湿润的沟谷底部阴坡或半阴坡,常常直接生长在部分裸露的岩石或仅有粗浅沙砾覆盖的岩滩上,依靠其发达的根系来固定和收集养分;而在距离很近的地势和缓、土壤发育良好的优越生境,水丝梨即消失无踪。水丝梨表现了有性和无性方式相结合的强大更新繁殖能力。尤为重要的是,水丝梨群落的物种多样性很高,并往往有珙桐、水青树、银鹊树、红豆杉等其他珍稀树种相伴而生,构成珍稀植物群落,显示了极为重要的保护价值。水丝梨是一种较喜光、稍耐阴的植物。在水丝梨群落中,由于群落盖度大,土壤条件限制,对资源的竞争激烈,这种环境不利于种子的萌发。种群幼苗数量较少,幼树数量更少,"只见幼苗不见幼树"的现象在群落中不在少数。据调查,水丝梨幼苗、小幼树均生长在灌木层盖度低、土壤条件相对较好、箭竹未延伸到的地方。这说明幼苗数量受到土壤条件、灌木层盖度的强烈影响。

此外,水丝梨可用作庭园观赏树。木材可培育香菇。

144 檵木 *Loropetalum chinense*

科名:金缕梅科 属名:檵木属

形态特征:灌木。有时为小乔木。多分枝,小枝有星毛。叶革质,卵形,先端尖锐,基部钝,不等侧,上面略有粗毛或秃净,干后暗绿色,无光泽,下面被星毛,稍带灰白色,侧脉约5对,在上面明显,在下面突起,全缘;叶柄有星毛;托叶膜质,三角状披针形,早落。花3~8朵簇生,有短花梗,白色,比新叶先开放,或与嫩叶同时开放,花序柄被毛;苞片线形;萼筒杯状,被星毛,萼齿卵形,花后脱落;花瓣4片,带状。蒴果卵圆形,先端圆,被褐色星状茸毛,萼筒长为蒴果的2/3。种子圆卵形,黑色,发亮。花期3~4月。

分布及生境:分布于我国中部、南部及西南各省。河南产于伏牛山南部、大别山、桐柏山和鸡公山区。喜生于向阳的丘陵及山地,亦常出现在马尾松林及杉林下,是一种常见的灌木,唯在北回归线以南则未见它的踪迹。

栽培利用:檵木可以采用播种繁殖,在其球果接近成熟时,用纸袋套包果实或在果苞开裂之前采用一定的方式,收集种子。将采集的种子的果苞衣除掉,并结合加工取出种子，然后放在通风处阴干，再进一步精选，清除杂质。将白花檵木种子用35%的硫酸溶液浸泡3 h，酸蚀后的种子用流动的水冲洗24 h。将酸蚀并冲洗后的种子晾干表面水分后，进行沙藏处理。经处理的白花檵木种子达到催芽指标后，即可择时播种。在3月中下旬，土壤解冻后即可进行育苗，也可在6月中下旬进行。培育一年生苗，采用3 cm×5 cm或4 cm×4 cm点播；培育2～3年生苗采用4 cm×5 cm或5 cm×5 cmcm点播。条播：行距0.8×0.8 m，每平方米播入200～300粒种子。覆土厚度：3～7 cm，每平方米用种75～100 g。撒播：松土至4 cm深左右，将种子均匀撒入，上覆细土填平，每平方米用种150～250 g。每亩800～1 050株。檵木常用扦插繁殖，技术同红花檵木。

檵木的药用价值长期以来由底层劳动人民所总结，故此并未受到历代医学家所重视。在一些经典的名家医学著作中，也缺少对檵木的记载。而通过现代中医学实践及药学成分研究，在这样一种未被重视的植物中，发掘出极大的药用价值及疾病治疗潜力。综合檵木的药用功效和所含成分的药理作用，主要体现在创伤愈合、抑菌、抗炎、抗氧化、调节脂肪代谢、抗肿瘤等方面。现有研究大多集中于檵木所含成分的提取分析和鉴定，以及檵木提取物的简单效应检测，而檵木在治疗炎性疾病、心血管疾病、癌症等方面的具体药理机制、药物代谢动力学、药物安全性等尚未明确，相关的分子生物学、细胞学、动物学实验，剂型研究，乃至临床试验正有待全面展开。

145 红檵木 *Loropetalum chinense* var. *rubrum*

科名：金缕梅科　属名：檵木属

形态特征：灌木或小乔木。叶革质，卵形，先端尖锐，基部钝，歪斜；花3～8朵簇生，有短花梗，花紫红色，比新叶先开放，或与嫩叶同时开放，花序柄被毛，萼筒杯状，花瓣4片，带状；雄蕊4，退化雄蕊4，鳞片状，与雄蕊互生，子房完全下位；蒴果卵圆形，先端圆；种子圆卵形，黑色，发亮。花期3～4月。

分布及生境：分布于我国中部、南部及西南各省。河南各地均有栽培。喜温暖，耐寒冷。适宜在肥沃、湿润的微酸性土壤中生长。

栽培利用：红檵木繁殖以扦插、嫁接、高空压条、组织培养为主。红檵木结实少，而种子发芽率极低，故生产中均采用扦插繁殖。扦插基质一般宜采用干净的河沙，扦插深度约为插穗长度的1/3。当新梢停止生长时，剪取半木质化的枝条为插穗。插穗长度10～15 cm为宜，保留顶端5～6片叶，其余的摘除。红檵木枝条纤细，很易失水萎蔫，采穗时必须保湿或随采随插，用生根粉处理插穗。红檵木在春、夏、秋三季均可扦插，春插从2月上旬至3月下旬，夏插从5月至7月下旬，秋插从8月至10月上旬。秋插气温逐渐降低，如果棚室内温度调节不好，很有可能延迟发根，所以遮阳网不能过密，一般以55%～60%为宜，注意保持棚室膜内温度35～38 ℃。插后采用喷雾法保证苗床湿度，以湿润叶片为度；但在中午高温时段，可增加喷雾的次数，以降低叶面的温度。晚上要停止喷雾。红檵木移栽前,施肥要选腐熟有机肥为主的基肥,结合撒施或穴施复合肥,注意充分拌匀,以免伤根。生长季节用中性叶面肥 800 ~ 1 000 倍稀释液进行叶面追肥,每月喷2 ~ 3 次,以促进新梢生长。保持土壤湿润,秋冬及早春注意喷水,保持叶面清洁、湿润。红檵木具有萌发力强、耐修剪的特点,在早春、初秋等生长季节进行轻、中度修剪,配合正常水肥管理,约 1 个月后即可开花。生长季节中,摘去红檵木的成熟叶片及枝梢,经过正常管理 10 天左右即可再抽出嫩梢,长出鲜红的新叶。选择阳光充足的环境栽培,或对配置在红檵木东南方向及上方的植物进行疏剪,让红檵木在充足阳光下健康生长,使花色、叶色更加艳丽,从而增强观赏性。

红檵木是赏叶观花、制作盆景的珍贵花卉,树态多姿,枝叶茂盛,每当花期花序缀满枝头,瑰丽奇美,极为壮观,不论孤植还是群植都很适宜,已成为庭院观赏花卉的最佳树种之一。

146 柳叶栒子 *Cotoneaster salicifolius*

科名:蔷薇科　属名:栒子属

形态特征:灌木。枝条开张,小枝灰褐色,一年生枝红褐色,嫩时被茸毛,老时脱落。叶片椭圆长圆形至卵状披针形,先端急尖或渐尖,基部楔形,全缘,上面无毛,侧脉 12 ~ 16 对下陷,具浅皱纹,下面被灰白色茸毛及白霜,叶脉显明突起;叶柄粗壮,具茸毛,通常红色。花多而密生成复聚伞花序,总花梗和花梗密被灰白色茸毛;苞片细小,线形,微具柔毛;萼筒钟状,外面密生灰白色茸毛,内面无毛;萼片三角形,先端短渐尖,外面密被灰白色茸毛,内面无毛或仅先端有少许柔毛;花瓣平展,卵形或近圆形,先端圆钝,基部有短爪,白色;雄蕊 20,花药紫色;花柱 2 ~ 3,离生,比雄蕊稍短;子房顶端具柔毛。果实近球形,深红色,小核 2 ~ 3。花期 6 月,果期 9 ~ 10 月。

分布及生境:产于湖北、湖南、四川、贵州、云南。郑州地区有栽培。生于海拔 1 800 ~ 3 000 m 的山地或沟边杂木林中。

栽培利用:柳叶栒子可采用播种、扦插和组培进行繁殖,如种子不经处理,需 1 ~ 2 年方可萌芽;一般在常温和低温(3 ~ 5 ℃)的条件下沙藏各 3 个月,或用硫酸处理 2 h 后低温沙藏 3 个月,播后可当年发芽。为保持优良性状,多用扦插法繁殖。近年,组培快繁技术应用越来越多。在柳叶栒子腋芽诱导时期,适宜的培养基为 MS + 0.8 mg/L 6-BA + 0.02 mg/L NAA + 1.2 mg/L;在丛生芽增殖时期,最适宜柳叶栒子继代增殖的培养基是 MS + 1.0 mg/L 6-BA;在生根培养时,最适宜的生根培养基是 F + 0.05 mg/L NAA,最佳炼苗方式是先闭瓶炼苗 7 天,再开瓶炼苗 4 天;最适宜的移栽基质是蛭石、泥炭土、珍珠岩体积比 = 2∶1∶1,移栽成活率达 72% 以上。在选择外植体时,用柳叶栒子实生苗作为外植体,进行灭菌后成活率很高。通过建立柳叶栒子组培快繁体系来繁殖柳叶栒子,生产周期短,仅为 4 个月,而且繁殖速度非常快,生产出来的苗特别多,性状也一致,以实现柳叶栒子的工厂化生产。

柳叶栒子的叶片呈革质而油亮，果实红而累累，不但可以作为一种优美的园林植物来应用，而且柳叶栒子是一味珍贵的中药材，对于治疗咳嗽、除风热有很好的疗效。

147 平枝栒子 *Cotoneaster horizontalis*

科名：蔷薇科　属名：栒子属

形态特征：匍匐灌木。枝水平开张成整齐两列状；小枝圆柱形，幼时外被糙伏毛，老时脱落，黑褐色。叶片近圆形或宽椭圆形，稀倒卵形，先端多数急尖，基部楔形，全缘，上面无毛，下面有稀疏平贴柔毛；叶柄被柔毛；托叶钻形，早落。花1～2朵，近无梗；萼筒钟状，外面有稀疏短柔毛，内面无毛；萼片三角形，先端急尖，外面微具短柔毛，内面边缘有柔毛；花瓣直立，倒卵形，先端圆钝，粉红色。果实近球形，鲜红色，常具3小核，稀2小核。花期5～6月，果期9～10月。

分布及生境：陕西、甘肃、湖北、湖南、四川、贵州、云南均有分布。河南产于伏牛山西峡县和南召宝天曼。生于海拔2 000～3 500 m的灌木丛中或岩石坡上。

栽培利用：主要采用扦插、组织培养和播种繁殖，但由于播种繁殖种子需要层积处理，且发芽率不高，生产上还是以扦插和组织培养为主。嫩枝扦插：春夏都能扦插，夏季嫩枝扦插成活率高。细沙与蛭石的混合物（细沙：蛭石＝3:1）作为扦插基质。6月中旬至8月上旬，选取当年生半木质化、生长健壮、无病虫害、腋芽饱满的带叶嫩枝，视节间长短剪成5～8 cm的枝段，保留2～3节即可，随采随插。扦插前，插穗1～1.5 cm部分速蘸萘乙酸（NAA）溶液10 s，插入全光雾插床。组织培养繁殖：选取茎尖和带腋芽的茎段进行培养。4～6月间，选取平枝栒子部分木质化的带节枝条，去除叶片，切成1.5～2.5 cm、至少具有1个以上腋芽的茎段，经消毒等处理后种到培养基上诱导丛生芽。外植体接种18～20天后，腋芽开始萌动；30天时，芽可长成2～3 cm的嫩梢。将丛生芽切下，接种在培养基上进行继代增殖培养，可继续增殖分化。不定芽长至2 cm左右，即可切下转接到培养基上，进行不定根的诱导。培养25天左右，可长出3～6条1～3 cm长的不定根，生根率达76.6%。将生根苗和无根苗在温室中炼苗5天后，移栽入珍珠岩和草炭土以1:1混合的基质中，室温控制在20～26 ℃，湿度为50%～70%。移栽时，选择沙壤土进行整地，去除土中杂质，施足基肥，栽后浇透水。栽后2个月内每周浇水1次，在浇水前注意松土除草。平枝栒子比较喜肥，定植时可施入适量圈肥作基肥，开春与秋末可结合浇水适量施用一些芝麻酱渣，可使植株生长旺盛，叶片碧绿肥厚。平枝栒子常见的病害有叶斑病、根腐病，除加强水肥管理外，还应适当稀植，加强病虫害防治。

平枝栒子有极强的抗性及适应性，是优良的园林观赏花木种类。平枝栒子是一种观花、观果的好材料，主要观赏价值是深秋的红叶。平枝栒子属低矮灌木，可作为地被植物应用。由于其极强的抗性及颇佳的观赏价值，可广泛种植在建筑旁、道路两侧，以及土质差的地段上，可以美化建筑物周边环境。平枝栒子属小型灌木，叶多、花繁、果茂，生长强健，耐修剪，是不可多得的绿篱材料。平枝栒子枝叶伸展两列，叶小而稠，易于修剪，入秋红果累累，经冬不落，甚为夺目，表现出良好的盆景植物的特点，它们还可与假山石配置，自然朴素。

148 火棘 *Pyracantha fortuneana*

科名：蔷薇科　属名：火棘属

形态特征：灌木。侧枝短，先端成刺状，嫩枝外被锈色短柔毛，老枝暗褐色，无毛；芽小，外被短柔毛。叶片倒卵形或倒卵状长圆形，先端圆钝或微凹，有时具短尖头，基部楔形，下延连于叶柄，边缘有钝锯齿，齿尖向内弯，近基部全缘，两面皆无毛；叶柄短，无毛或嫩时有柔毛。花集成复伞房花序，花梗和总花梗近于无毛；萼筒钟状，无毛；萼片三角卵形，先端钝；花瓣白色。果实近球形，橘红色或深红色。花期3～5月，果期8～11月。

分布及生境：陕西、河南、江苏、浙江、福建、湖北、湖南、广西、贵州、云南、四川、西藏均有分布。河南产于伏牛山南部、大别山和桐柏山区。生于海拔500～2 800 m处的山地、丘陵地阳坡灌丛草地及河沟路旁。

栽培利用：火棘通常采用播种、扦插和压条法繁殖。以播种繁殖为主，采种容易，秋季随采随播，也可在夏季嫩枝扦插繁殖。播种繁殖：火棘果熟期9～12月，育苗果实适宜在1～2月采收，湿沙储藏。圃地选择在水源充足、交通便利、10°～15°坡度、土壤肥沃、日照充足、向阳的沙质壤土地最好。火棘在第二年春季播种前，用0.02%的赤霉素处理能够提高火棘种子的发芽率。扦插繁殖：春插一般在2月下旬至3月上旬，选取1～2年生的健康丰满枝条剪成15～20 cm的插条扦插。夏插一般在6月中旬至7月上旬，选取一年生半木质化带叶嫩枝插条扦插，并用ABT生根粉处理，翌年春季可移栽。压条繁殖：春季至夏季都可进行，进行压条时，选取接近地面的1～2年生枝条，预先将要埋入土中的枝条部分刻伤至形成层或剥去半圈枝皮，然后将枝条刻伤至形成层埋入土中10～15 cm，1～2年可形成新株，然后与母株切断分离，于第二年春天定植。在育苗过程中，要及时施肥、浇水、除草，在浇水后应及时松土。火棘喜肥，在栽植时应施用适量的农家肥做基肥。6月初可追施1次氮肥，8月初追施1次磷、钾肥，秋末结合浇冻水施1次经腐熟发酵的圈肥，宜量大浅施。火棘病虫害主要是蚜虫、白粉病、叶斑病、根腐病和锈病，应注意防治。

火棘枝繁叶茂，初夏白花繁盛，入秋红果累累，是观花观果的优良园林绿化植物，无论是布置或造型都十分新颖、别致。而且火棘易繁殖，生长迅速，萌芽力强，耐修剪，适应性广，生态价值和观赏价值都很高，所以可大量应用于厂区和生活区的园林绿化中。小丑火棘（*Pyracantha fortuneana* ‘Harlequin’）为火棘园艺种，园林上应用较多，其春秋季叶色花白、夏季嫩黄、冬季粉红等色泽变化和秋季果实形成特色景观效果而受欢迎，可以用作地被、绿篱，并可以培养成各种树形、球形，美不胜收，园林用途十分广泛。

149 全缘火棘 *Pyracantha atalantioides*

科名：蔷薇科 属名：火棘属

形态特征:灌木或小乔木。通常有枝刺,稀无刺;嫩枝有黄褐色或灰色柔毛,老枝无毛。叶片椭圆形或长圆形,稀长圆倒卵形,先端微尖或圆钝,有时具刺尖头,基部宽楔形或圆形,叶边通常全缘或有时具不明显的细锯齿,幼时有黄褐色柔毛,老时两面无毛,上面光亮,叶脉明显,下面微带白霜,中脉明显突起;叶柄通常无毛,有时具柔毛。花成复伞房花序,花梗和花萼外被黄褐色柔毛;萼筒钟状,外被柔毛;萼片浅裂,广卵形,先端钝,外被稀疏柔毛;花瓣白色,卵形。梨果扁球形,亮红色。花期4~5月,果期9~11月。

分布及生境:陕西、湖北、湖南、四川、贵州、广东、广西均有分布。河南产于大别山区新县、商城、罗山及伏牛山南部西峡、淅川等县。生于海拔500~1 700 m的山坡或谷地灌丛疏林中。

栽培利用:全缘火棘以扦插繁育为主,扦插苗床设置在大棚里,外加遮阴网,棚内设置高架苗床,在床面铺地布,放置穴盘。穴盘与基质穴盘规格:128孔,54 cm×27 cm×5.5 cm(深)。基质配方为蛭石:泥炭:珍珠岩:细沙=5:3:1:1,将基质装填于穴盘中,稍加压实,使每孔松紧程度基本一致。将装好的穴盘整齐摆放于苗床上,摆放整齐。将摆放好的穴盘浇透水,要浇匀、浇透,然后再用高锰酸钾1 000倍液浇施,消毒24 h后扦插。扦插于5月上旬及8月上中旬进行,母本植株要求有光泽,生长健壮,母本留茬高度在12 cm左右。穗条长度3.5 cm,上半部保留4片叶,随剪随插,保持新鲜度。将穗条基部放入生根剂中速蘸2 s,每孔扦插1株,扦插深度为1.5 cm,扦插完毕立即浇透水,叶面再喷施多菌灵1 000倍液,用长2 m、宽2 cm的毛竹片搭建好小拱棚,用塑料薄膜覆盖,四周密封。扦插后要精心管理,穴盘内的基质含水量为70%左右,空气相对湿度保证在95%以上。当枝条有50%左右生根后,可以逐步降低基质湿度,保持在饱和含水量50%左右。当穗条90%生根时逐步揭开薄膜开始炼苗。扦插苗生根和发芽前,遮光率75%,小拱棚内最高温度控制在38 ℃以下,因此夏季扦插应盖两层遮阴网,并进行喷雾降温。针对褐斑病防治,结合每次补水后,喷1次炭疽福美和多菌灵混合液1 000倍液,预防褐斑病的发生。扦插苗前期不需补充养分,当穗条开始生根后,结合病害防治可加入0.2%浓度的尿素,进行叶面肥喷施,每隔10天1次,直至出圃。

150 细圆齿火棘 *Pyracantha crenulata*

科名：蔷薇科 属名：火棘属

形态特征：灌木或小乔木。有时具短枝刺，嫩枝有锈色柔毛，老时脱落，暗褐色，无毛。叶片长圆形或倒披针形，稀卵状披针形，先端通常急尖或钝，有时具短尖头，基部宽楔形或稍圆形，边缘有细圆锯齿，或具稀疏锯齿，两面无毛，上面光滑，中脉下陷，下面淡绿色，中脉凸起；叶柄短，嫩时有黄褐色柔毛，老时脱落。复伞房花序生于主枝和侧枝顶端，总花梗幼时基部有褐色柔毛，老时无毛；花梗无毛；萼筒钟状，无毛；萼片三角形，先端急尖，微具柔毛；花瓣圆形，有短爪；雄蕊 20，花药黄色；花柱 5，离生，与雄蕊等长，子房上部密生白色柔毛。梨果几球形，熟时橘黄色至橘红色。花期 3 ~5 月，果期 9 ~12 月。

分布及生境：陕西、江苏、湖北、湖南、广东、广西、贵州、四川、云南均有分布。河南产于伏牛山南部和大别山区。生于海拔 750 ~2 400 m 的山坡、路边、沟旁、丛林或草地。

栽培利用：细圆齿火棘存在一个细叶变种 *P. crenulata var. kansuensis*。细圆齿火棘细叶变种果实可溶性糖含量最高，为 13.02%，并显著高于火棘、全缘火棘和细圆齿火棘果实的含糖量；其余 3 种火棘种质果实的含糖量没有差异，全缘火棘、火棘和细圆齿火棘果实含糖量依次为 12.26%、12.08% 和 11.83%。细圆齿火棘维生素 C 高达 696.9 mg/kg；其次是细圆齿火棘细叶变种，为 632.8 mg/kg；全缘火棘果实维生素 C 含量较低，为 580.3 mg/kg；火棘果实维生素 C 含量最低，为 530.8 mg/kg。细圆齿火棘果实有机酸含量最高，为 0.84%；全缘火棘和细圆齿火棘细叶变种果实有机酸含量分别为 0.76% 和 0.78%。火棘植物分布广，果实产量大，含有多种氨基酸、维生素及矿质元素，可以生食或磨粉代粮食用，故民间称其为救命粮。同时，火棘果实的色素、果胶等含量高，具有很高的食用价值和药用价值，是食品加工及化妆品中天然色素、果胶等的重要来源。对火棘、全缘火棘、细圆齿火棘与细圆齿火棘细叶变种 4 种火棘属植物的果实进行可溶性糖、维生素 C 和有机酸含量的测定，结果表明，细圆齿火棘细叶变种果实品质最好，具有较好的发展潜力。

细圆齿火棘作为球形布置可以采取拼栽、截枝、放枝及修剪整形的手法，错落有致地栽植于草坪之上，点缀于庭园深处，红彤彤的果实使人在寒冷的冬天里有一种温暖的感觉。细圆齿火棘球规则式地布置在道路两旁或中间绿化带，还能起到绿化、美化和醒目的作用。

151 枇杷 *Eriobotrya japonica*

科名：蔷薇科 属名：枇杷属

形态特征：小乔木。小枝粗壮，黄褐色，密生锈色或灰棕色茸毛。叶片革质，披针形、倒披针形、倒卵形或椭圆长圆形，先端急尖或渐尖，基部楔形或渐狭成叶柄，上部边缘有疏锯齿，基部全缘，上面光亮，多皱，下面密生灰棕色茸毛；叶柄短或几无柄，有灰棕色茸毛；托叶钻形，先端急尖，有毛。圆锥花序顶生，具多花；总花梗和花梗密生锈色茸毛；苞片钻形，萼筒浅杯状，萼片三角卵形，先端急尖；花瓣白色，长圆形或卵形。果实球形或长圆形，黄色或橘黄色；种子1~5，球形或扁球形，褐色，光亮，种皮纸质。花期10~12月，果期5~6月。

分布及生境：产于甘肃、陕西、江苏、安徽、浙江、江西、湖北、湖南、四川、云南、贵州、广西、广东、福建、台湾。河南省全省各地多有栽培，以黄河以南地方生长良好。枇杷喜土层深厚、土质疏松、含腐殖质多、保水保肥力强而又不易积水的土壤。它对土壤酸碱度的要求不严格，pH5~8都能生长结果。

栽培利用：枇杷成年之后，枝叶繁茂交错，地面持续处于荫蔽状态，要及时彻底清除杂草，定期疏松土壤，保证土壤良好的保水性和透水性。深翻可分成秋翻与春翻两部分。施肥要结合枇杷的树龄与生长特性进行。幼树1年施肥5~6次，掌握“量少勤施”的原则，每隔2个月左右施1次，以腐熟水肥和速效氮肥轮换施用。结果树一年施肥3次。首次在3~4月果实采收后施肥。选用的肥料应以速效肥为主，并与迟效肥结合，首次施肥量应为整年最多的一次，控制在全年施肥量的50%~60%。第二次施肥的时间在9月上旬，于抽穗后、开花前进行，以迟效肥为主，施肥量为全年的25%~35%，保证枇杷的防寒越冬。第三次在结果期10月下旬至11月，施速效肥，以速效钾、磷为主，施肥量为全年的15%~25%。枇杷根量少且浅，所以需水量较大，喜湿润环境。枇杷树的修剪以轻剪为主，因为重剪可能会影响树势，主要剪除密生枝，并将徒长枝剪去，这样保证充足的透光性和通风性。

枇杷是我国亚热带地区的一种珍稀特产水果，具有味美、营养丰富的特点，且能起到润肺、止咳等保健作用。枇杷全身都是宝，枝叶茂密，有着良好的美化、绿化环境作用，果肉多汁，四季长青。枇杷在河南主要用于绿化，是园林绿化中重要的常绿阔叶树资源。

152 大花枇杷 *Eriobotrya cavaleriei*

科名：蔷薇科 属名：枇杷属

形态特征：乔木。小枝粗壮，棕黄色，无毛。叶片集生枝顶，长圆形、长圆披针形或长圆倒披针形，先端渐尖，基部渐狭，边缘具疏生内曲浅锐锯齿；近基部全缘，上面光亮，无毛，下面近无毛，中脉在两面凸起；叶柄无毛。圆锥花序顶生；总花梗和花梗有稀疏棕色短柔毛；花梗粗壮；萼筒浅杯状，外面有稀疏棕色短柔毛；萼片三角卵形，先端钝，沿边缘有棕色茸毛；花瓣白色，倒卵形。果实椭圆形或近球形，橘红色，肉质，具颗粒状突起，无毛或微有柔毛，顶端有反折宿存萼片。花期4～5月，果期7～8月。

分布及生境：产于四川、贵州、湖北、湖南、江西、福建、广西、广东。河南郑州树木园有引种栽培，生长10年以上，表现良好。生于海拔500～2 000 m山坡、河边的杂木林中，喜温暖湿润气候，中性或微酸性土壤。

栽培利用：大花枇杷一般需15年才开花结实，其母树的结实有明显的大小年之分。种熟期为10月下旬至11月中旬，这一时期应抓紧采集。采回后的果实，应堆沤3～5天，果实混沙搓去果肉，用清水洗净。种子晾干，层积储藏。种子千粒重800 g左右，每亩用种量30～35 kg。苗圃地应选在向阳、排水良好的沙质壤土为宜。播种前需对圃地进行深挖，并用3%的生石灰进行消毒。3月上旬播种，播种可点播也可条播。点播的株行距为10 cm×25 cm，条播行距30 cm，播种沟深8～10 cm。先在沟底放入已腐熟的饼肥，然后放一层5 cm厚的黄土盖住基肥后再播种。播后在种子上再覆盖一层2 cm厚的黄土，这样有利于减少苗间杂草，促进幼苗根系生长，最后盖一层稻草保湿。大花枇杷种子的发芽率一般在80%以上。播后约40天发芽出土，当幼苗30%出土后应及时揭开稻草。大花枇杷生长迅速，适应性强，苗期管理较为容易。幼苗出土后应及时拔除苗间杂草，除草后可施0.1%的尿素，以利于幼苗生长。5～6月间，每隔10天左右要松土、施肥一次，肥料以氮肥为主。7～8月，肥水中应增施磷、钾肥，少施氮肥，这时的肥水浓度应适度增加。如遇久晴不雨或高温土壤干燥，应在早晚进行田间灌溉，以降低土壤温度，保证苗木正常生长。进入9月以后，停止施肥，以免苗木疯长，影响苗木木质化。此外，在每次施肥前，要清除圃内杂草，以减少杂草对土壤养分的消耗。大花枇杷苗期虫害较少，幼苗期有地老虎为害，应注意防治。大花枇杷小苗生长较快，一年生苗即可出圃移植或用于造林。由于大花枇杷主根发达，侧根、须根少，苗木移植宜在春季苗木发芽前的2～3月进行。为提高苗木的移植成活率，移栽时要剪掉大部分的侧枝及叶片，栽后要浇足定根水。

大花枇杷主干端直，生长迅速，树形整齐美观，枝叶茂密，树冠圆形。深秋，紫红色的老叶夹杂在绿叶丛中，甚是美观。果味酸甜，可生食及酿酒，种子还可榨油，是观赏、食用兼备的优良庭园、绿化树种。

153 红果树 *Stranvaesia davidiana*

科名：蔷薇科　属名：红果树属

形态特征：灌木或小乔木。枝条密集；小枝粗壮，圆柱形，当年枝条紫褐色，老枝灰褐色，有稀疏不明显皮孔；冬芽长卵形，先端短渐尖，红褐色。叶片长圆形、长圆披针形或倒披针形，先端急尖或突尖，基部楔形至宽楔形，全缘，上面中脉下陷，沿中脉被灰褐色柔毛，下面中脉突起；托叶膜质，钻形，早落。复伞房花序，密具多花，花瓣近圆形，基部有短爪，白色，花药紫红色。果实近球形，橘红色；萼片宿存，直立；种子长椭圆形。花期5～6月，果期9～10月。

分布及生境：云南、广西、贵州、四川、江西、陕西、甘肃均有分布。河南产于伏牛山南部的西峡、淅川、南召等县。生于海拔1 000～3 000 m山坡、山顶、路旁及灌木丛中。

栽培利用：红果树的果实富含钾元素。红果树果实中的钾含量达到5.207 1 mg/g，大于樱桃、水蜜桃、李、四川红橘、毛樱桃、刺梨、金樱子、火棘、香蕉等果实的钾含量。红果树的果实富含镁元素。红果树果实中的镁含量达到0.725 8 mg/g，大于常见的如毛樱桃、水蜜桃、李、苹果等水果。红果树果实是理想的富镁水果类型。红果树的果实富含锌元素。红果树果实中的锌含量较丰富(0.015 mg/g)，高于毛樱桃、四川红橘、苹果、水蜜桃、枣等常见水果。红果树的果实还含有丰富的β-胡萝卜素。红果树果实中的β-胡萝卜素含量高于李、樱桃、苹果、四川红橘、水蜜桃，红果树果实是一种富含β-胡萝卜素的水果类型。β-胡萝卜素是由8个异戊二烯单位组成的一种四萜，含有许多共轭双键，具有较强的抗氧化功能。红果树鲜果中的钙含量较丰富。红果树果实中的钙含量达到0.952 1 mg/g，而且红果树鲜果中的钙有益于人体吸收，因此食用红果树果实有利于健康。

154 波叶红果树 *Stranvaesia davidiana* var. *undulata*

科名：蔷薇科　属名：红果树属

形态特征：本变种与红果树的区别为，叶片较小，椭圆长圆形至长圆披针形，边缘波皱起伏，长3～8 cm，宽1.5～2.5 cm；花序近无毛；果橘红色，直径6～7 cm。

分布及生境：陕西、湖北、湖南、江西、浙江、广西、四川、贵州、云南均有分布。河南产于伏牛山南部的西峡、淅川、南召等县。生于海拔900～3 000 m的山坡、灌木丛中、河谷、山沟潮湿地区。

栽培利用：波叶红果树可用种子繁殖、扦插繁殖和组培快繁技术。种子繁殖：波叶红果树种子质量差,种子具有休眠特性,自然低温湿沙层积打破种子休眠效果最好,最佳萌发温度为25 ℃;田间播种前,将种子先于4 ℃低温湿沙层积35～40天,再转入25 ℃恒温培养箱催芽4～6天,可极大地提高种子田间出苗率。扦插繁殖:波叶红果树当年生枝条扦插既有愈伤生根,也有皮部生根,从生根过程看,属难生根树种;当年生枝条以半木质化插穗生根率最高。外源激素NAA 300 mg/L处理20 min效果最佳,扦插基质以河沙最佳,当年生半木质化枝条在冬季扦插为宜。组培繁殖:用对成熟种胚进行消毒处理,时间为15 min,成活率可达90%。用1 mg/L 6-BA处理有利于不定芽的产生,增殖效果最好。生根培养基以1/2MS + 0.1 mg/L NAA、1/2MS +0.2 mg/L IAA最佳。培养基中添加活性炭对波叶红果树平均根长有促进作用。移栽前试管苗需开瓶炼苗,移栽基质以珍珠岩:蛭石:泥炭(1:1:1)成活率最高。

波叶红果树集观叶、观花、观果于一身,极具园林观赏价值。在园林中可开发用作地被植物,彩叶植物,绿篱、花篱、果篱,造型植物等。

155 椤木石楠 *Photinia bodinieri*

科名:蔷薇科 属名:石楠属

形态特征:常绿乔木。幼枝黄红色,后成紫褐色,有稀疏平贴柔毛,老时灰色,无毛,有时具刺。叶片革质,长圆形、倒披针形,或稀为椭圆形,先端急尖或渐尖,有短尖头,基部楔形,边缘稍反卷,有具腺的细锯齿,上面光亮,中脉初有贴生柔毛,后渐脱落无毛。花多数,密集成顶生复伞房花序;总花梗和花梗有平贴短柔毛;苞片和小苞片微小,早落;萼筒浅杯状,外面有疏生平贴短柔毛;萼片阔三角形,先端急尖,有柔毛;花瓣圆形。果实球形或卵形,黄红色,无毛;种子2～4,卵形,褐色。花期5月,果期9～10月。

分布与生境:陕西、江苏、安徽、浙江、江西、湖南、湖北、四川、云南、福建、广东、广西均有分布。生于山谷杂木林中。河南产于伏牛山南部及大别山区。喜光、喜温、耐旱,对土壤肥力要求不高,在酸性土、钙质土上均能生长。

栽培利用:《中国植物志》正名为贵州石楠。椤木石楠常采用播种育苗。10～11月,果实由青绿色变黑色时即可采摘。采回后去掉果皮、果肉,摊放于通风阴凉处阴干,也可以先适当晒干水分再阴干。可随采随播,也可干藏或混细润沙储藏一段时间后,于翌年春季播种。苗圃地选择地势平坦、土层深厚、肥沃、排灌条件良好、背风向阳且交通便利的地段。施用腐熟的有机肥料或无机复合肥。春季播种,2月中下旬进行,采用条播。在整好的苗床上挖沟,沟里放一层黄心土,厚3～4 cm。将种子均匀撒播于黄心土上。种子上面再盖一层过筛的黄心土,厚约1 cm,以不见种子为宜。随采随播的,翌年4月上旬发芽出土,春季播种的,4月下旬发芽出土。此时要及时揭去覆盖物。苗高3～5 cm时,进行间苗、补苗,间出的小苗可另行移栽。以后要加强除草、松土,少量多次地追施肥料,每月2～3次,立秋以后停止。移栽时苗木要修枝剪叶。还要注意防治病虫害,对于立枯病、猝倒病等病害，以及蛾类、蝗虫等食叶害虫，蚜虫、椿象等刺吸式口器害虫，要及时防治。

椤木石楠树形优美，春天红叶满树，初夏繁花似锦，秋冬硕果累累，既可挡风避暑，又可保护环境，可用于“四旁”绿化、园林景观用树，或是荒山造林绿化。其木材坚硬沉重，结构细密均匀，为家具、油榨坊、农具、器械的优良用材。

156 石楠 *Photinia serratifolia*

科名：蔷薇科　属名：石楠属

形态特征：灌木或小乔木。枝褐灰色，无毛；冬芽卵形，鳞片褐色，无毛。叶片革质，长椭圆形、长倒卵形或倒卵状椭圆形，先端尾尖，基部圆形或宽楔形，边缘有疏生具腺细锯齿，近基部全缘，上面光亮，幼时中脉有茸毛，成熟后两面皆无毛，中脉显著；叶柄粗壮，幼时有茸毛，以后无毛。复伞房花序顶生；总花梗和花梗无毛；花密生；萼筒杯状；萼片阔三角形，先端急尖；花瓣白色，近圆形，花药带紫色。果实球形，红色，后成褐紫色，有 1 粒种子；种子卵形，棕色，平滑。花期 4 ~5 月，果期 10 月。

分布与生境：产于陕西、甘肃、河南、江苏、安徽、浙江、江西、湖南、湖北、福建、台湾、广东、广西、四川、云南、贵州。河南商城县有野生，全省各地均有栽培。生于海拔 1 000 m 以上的杂木林中。

栽培利用：石楠常采用播种、扦插方式进行繁殖。播种繁育：石楠果实 10 ~11 月成熟，将成熟的果实捣烂，取出籽粒，选择饱满、无病虫害的种子，晾干，采用层积催芽后春播。选择土壤肥沃，交通、排水方便的沙质壤土做圃地。开条播沟，将种子均匀播于沟内，覆细土 2 cm 厚，用锯末、松针、稻草等覆盖，播后用喷壶浇水一次。清明节前后出苗，根据出苗情况分批揭去覆盖物。扦插繁殖：分硬枝扦插和嫩枝扦插。硬枝扦插在 2 ~3 月，用前一两年已木质化的枝条作插条，截成 10 ~12 cm 长的段，带一叶一芽，剪去 1/2 的叶片，下部用 100 mg/kg 的 IBA（吲哚丁酸）浸泡基部 1 ~2 h，稍稍晾干即可扦插。嫩枝扦插在 6 ~8 月，采用当年生半木质化枝条进行，随采穗随短截随扦插。将穗条截断成 6 ~8 cm 长，带一叶一芽，将插条基部浸入 0.2% 的 IBA（吲哚丁酸）溶液中 5 ~10 s，稍稍晾干即可扦插，边扦插边喷雾保湿。扦插完后，采用全光间歇喷雾管理。石楠播种苗长到 10 cm 高时，可进行间苗，结合间苗进行补苗，一般分两次进行，第二次间苗在第一次间苗后 10 天进行。夏季干旱须注意灌水，秋季少浇水，冬季不浇水。可结合浇水对播种苗进行追肥。6 ~8 月，每次追施尿素 5 ~8 kg，边追肥边浇水洗苗；对扦插苗采用叶面喷施 0.2% 的磷酸二氢钾。此外，还要注意石楠叶斑病、白粉病、枯梢病及介壳虫、网蝽和蛀干害虫等病虫害的防治。

石楠树冠圆形，枝叶浓密，早春嫩叶鲜红，秋冬又有红果，是美丽的观赏树种，适于公园、花园、路旁及园路交叉处点缀，三角地栽植，有时亦被用作绿篱、绿屏；对二氧化硫、氯气有较强抗性，且有隔音功能，适用于街道、厂矿绿化。石楠的干、叶和枝供药用，有祛风、通络、益肾与利尿之功效，可治风湿、腰背酸痛、肾虚脚弱及偏失痛。种子榨油，供制油漆、肥皂或润滑油。根皮含鞣质，可提取栲胶。果含淀粉，供酿酒用。木材材质细密，用作车辆及器具柄。

157 光叶石楠 *Photinia glabra*

科名：蔷薇科 属名：石楠属

形态特征：乔木。老枝灰黑色，无毛，皮孔棕黑色，近圆形，散生。叶片革质，幼时及老时皆呈红色，椭圆形、长圆形或长圆倒卵形，先端渐尖，基部楔形，边缘有疏生浅钝细锯齿，两面无毛。花多数，成顶生复伞房花序；总花梗和花梗均无毛；萼筒杯状，无毛；萼片三角形，先端急尖，外面无毛，内面有柔毛；花瓣白色，反卷。果实卵形，红色。花期4~5月，果期9~10月。

分布与生境：产于安徽、江苏、浙江、江西、湖南、湖北、福建、广东、广西、四川、云南、贵州。河南郑州、鸡公山有栽培，大别山区新县、商城有少量野生；生于山谷林中。幼苗耐寒性、耐旱性能力强。

栽培利用：光叶石楠可用扦插繁殖和组培繁殖。扦插繁殖：采穗圃应选择光照和排水性较好、土壤肥沃、交通便利的圃地，加强松土锄草和肥水管理，母株定植株距1.2~1.5 m、行距1.5~2.0 m，高度通过截干和修剪控制在1.5~2 m。最佳扦插时间为秋梢春插，选用2~3年生采穗母株，插穗最好随采随插，储存要低温保湿，穗条用生根粉300 mg/L浸泡2 h后扦插，行距6~8 cm，株距4~5 cm。扦插后加强育苗地灌溉和松土，用5%的尿素溶液进行叶面追肥，60天后，追施复合肥。当幼苗高度达15~20 cm，插穗出现较多的嫩枝，应时及时除蘖，把丛生的嫩枝选优留1株，余者除掉；并及时除芽，去掉幼苗期后期和速生期初期由叶腋间生出的嫩枝。光叶石楠的组培繁殖：MS+0.5 mg/L BA+1.0 mg/L KT+0.1 mg/L NAA为腋芽诱导的最适培养基；MS+1.0 mg/L BA+0.1 mg/L NAA为芽增殖最适培养基，1/2MS+0.1 mg/L IBA和1/2MS+ +0.1 mg/L NAA为光叶石楠试管苗生根较为合适的培养基。

光叶石楠树冠球形，枝叶深密，春季嫩芽红艳夺目，冬来碧叶片片，地栽于庭院十分相宜，还可孤植、丛植或作基础绿篱材料，可植于庭院、岸堤、街旁绿地等，是城镇绿化、美化的优良观赏树种。叶供药用，有解热、利尿、镇痛作用。种子榨油，可制肥皂或润滑油。木材坚硬致密，可作器具、船舶、车辆等。

158 罗城石楠 *Photinia lochengensis*

科名：蔷薇科　属名：石楠属

形态特征:小乔木或灌木。小枝细弱,幼时疏生柔毛,紫褐色或黑褐色;冬芽小,卵形,急尖,无毛。叶片革质,倒披针形,稀披针形,先端急尖,常具短尖头,基部渐狭成楔形,边缘微向外反卷并有起伏,具尖锐内弯细锯齿,上面深绿色,下面干燥时黄褐色,除幼时在中肋稍有柔毛外,两面无毛,中脉在上面下陷,在下面凸起;叶柄幼时有柔毛,后脱落。花成顶生伞房花序;总花梗和花梗无毛;萼筒钟状;萼片直立,宽三角形;花瓣白色,倒卵形。果实近球形至卵球形,具宿存内弯萼片。花期4月上旬至5月上旬;成熟果期8~9月,可宿存至翌年春季。

分布与生境:产于广西。适应区域:浙江、江苏、安徽、山东、江西、湖南、湖北、福建等地。郑州有引种栽培。喜排水良好的土壤,对土壤酸碱度要求不严,喜肥沃疏松土壤,且耐瘠薄能力强,在黏土上也能生长,受氮肥胁迫性强。喜光,有一定的耐阴能力,较耐干旱。

栽培利用:罗城石楠主要用扦插繁殖。6月上旬和9月上旬,剪取当年生半木质化枝条作穗条,长度约3.5 cm,保留取1叶1芽。基质配方为泥炭:蛭石:珍珠岩:黄心土=6:2:1:1(体积比),采用的植物生根剂速蘸2 s后扦插,直立扦插,深度约2 cm。插完后浇透水,还要喷药消毒防病。在苗床上方架设遮阳网,6月盖1层,7~8月盖2层。当小拱棚内气温38 ℃以上时,要采取喷雾降温措施,特别是晴天高温时,从上午10时到下午4时,每隔半小时喷雾1次;每隔7~10天,在傍晚或清早时分,浇1次水。扦插约30天后,开始炼苗;及时浇水和喷洒叶面肥,每隔15天左右浇水1次,同时喷洒叶面肥。2~3月进行移栽,株距25 cm,行距30 cm。移栽后当天要浇透定根水,第4天浇水,以后每隔10天左右浇1次水。移栽15天后开始施肥,4月施尿素,5~9月施复合肥,每隔15天施1次;9月以后不再施尿素;12月或翌年1月施1次腐熟的有机肥,开浅沟施于株间,进行埋施;雨后晴天,结合施肥,要及时松土除草。此外,还要注意罗城石楠褐斑病等病害的防治。

罗城石楠在-9.4 ℃条件下可以安全裸地越冬,耐寒性、适应性和萌芽性强,常用作园林地被景观、护坡护岸和水土保持植物。

159 红叶石楠 *Photinia × fraseri*

科名：蔷薇科 属名：石楠属

形态特征：小乔木或灌木。叶片为革质，且叶片表面的角质层非常厚。这也是叶片看起来非常光亮的原因。红叶石楠幼枝呈棕色，贴生短毛。后呈紫褐色，最后呈灰色无毛。树干及枝条上有刺。叶片长圆形至倒卵状，披针形，叶端渐尖而有短尖头，叶基楔形，叶缘有带腺的锯齿，叶柄长0.8～1.5 cm。花多而密，呈顶生复伞房花序，花白色，花期初夏；浆果红色。春季和秋季新叶亮红色。花期4～5月。梨果红色，能延续至冬季，果期10月。

分布与生境：适宜区域有上海、山东、江苏、浙江、安徽、河北、陕西、湖南、湖北、四川、江西、贵州、山西、甘肃、新疆喀什等。河南全省各地广泛栽培。

栽培利用：红叶石楠以扦插繁殖为主。一般分春插、夏插和秋插，分别在3月上旬、4月下旬至6月下旬、8月中旬至10月上旬，气温20～30 ℃最合适扦插。剪取6～10 cm长的半木质化嫩枝或者是当年生的木质化枝条作为插条，用30 mg/L NAA或60 mg/L IBA浸泡5～10 s后扦插，基质一般选用具有良好排水性的蛭石、泥炭和沙壤土混合，插入深度为2～3 cm，扦插密度为400枝/m^2，扦插完成后立即浇透水。夏季扦插温度过高时，可采用遮光率75%的遮阳网进行遮盖，并且每天上午和下午进行喷水，还可以间隔10天采用800倍稀释的甲基托布津溶液一起喷洒，预防病虫害。超过50%的枝条生根发芽后开始炼苗。3月下旬至4月上中旬进行红叶石楠种苗移栽。培育一年生小苗（苗高1 m以上）出圃，株行距以35 cm×35 cm或40 cm×40 cm为宜；培育2 m以上大苗，可通过“隔行抽行和隔株抽株”的方法使株行距保持在40 cm×80 cm或35 cm×70 cm之间，最大可保留到80 cm×100 cm株行距即可。栽后及时浇透定根水。种苗移栽之后，尤其要注意种苗的水分管理。在移栽3天之后要浇水一次，约15天后，苗木度过缓苗期即可追肥。在春季，于新梢开始生长前，即3月下旬至4月上旬，施入尿素1次，施入后浇水1次；至5月中下旬，再施1次尿素，施入后浇水；至6月中下旬至8月中旬，每隔半月追施1次三元复合肥；冬季开浅沟（10～15 cm）施入腐熟的有机肥。浇水除浇好缓苗期水和每次施肥后的1次浇水外，应注意春旱时（3月中下旬至6月中旬）及时浇水保墒，此段时间内可酌情浇水3～4次；入冬浇越冬水1次。一般在早春、初夏、初秋发芽前或新梢生长后期进行修剪。此外，还要注意红叶石楠叶斑病、炭疽病、灰霉病、根腐病、茎腐病，以及粉尸类、蛾类、蚜虫、介壳虫等病虫害的防治。

红叶石楠喜温暖、潮湿、阳光充足的环境，能耐短期的－18 ℃低温。适宜各类中肥土质。耐土壤瘠薄，有一定的耐盐碱性和耐干旱能力，不耐水湿。红叶石楠枝繁叶茂，早春嫩叶绛红，初夏白花点点，秋末累累赤实，冬季老叶常绿，被广泛应用于园林造景中的盆栽、点缀、色块、绿篱、造型和展示小品等。可以进行盆栽，用于门廊或室内；可修剪成矮小灌木，在园林绿地中作为色块植物片植，或与其他彩叶植物组合成各种图案，应用于花坛、草坪、广场、庭院及公路两旁绿化带中；也可培育成主干不明显、丛生形的大灌木，群植成大型绿篱或幕墙，在道路绿化隔离带应用；还可培育成独干、球形树冠的乔木，在绿地中作为行道树或孤植作庭荫树。园林应用的品种主要有红罗宾、红唇、强健、鲁宾斯、火焰红等。

160 球花石楠 *Photinia glomerata*

科名：蔷薇科　属名：石楠属

形态特征：灌木或小乔木。幼枝密生黄色茸毛，老枝无毛，紫褐色，有多数散生皮孔；冬芽卵形，鳞片先端圆钝，外面有短柔毛。叶片革质，长圆形、披针形、倒披针形或长圆披针形，先端短渐尖，基部楔形至圆形，常偏斜，边缘微外卷，有具腺内弯锯齿，上面中脉初有茸毛，以后脱落，下面密生黄色茸毛，以后部分或全部脱落；叶柄初密生茸毛，后几无毛。花多数，密集成顶生复伞房花序，总花梗数次分枝，花近无梗；总花梗、花梗和萼筒外面皆密生黄色茸毛；花芳香，花瓣白色，近圆形。果实卵形，红色。花期5月，果期9月。

分布与生境：产于云南、四川。郑州树木园有引种栽培。生于海拔1 500～2 300 m的杂木林中。

栽培利用：繁殖以播种为主，亦可用扦插、压条繁殖。球花石楠种子在10～11月采种。将果实堆放捣烂漂洗，取籽晾干，层积沙藏，至翌春播种，注意浇水、遮阴管理，出苗率高。扦插于梅雨季节剪取当年健壮半熟嫩枝为插穗，长10～12 cm，基部带踵，插后及时遮阴，勤浇水，保持床土湿润，极易生根。南方以球花石楠为绿篱，常直接插条营成。球花石楠种子细小，无须催芽，可直接播种。播种方式以撒播为宜。头年秋冬深耕耙平，放饼肥1 500 kg/hm^2，翌春播种前整平碎土，清除杂草、杂物、石块，然后开沟做床，播种时先在苗床上铺3 cm左右的黄心土压平，然后将种子均匀地播在苗床上，种子间距2～3 cm，再用草木灰、腐殖土与黄心土1∶1∶2拌匀覆盖于种子上面（覆盖厚度约1.5 cm），稍加压紧即可。播种量为150 kg/hm^2，成苗率90%，平均苗高45 cm，最高苗达52 cm，产苗90万株/hm^2。为有利保温保湿，在苗床上塑料薄膜搭弓棚覆盖。种子播种后约30天可发芽，35天左右幼苗可全部出土；当30%～40%幼苗出土时应揭去草席或农作物秸秆；幼苗全部出土后揭去塑料布，搭建牢固的遮阴棚，一般使用遮光率50%～75%的遮阴网，以防止日光灼伤幼芽。为防止杂草滋生和土壤板结，在苗生长期间每月松土除草2～3次，在苗木生长过程中要适当施肥和浇水。幼苗均怕水渍，圃地内涝积水，易导致幼苗根系呼吸受阻而烂根死亡。为此，应经常采取措施使圃地内排水畅通和畦面平整。立枯病在4～6月多雨时期易发，为害幼苗，基部腐烂。应进行土壤消毒处理，可用硫酸亚铁225～300 kg/hm^2，均匀撒于畦面，也要及时把病株拔除。虫害苗期有蝼蛄、地老虎等为害嫩茎，可用2.5%敌百虫粉拌毒饵诱杀。

球花石楠树冠圆整,叶片光绿,初春嫩叶紫红,春末白花点点,秋日红果累累,极富观赏价值,是著名的庭院常绿绿化树种,抗烟尘和有毒气体,且具隔音功能,同时是森林防火隔离带的理想树种之一。

161 柳叶锐齿石楠 *Photinia arguta* var. *salicifolia*

科名:蔷薇科 属名:石楠属

形态特征:灌木或小乔木。叶片革质,叶片窄披针形、长圆披针形或长圆倒披针形,稀长圆形。先端渐尖,基部楔形,边缘有尖锐锯齿,两面初具白色柔毛,后脱落无毛,侧脉8~10对;叶柄长5~6 mm。花多朵密集成顶生复伞房花序,有长柔毛。花梗长1~2 mm;萼片锐或钝;花瓣白色,倒卵形,无毛。果实近球形,无毛,具宿存内曲萼片。

分布及生境:产于云南南部。河南南召县有栽培。生于海拔1 100~1 300 m的山坡谷地。

栽培利用:可以播种繁殖,种子进行层积,翌年春天播种;也可在7~9月进行扦插或于秋季进行压条繁殖。一般在春季进行移栽。柳叶锐齿石楠叶片狭长,排列整齐,很是秀丽,是园林绿化中具观赏价值的树种,在各种形式的绿地中应用十分广泛。其树冠圆形整齐、枝浓密,可作行道树、庭院观赏树种植。早春时观叶色,树冠为嫩叶的鲜红色;暮春时观花,树上开满如云的白花;夏季叶色浓绿,是良好的观叶植物;秋冬观果,树上累累红果十分耀眼,即便是红果谢后,它的红褐色果序也值得观赏。宜孤植于草坪、庭院,或丛植于绿地、列植于道路两侧、对植于出入口处,都能形成良好的园林景观。相对而言,柳叶锐齿石楠更适宜于配植在规则式园林中。由于柳叶锐齿石楠观赏期长、观赏性强,适宜与大多数植物配植造景,如柳叶锐齿石楠与贴梗海棠配植,春季二者花叶红火,烂漫异常;将柳叶锐齿石楠修剪成球形,种植于小区主干道两侧,能形成良好的景观。柳叶锐齿石楠主要病虫害有粉虱和白粉病,需及时防治。在阴湿之处种植的柳叶锐齿石楠易发生白粉病,宜将其移植到阳光充足处,并可用粉锈宁1:2 000倍液进行药剂防治;盘粉虱的防治应保护和利用天敌草蛉、瓢虫等进行生物防治,也可用10%吡虫林可湿性粉剂2 000倍液或20%杀灭菊酯乳油2 000倍液进行药剂防治。柳叶锐齿石楠材质坚硬,可做器具柄、车轮等,种子可榨油,供制肥皂等;叶和根可药用,有强壮、利尿、解热、镇痛之效。

162 金樱子 *Rosa laevigata*

科名：蔷薇科 属名：蔷薇属

形态特征：攀缘灌木。小枝粗壮，散生扁弯皮刺，无毛。小叶革质，通常3，稀5；小叶片椭圆状卵形、倒卵形或披针状卵形，先端急尖或圆钝，边缘有锐锯齿，上面亮绿色，下面黄绿色；小叶柄和叶轴有皮刺和腺毛；托叶离生或基部与叶柄合生，披针形，边缘有细齿，齿尖有腺体，早落。花单生于叶腋；花梗和萼筒密被腺毛，随果实成长变为针刺；萼片卵状披针形，先端呈叶状，边缘羽状浅裂或全缘，常有刺毛和腺毛，内面密被柔毛；花瓣白色，宽倒卵形。果梨形、倒卵形，稀近球形，紫褐色，外面密被刺毛，萼片宿存。花期4～6月，果期7～11月。

分布与生境：分布于华中、华东、华南等省区。河南产于大别山和桐柏山区。生于海拔200～1 600 m的山坡灌丛中。喜生于向阳的山野、田边、溪畔灌木丛中。金樱子喜温暖湿润的气候和阳光充足的环境，对土壤要求不严，以土层深厚、肥沃、排水良好、富含腐殖质的壤土为好，在中性和微酸性土壤上生长良好。

栽培利用：金樱子以扦插繁殖为主，也可以用种子繁殖。育苗苗圃地和扦插苗床应选择土层深厚、疏松肥沃、排水良好的沙质壤土。扦插繁殖：可以采取春插或冬插，其中以冬季采用全封闭保湿扦插成苗率最高。在10～11月，选取当年生、发育充实、完全木质化、无病虫害的硬枝做插条，用500 mg/kgABT生根粉或500～1 000 mg/kg萘乙酸（NAA）溶液浸蘸30 s，取出晾干后扦插。插好后压实浇1次透水。冬季扦插要在苗床上加盖弓形塑料薄膜大棚保湿保温。在插条发根期间，床土要经常保持湿润，每隔10天揭开薄膜浇水1次。4月中下旬，拆除塑料棚，进行中耕除草和肥水管理。种子繁殖：于9～10月当果皮呈黄红色时，采收成熟的果实，剥出种子，晾干后随即播种，或者将种子与3倍的清洁河沙混合储藏，至翌年春季3～4月筛出种子进行条播。播种时，在整好的苗床上，按株行距20 cm×25 cm开横沟，沟深1.5 cm，然后将种子拌草木灰均匀撒入沟内，覆土与沟齐平。播后床面盖草，保温保湿。4月中下旬出苗后，揭除盖草，进行中耕除草，适时追肥。一般每年除草松土3～4次，追肥2次，培育2年，苗高达到80 cm，就可以出圃造林。造林地选择在低山向阳的缓坡地、丘陵或平地，也可以在房前屋后、庭院、路边、沟边的空隙地零星栽植。按照行距1～1.5 m、株距60～70 cm挖定植穴，穴的口径和深度均为50 cm，每穴内施入土杂肥，与底土拌匀后放入穴底。早春2～3月或初冬10～11月进行造林，覆土要略高于地面，浇足定根水。定植后1～3年，于每年的春、夏、秋季各中耕除草施肥1次；第4年至郁闭前每年于春秋两季各进行1次；郁闭后，停止中耕，但每年还要施肥1～2次。可以采用株行间开沟施入，施入后立即覆土盖肥。及时灌溉保苗，雨季要及时疏沟排水，防止积水。此外，还要注意金樱子白粉病及蔷薇白轮蚧等病虫害的防治。

金樱子为常用中药，以果实、叶和根入药。果实即金樱子，具有补肾固精和止泻的功能;叶能解毒消肿,外用治疮疖、烧烫伤、外伤出血等症;根有活血散瘀、祛风除湿、解毒收敛、杀虫的功能。金樱子营养丰富,含有大量的维生素C、柠檬酸、鞣酸、还原糖、树脂和皂苷等成分。现代药理研究发现,金樱子具有造血、活血、软化动脉、解毒抗菌,以及对流感病毒有抑制作用。金樱子作为野果,还可以加工成糖浆、果汁、果晶、果酒等系列保健食品和饮料,有抗疲劳和延年益寿的功能,长期饮用,对于阳痿、早泄、神经衰弱、贫血、风湿痹痛等症有良效。

163 木香花 *Rosa banksiae*

科名:蔷薇科 属名:蔷薇属

形态特征:攀缘小灌木。小枝圆柱形,无毛,有短小皮刺;老枝上的皮刺较大,坚硬,经栽培后有时枝条无刺。小叶3~5,稀7;小叶片椭圆状卵形或长圆披针形,先端急尖或稍钝,基部近圆形或宽楔形,边缘有紧贴细锯齿,上面无毛,深绿色,下面淡绿色,中脉突起,沿脉有柔毛;小叶柄和叶轴有稀疏柔毛和散生小皮刺;托叶线状披针形,膜质,离生,早落。花小形,多朵成伞形花序;萼片卵形,先端长渐尖,全缘,萼筒和萼片外面均无毛,内面被白色柔毛;花瓣重瓣至半重瓣,白色,倒卵形。花期4~5月。

分布与生境:原产我国南部,全国各地均有栽培。河南郑州、洛阳、开封、信阳、许昌、新乡等地有栽培。生于海拔500~1 300 m的溪边、路旁或山坡灌丛中。

栽培利用:①扦插法:11月剪取当年生硬枝进行塑料薄膜覆盖扦插或在萌芽前进行硬枝扦插,也可在开花后剪取半硬枝扦插,均能成活。方法与月季扦插法相同。如有全光照喷雾育苗条件,可在5~9月剪取长10 cm、基部带踵的有叶嫩枝进行扦插,20天左右就能育成新株。②在生长期以芽接法、在休眠期以根接法繁殖,成活率也较高。砧木均以野蔷薇、十姊妹花等品种为佳。以根接法成活的木香,在地栽时根部培土可高些,这样可诱使根接处木香部分着生新根,以便日后用木香根替代蔷薇根来适应植株的迅速生长。③压条法。在生长期进行高空压条或刻伤枝条进行土埋压枝均可,都能很快成活,育成新株。

木香花是庭园美化、香化的重要木本爬藤植物。因其花叶并茂,花香馥郁,常用作花篱、花架、花廊、花墙、花门的材料,也是熏茶、制糕点的香料来源,更是繁殖乔化月季最理想的砧木材料。其花含芳香油,可供配制香精化妆品用。

164 香水月季 *Rosa odorata*

科名：蔷薇科　属名：蔷薇属

形态特征：常绿或半常绿攀缘灌木。有长匍匐枝，枝粗壮，无毛，有散生而粗短钩状皮刺。小叶 5～9；小叶片椭圆形、卵形或长圆卵形，先端急尖或渐尖，稀尾状渐尖，基部楔形或近圆形，边缘有紧贴的锐锯齿，两面无毛，革质；托叶大部贴生于叶柄，无毛，边缘或仅在基部有腺，顶端小叶片有长柄，总叶柄和小叶柄有稀疏小皮刺和腺毛。花单生或 2～3 朵；花梗无毛或有腺毛；萼片全缘，稀有少数羽状裂片，披针形，先端长渐尖，外面无毛，内面密被长柔毛；花瓣芳香，白色或带粉红色。果实呈压扁的球形，稀梨形，外面无毛，果梗短。花期 6～9 月。

分布与生境：分布于浙江、江苏、四川、云南等省。河南郑州、洛阳、开封、许昌、新乡、信阳、南阳等地公园有栽培。生于海拔 500～1 300 m 溪边、路旁或山坡灌丛中。

栽培利用：香水月季多采用扦插进行繁殖。一般 10 月初选取健壮插穗在日光温室扦插地。扦插苗床一般做成宽 1.2 m、深 25 cm 的畦，长度视温室长度而定。苗床底部铺 10 cm 厚的粗砂或者直接铺一层细纱网做渗水层，再在上面覆 15～20 cm 厚的蛭石作为扦插基质。选择一年生、叶腋芽饱满尚未萌发的半木质化、表面光滑的枝条，根据节间的长短，剪成 10～12 cm、具有 2～3 个芽的枝段为插穗。用 400 μL/L 吲哚丁酸速蘸插条基部进行促根处理，按株距 4～5 cm、行距 10 cm 进行扦插，深度为扦插长度的 1/3～1/2(地上部分留 1 个芽眼最好)。插好后在插床上建 1.0 m 左右的弓棚覆盖上塑料棚膜，保温、保湿，在炎热的中午还需在棚膜上面搭遮阳网降温。保持插床相对湿度 85% 以上、平均温度 25～28 ℃，20 天左右大部分插条即可生根。此时可逐步揭去棚膜炼苗。每隔 7～10 天用 50% 多菌灵可湿性粉剂杀菌 1 次，及时防治白粉病的发生。香水月季为喜阳、喜肥植物，要求光照、肥料充足，白天适宜生长温度为 20～28 ℃、夜间为 15～22 ℃，相对湿度为 70%～80%；根据干湿情况适时灌水，并结合灌水施入充足的肥料，前期以氮肥为主，苗高 15 cm 以上时可增施磷酸二铵或复合肥。香水月季在生长期间主要病害有白粉病、灰霉病等，主要虫害有红蜘蛛、蚜虫、介壳虫及白粉虱等，应注意加强防治。

香水月季以它的花大、色彩艳丽、气味幽香而驰名。它是培育月季园艺新品种的重要种质材料，早在 10 多年前英、法等国家就已用它进行人工育种，培育出绚丽多彩的园艺新品种。在自然界也有由它自然杂交变异产生的很多品种，如红色、粉红色、白色、黄色的粉团花。这些粉团花由于具有防尘、耐干旱、抗污染、吸音作用，被人们广泛用来绿化装饰庭院的围墙，以美化环境和街道，使城市环境得到保护。

165 月季花 *Rosa chinensis*

科名：蔷薇科 属名：蔷薇属

形态特征：半常绿直立灌木。小枝粗壮，圆柱形，近无毛，有短粗的钩状皮刺或无刺。小叶3~5，稀7，小叶片宽卵形至卵状长圆形，先端长渐尖或渐尖，基部近圆形或宽楔形，边缘有锐锯齿，两面近无毛，上面暗绿色，常带光泽，下面颜色较浅，顶生小叶片有柄，侧生小叶片近无柄，总叶柄较长，有散生皮刺和腺毛；托叶大部贴生于叶柄，仅顶端分离部分成耳状，边缘常有腺毛。花几朵集生，稀单生；萼片卵形，先端尾状渐尖，有时呈叶状，边缘常有羽状裂片，稀全缘，外面无毛，内面密被长柔毛；花瓣重瓣至半重瓣，红色、粉红色至白色。果卵球形或梨形，红色，萼片脱落。花期4~9月，果期6~11月。

分布与生境：原产中国，国内外广泛栽培，园艺品种很多。河南各地有栽培。月季在空气流通、排水良好、日照充足的地方容易生长，耐寒性佳，大多可在－15 ℃的环境下生存，喜肥，易栽培在肥沃、富含有机质的土壤中，耐修剪。

栽培利用：月季繁殖以嫁接、扦插为主。扦插法：扦插是繁殖月季最常用也是最主要的手段，整个生长季节都可嫩枝扦插。选择健壮、无病害的枝条，修剪枝条上部，选取枝条中、下两部分，在保留腋芽的基础上，每10 cm左右截取一段。在扦插前，可进行浸泡或者快蘸处理，随后插入苗床中。嫁接法：一般在7~8月进行，嫁接多以各类蔷薇为砧木，在早春期间进行枝接或生长季节进行芽接。嫁接应选择粗壮、腋芽萌动的枝条剥皮，随后修剪成楔形插入砧木T形口内，再用塑料袋包裹。需要注意的是，叶柄和腋芽一定要留在塑料袋外面。1周后对枝条的生长状况进行观察，若发现萌芽呈现绿色，叶柄处为黄色，说明嫁接成功，枝条日后可成活；假如萌芽呈现黑色，叶柄枯萎，则说明嫁接失败，枝条已经枯死。月季栽培应选择疏松、富含有机物的肥沃沙土，盆径大小适当，室内或者露地干湿适中；生长季节可多次施肥，每次施肥量宜少量；当月季开花时，应考虑摘花修枝，勤摘花朵，修剪月季，常年换盆会让月季长得更好，并注意白粉病、黑斑病、蚜虫、红蜘蛛、刺蛾等病虫害的防治。

月季栽培品种群多，有些品种在河南南部表现为常绿。月季广泛用于园艺栽培和切花。适用于美化庭院、装点园林、布置花坛、配植花篱和花架，月季栽培容易，可作切花，用于做花束和各种花篮，月季花朵可提取香精，并可入药。也有较好的抗真菌及协同抗耐药真菌活性。

166 缫丝花 *Rosa roxburghii*

科名：蔷薇科　属名：蔷薇属

形态特征:半常绿或落叶开展灌木。树皮灰褐色,成片状剥落;小枝圆柱形,斜向上升,有基部稍扁而成对皮刺。小叶 9～15,小叶片椭圆形或长圆形,稀倒卵形,先端急尖或圆钝,基部宽楔形,边缘有细锐锯齿,两面无毛,下面叶脉突起,网脉明显,托叶大部贴生于叶柄,离生部分呈钻形,边缘有腺毛。花单生或 2～3 朵,生于短枝顶端;花梗短,花瓣重瓣至半重瓣,淡红色或粉红色,微香,倒卵形。果扁球形,绿红色,外面密生针刺;萼片宿存,直立。花期 5～7 月,果期 8～10 月。

分布与生境:分布于江苏、湖北、四川、云南、贵州、广东等省。河南产于伏牛山南部和大别山区。生于山沟河旁、山坡路边或林边。

栽培利用:缫丝花多采用播种、扦插繁殖。播种育苗:缫丝花种子来源丰富,育苗方法简便易行。8 月底至 9 月上中旬,采摘金黄色鲜果,取出种子即可秋播;也可当年 11 月土壤结冻前进行沙藏处理,翌年 3 月土壤化冻后即可进行春播。播种采用条播,沟深 3 cm 左右,上盖细土和塑料薄膜或稻草,保持土壤湿润,经 20 余天,种子即可萌发出土。扦插育苗:可采用硬枝和软枝扦插。但硬枝扦插成活率低,一般多于夏季 6 月中下旬进行软枝扦插。选取当年生半木质化枝条,剪成 10～15 cm 长茎段作插穗,速蘸萘乙酸(或 IBA)插于荫棚下的插床内,注意喷水降温和保持一定湿度,使棚内温度不得超过 30 ℃,经 20 天左右,插穗即可生根。缫丝花当年苗可高达 80～100 m。实生苗定植后第 3 年开花结果。年生长过程中的水肥管理,宜采用春夏“促”、秋季“控”之法。因其本身具有较强的自我更新能力,修剪以轻剪为主,主要在冬季剪除病枯枝及适当回缩部分延长枝即可。缫丝花病虫害主要有红蜘蛛、蚜虫和白粉病,应注意加强防治。

缫丝花在园林绿化中具有较高的绿化观赏价值。它具有分枝多、枝条密等特点,树冠呈丛生状,有很好的绿化效果。小枝密集,细小秀丽。具有多种花色和花型,尤其是重瓣类型,更富观赏特色,盛花季节,一丛植株上花数可达 500 朵以上。秋季绿叶黄果,相映成趣,也颇具独特之观赏效果,缫丝花果形别致,且富郁香味,是室内陈列插瓶的好材料,堪称观花、赏果俱佳的观赏植物。缫丝花不仅富含多种营养元素和物质,而且也具有很高的药用价值,是一种不可多得的经济、药用植物。

167 高粱泡 *Rubus lambertianus*

科名：蔷薇科　属名：悬钩子属

形态特征：半常绿藤状灌木。枝幼时有细柔毛或近无毛，有微弯小皮刺。单叶宽卵形，稀长圆状卵形，顶端渐尖，基部心形，上面疏生柔毛或沿叶脉有柔毛，下面被疏柔毛，沿叶脉毛较密，中脉上常疏生小皮刺，边缘明显 3～5 裂或呈波状，有细锯齿；叶柄有稀疏小皮刺；托叶离生，线状深裂，常脱落。圆锥花序顶生，生于枝上部叶腋内的花序常近总状，有时仅数朵花簇生于叶腋，花瓣倒卵形，白色。果实小，近球形，由多数小核果组成，无毛，熟时红色；核较小，有明显皱纹。花期 7～8 月，果期 9～11 月。

分布与生境：湖北、湖南、安徽、江西、江苏、浙江、福建、台湾、广东、广西、云南均有分布。河南产于伏牛山南部、大别山和桐柏山区。生于山沟路边、溪旁或林缘。

栽培利用：剪取高粱泡 1 年生未木质化枝条，用自来水冲洗 10 min 后，剪成长 2～3 cm、带 1 个腋芽的茎段，加少量洗衣粉浸泡 5 min，再用自来水冲洗 45 min，转入超净工作台进行后期消毒。用75%的酒精浸泡45 s，无菌水冲洗3～4 次，然后用0.1%的 $HgCl_2$ 浸泡 5 min，再用无菌水冲洗 3～4 次后接种培育。最佳启动培养基为 MS＋0.5 mg/L6-BA，最佳增殖培养基为 MS＋6-BA 0.5 mg/L＋NAA 0.1 mg/L，最佳生根培养基为 1/2MS＋0.05 mg/LNAA。

高粱泡具有结果早、产量高、耐瘠薄、适应性广等优点。高粱泡营养丰富，具有较高的营养价值和医疗保健功效，适宜加工成果汁、果酒等，其所含红色素稳定性好，是果汁饮料的优质添加剂。高粱泡的根和叶可入药，有活血调经、消肿解毒的作用，可用于产后腹痛、血崩、产褥热、痛经、坐骨神经痛、风湿关节痛、偏瘫的治疗，叶外用可治创伤出血。

168 木莓 *Rubus swinhoei*

科名：蔷薇科　属名：悬钩子属

形态特征：半常绿或落叶灌木。茎细而圆，暗紫褐色，疏生微弯小皮刺。单叶，叶形变化较大，自宽卵形至长圆披针形，顶端渐尖，基部截形至浅心形，主脉上疏生钩状小皮刺，边缘有不整齐粗锐锯齿，稀缺刻状，叶脉 9～12 对；叶柄有时具钩状小皮刺；托叶卵状披针形。花常 5～6 朵，成总状花序；总花梗、花梗和花萼均被紫褐色腺毛和稀疏针刺；花梗细；苞片与托叶相似，有时具深裂锯齿；花萼被灰色茸毛；萼片卵形或三角状卵形，顶端急尖，在果期反折；花瓣白色，宽卵形或近圆形。果实球形，由多数小核果组成，成熟时由绿紫红色转变为黑紫色,味酸涩;核具明显皱纹。花期5~6月,果期7~8月。

分布与生境:陕西、湖北、湖南、江西、安徽、江苏、浙江、福建、台湾、广东、广西、贵州、四川均有分布。河南产于大别山区的商城、新县、罗山、信阳等地。生于山坡灌丛中。

栽培利用:木莓的组培繁殖:选取侧芽,保鲜带回,自来水冲洗15 min,无水乙醇中浸泡2~3 s,用0.1%的$HgCl_2$消毒8 min,用无菌水冲洗5次,接种到培养基Ms + Ascorbic-cid 50 mg/L + GA 1.5 mg/L + ClutaIlline 100 mg/L + Vitamin 5 mg/L + BAP 0.1 mg/L + FeNaEDTA 50 mg/L中。4~5周后开始形成小苗,将小苗转移到培养基MS + FeNaEDTA 50 mg/L + BAP 1 mg/L + IBA 0.1 mg/L中进行扩繁,2~3周后将扩繁的苗转入培养基1/3 MS + FeNaEDTA 50 mg/L + IBA 0.1 mg/L中生根。10天后,将带根的小苗由培养盒中取出,洗净,种入蛭石中,移入带有加温设施的温室床面上,自动喷雾装置保湿。生根,然后移入普通温室生长。

木莓果可食,根皮可提取栲胶。其根有凉血止血、活血调经、收敛解毒之功效,用于牙痛、疮漏、疔肿疮肿、月经不调等症状。

169 厚叶石斑木 *Rhaphiolepis umbellata*

科名:蔷薇科　属名:石斑木属

形态特征:灌木或小乔木。枝粗壮极叉开,枝和叶在幼时有褐色柔毛,后脱落。叶片厚革质,长椭圆形、卵形或倒卵形,先端圆钝至稍锐尖,基部楔形,全缘或有疏生钝锯齿,边缘稍向下方反卷,上面深绿色,稍有光泽,下面淡绿色,网脉明显。圆锥花序顶生,直立,密生褐色柔毛;萼筒倒圆锥状,萼片三角形至窄卵形;花瓣白色,倒卵形;花柱2,基部合生。果实球形,黑紫色带白霜,顶端有萼片脱落残痕,有1个种子。

分布与生境:产浙江(普陀、天台)。日本广泛分布。河南郑州、信阳有引种栽培。常生长在海拔1 300 m以下山坡、沟谷林中、溪边、路旁、杂木林内或灌木丛中。中性偏阳树种,在略有庇荫处生长更好。对土壤适应性强,耐干旱瘠薄。

栽培利用:厚叶石斑木育苗以播种繁殖为主,也可采用扦插繁殖。播种繁殖:11月下旬至12月上旬,在果皮由红色变紫黑色后采收,然后将种子除皮后拌沙储藏。1月中旬至2月中旬播种,在温室或大棚内育苗可提早1个月进行。播种前用硫酸铜、高锰酸钾溶液或甲醛(福尔马林)浸种,杀菌剂溶液拌种(多菌灵)。采用苗床撒播,先将圃地浇透水,播完种子后覆土2 cm,种子盖土后立即搭好棚架,盖好薄膜。播种后30~50天出苗,出苗后气温升高要及时撤掉薄膜并除草。当苗高7 cm时,即3片叶开始芽苗移栽。扦插繁殖:6月,剪取采取生长健壮、无病虫害的健康植株的当年生枝条、长8~10 cm作插穗,每段留2~3个芽,用浓度100 mg/L的ABT中浸泡4 h后扦插,浸蘸深度为4 cm,采用直插的方法,插在pH值为6.0~7.5的淡沙作基质的苗床上,株行距为5 cm×3 cm,深度为插穗长的1/3~1/2,插床上方覆盖黑色遮阴网。扦插结束后立即启动自动弥雾装置,每次弥雾 20 ~ 30 s,白天每 20 min 喷雾一次,夜间每 2 h 喷雾 1 次。扦插 2 个月后开始移栽。移植后至当年 9 月,必须进行遮阴,7 ~ 9 月移栽的小苗,需继续遮阴 1 个月,在 9 月以后逐渐撤除遮阴网进行炼苗。

厚叶石斑木春夏开花,花形奇特,秋季紫黑色球果缀满枝头,既可观花又可观果,具有较高的观赏价值,且具较强的耐盐能力,是优良的园林景观树种,也是极好的瘠薄山地造林树种和庭园绿化树种;适宜于在植物园、公园、花园、庭院和其他公共绿地种植,更适合在沿海地区盐碱地种植用以绿化美化环境。丛植于园林绿地中,可单纯丛植,也可与野柿、火棘、南天竹等秋冬观果植物丛植;还可制作盆景。

170 花榈木 *Ormosia henryi*

科名:豆科　属名:红豆属

形态特征:乔木。树皮灰绿色,平滑,有浅裂纹。小枝、叶轴、花序密被茸毛。奇数羽状复叶;小叶(1 ~)2 ~ 3 对,革质,椭圆形或长圆状椭圆形,先端钝或短尖,基部圆或宽楔形,上面深绿色,光滑无毛,下面及叶柄均密被黄褐色茸毛。圆锥花序顶生,或总状花序腋生,花冠中央淡绿色,边缘绿色微带淡紫,旗瓣近圆形,半圆形,上部中央微凹,翼瓣倒卵状长圆形,淡紫绿色,龙骨瓣倒卵状长圆形。荚果扁平,长椭圆形,顶端有喙,果瓣革质,紫褐色,有种子 4 ~ 8 粒,稀 1 ~ 2 粒;种子椭圆形或卵形,种皮鲜红色,有光泽。花期 7 ~ 8 月,果期 10 ~ 11 月。

分布与生境:安徽、浙江、江西、湖南、湖北、广东、四川、贵州、云南均有分布。河南产于大别山区的新县、商城、罗山等县。生于杂木林中。越南、泰国也有分布。花榈木适应性较强,在酸性、中性土壤均能正常生长;幼树较耐阴,大树喜光;萌芽力强,经多次砍伐或火烧后仍可萌发;根有固氮菌,能改良土壤。

栽培利用:花榈木繁育主要以埋根无性繁殖和播种育苗,也可使用扦插法繁殖。埋根繁殖:春季树木未萌芽前,选择健壮、无病虫害的中龄花榈木根,粗度为 0.8 ~ 1.5 cm,剪成长 15 ~ 20 cm 上平下斜的小段,即根插穗。随挖、随剪、随插埋。根插穗下端要与土壤密接,根上端要与地面相平。插后圃地要用地膜覆盖。幼苗出土后适时灌水,除草松土,并在苗木根基部培土。7 月初到 8 月下旬每隔 10 ~ 15 天追肥 1 次。9 月中旬以后,喷施 1 次钾肥加速苗木木质化,同时注意秋旱和秋冻。播种育苗:果实 10 月中下旬成熟,采收后干藏,次年 3 ~ 4 月播种,播种前用 50 ~ 80 ℃热水浸种催芽,捞出晾干后均匀撒播在苗床面,覆盖稻草保湿,或用遮光网搭阴棚遮光。当花榈木幼苗子叶转绿、真叶开始长出时,即可移植装入营养袋。幼苗移植约半个月后可以勤施薄尿素,每隔 7 ~ 10 天喷洒甲基托布津或百菌清防病。上山造林宜 3 ~ 4 月,选取健壮、根系发达的一年生苗木,穴垦规格为 50 cm × 50 cm × 40 cm,株行距为 2 ~ 3 m,施足基肥。扦插繁殖:采用斜插法,深度 6 ~ 8 cm,株行距 25 cm × 30 cm,覆土厚度 1 ~ 1.5 cm。插穗基部快速浸醮 500 mg/kg 萘乙酸水溶液后立即扦插。插后及时喷浇水2遍,并立即加盖薄膜,进行保温保湿。此外,还要注意花榈木病虫害的防治。

花榈木树冠浓荫,四季常绿,树形优美,花色淡雅,荚果吐红,耐高温日灼,是优良的园林绿化树种和防火树种。可作为行道树、庭荫树、孤植、列植、丛植均适宜。花榈木木材结构细、均匀,重量中等,硬度适中,耐腐朽,是制作高档家具、工艺雕刻和特种装饰品的珍贵高档用材树种。也是一种重要的中草药,它的根、皮、茎、叶均可入药。

171 红豆树 *Ormosia hosiei*

科名:豆科 属名:红豆属

形态特征:乔木。树皮灰绿色,平滑。小枝绿色,幼时有黄褐色细毛,后变光滑;冬芽有褐黄色细毛。奇数羽状复叶;小叶(1~)2(~4)对,薄革质,卵形或卵状椭圆形,先端急尖或渐尖,基部圆形或阔楔形,上面深绿色,下面淡绿色;小叶柄圆形,无凹槽。圆锥花序顶生或腋生,下垂;花疏,有香气;花萼钟形,浅裂,萼齿三角形,紫绿色,密被褐色短柔毛;花冠白色或淡紫色,旗瓣倒卵形,翼瓣与龙骨瓣均为长椭圆形。荚果近圆形,扁平,先端有短喙,果瓣近革质,干后褐色,有种子1~2粒;种子近圆形或椭圆形,种皮红色。花期4~5月,果期10~11月。

分布与生境:分布于陕西、甘肃、江苏、安徽、浙江、江西、福建、湖北、四川、贵州。河南产于伏牛山南部、大别山及桐柏山区。生于山沟溪旁或林边。

栽培利用:红豆树常用播种繁殖、扦插和根插繁殖。播种育苗:11月下旬采收果实,筛选种子阴干处理,可袋藏或混干沙储藏。未经催芽处理的红豆树种子发芽率极低,机械破皮催芽处理、温水处理可提高种子的发芽率。2~3月播种,播种前先用浓度为0.5%的福尔马林做喷洒处理,之后用清水漂洗后播撒,播种时采用开沟条播的方法进行,沟距20 cm,种子间距7 cm左右,沟深度4~5 cm。播种后,覆盖上火烧土和稻草,并保持苗床湿润。出苗后应及时遮阴,8月之后可以撤掉遮阴措施。在苗木生长期间,要及时进行除草、松土和灌溉,6~8月间可施肥4~5次,9月停止施肥。扦插繁殖:3月初选择处于树冠外围、已木质化的健壮1年生休眠枝作插条,插条长10~15 cm,带饱满芽2~3个/枝,用200 mg/L的ABTI浸泡3 h,扦插株距5 cm、行距10 cm、深度4~5 cm。插完后浇一次透水,并搭弓罩薄膜密闭保湿。扦插条生根前,每10天左右喷洒一次甲基托布津,以防插条长霉。根插繁殖:3月下旬,选择5~10年生长健壮、无病虫害、无伤口根径做插穗,长度8~10 cm,粗度1.5~2.0 cm,在浓度100~200 mg/kg的ABT_2浸泡20 s,采用直插法插入苗床,株距5~8 cm、深度5~8 cm,扦插后覆上农用透明地膜密封保湿(全封闭扦插)。每隔10~15天,揭膜喷洒800~1 000倍液百菌清或托布津、多菌灵等交叉进行。夏季高温时,再加上遮阴网降温,待生根后,再揭开遮阳网,让苗木进行全光照。红豆树造林地选择土层深厚、肥沃、水分条件好的山坡下部、山洼及河边冲积地为宜。造林前一般用水平带垦挖大穴整地。为培育好干形,初植密度应适当加大。在春季冬芽尚未萌动前进行植树,造林后要加强抚育管理,幼林抚育一般每年 1 ~2 次,连续数年,至幼林郁蔽为止。第 2 年起抚育时可进行修剪枝条,培育干形。

红豆树树体高大通直,端庄美观,枝叶繁茂多姿,是优良的庭院绿化树种;木材坚硬,有光泽,纹理美丽,心材褐色,耐腐,为优良的木雕工艺及高级家具等用材,供制高级家具、仪器箱盒、装饰品、高级地板等;根、茎、皮、叶入药,主治跌打损伤、风湿关节炎及无名肿毒等病症。红豆树集珍贵木材、药用价值、园林绿化和人文价值于一体,具极高的经济价值和开发前景。红豆树本种在本属中是分布于纬度最北地区的种类,较为耐寒;幼苗、幼树耐阴,长大后期喜光。造林地宜选择土层深厚、肥沃、湿润的山坡中下部、谷地、河边冲积地。

172 伞房决明 *Senna corymbosa*

科名:豆科 属名:决明属

形态特征:灌木。小枝密集。树冠伞形或圆球形。叶为偶数羽状复叶,小叶 2 ~3 对,长卵形或卵状披针形,基部歪斜。伞房花序顶生,花黄色,7 月中旬初花,8 ~9 月盛花,10 月渐疏。荚果呈棒状,下垂。果实 12 月成熟。

分布与生境:原产于南美洲乌拉圭和阿根廷。1985 年引入中国,1994 年传入杭州、南京等地。河南驻马店、信阳有栽培。

栽培利用:伞房决明一般常采用播种。果实一般次年 2 月成熟(春节前后),成熟后采收荚果,晒干后脱去果荚,除去种衣即得纯净种子,当年即可播种。选择水源充足、排灌方便、土壤条件较好的地方作圃地。最佳播种时间是清明前后,播种前用 40 ~50 ℃温水浸种 24 h。采用条播方法,在苗床上按行距 10 cm 开宽幅沟,沟宽 10 cm、深 2 ~3 cm,将种子在沟内两侧左右排列,并均匀覆盖黄心土,厚度以种子厚度 2 倍或与小沟齐平。播后即盖草,以防雨水冲刷,并使土壤保温、保湿,提高发芽率。幼苗出土 70% 时,选择阴雨天或傍晚揭草。待幼苗长高达 5 ~6 cm 时,即可移床定植。定苗时一般切除幼苗主根,促使侧根生长,其株行距按 30 ~50 cm 定植。定苗后即时浇定根水,最好选择阴雨天定苗。伞房决明侧枝发达没有主根,极耐干旱,但不耐水涝,因此地势低洼的地方要特别注意防涝,以免树根长期浸水,造成烂根。

伞房决明喜光,耐寒,耐干旱瘠薄,忌水涝,耐修剪,不择土壤。伞房决明花期长,最宜丛植或带植在绕城公路、高速公路、河道两侧宽阔的绿化带中,形成粗犷明亮的夏、秋季景观效果,也宜在公园、庭园配置组景或作绿篱、绿墙栽植。由于该种在河南引种时间较短,适应性需进一步观察。

173 常春油麻藤 *Mucuna sempervirens*

科名：豆科 属名：油麻藤属

形态特征：木质藤本。树皮有皱纹，幼茎有纵棱和皮孔。羽状复叶具3小叶，托叶脱落；小叶纸质或革质，顶生小叶椭圆形、长圆形或卵状椭圆形，先端渐尖，基部稍楔形，侧生小叶极偏斜；小叶柄膨大。总状花序生于老茎上，每节上有3花，无香气或有臭味；苞片狭倒卵形；花梗具短硬毛；小苞片卵形；花萼密被暗褐色伏贴短毛，外面被金黄色或红褐色的长硬毛，萼筒宽杯形；花冠深紫色，干后黑色。果木质，带形，种子间缢缩，近念珠状，边缘多数加厚，凸起为一圆形脊，中央无沟槽，无翅，具伏贴红褐色短毛和长的脱落红褐色刚毛，种子带红色、褐色或黑色，扁长圆形，种脐黑色。花期4～5月，果期8～10月。

分布与生境：产于四川、贵州、云南、陕西南部（秦岭南坡）、湖北、浙江、江西、湖南、福建、广东、广西。河南南部有栽培。生于海拔300～3 000 m的亚热带森林、灌木丛、溪谷、河边。常春油麻藤喜温暖湿润气候，既喜光又耐阴，对土壤要求不严，既喜土层深厚、肥沃与排水良好的环境，亦耐干旱瘠薄。

栽培利用：常春油麻藤常用播种和扦插繁殖。播种：春、秋季进行，10月果熟后采收种子，阴干存放；翌春播种，也可随采随播，选择向阳、排水的沙质壤土作苗床，播前将种子用35 ℃左右的温水浸泡8～10 h后，捞出稍晾干撒播，播后覆土1～2 cm，并搭小棚。当幼苗长到10～15 cm高时，分开移栽，培育1～2年后出圃。磨破种皮可明显提高种子的发芽率。扦插：硬枝杆插，秋末选取生长健壮的1～2年生枝条作插穗，在1 000倍高锰酸钾或800倍多菌灵溶液中浸泡10～12 h，阴干沙藏。嫩枝扦插在5～9月进行，剪取半木质化嫩枝作插穗，插穗保留1片或半片，最多不超过2片，随采随插，基质可采用素沙、蛭石、泥炭等，插穗基部用50 mg/L的ABT生根粉浸泡0.5～1 h，插后注意遮阴和保湿。

常春油麻藤对环境的适应性强，在不同的条件下均有较高的生长量，繁殖容易，可防暑降温、吸滞尘埃、净化空气、减少噪声，吸收S、C有害污染能力强。多攀附于大树上，藤蔓有时横跨沟谷，适用于攀附建筑物、围墙、陡坡、岩壁等处生长，是棚架和垂直绿化的优良藤本植物。应用于石质下边坡和土质边坡时，可采用挂网攀爬式；应用于石质上边坡路段时，可采用分级悬挂模式；作墙体或棚架立体绿化用时，定植后要用竹竿支撑或绳索牵引。栽植时，一窝2～3株土埋，要“深挖深埋”，坑深30～40 cm，覆土以基部第一片真叶的叶腋处为宜，配以充足的基肥，定植后应适当短截主蔓，促使根系扎深及分生侧枝。在管理上，春、秋两季施以含氮、磷、钾为1:1:1的肥料，夏季和冬季停止施肥。夏季，应在枝叶尚未覆盖墙面以前经常喷水降温，以防因墙面温度过高而烫伤气生根。1～2年生苗秋季生长不宜过旺，入冬前应适当剪短秋梢，灌足封冻水。另外，在北方较干旱、寒冷地区，第一年新植的幼苗，应适当防寒，第二年简单防护，第三年则不需防护，即可安全越冬。也可以应用于各种棚架、围面和坡面绿化，也可作盆景栽植，也适宜于垂吊式的垂直绿化。

其藤茎药用，有活血去瘀、舒筋活络之效；茎皮可编织草袋及制纸；块根可提取淀粉；种子可榨油。

174 竹叶花椒 *Zanthoxylum armatum*

科名：芸香科　属名：花椒属

形态特征：半常绿小乔木。茎枝多锐刺，刺基部宽而扁，红褐色，小枝上的刺劲直，水平抽出，小叶背面中脉上常有小刺。叶有小叶3～9、稀11片，翼叶明显，稀仅有痕迹；小叶对生，通常披针形，两端尖，有时基部宽楔形，干后叶缘略向背卷，叶面稍粗皱；或为椭圆形，顶端中央一片最大，基部一对最小；有时为卵形，叶缘有甚小且疏离的裂齿，或近于全缘，仅在齿缝处或沿小叶边缘有油点；小叶柄甚短或无柄。花序近腋生或同时生于侧枝之顶；花被片6～8片，形状与大小几相同。果紫红色，有微凸起少数油点；种子褐黑色。花期4～5月，果期8～10月。

分布与生境：山东以南、南至海南、东南至台湾、西南至西藏东南部均有分布。河南产于伏牛山、大别山和桐柏山区；生于海拔1 000 m以下的岩山林下或灌丛中。

栽培利用：全株有花椒气味，麻舌，苦及辣味均较花椒浓，果皮的麻辣味最浓；根粗壮，外皮粗糙，有泥黄色松软的木栓层，内皮硫黄色，甚麻辣；果亦用作食物的调味料及防腐剂，江苏、江西、湖南、广西等有收购作花椒代品。

竹叶椒性辛，味微苦，温，有小毒。根、茎、叶、果及种子均用作草药，主治胃腑冷痛、感冒头痛、风湿关节痛等，有祛风除湿、活血止痛功能。又用作驱虫及醉鱼剂。

175 刺异叶花椒 *Zanthoxylum ovalifolium* var. *spinifolium*

科名：芸香科　属名：花椒属

形态特征：乔木。枝灰黑色，嫩枝及芽常有红锈色短柔毛，枝很少有刺。单小叶，指状3小叶，2～5小叶或7～11小叶；小叶卵形、椭圆形，有时倒卵形，顶部钝、圆或短尖至渐尖，常有浅凹缺，两侧对称，叶缘有明显的钝裂齿，或有针状小刺，油点多，在放大镜下可见，叶背的最清晰，网状叶脉明显，干后微凸起，叶面中脉平坦或微凸起，被微柔毛。花序顶生；花被片6～8、稀5片，大小不相等，形状略不相同，上宽下窄，顶端圆。分果瓣紫红色，幼嫩时常被疏短毛；基部有甚短的狭柄，油点稀少，顶侧有短芒尖。花期4～6月，果期9～11月。

分布与生境：分布于四川、湖北、贵州、陕西等省。河南产于伏牛山区的西峡、南召、内

乡、淅川等县。生于山坡或山沟林中。

栽培利用:采用现代色谱技术进行化学成分的分离,运用光谱方法确定所分离化合物的结构。结果分离得到5个化合物,分别鉴定为6-(3'-甲基2',3'-丁二醇基)-7-乙酰氧基香豆素(Ⅰ)、6-(3'-甲基-2',3'-丁二醇基)-香豆素-7-O-β-D-吡喃葡糖苷(Ⅱ)、正二十六烷酸(Ⅲ),葡萄内酯(Ⅳ)、5,3'二羟基-4-甲氧基-二氢黄酮-7-[O-β-D-吡喃葡萄糖-(6^{-1})-α-L-鼠李糖]苷(Ⅴ)。化合物Ⅰ-Ⅴ均为首次从该植物中分得,其中Ⅰ为新化合物。

刺异叶花椒果皮常作为调味香料和防腐剂,同时亦可入药。性温、味辛,有温中助阳、散寒燥湿、行气止痛、驱虫止痒之功效。花椒叶中含有多种呈香物质,例如月桂烯具有清淡的香脂香气,柠檬烯具有令人愉快的柑橘香气,肉桂酸乙酯具有甜润的果香、肉桂样的香脂香气和密香香味,被国际日用香精香料协会认定为是安全的,是可用于食品中而不危害人体健康的香料。因此,花椒叶也具有开发利用价值。另外,河南西峡桦树盘野生分布有异叶花椒(*Zanthoxylum dimorphophyllum*)也是常绿种,栽培利用同刺异叶花椒。

176 砚壳花椒 *Zanthoxylum dissitum*

科名:芸香科　属名:花椒属

形态特征:攀缘藤本。老茎的皮灰白色,枝干上的刺多劲直,叶轴及小叶中脉上的刺向下弯钩,刺褐红色。叶有小叶5~9片,稀3片;小叶互生或近对生,形状多样,全缘或叶边缘有裂齿(针边蚬壳花椒),两侧对称,稀一侧稍偏斜,顶部渐尖至长尾状,厚纸质或近革质,无毛,中脉在叶面凹陷,油点甚小。花序腋生,花序轴有短细毛;萼片及花瓣均4片,油点不显;萼片紫绿色,宽卵形;花瓣淡黄绿色。果密集于果序上,果梗短;果棕色,外果皮比内果皮宽大,外果皮平滑,边缘较薄,干后显出弧形环圈,残存花柱位于一侧。本种的特征是:分果瓣较大,内、外果皮不等大;果序上的果密集成团;嫩枝有较大、近于海绵质的髓部;小叶的叶缘呈棕红色。

分布与生境:分布于四川、湖北、贵州、陕西、云南、广东、广西、云南等省。河南产于伏牛山南部的西峡、淅川等县。生于山坡或山沟林中。

栽培利用:砚壳花椒又叫山枇杷。山枇杷果树繁殖困难,因而制约它大面积发展,它的种核发芽率极低,扦插生根极难,嫁接尚未找到同类砧木,历来只靠偶尔在其根部发芽成苗而分株,市场潜力巨大,有待科学开发。枇杷花、幼果易遭受冻害,选择园地时应充分注意,选择有利的小气候条件,克服不利的环境因素。山枇杷生长势强、病虫少、寿命长、产量高,果实品质和储藏性都比较好。新建山枇杷园,首先要搞好规划设计,深翻熟化土壤,加深耕层,增施有机肥,改善土壤理化性状,有利于根系生长,平地要深沟高畦,建好灌排系统和水利设施,防止涝渍。多风地带要营建防风林,改善小气候,调节温湿度,减轻风害和冻害。山枇杷大部分为实生栽培,具有丰富的优良种质资源,同时也造成品种混乱、良莠不一,因此必须认真进行单株选优,繁育良种。选种的目标以白沙系为主,要求抗逆性强，其中包括幼果期的抗寒性和果实成熟前的抗日灼、裂果，丰产稳产，着色艳丽，肉质细腻而不烂等。对入选的良种，建立母本园和采穗圃，为培育良种壮苗提供繁殖材料。冬季采取树干涂白、根际培土、硬盖、灌水、熏烟、束枝裹叶、摇雪等防冻措施。此外，应注意加强山枇杷黄毛虫、斑点病、角斑病、灰斑病等病虫害防治工作。

山枇杷具有较高的药用价值，已有研究表明，山枇杷含多种有效成分和活性物质，可消炎止痛、收敛生肌、抗癌抑癌等。山枇杷果实富含维生素 C 和多种氨基酸，但酸度含量较高，不宜鲜食，可加工保健品或天然饮品。此外，山枇杷种子含油量高，可用于机械润滑和制造肥皂，且木材坚硬，色泽较好，是家具、工艺雕刻等的优良选择。可见，山枇杷具有重要的研究价值和应用价值。

177 飞龙掌血 *Toddalia asiatica*

科名：芸香科　属名：飞龙掌血属

形态特征：木质攀缘藤本，通常蔓生。老茎干有较厚的木栓层及黄灰色、纵向细裂且凸起的皮孔，三、四年生枝上的皮孔圆形而细小，茎枝及叶轴有甚多向下弯钩的锐刺，当年生嫩枝的顶部有褐色或红锈色甚短的细毛，或密被灰白色短毛。小叶无柄，对光透视可见密生的透明油点，揉之有类似柑橘叶的香气，卵形、倒卵形、椭圆形，顶部尾状长尖或急尖而钝头，有时微凹缺，叶缘有细裂齿。花梗甚短，基部有极小的鳞片状苞片，花淡黄白色；萼片小；雄花序为伞房状圆锥花序；雌花序呈聚伞圆锥花序。果橙红或朱红色，有 4~8 条纵向浅沟纹；种皮褐黑色，有极细小的窝点。

分布与生境：陕西、湖北、湖南、浙江、福建、台湾、广东、广西、云南、贵州、四川等省均有分布。河南产于伏牛山南部的淅川、西峡等县。生于山沟或山坡丛林中。

栽培利用：飞龙血掌成熟的果味甜，但果皮含麻辣成分。根皮淡硫黄色，剥皮后暴露于空气中不久变淡褐色，茎枝及根的横断面黄至棕色；木质坚实，髓心小，管孔中等大，木射线细而密，桂林一带用其茎枝制烟斗出售。飞龙血掌味苦，麻，性温，有小毒，具有散瘀止血、祛风除湿、消肿解毒等功效，根皮可用于治疗跌打损伤、风湿性关节炎、肋间神经痛、胃痛等多种痛症；外用治骨折、外伤出血；叶可外用，治痈疖肿毒、毒蛇咬伤。经现代药理和临床应用证实，飞龙掌血具有明显的抗肿瘤、升压、扩血管等作用。

178 柚 *Citrus maxima*

科名：芸香科　属名：柑橘属

形态特征：乔木。嫩枝、叶背、花梗、花萼及子房均被柔毛，嫩叶通常暗紫红色，嫩枝扁且有棱。叶质颇厚，色浓绿，阔卵形或椭圆形，连翼叶大，顶端钝或圆，有时短尖，基部圆，翼叶狭窄。总状花序，有时兼有腋生单花；花蕾淡紫红色，稀乳白色。果圆球形，扁圆形，梨形或阔圆锥状，淡黄或黄绿色，杂交种有朱红色的，果皮甚厚或薄，海绵质，油胞大，凸起，果心实但松软，汁胞白色、粉红或鲜红色，少有带乳黄色；种子多达200余粒，形状不规则，通常近似长方形，上部质薄截平，下部饱满，发育不全的种子，有明显纵肋棱。花期4～5月，果期9～12月。

分布与生境：我国长江以南各省广泛栽培。河南西峡、淅川有栽培。柚性喜温暖、湿润气候，不耐干旱。生长期最适温度23～29 ℃，能忍受－7 ℃低温，夏季高温下只要保持良好肥水条件尚无大害。柚需水量大，但不耐久涝，较喜阴，尤喜散射光。

栽培利用：柚多采用嫁接法繁殖。生产上要施用益生菌改良土壤，注重幼龄树的培养以及投产树的管理，促进柚树丰产、稳产、优质、高效。幼龄树时期要培育好树冠：首先，保护新梢，在新梢长3～5 cm时喷第一次药，间隔1周再喷1次；其次，新梢及时摘心，在新梢长到8～12 cm时进行摘心，只留6～8片叶子；再次，在施足基肥的基础上，要薄肥勤施，用碳酸氢铵＋过磷酸钙、磷酸二铵、复合肥等每隔10～15天轮替施用；最后，树冠及时进行整形，主干高40～60 cm处定干，选留3～4个主枝。为害柚类的病虫害有40余种，为害柚果的主要有溃疡病、黑星病、黄斑病、炭疽病、锈壁虱、食心虫、介壳虫等，防治重点在5月、6月；后期柚果应进行套袋（6月下旬至7月下旬），套袋前喷施2.0%阿维菌素3 000倍液＋冠菌清800倍液＋40%毒死蜱1 000倍液等，喷后第2天即可进行套袋保护。

柚树既是良好的经济林树种，又是庭院绿化的优良树种，在园林绿地中配置，极具观赏价值，孤植、丛植、群植都很适宜，还可用于城市道路绿化和防护林带。果肉含维生素C较高；有消食、解酒毒功效。虽《河南植物志》记载豫南地区有栽培，但该树种耐寒性差，无保护性措施情况下，在河南引种成功率较低。引种栽培需谨慎。

179 酸橙 *Citrus aurantium*

科名：芸香科　属名：柑橘属

形态特征：小乔木。枝叶密茂，刺多、长。叶色浓绿，质地颇厚，翼叶倒卵形，基部狭尖，或个别品种几无翼叶。总状花序有花少数，有时兼有腋生单花，有单性花倾向，花萼5或4浅裂，有时花后增厚，无毛或个别品种被毛；花大小不等。果圆球形或扁圆形，果皮稍厚至甚厚，难剥离，橙黄色至朱红色，油胞大小不均匀，凹凸不平，果心实或半充实，果肉味酸，有时有苦味或兼有特异气味；种子多且大，常有肋状棱，子叶乳白色，单或多胚。花期4～5月，果期9～12月。

分布与生境：我国长江流域及以南各省均有栽培。河南伏牛山南部和大别山区有零星栽培。酸橙喜温暖湿润、雨量充沛、阳光充足的气候条件，对土壤的适应性较广，以中性沙壤土为最理想。

栽培利用：酸橙的丰产树型目前多采用自然半圆形和主干圆筒形。对于中央干性不强的幼树，当主干长高1 m左右定干，选择3～5个向不同方向生长健壮的新梢枝条，培养成主枝，然后逐年在主枝上培养3～4个副主枝，通过几年的整形修剪即成自然半圆形的树型。中央干性通直的幼树，定植后，在中央主干80 cm处选留生长健壮、向不同方向扩展的枝条3～4个，培养成第1层主枝，同时每年在各层主枝上放出左右分叉、向外延伸的副主枝、侧枝，通过几年的整形修剪，便可形成主干圆筒形的丰产树形。成龄结果树，每年必须进行冬剪和夏剪。冬剪在采果后进行，少疏枝、多短截，主要是培养结果枝（秋梢）。只疏删内膛过密枝、干枯枝、病虫枝和树冠外围的密生枝及扰乱树形的枝条；短截壮枝，促发更多的秋梢（结果母枝）和营养枝。夏剪于立夏至立秋进行，主要是进行摘心和抹芽，控制夏梢的抽生，还应剪除长刺、下垂枝、果梗及短弱的荫蔽枝。衰老树以更新复壮为主，可采取下列方法：一是主枝更新，可进行强度短截，剪去细弱和弯曲的大枝，促使当年能抽发出新梢，翌年能少量结果；二是露骨更新，少结果或不结果的衰老树，可进行强度修剪，剪去2～3年生的衰老侧枝、枯枝，促使重发新枝，全部更新树冠。强度修剪之后，要加强肥水管理和防治病虫害等。

酸橙被广泛应用作嫁接甜橙和宽皮橘类的砧木。优点是根系发达，树龄长，耐旱、耐寒、抗病力强。品种之一的枸头橙兼有耐盐碱土的特性，是浙江省黄岩地区用作嫁接柑橘类的优良砧木。酸橙的幼小果实，中药名“枳实”；近成熟的果实，中药名“枳壳”，均为常用中药。均具有行气宽中、消食除满、散结化积、化痰等功效，主治胸腹满闷胀痛、食积不化、痞满不舒、胃痛食少、胃下垂、痰饮、噎嗝、乳房结块、疝气、脱肛、子宫脱垂、睾丸肿痛等症。枳壳生用可通便，炒用可止泻。

180 甜橙 *Citrus sinensis*

科名：芸香科 属名：柑橘属

形态特征：乔木。枝少刺或近于无刺。叶通常比柚叶略小，翼叶狭长，明显或仅具痕迹，叶片卵形或卵状椭圆形，很少披针形，或有较大的。花白色，很少背面带淡紫红色，总状花序有花少数，或兼有腋生单花；花萼5~3浅裂；花柱粗壮，柱头增大。果圆球形，扁圆形或椭圆形，橙黄色至橙红色，果皮难或稍易剥离，果心实或半充实，果肉淡黄色、橙红色或紫红色，味甜或稍偏酸；种子少或无，种皮略有肋纹，子叶乳白色，多胚。花期3~5月，果期10~12月，迟熟品种至次年2~4月。

分布与生境：秦岭南坡以南各地广泛栽种，西北限约在陕西西南部、甘肃东南部城固、陕西洋县一带，西南至西藏东南部墨脱一带约海拔1 500 m以下地方也有。河南伏牛山南部西峡、淅川及大别山区新县、商城、固始有零星栽培。甜橙喜温暖湿润气候，耐寒力较差，不耐干旱。

栽培利用：果园定植应按2 m×5 m株的行距种植，开挖圆柱形的定植穴，定植穴标准是直径1 m、深80 cm以上，并在每穴中施入100 kg的农家肥、0.5 kg的复合肥，以及部分土壤调配。筑定高20 cm的植墩，并填入细土。9~10月定植。对幼树进行施肥应该以氮肥为主，磷、钾肥适量调配，勤施稀薄腐熟的液肥。施肥时间一般为梢萌发前与新梢自剪后各进行一次施肥，年施肥次数至少7次(其中11月中旬施以越冬肥)。对成年树及初结果树，每年需要5次施肥。在2月中旬至3月上旬施春肥，促使果树萌发、壮花和壮梢，主要喷射速效氮肥；在5月上旬时，施稳果肥，并对根外追肥；在7月上旬时施用促梢壮果肥；在9月上旬时施用壮果促花肥；冬季需在采果前与后1周进行施肥。要根据春灌、抗伏旱、夏排的原则，适时浇灌，保证果树对水分的需求。除此之外，还要注意甜橙的病虫防害措施，及时对甜橙进行修剪。

甜橙是我国南方著名水果之一。果皮入药，种子含油量约30%。

181 香橼 *Citrus medica*

科名：芸香科 属名：柑橘属

形态特征：灌木或小乔木。新生嫩枝、芽及花蕾均暗紫红色，茎枝多长刺。单叶，稀兼有单身复叶，则有关节，但无翼叶；叶柄短，叶片椭圆形或卵状椭圆形，或有更大，顶部圆或钝，稀短尖，叶缘有浅钝裂齿。总状花序有花达12朵，有时兼有腋生单花；花两性，花瓣5

片。果椭圆形、近圆形或两端狭的纺锤形,果皮淡黄色,粗糙,甚厚或颇薄,难剥离,内皮白色或略淡黄色,棉质,松软,瓢囊 10~15 瓣,果肉无色,近于透明或淡乳黄色,爽脆,味酸或略甜,有香气;种子小,平滑,子叶乳白色,多或单胚。花期 4~5 月,果期 10~11 月。

分布与生境:产于台湾、福建、广东、广西、云南等省区。河南信阳、南阳有栽培。香橼喜温暖湿润气候,怕霜冻,不耐严寒及干旱。以土层深厚、疏松肥沃、富含腐殖质、排水良好的壤土、沙质壤土栽培为宜。

栽培利用:香橼用种子、扦插繁殖均可。种子繁殖:秋冬季节选成熟果实,切开取出种子,洗净,晾干,春季播种。按行距 30 cm 开条沟,将种子均匀播种,培育 2 年后,再用纯正香橼嫁接。扦插繁殖:选 2 年生枝条,除去棘刺,剪成 18 cm 左右的小段,在春季或夏季高温高湿季节扦插。按行距 30 cm 开条沟,株距 12 cm,斜插,将插穗露出地面 1/3,覆土压紧,浇透水。培育 1~2 年定植。香橼可春季种植,但最佳的种植季节是夏季多雨季节。香橼定植的株行距 3 m×3 m,按长、宽、深各 60 cm 开挖定植穴。每穴施入腐熟农家肥 10 kg、普钙或钙镁磷 1 kg、三元复合肥 1 kg,施肥后与穴土充分拌和。苗木栽植时,首先修剪伤根,除去 2/3 叶片,适当回填肥土,定植后充分浇透水。幼树以加速形成树冠为目的,每年施肥 3 次。10~11 月施越冬肥,3 月、6 月追施,可穴施或沟施,施后覆土。挂果树以促花壮果为目的,每年应施肥 3 次,第 1 次为花前肥,2~3 月施用;第 2 次为壮果肥,在 6 月上中旬施用,以增施磷、钾肥为主;第 3 次为越冬肥,11 月施用,在树冠滴水线处开穴或开沟,与土壤拌匀回填。中耕松土宜浅不宜深。及时浇灌保持土壤湿润。香橼定植后,当幼树的主干高达 80~100 cm 时,便进行屈枝。香橼修剪一般 1 年进行 2 次,即采果后的大修剪及夏季的小修剪。此外,还要注意香橼黄龙病、树脂病、根腐病及红蜘蛛、潜叶蛾、柑橘凤蝶、蚜虫、介壳虫、橘小实蝇等病虫害的防治。

香橼是中药,其干片有清香气,味略苦而微甜,性温,无毒。理气宽中,消胀降痰。也用作砧木,只可嫁接佛手。

182 柑橘 *Citrus reticulata*

科名:芸香科 属名:柑橘属

形态特征:小乔木。分枝多,枝扩展或略下垂,刺较少。单身复叶,翼叶通常狭窄,或仅有痕迹,叶片披针形,椭圆形或阔卵形,大小变异较大,顶端常有凹口,中脉由基部至凹口附近成叉状分枝,叶缘至少上半段通常有钝或圆裂齿,很少全缘。花单生或 2~3 朵簇生。果扁圆形至近圆球形,果皮甚薄而光滑,或厚而粗糙,淡黄色,朱红色或深红色,甚易或稍易剥离,橘络甚多或较少,呈网状,瓢囊囊壁薄或略厚,柔嫩或颇韧,汁胞通常纺锤形,短而膨大,稀细长,果肉酸或甜,或有苦味,或另有特异气味;种子或多或少数,稀无籽,通常卵形,顶部狭尖,基部浑圆。花期 4~5 月,果期 10~12 月。

分布与生境:产于秦岭南坡以南,向东南至台湾,南至海南岛,西南至西藏东南部海拔较低地区。河南西峡、淅川、商城、新县、固始、罗山有栽培。广泛栽培,很少半野生。偏北部地区栽种的都属橘类,以红橘和朱橘为主。

栽培利用:选用粗度在0.8 cm以上,生长健壮,根系发达的苗木定植,当日起苗当日种植。种植时一般留40~50 cm定干,剪除过密和不充实的枝条,留完整无缺、生长健壮的叶片10片左右,苗木用磷肥蘸根,种植深度以嫁接口露出地面为限,定植后浇一勺20%的人粪尿。种植当年的3~8月和10月(10月下旬)每月施肥一次。种植第二年至第四年,每年追肥4次,分别于春梢、夏梢、秋梢发芽前10~15天和10月下旬施下。种植当年,最好是浇施。种后第二年起,采用环状沟施或两向(前后向或左右向)直状沟施,沟深15~20 cm,将肥料均匀撒在施肥沟里,一边挖沟,一边撒肥,一边覆土。2~4年生幼龄树于11月中旬和12月中旬各喷赤霉素(GA_3)一次,也可连梢摘花,达到控果促梢的效果。采用自然开心形整形,对主干不正、主枝方位角和垂直角不理想的,用拉、吊、撑等办法予以调整。通过深翻土壤和深施肥料,或7月上旬用青草等覆盖树盘,来增强植株的抗旱能力,达到"根深叶茂"的效果。此外,还要做好以红蜘蛛和潜叶蛾为重点的病虫害防治工作。

柑橘是我国南方著名水果之一。果皮即"陈皮",可理气化痰;核仁及叶能活血化瘀、消肿。种子可榨油制肥皂、润滑油等用。

183 枳 *Poncirus trifoliata*

科名:芸香科 属名:枳属

形态特征:灌木或小乔木。树冠伞形或圆头形。枝绿色,嫩枝扁,有纵棱,刺尖干枯状,红褐色,基部扁平。叶柄有狭长的翼叶,通常指状3出叶,很少4~5小叶,小叶等长或中间的一片较大,对称或两侧不对称,叶缘有细钝裂齿或全缘,嫩叶中脉上有细毛。花单朵或成对腋生,先叶开放,也有先叶后花的,花瓣白色,匙形。果近圆球形或梨形,大小差异较大,果顶微凹,有环圈,果皮暗黄色,粗糙,也有无环圈,果皮平滑的,油胞小而密,果心充实,瓢囊6~8瓣,汁胞有短柄,果肉含黏液,微有香橼气味,甚酸且苦,带涩味;种子阔卵形,乳白或乳黄色,有黏液,平滑或间有不明显的细脉纹。花期5~6月,果期10~11月。

分布与生境:产于山东、山西、陕西、甘肃、安徽、江苏、浙江、湖北、湖南、江西、广东、广西、贵州、云南等省区。河南主要分布于伏牛山南坡及河南南部山区,黄河以南地区有栽培。生于海拔约900 m的山地林中。

栽培利用:枳实和枳壳,本是同一植物。最初只有"枳"之名(见约公元前202年的《神农本草经》),稍后始有"枳实"之名,自《开宝本草》(公元974年)之后又多了"枳壳"一名,沈括《梦溪笔谈》(公元1093年或稍前)附篇"补笔谈"卷三,"药效"一节说:"六朝以前医方,唯有枳实,无枳壳……后人用枳之小嫩者为枳实,大者为枳壳,主疗各有所宜",此后,元、明、清各代本草都说枳实用嫩果制成,果皮较厚,内存种子(也有另说是除核的)，它的药效是“性酷而速”(寇宗奭《本草衍义》)；枳壳由大果或半成熟的果制成，常将种子挖去，故中空而皮薄，它的药效是“性和而缓”。大抵幼果所含的药效成分较多且高，成熟果的生化成分已部分转化。此外，枳的种子含较多量的苦味物质，即富含黄烷酮甙类化合物，这些成分都与药性有关，也就是说，带种子或不带种子的药材，它们的药性应有差别。

枳性温，味苦，辛，无毒。有舒肝止痛、破气散结、消食化滞、除痰镇咳等功效。中医用以治肝、胃气、疝气等多种痛症，枳实与其他中药配伍，对治疗子宫脱垂和脱肛有显著效果。枳壳制剂的静脉注射对感染性中毒、过敏性及药物中毒引致的休克都有一定疗效。

184 荷包山桂花 *Polygala arillata*

科名：远志科　属名：远志属

形态特征：灌木或小乔木。小枝密被短柔毛，具纵棱；芽密被黄褐色毡毛。单叶互生，叶片纸质，椭圆形、长圆状椭圆形至长圆状披针形，先端渐尖，基部楔形或钝圆，全缘，具缘毛，叶面绿色，背面淡绿色，两面均疏被短柔毛，主脉上面微凹，背面隆起。总状花序与叶对生；花基部具苞片 1 枚；萼片 5，具缘毛，外面 3 枚小，不等大，内萼片 2 枚，花瓣状，红紫色，与花瓣几成直角着生；花瓣 3，肥厚，黄色，侧生花瓣较龙骨瓣短。蒴果阔肾形至略心形，浆果状，成熟时紫红色，种子球形，棕红色。花期 5～10 月，果期 6～11 月。

分布与生境：陕西南部、安徽、江西、福建、湖北、广西、四川、贵州、云南和西藏东南部均有分布。河南产于伏牛山南部、大别山和桐柏山区。多生于石山林下。

栽培利用：荷包山桂花忌烈日暴晒，最好在遮阳大棚内栽培。大棚框架及构件要采用热镀锌材料，要求大棚檐高大于 2 m、脊高大于 3.5 m，并配置通风设备、喷灌固定管网和一定数量的喷头及温度计。同时选购透光率 25%～30% 的遮阳网备用。苗圃进行深耕翻土晒白，翌年 2 月敲碎土块制作苗床。要求苗床宽 1.2 m，步道沟上宽 50 cm、沟底宽 35 cm、沟深 35 cm 以上。在做畦的过程中，注意勿破坏田埂，以便干旱时灌溉。选择 1～2 年生、苗高 25～50 cm、地径 1～2 cm、冠幅 10～20 cm 的壮苗，要求生长健壮、充分木质化、无病虫害、根系完好。栽植时间在早春 2～3 月，土壤刚开始解冻而苗木枝条还未发芽前最好。栽植时，首先按株行距 50 cm×50 cm 挖穴，穴深 15～20 cm。每穴施入草木灰 100 g和茶粕粉 150 g，栽植时根系要舒展，回土要分两次踩实。栽植后要适当修枝，以培育良好冠形。引水灌溉 6 h 后要排干灌水，使土壤充分沉实与苗木根系密接，提高栽植成活率。栽后注意松土除草、修枝。在 4～9 月苗木生长旺盛期，于晴天喷 0.8%～1.2% 的磷酸二氢钾溶液，每隔 10～15 天喷一次。夏季大阵雨后苗床的步道沟有积水时要及时排干，防止积水过久苗木烂根。当土壤表面干硬时要及时喷水，保持土壤湿润。当气温超过 28 ℃、光照较强时，要及时覆盖遮阳网降温，并尽量把栽培场地的气温控制在 23～26 ℃。11 月至翌年 4 月气温较低、光照较弱时，不必覆盖遮阳网。在荷包山桂花生长过程中要注意观察病虫害发生情况。一旦发现病害,可用1%硫酸亚铁溶液或波尔多液喷雾防治。当有少量害虫发生时,可用不锈钢夹子捕捉除虫;当有大量害虫发生时,可取新鲜辣椒1 kg加清水15 kg煮沸0.5 h,冷却后取辣椒滤液喷雾杀虫。荷包山桂花栽培2~3年后要及时移栽到新的水稻田,使其生长健壮、枝叶浓绿、繁花似锦。

荷包山桂花根味甘,入药具补益气血、健脾利湿、活血调经之功效,主治病后体虚、腰膝酸痛、跌打损伤、黄疸型肝炎、肾炎水肿、子宫脱垂、白带和月经不调之症;其叶可加工成茶,常饮具保肝护肝、安神益智和利尿通淋等作用。

185 长毛籽远志 *Polygala wattersii*

科名:远志科 属名:远志属

形态特征:灌木或小乔木。小枝圆柱形,具纵棱槽,幼时被腺毛状短柔毛。叶密集地排于小枝顶部,叶片近革质,椭圆形、椭圆状披针形或倒披针形,先端渐尖至尾状渐尖,基部渐狭至楔形,全缘,波状,叶面绿色,背面淡绿色,两面无毛,主脉上面凹陷,背面隆起;叶柄上面具槽。总状花序2~5个成簇生于小枝近顶端的数个叶腋内,被白色腺毛状短细毛;花疏松地排列于花序上,花梗基部具小苞片3枚,早落;萼片5,早落,具缘毛或无;花瓣3,黄色,稀白色或紫红色;雄蕊8,花丝3/4以下连合成鞘,并与花瓣贴生;子房倒卵形。蒴果倒卵形或楔形,先端微缺,具短尖头,基部渐狭,边缘具由下而上逐渐加宽的狭翅,翅具横脉。种子卵形,棕黑色,被棕色或白色长毛,无种阜。花期4~6月,果期5~7月。

分布与生境:产于江西、湖北、湖南、广西、广东、四川、云南和西藏等省区;生于海拔1 000~1 500(~1 700)m的石山阔叶林中或灌丛中。分布于越南北方(坝沙)。

栽培利用:远志具有镇静安神、益智、祛痰消肿等功效,可用于治疗惊悸、健忘、梦遗、失眠、咳嗽多痰、痈疽疮肿等病症。研究表明,远志醇提物的乙酸乙酯部位和正丁醇部位均有明显的镇静作用;细叶远志中皂普流分镇静活性高于黄酮流分;水解后的远志皂普毒性大大下降,比较完全水解皂普元和半水解的皂普,完全水解皂普元毒性较小,但是其镇静作用也低于半水解皂普,发现细叶远志有显著的镇静作用,远志皂普经水解后其毒性大大减弱,细叶远志在镇静方面有着很好的发展前景。

186 交让木 *Daphniphyllum macropodum*

科名:虎皮楠科 属名:虎皮楠属

形态特征:灌木或小乔木。小枝粗壮,暗褐色,具圆形大叶痕。叶革质,长圆形至倒披针形,先端渐尖,顶端具细尖头,基部楔形至阔楔形,叶面具光泽,干后叶面绿色,叶背淡绿色,无乳突体,有时略被白粉;叶柄紫红色,粗壮。雄花序:花萼不育;雄蕊花药长为宽的2倍,花丝短,背部压扁,具短尖头;雌花序:花萼不育;子房基部具大小不等的不育雄蕊10;子房卵形,多少被白粉,花柱极短,柱头2,外弯,扩展。果椭圆形,先端具宿存柱头,基部圆形,暗褐色,有时被白粉,具疣状皱褶。花期3~5月,果期8~10月。

分布与生境:产于云南、四川、贵州、广西、广东、台湾、湖南、湖北、江西、浙江、安徽等省区;河南郑州有引种栽培。生于海拔600~1 900 m的阔叶林中。交让木属于喜光树种,也能耐阴,喜温暖湿润气候,适合于阴湿山坡、溪谷及阔叶林中生长,生长于土层较厚、中性微酸性土壤中。

栽培利用:交让木常用播种育苗。10月,果实由青色转紫黑色时采摘,采回果实水堆沤4~5天,晾干种子沙藏。1月播种,采用条播法,行距为20 cm,播种量240 kg/hm^2,播种后盖上黄心土,加盖15 cm的芒萁。出苗整齐后,揭去覆盖的芒萁,用65%透光率的遮阴网遮阴。适时灌水、追肥、锄草、打药。速生期在8月上旬至9月上旬。

交让木的红色叶柄、叶脉和紫红色的花朵与常绿叶片相互衬托,相得益彰,可以观叶、品姿、赏花和看果,可用于城市乡村公园、住宅小区庭院、休闲游憩人行步道的绿化美化;也可适用于旅游风景区作为防火、观赏两用树种。其适应能力强,还是一种较好的荒山绿化树种,具有绿化荒山、保持水土、防风固沙、稳定生态系统的生态利用价值。耐水涝,有一定的吸收氯气能力,抗寒能力较强,在绝对低温-25 ℃仍能正常生长,特别是在受到冰雪灾害受损后,在整个阔叶树林中,交让木萌芽能力较强,能为快速恢复森林生态系统提供保障。交让木木材白至淡黄色,纹理斜,结构细密,不耐腐,易加工,刨面光滑,适于制家具、板料、室内装修、文具及一般工艺用材;种子可榨油供工业用,叶煮液,可防治蚜虫;叶和种子药用,治疖毒红肿。

187 锦熟黄杨 *Buxus sempervirens*

科名:黄杨科 属名:黄杨属

形态特征:灌木或小乔木。小枝密集,四棱形。叶椭圆形至卵状长椭圆形,最宽部在中部或中部以下,是其与同属的黄杨形态特征的重要区别。叶片革质,表面深绿色,叶柄很短,有毛。花簇生于叶腋,淡黄绿色。蒴果成熟后黄褐色。花期4月,果实7月成熟。

分布与生境:原产中欧、南欧至高加索。在我国各地常见栽培。河南全省各地均有栽培。较耐阴,可在疏林下种植,也可植于建筑物背阴处;喜温暖湿润气候,也耐寒,喜深厚肥沃且排水良好的土壤,也较耐瘠薄;耐干旱,不耐水湿;生长速度慢,寿命较长,耐修剪。

栽培利用:锦熟黄杨可用扦插、播种进行繁殖。以扦插法最为简便易行,且成活率较高。春季发芽前剪取一年生成熟枝条作插穗,生长期采木质化程度高的枝条为插穗,扦插基质可选用沙质壤土、素沙土或粗河沙,扦插前基质要用蒸气法或暴晒法进行消毒。扦插株行距为 5 cm×7 cm,扦插深度为 3～4 cm。扦插后管理关键是遮阴和保湿,遮阴网要足够高,浇水可采取喷雾法,一般早晚各浇水 1 次。育苗期可每隔半月喷 1 次 50% 多菌灵可湿性颗粒 1 000 倍液,可有效防治真菌感染。插穗生根后应逐渐增加其见光时间,秋末可将遮阳网逐渐撤掉,冬季应对苗床进行保温,翌年 3 月下旬可进行移栽。栽植的头三年应加强水分管理,要浇好头三水,秋末要浇足浇透封冻水,翌年早春要及时浇解冻水。栽植时要施足底肥,以后可每年春末施用 1 次尿素,秋末施用 1 次农家肥。锦熟黄杨在每年"五一"前和"十一"前修剪较好。此外,要加强锦熟黄杨白粉病、煤污病等病害,以及黄杨绢野螟、缘纹广翅蜡蝉、黄肾圆盾蚧、碧皑袋蛾等虫害的防治。

锦熟黄杨枝叶茂密而浓绿,经冬不凋,耐修剪,观赏价值甚高。宜于庭院作绿篱及花坛边缘种植,也可在草坪孤植、丛植及路边列植,点缀山石,或作盆栽,盆景可用于室内绿化,还可修剪造型。

188 匙叶黄杨 *Buxus harlandii*

科名:黄杨科 属名:黄杨属

形态特征:小灌木。枝近圆柱形;小枝近四棱形,纤细。叶薄革质,匙形、稀狭长圆形,先端稍狭,顶圆或钝,基部楔形,叶面光亮,中脉两面凸出,侧脉和细脉在叶面细密、显著;无明显的叶柄。花序腋生兼顶生,头状,花密集;苞片卵形,尖头;雄花:8～10 朵,萼片阔卵形或阔椭圆形,不育雌蕊具极短柄,末端甚膨大;雌花:萼片阔卵形,边缘干膜质,受粉期间花柱长度稍超过子房,子房无毛,花柱直立,下部扁阔。蒴果近球形,平滑,宿存花柱,末端稍外曲。花期 5 月,果期 10 月(在海南岛 12 月仍开花,翌年 5 月果熟)。

分布与生境:江西、福建、广东、广西、云南、贵州、湖南、湖北、陕西等省区均有分布。伏牛山南部及大别山区有野生,河南郑州、开封、洛阳、新乡、南阳、信阳、许昌等地有栽培。生于山谷溪旁石缝中。

栽培利用:匙叶黄杨可采用播种繁殖和扦插繁殖。播种繁殖:9 月初时,选用疏松肥沃、排水良好的沙壤土作为播种床,施入底肥(有机肥),同时混入杀虫剂及杀菌剂,将土壤深翻整平后作播种床。播种量每平方米 30 g,先把种子和适量沙子进行混合,然后均匀撒在苗床上,盖上草帘子保湿。播后的种子在当年只长胚根而不发芽,为了防止冻害,11 月中下旬土壤封冻之前,需要在草帘子上盖上 5～8 cm 厚的土。第二年 3 月中下旬,把草帘子和覆土除去,然后在苗床上搭塑料拱棚,温度需要控制在 25～30 ℃。大约 20 天胚芽长出土面,这之后棚内的温度要确保在 20～25 ℃,同时需要适当浇水,4 月下旬气温稳定,这时可以拆掉塑料拱棚。苗期需要拔草松土,及时灌水、追肥,同时也要及时防治病虫害。扦插繁殖:选择地势高、土层深厚、土壤疏松、排灌良好的地块。苗床在整平之后,用铁锹拍平,浇 10% 腐熟稀人粪尿,再往床面上铺一层黄泥土或过筛的焦泥灰。扦插繁殖随时都可以进行,但以夏天选用当年生长的嫩枝条作插穗为佳。插条选取当年生木质化或半木质化的优良枝条。扦插不宜过深,大枝深度为下一茎节插入土壤1 cm,小枝在进行分株扦插时,平截面向下,深度以母株进入土壤1 cm为宜。扦插的行距一般为12～15 cm,株距6～8 cm。扦插后,要搭棚遮阴,减少蒸腾量,避免阳光直射苗床。早春或晚秋扦插时,还需要加盖薄膜,这样可以防止冻害。扦插后还要注意经常浇水,以此保持苗床土壤的湿润,以苗床表面土壤不显白为宜。追肥结合浇水进行便可,也可以用磷酸二氢钾加尿素进行叶面喷施。此外,应注意加强匙叶黄杨白粉病、白绢病、叶斑病的防治。

匙叶黄杨,是一种常绿的植物,叶子外观十分漂亮,并且可以修剪成不同的形状,经常被种植在园林、花坛中,起着绿化的作用。

189 尖叶黄杨 *Buxus sinica sub sp. aemulans*

科名:黄杨科　属名:黄杨属

形态特征:灌木。小枝四棱型,黄绿色;叶片革质,有光泽,椭圆状披针形或披针形,两端均渐尖,顶尖锐或稍钝,中脉两面均凸出,叶面侧脉多而明显,叶背平滑或干后稍有皱纹;新叶金黄色,成熟叶深绿色。花淡黄色,密集成球形。蒴果,宿存花柱。果期7～8月。

分布与生境:产于安徽、浙江、福建、江西、湖南、湖北、四川、广东、广西等省区。河南南召宝天曼黄垭沟有野生分布。生于海拔600～2 000 m的溪边岩上或灌丛中。适应性强,抗性好,性喜光、喜湿润、喜肥沃,也能耐阴、耐干旱、耐贫瘠、耐寒。

栽培利用:尖叶黄杨常用扦插繁殖。选取生长健壮、无病虫害的当年由顶芽抽发的春季梢作插穗,插穗长为5.0～6.0 cm,粗为0.2～0.3 cm,用稀释800倍的ABT生根粉溶液速蘸后扦插,扦插基质为河沙或珍珠岩,扦插前用多菌灵1 000倍液消毒。采用直插法,扦插密度为5 cm×5 cm,扦插后立即浇透水,并覆盖遮阴网。还要加强水分管理和温度控制,覆上塑料薄膜。

尖叶黄杨枝叶繁茂,春夏抽梢新叶皆为黄色,枝干白色,可做盆景;还可栽植于草坪、林缘、道路分车带等作为色块。

190 珍珠黄杨 *Buxus sinica* var. *parvifolia*

科名:黄杨科　属名:黄杨属

形态特征:小灌木。嫩枝绿灰色,主干灰褐色,浅纵裂。小枝具四棱,被柔毛。叶小,呈红紫色、黄绿色,对生,厚革质,有光泽,卵圆形,全缘,边缘长卷,形似一片片鱼鳞。雌雄同株,花期4月,花顶生或腋生,花序的顶部为雌花,中下部为雄花。蒴果8月成熟,每粒果内有种子3粒，黑色具光泽，有繁殖能力。

分布与生境：安徽大别山、天柱山、清凉峰、黄山，福建武夷山，江西三清山，湖北神农架，广东石坑崆均有分布。河南产于大别山区的新县。生于山坡向阳处。其特性喜光、耐阴；喜疏松肥沃的高山腐殖土，忌土壤板结和积水；喜温暖湿润，能耐 -20 ℃低温，忌炎热干燥；喜微酸性肥土，忌盐碱。

栽培利用：珍珠黄杨可采用播种、扦插法繁殖。播种不常用。扦插于3月下旬进行，可随采随播，以肥沃疏松的沙壤土和腐殖土或用细沙与黄土按1:1的比例混合作为基质；剪取1~3年生枝条，去掉基部枝叶，扦插前可用0.5%浓度的2,4-D处理插条基部5 min，插后搭棚覆盖薄膜保暖，在棚上方用70%遮光率的遮阳网遮阴。保持土壤湿度，前期浇水忌大漫灌，后期遵循不旱不灌的原则。一般扦插2年后即可栽培上盆，栽种宜在2~3月进行，可用疏松、肥沃的园土或腐殖土掺入适量河沙作盆土，每年同期翻盆1次。整个生长期，要保持盆土湿润，但不可积水。一般在生长期5~8月施2~3次腐熟稀薄的饼肥水，梅雨期间停施液肥，冬季可施1次沤熟的厩肥作基肥。此外，要注意珍珠黄杨绢野螟、蚜虫、矢尖蚧、黑缘螟、煤污病等病虫害的防治。

珍珠黄杨枝干苍劲、变色耐阴、树形整凑、叶小如鳞、四季常青，是点缀山石、建造袖珍园林的极好材料，也是制作盆景的珍品，是有较高应用价值和观赏价值的树种。珍珠黄杨造型，在早春萌芽前用棕丝蟠扎为好，亦可粗扎细剪，制成云片状或加工成自然树形；主干顺其自然之势，制成斜干式或卧俯式。

191 野扇花 *Sarcococca ruscifolia*

科名：黄杨科　属名：野扇花属

形态特征：灌木。分枝较密，有一主轴及发达的纤维状根系；小枝被密或疏的短柔毛。叶卵形或椭圆状披针形，先端急尖或渐尖，一般中部以下较宽，叶面亮绿，叶背淡绿，叶面中脉凸出，近离基三出脉，叶背中脉稍平或凸出。花序短总状；苞片披针形或卵状披针形；花白色，芳香；雄花2~7，在花序轴上方，雌花2~5，生花序轴下部。果实球形，熟时猩红色至暗红色，宿存花柱3或2。花、果期10月至翌年2月。

分布与生境：云南、四川、贵州、广西、湖南、湖北、陕西、甘肃等省均有分布。河南产于伏牛山南部、大别山及桐柏山区。生于山坡或山沟灌丛及疏林中。

栽培利用：野扇花主要用播种和扦插方法进行繁殖，也可用分株、压条等方法进行繁殖。播种繁殖：冬末或初春，采收成熟果实，剥出种子干藏，可以随采随种。3月底4月初播种，种子用0.3%~0.5%的高锰酸钾溶液浸种1~2 h，播种后用稻草或松叶进行覆盖外，还要适时浇水，保持苗床土壤的潮湿。种子发芽出土后，要逐步分层揭去覆盖物。幼苗大体出齐并长出1~2片真叶后，可适当喷施1~2次清淡的液肥。扦插繁殖：春插通常在枝条未萌动前的10~15天进行，秋插一般在立秋前后的8月进行；也可在夏末秋初的小雨期间进行嫩枝扦插。以当年生半木质化枝条做插穗，插穗每段长 10 ~ 12 cm，上端留 1 ~2 片叶，株行距为 10 ~ 15 cm。插完后要及时进行喷雾浇水，第 1 次必须浇透，以后经常保持介质湿润即可，可不必遮阴。移栽定植多在秋、冬、春时节进行，具体又分盆栽和地栽。盆栽时盆钵内用菜园土、腐熟的有机杂肥、粗沙等混拌均匀后作介质，每盆栽种 1 株，栽后要及时浇足定根水，移到遮阴并有散射光的地方培植 15 ~ 20 天，然后再逐步移到阳光充足并有适当遮阴的地方养护。移栽定植后要控制施肥，入秋前后可追施 1 ~ 2 次复合化肥。还要注意野扇花的介壳虫及花叶病等病虫害的防治。还可用组培繁殖，春季（4 月），外植体可以采用当年生叶片、腋芽和成熟胚，以带腋芽的嫩茎段为好，浓度 30 g/L 的葡萄糖、浓度为 450 g/L 的水解酪蛋白适宜外植体生长。

野扇花喜欢温暖湿润的气候和阳光充足的环境。既耐寒，也耐贫瘠；既耐干旱，还耐阴；对土壤要求不严，要求在疏松、肥沃、排水良好的沙质壤土上生长；耐碱性也强，在石灰质土壤中照样能生长；萌芽能力强，也耐修剪。野扇花树小枝繁、体态丰满、叶色浓绿、生性强健、株态玲珑，是冬春少花缺果季节良好的赏果花卉，适宜作室内观赏植物和绿篱、地被、耐阴环境绿化及艺术插花的叶材等。它不仅是家庭绿化的观赏树种，而且也是家庭和机关单位园林的绿化、美化、香化和净化等小型花木。野扇花味苦、性寒，根和果实入药。根能理气止痛、祛风活络，用于治疗急、慢性胃炎，胃溃疡，风湿关节痛，跌打损伤；果能补血养肝，治疗头晕、心悸、视力减退。

192 顶花板凳果 *Pachysandra terminalis*

科名：黄杨科 属名：板凳果属

形态特征：亚灌木。茎稍粗壮，被极细毛，下部根茎状，横卧，屈曲或斜上，布满长须状不定根，上部直立，生叶。叶薄革质，在茎上每间隔 2 ~4 cm，有 4 ~6 叶接近着生，似簇生状，叶片菱状倒卵形，上部边缘有齿牙，基部楔形，叶面脉上有微毛。花序顶生，直立，花白色，雄花数几占花序轴的全部，无花梗，雌花 1 ~ 2，生花序轴基部，有时最上 1 ~ 2 叶的叶腋，又各生一雌花；雄花。果卵形，白色透亮，花柱宿存，粗而反曲。花期 4 ~ 5 月。

分布与生境：甘肃、陕西、四川、湖北、浙江等省均有分布。河南产于伏牛山及大别山区。生于山沟灌丛或密林中阴湿地方。

栽培利用：顶花板凳果常用扦插繁殖，一年四季皆可进行，以 25 ℃左右最适宜。以河沙为扦插基质；选 2 年生以上生长旺盛的枝条，剪成 8 ~ 10 cm 长插穗，有无顶芽均可。随采即插，株行距 3 cm × 10 cm，用 70% 遮阳网正面遮阳。扦插后的前 7 天喷水五六次，以后每天二三次，生根后 2 天叶面喷水 1 次。栽植时间 3 月，选择半阴或阴处排水良好的沙壤土作栽培地，株行距 5 cm × 15 cm，栽植后浇透水，遮阴网覆盖。盆栽时控制肥水，当幼苗长到约 10 cm 高时摘心，生长旺季经常保持盆土湿润，冬季移入冷室越冬。也可组培快繁，5 月采集当年生鲜嫩带芽茎段为外植体，用 0.1% $HgCl_2$ 处理 5 min，最佳愈伤组织和芽诱导培养的激素浓度及配比为 NAA 0.5 mg/L + 6-BA 2.0 mg/L，培养基为 MS，pH 为 5.8，光照培养，效果最佳。

性喜阴湿耐寒，自然生长在林下阴湿处、沟谷林下湿处，呈零星团块状分布，范围较广；喜温暖湿润环境，喜微酸、疏松、腐殖质含量高的基质。顶花板凳果植株低矮，耐阴性强，无须修剪，养护成本低，能形成稳定景观。常配置于遮阴较多的树下、假山、游园小径旁、楼房拐角处等进行配景，或成片栽植作为观赏地被植物；也是城市高架桥下绿化、美化的好材料；吸收有害气体的能力强，可净化空气，也是优良的室内盆栽观赏植物。其全草可入药，味苦微辛，可作为治疗老年慢性支气管炎、风湿性关节炎等疾病的复方药。

193 全缘冬青 *Ilex integra*

科名：冬青科　属名：冬青属

形态特征：小乔木。树皮灰白色。小枝茶褐色，具纵皱褶及椭圆形凸起的皮孔，当年生幼枝具纵棱沟；顶芽卵状圆锥形，腋芽卵圆形。叶生于 1 ~ 2 年生枝，叶片厚革质，倒卵形，先端钝圆，具短的宽钝头，基部楔形，全缘，叶面深绿色，背面淡绿色，主脉在叶面平或微凹，背面隆起；叶柄具纵槽，上半段具狭翅；托叶无。聚伞花序簇生于当年生枝的叶腋内，每分枝具 1 ~ 3 花，基部芽鳞革质，卵圆形；雄花序具 3 花，总花梗很短，具 2 枚小苞片；花 4 基数，花萼盘状，4 深裂；花冠辐状，花瓣长圆状椭圆形；雄蕊与花瓣近等长。雌花未见。果 1 ~ 3 粒簇生于当年生枝的叶腋内；果球形，成熟时红色，内果皮近木质。花期 4 月，果期 7 ~ 10 月。

分布与生境：分布于我国东南及台湾等省，浙江普陀潮音洞和佛顶山有分布。河南园林上有少量栽培。生于海滨山地。

栽培利用：全缘冬青的繁殖通常采用播种或扦插两种方式，扦插苗主干不明显，培育大苗时，最好是采用播种繁殖。当全缘冬青果实果皮转为红色时，一般在 9 ~ 10 月，选择生长良好、无病虫害的母树采果。种子晾干后随即用淡沙湿藏，淡沙的含水量以用手捏成团松开即散为准，储藏期间经常检查翻动，湿度不够时及时洒水补充，对于休眠期长、具有隔年出苗特性的全缘冬青，可采用湿沙储藏，至次年 11 ~ 12 月播种。全缘冬青采用上述处理后播种其发芽率为 22.9%。待发芽的芽苗长至 1.5 cm，并出现真叶时进行芽苗移植。栽培技术：容器袋规格为口径 10 cm、高 10 cm，大地移栽株行距一般为 12 cm × 12 cm，秋季移植成活率则比较高。幼苗移植后怕高温日灼和干旱，要及时搭设阴棚遮阴，用遮光度 75% 的遮阳网覆盖保湿。根据全缘冬青幼苗生长特性，分别在峰值期、速生期、生长后期进行根外追肥。第 1 次峰值期（4 月苗木开始生长期）每隔 15 天叶面喷施 0.1% 尿素，促进苗木根系生长发育和茎干木质化。第 2 次速生期（7 ~ 10 月）每隔 15 天叶面喷施 0.1% ~ 0.2% 复合肥溶液，促进苗木生长。苗木生长后期，每隔 5 ~ 7 天叶面喷施 0.3% 磷酸二氢钾或 0.2% ~ 0.3% 硫酸钾溶液，促进苗木木质化，增强越冬抗寒能力。

全缘冬青四季常青，树形挺拔，树姿优美，枝叶浓密，叶色深绿，更因其具有较强的耐盐碱性、耐干旱能力和抗风能力，适宜作为沿海地区的行道树、庭院树、风景林与防护林。特别是在滨海城区的沿海地段，以全缘冬青这类耐干旱瘠薄和抗海风海雾树种作为基干树种，再现或模拟滨海植物的顶级群落风景林，可与厚叶石斑木、海桐等配置构建成为具有海岛特色的灌木风景林，也可与其他的乔木、草本层一起，展现高低错落有致、色彩变化多样、结构符合生态规律、层次多样且群落较为稳定的中亚热带北部海滨风光。

194 大叶冬青 *Ilex latifolia*

科名：冬青科 属名：冬青属

形态特征：大乔木。树皮灰黑色；分枝黄褐色，具纵棱、叶痕。叶生于1～3年生枝上，叶片厚革质，长圆形，先端钝或短渐尖，基部阔楔形，边缘具疏锯齿，齿尖黑色，叶面深绿色，具光泽，背面淡绿色，中脉在叶面凹陷，在背面隆起；叶柄上面微凹；托叶宽三角形，极小。由聚伞花序组成的假圆锥花序，无总梗；基部具芽鳞。花淡黄绿色，4基数。果球形，成熟时红色，外果皮厚，内果皮骨质。花期4月，果期9～10月。

分布与生境：江苏、安徽、浙江、江西、福建、湖北、广西及云南东南部等省区均有分布。河南产于大别山区。散生在山谷、溪旁及疏林中。分布于日本。

栽培利用：大叶冬青常用播种、扦插、组培等方法进行繁殖。播种繁殖：种子收获后沙藏一年，早春2月底3月初播种，用55 ℃温水浸种6～8 h保温催芽，采用横条播，行距50～60 cm，播幅10 cm，随播随浇水，覆盖稻草保湿，出苗一周后进行间苗，以后每隔5～7天间苗1次。5～8月进行培土，可选用黄土或草木灰，分2～3次进行。幼苗出土后要加强肥水管理，及时修剪侧枝，幼苗长至2 m左右时即可移栽定植。扦插繁殖：夏季，选取当年生半木质化的穗条，用浓度100 mg/L的ABT生根粉浸泡2 h后扦插，基质为蛭石粉+河沙+火烧土，株行距5 cm×6 cm，用塑料薄膜覆盖插床，在插床上方2.5～3.0 m处搭遮阳网。定植时株行距1.2 m×0.5 m，如果是开春后栽植，要盖上临时的遮阳物10～15天。定植时施有机肥，不施或少施氮肥，要适时摘顶。此外，还要注意大叶冬青茶芽枯病、云纹叶枯病、轮斑病、炭疽病及茶饼病等病害，红蜘蛛、蚜虫、绿叶蝉、小卷叶蛾、钻心虫等虫害的防治。组培快繁：以大叶冬青的当年生嫩枝茎段为外植体，最佳诱导培养基为MS+BA1.0 mg/L+NAA 0.2 mg/L，增殖培养基MS+BA 1.5 mg/L+IBA 0.5 mg/L，生根培养基为1/2MS+IBA 1.0 g/L+NAA 0.3 mg/L。

大叶冬青喜温暖、湿润的气候和半阴的环境，盛夏烈日下易遭日灼；在深厚、肥沃的酸性至中性土壤中生长良好；对二氧化硫等有毒气体有较强的抗性。大叶冬青枝叶浓密、分布匀称、林冠美丽、红果鲜艳、挂果时间长，是优良的园林观果树种和绿化树种，适宜在园林中对植、列植或丛植于草坪、路边，用作中层配置树种，还是行道树、片林及公园绿化的优良树种。其木材可作细木原料，树皮可提栲胶，叶和果可入药。

195 冬青 *Ilex chinensis*

科名：冬青科　属名：冬青属

形态特征：乔木。树皮灰黑色，当年生小枝浅灰色；二至多年生枝具不明显的小皮孔，叶痕新月形，凸起。叶片薄革质至革质，椭圆形或披针形，先端渐尖，基部楔形或钝，边缘具圆齿，叶面绿色，干时深褐色，背面淡绿色，主脉在叶面平，背面隆起；叶柄有时具窄沟。雄花：花序具 3～4 回分枝；花淡紫色或紫红色，4～5 基数；花萼浅杯状；花冠辐状，花瓣卵形，开放时反折，基部稍合生。果长球形，成熟时红色，内果皮厚革质。花期 4～6 月，果期 7～12 月。

分布与生境：江苏、安徽、浙江、江西、福建、台湾、河南、湖北、湖南、广东、广西和云南等省区均有分布。河南产于大别山和桐柏山区。零散生长于山谷、溪旁。

栽培利用：冬青繁殖一般以扦插为主，5～6 月，从树冠中上部剪取生长旺盛的侧枝，用生根粉处理，扦插于苗床内，苗床置于通风、耐阴处，亦可遮阳扦插，成活率极高。当年栽植的小苗，一次浇透水后可任其自然生长，视墒情每 15 天灌水 1 次，每年春、秋两季适当追肥 1～2 次，一般施以氮为主的稀薄液肥。夏季要整形一次，秋季根据不同的绿化需求，可进行平剪或修剪成球形、圆锥形，并适当疏枝。冬季可采取堆土防寒等措施。病害以叶斑病为主，可用多菌灵、百菌清防治。

冬青适宜种植在湿润半阴处，喜肥沃土壤，在一般土壤中也生长良好，对环境要求不严格。冬青枝叶繁茂，四季常青，是绿化环境和用做绿篱的花木品种之一，也是我国常见的庭园观赏树种。其木材坚韧，供细工原料，用于制玩具、雕刻品、工具柄、刷背和木梳等；树皮及种子供药用，为强壮剂，且有较强的抑菌和杀菌作用；叶有清热利湿、消肿镇痛之功效，用于肺炎、急性咽喉炎症、痢疾、胆道感染、外治烧伤、下肢溃疡、皮炎、湿疹、脚手皮裂等。根亦可入药，味苦，性凉，有抗菌、清热解毒消炎的功能，用于上呼吸道感染、慢性支气管炎、痢疾，外治烧伤烫伤、冻疮、乳腺炎。树皮含鞣质，可提制栲胶。

196 大别山冬青 *Ilex dabieshanensis*

科名：冬青科　属名：冬青属

形态特征：小乔木。树皮灰白色。小枝圆柱形，干时黄褐色，具纵裂缝及凸起的叶痕；顶芽卵状圆锥形，芽鳞卵形，中肋凸起。叶生于 1～2 年生枝上，叶片厚革质，卵状长圆形、卵形或椭圆形，先端三角状急尖，末端终于一刺尖，基部近圆形或钝，边缘稍反卷，具刺齿，叶面干时具光泽，橄榄色或褐橄榄色，背面无光泽；叶柄具浅纵槽，干后黄褐色；托叶近三角形。雄花序呈密团状簇生于1～2年生枝的叶腋内；花4基数。果簇生于叶腋内，单个分枝具1果；果近球形或椭圆形，具纵棱沟，干时暗褐色，花萼、柱头宿存；内果皮革质。花期3～4月，果期10月。

分布与生境：产于安徽西部大别山区。河南产于商城、新县。生于海拔150～470 m的山坡路边及沟边。

栽培利用：大别山冬青常用播种、扦插、组培等方法进行繁殖。播种育苗：11月前后采种，一般随采随播，秋播、春播均可。如果秋季不播，则需用湿沙层积储藏。春播应将洗净的种子沙藏催芽，于翌年3月中下旬种粒露白后播种，种子播后应浇透水，通常需经1年以上的时间种子才可萌发。扦插繁殖：扦插是快速、大量扩繁大别山冬青最有效的方法，可采用硬枝扦插和半硬枝扦插。①硬枝扦插。在秋季或冬季采取插穗，插于大棚内的苗床中，用4 000 mg/kg生根粉浸泡5～10 min处理，插后浇透水，翌年春季即可得到生根小苗。②半硬枝扦插。在6～7月，剪取当年生半木质化新梢作插穗，用3 500 mg/L浓度的IBA速蘸5～10 s，插于泥炭、砻糖灰及珍珠岩按2∶2∶1的比例混合配制的基质中，保持基质湿度适中。大苗定植应于春季萌发前，春、夏季苗木定植后注意在干热天气里应及时多次喷水进行补水，定植的1年生幼苗还要搭设遮阳网进行遮阴。幼树及成年树需适当修剪整型，早期修剪宜轻，适当多留主枝。组织培养：大别山冬青的最适外植体来自1年生扦插苗的腋芽；腋芽诱导的培养基为MS + 6-BA0.5 mg/L + KT0.05 mg/L + NAA0.05 mg/L + $GA_3$0.1 mg/L；继代增殖培养基为MS + 6-BA0.3 mg/L + NAA0.02 mg/L + $GA_3$0.3 mg/L；生根培养基为1/2MS + 0.2 mg/L6-BA + 0.4 mg/LIBA。

大别山冬青喜温暖湿润、阳光充足、通风良好的环境；能耐最高温度为39 ℃，较耐寒，-8 ℃也不受冻害；喜酸性土壤，喜阳光，稍耐阴，在酸性及含腐殖质多的土壤中生长茂盛；忌土壤黏重和积水，不耐盐碱；吸尘能力强，对二氧化硫等有毒气体有一定的抗性。大别山冬青叶色青翠、花朵密集、花香浓郁、果实红艳、生长势旺盛、耐修剪、适应性广、耐干旱瘠薄、病虫害少，是优良的园林绿化树种。其长势快、适应性强，吸尘、抗污染性强，适用于城市行道树及厂矿绿化，也可盆栽欣赏。其叶可用来制作苦丁茶保健饮料，又称小苦丁茶，具消炎、降脂等药用保健功效。

197 枸骨 *Ilex cornuta*

科名：冬青科　属名：冬青属

形态特征：灌木或小乔木。幼枝具纵脊及沟，二年枝褐色，三年生枝灰白色，具纵裂缝及叶痕。叶片厚革质，二型，四角状长圆形或卵形，先端具3枚尖硬刺齿，中央刺齿常反曲，基部圆形或近截形，两侧各具1～2刺齿，有时全缘（卵形叶），叶面深绿色，具光泽，背淡绿色，无光泽；叶柄具狭沟；托叶胼胝质，宽三角形。花序簇生于二年生枝的叶腋内；苞片卵形;花淡黄色,4 基数。果球形,成熟时鲜红色,花萼、柱头宿存,内果皮骨质。花期 4～5 月,果期 10～12 月。

分布与生境:江苏、上海市、安徽、浙江、江西、湖北、湖南等省区均有分布。河南产于大别山及桐柏山区各县。生于海拔 200～700 m 的山谷溪边、河岸及林缘。

栽培利用:枸骨可用播种、扦插和嫁接等方法繁殖。播种:12 月初果子充分变红后即可采摘,种子经低温层积处理。春季播种,种子发芽适宜温度为 18～22 ℃。开条播沟,沟深 2～3 cm,行距 35 cm,将种子均匀的播于沟中。扦插:硬枝、嫩枝扦插均可,嫩枝扦插于雨季进行,扦插前将插条基部浸蘸 ABT2 号生根粉 2～4 h,或 0.3% 的吲哚乙酸溶液速蘸,扦插深度为枝条的 2/3,扦插后要注意温度和适度管理,插条生根后,可进行炼苗。嫁接:主要用于叶片具彩色斑纹种类的繁殖,于春季萌芽前进行,以枸骨为砧木,采用切接法或芽接法,成活率高。5～9 月一般每月锄草一两次。5～8 月每半月施肥一次,共 2～3 次;扦插苗可进行叶面追肥,半月一次。枸骨幼苗第 3 年可移栽,种苗移栽应在早春或秋季进行。露地栽培要多施磷肥。此外,应注意加强枸骨叶斑病、漆斑病、白粉病、介壳虫等病虫害的防治。

枸骨喜肥沃的酸性土壤,不耐盐碱;较耐寒,长江流域可露地越冬,能耐 -5 ℃的短暂低温;喜阳光,也能耐阴。树形美丽,果实秋冬红色,挂于枝头,是优良的观叶、观果树种;与欧洲之圣诞树 *Ilex aquifolium* 可以媲美,并代替供庭园观赏。宜作基础种植及岩石园林材料,也可孤植于花坛中心,对植于前庭、路口,或丛植于草坪边缘;装饰应用可在庭院作绿篱栽培,也可盆栽,陈设于厅堂,放在几架上;果枝可供瓶插,经久不凋。枸骨叶、果实和根都供药用,主治肺结核咯血、肝肾阴虚、头晕耳鸣、腰膝酸痛、体虚低热、月经过多、白带异常、腹泻、上火、骨节酸痛。

198 猫儿刺 *Ilex pernyi*

科名:冬青科　属名:冬青属

形态特征:灌木或乔木。树皮银灰色,纵裂;幼枝黄褐色,具纵棱槽,二至三年小枝圆形,密被污灰色短柔毛;顶芽卵状圆锥形。叶片革质,卵形或卵状披针形,先端三角形渐尖,有粗刺,基部截形,边缘具深波状刺齿 1～3 对,叶面深绿色,具光泽,背面淡绿色,中脉在叶面凹陷,背面隆起;托叶三角形。花序簇生于二年生枝的叶腋内,2～3 花聚生成簇,每分枝仅具 1 花;花淡黄色,4 基数。果球形或扁球形,成熟时红色,花萼、柱头宿存,内果皮木质。花期 4～5 月,果期 10～11 月。

分布与生境:秦岭以南及长江流域各省,陕西南部、甘肃南部、安徽、浙江、江西、湖北西部、四川和贵州等省区均有分布。河南产于伏牛山区及大别山区。生于山沟杂木林中。

栽培利用:猫儿刺可用播种繁殖、扦插繁殖和分株繁殖。播种繁殖:在冬季果实脱落前采集,低温层积处理,一般 3～4 月播种,采用撒播方式,可用蛭石、珍珠岩等作基质,对播种苗床应提前用50%的甲醛消毒。扦插繁殖:在5~6月或9月下旬进行嫩枝扦插,选新生枝条长12~15 cm作插穗。扦插苗床可用沙及田园土按1∶3配制或用煤灰、蛭石与田园土配制,混合均匀后,用化学药剂消毒,做好苗床,扦插株距8~10 cm,行距15~20 cm,插后注意遮阴保湿。分株繁殖:猫儿刺多年生植株的根旁易长出根蘖苗,可想法剪断连接部分,挖取根蘖苗,另行栽植培育。分株宜在早春或初秋进行,分株苗栽植前适量修剪,栽培后注意浇透水。野外引种:一是野外采种,一般9月左右在成熟健壮植株上,采集成熟果实带回,种子经调制处理,再进行播种育苗。二是野外采挖植株。大量扩繁或苗圃育苗可野外采种。野外采挖的时间一般应在春季或秋季,具体可在3月或9~10月进行。

猫儿刺喜温暖、湿润气候,耐寒凉;耐阴性强,全光照下生长良好;尤喜肥沃而排水良好的酸性土壤,但在土壤贫瘠的沙壤土中也能生长,对石灰质土壤也有一定的适应能力;生长缓慢,萌枝力强,耐修剪。叶色浓绿具光泽,秋冬季节红果累累,为良好的观叶观果树种。抗寒、抗病虫能力较强,耐修剪,适宜于庭院、草坪孤植,以及建筑物前、花坛和园林中栽培,也可修剪成猫儿刺球,还可作绿篱、制盆景。本种的树皮含小檗碱,可作黄连制剂的代用品;叶和果入药,有补肝肾、清风热之功效;根入药,有清热解毒、润肺止咳之功效。

199 龟甲冬青 *Ilex crenata* var. *convexa*

科名:冬青科 属名:冬青属

形态特征:小灌木。老干灰白或灰褐色。叶椭圆形,互生,全缘,新叶嫩绿色,老叶墨绿色较厚,呈革质,有光泽。雄花1~7朵排成聚伞花序,单生于当年生枝的鳞片腋内或下部的叶腋内,花4基数,白色。雌花单花,2或3花组成聚伞花序生于当年生枝的叶腋内,花4基数。果球形,直径6~8 mm,成熟后黑色;果梗长4~6 mm。花期5~6月,果期8~10月。

分布与生境:产地主要集中在湖南、浙江、福建、江苏。河南黄河以南地区有栽培。喜光,稍耐阴,喜温湿气候,较耐寒。

栽培利用:龟甲冬青常用扦插繁殖。插穗要求为采自树冠外围的半木质化枝条,长度为6~8 cm,顶端保留5~7片叶片。采用直插的方式把剪好的插穗插入已铺好的黄沙泥(基质)上,深度一般以25 cm为宜。扦插密度为株行距3 cm×3 cm。扦插后立即浇透1次清水,架设遮阳网,夏天遮2层(90%遮阳率);春秋季节遮1层(70%遮阳率)。春天2~3月插的小苗,应在插后60天揭去尼龙薄膜;秋季9~10月插的小苗则可延迟到翌年3月上旬揭膜。对刚揭膜的小苗,在晴朗的白天应继续覆盖一层遮阳网(70%遮阳率),下雨天和夜里不再盖遮阳网。揭膜后20天,揭去全部遮阳网开始炼苗。适时排灌水,做到内不积水、外不淹水。施肥宜在苗木生长旺盛期,在移植前15天施一次追肥。秋季扦插的苗易受冻害,宜对苗木采取保温防冻措施。春季2~3月插的苗,可在当年10月移植;秋季9~10月插的可到翌年10月移植。移植密度:移植株行距为16.6 cm×20 cm。第1

次待移植后30天,用尿素4 kg加三要素复合肥6 kg均匀撒施在苗床地表,但该2种化肥应随拌随用。待苗长到高15 cm左右,摘去顶端2~3 cm,促使其萌发主枝,提前形成紧凑形态。此外,应注意加强龟甲冬青叶斑病、红蜘蛛、斜纹夜蛾、中华蚱蜢、小地老虎等病虫害的防治。

龟甲冬青喜温暖湿润和阳光充足的环境,耐半阴,可供观赏;以湿润、肥沃的微酸性黄土最为适宜,中性土壤亦能正常生长。河南郑州有栽培,但生长表现不佳,南阳、信阳稍好。龟甲冬青的枝干苍劲古朴,叶子密集浓绿,可孤植、丛植、片植、块植,也可用作绿篱,近几年被广泛应用于绿化建设。

200 无刺枸骨 *Ilex Corunta* 'National'

科名:冬青科 属名:冬青属

形态特征:小乔木。树皮灰白色,树干光滑,小枝粗壮,无毛。树冠卵圆形,叶色茂密无刺齿。叶卵形或卵圆形,革质,表面浓绿光亮,花小黄绿色。核果球形,初为绿色,入秋后红果满枝,冬天不凋。花期为4~5月,果期为9~11月。

分布与生境:主产于长江流域中下游各省。河南大别山有野生分布,多地园林有栽培。喜湿润又耐干旱,喜肥也耐贫瘠。

栽培利用:无刺枸骨以扦插繁殖为主,选生长健壮、无检疫性病虫害的优良植株为采穗母树,一般从树冠外围上部剪取枝条作插穗,用浓度为100×10^{-6}的乙酸溶液浸泡插条基部数小时,或用$(300\sim500)\times10^{-6}$的乙酸溶液快浸几秒,随即取出扦插。春插在3月中下旬至4月初采集枝条,夏插可在6月上中旬开始采集枝条,秋插可在10月采集枝条。春插、秋插全天都可进行。夏插最好在上午10时以前或下午4时以后进行。扦插深度为插条长度的1/2~2/3。扦插密度为:行距10~12 cm,株距3~5 cm。插后,及时在小拱棚上覆盖塑料膜和阳网(遮阳率30%~40%)。小拱棚上的塑料薄膜和遮阳网覆盖时间一般为40~50天,待无刺枸骨插条根系生长达2~3 cm时,就可将小拱上的膜和遮阳网除去,炼苗4~5天。夏秋温度较高,上层(2 m高左右)及四周的遮阴网仍需保留,待气温转凉,约9月底或10月初可去遮阴网,10月秋插的苗当年不能拆除荫棚。小拱棚在薄膜封闭时期,由于空气湿度高,一般每个月喷1次水。插苗一般在当年少施肥,如需要施肥也一定要在插3个月后再薄施。可结合浇水施入少量三元复合肥,也可采用根外追肥,尿素稀释至0.3%浓度喷雾。第二年4~6月,每月施一次肥。扦插后,及时除草。扦插成活当年,冬季需防寒。插苗在苗床养护至第二年秋或第三年早春出圃移栽。此外,应注意加强无刺枸骨地下害虫、木虱、介壳虫等病虫害的防治。

无刺枸骨喜光,稍耐阴;喜温暖气候及肥沃、湿润、排水良好的微酸性至中性土壤,萌蘖力强,极耐修剪。整形修剪后,可做成球形、树状盆景或大树形,是城市绿化中良好的观果、观叶、观形树种;可用于园林点缀,孤植或片植于花坛、路口、游园、小区、草坪边缘等;

同时也可做绿篱及盆栽材料；其对二氧化硫、氯气等有害气体有较强的抵抗能力，对烟尘、粉尘的吸滞能力也很强，非常适应厂矿、道路绿化。

201 榕叶冬青 *Ilex ficoidea*

科名：冬青科 属名：冬青属

形态特征：乔木。幼枝具纵棱沟，二年生以上小枝黄褐色，具叶痕。叶生于1~2年生枝上，叶片革质，长圆状椭圆形，先端骤然尾状渐尖，基部钝、楔形或近圆形，边缘具不规则锯齿，叶面深绿色，具光泽，背面淡绿色，主脉在叶面狭凹陷，背面隆起；叶柄具槽。聚伞花序或单花簇生于当年生枝的叶腋内，花4基数，白色或淡黄绿色，芳香。果球形或近球形，成熟后红色，内果皮石质。花期3~4月，果期8~11月。

分布与生境：产于安徽南部、浙江、江西、福建、台湾、湖北、湖南、广东、广西、海南、香港、四川、重庆、贵州和云南东南部。河南省商城县黄柏山林场有分布。生于海拔(100~)300~1 880 m的山地常绿阔叶林、杂木林和疏林内或林缘。

栽培利用：榕叶冬青不存在隔年萌发现象，但种子于第1年发芽极少，主要集中在第2年萌发。选择树形端直、无病虫害的健壮母树采种，采回后，种子低温层积处理、赤霉素浸泡时间24 h或置于微波炉内进行微波辐射处理，经处理后的种子播种于穴盘内，基质为草泥碳: 珍珠岩(2:1)，保持基质湿润。冬季即可播种，如予储存，用木竹制品的容器盛储，次春播种下地。选择沙质壤土圃地，下好基肥，整床条播，条距25 cm左右，每亩播种量约10 kg。用1~2年生苗出圃造林。该种为中性树种，但好生于土壤松疏并较肥沃而润潮之处。山区、丘陵均可造林，造林密度株行距考虑2.5 m×2.5 m或3 m×3 m。如营造混交林时，该种亦可研究列为混交树种之一。

榕叶冬青全株四季常绿，秋季果实挂满枝条，果实球状，鲜红色，观赏期达2个月，是一种极具潜力的观果树种，也是重要的药材资源和木材，有解毒、消肿止痛的功效，民间常用于治疗肝炎、跌打损伤。

202 软刺卫矛 *Euonymus aculeatus*

科名：卫矛科 属名：卫矛属

形态特征：灌木。有时藤本状；小枝黄绿色，干时多为黄色，多近圆形，常平滑，宿存芽鳞紫黑色(干时)。叶革质，长方形、窄长方形或长方窄倒卵形，先端渐尖，基部阔楔形，偶为近圆形，边缘有细浅锯齿，外卷；叶柄粗壮。聚伞花序疏松，2~3次分枝；花序梗和分枝都较细长,方棱不显或较显;花淡黄色,4数。蒴果近圆球状,刺长较密集,基部膨大,粉红色,干时黄色;果序梗略有方棱;小果梗圆柱状;种子长圆状,亮红色,假种皮肉红色。花期5月,果期7~8月。

分布与生境:湖北、四川、贵州、云南、广西、广东等省均有分布。河南产于大别山的新县、商城等县。生于山林中,常缠绕大树上或攀附岩石上。

栽培利用:扦插繁殖以9~10月较为适宜,其他季节扦插生根率和成活率都相对较低,这与植物生长周期、内含物及地温变化有关。处于低温季节,水温和地温都不利于植物生长;3月由于气温回升,扦插上的芽孢也很快萌动起来,有的长出了小叶,形成的愈伤组织和成活率都很高;到6月,扦插效果较差,其原因与体内储存的养分已经供给枝叶的生长和结果有关。9~10月气温下降,空气温度和土壤地温都比较适宜,插后最容易成活,而且该季节植物长芽、长叶多数停止,体内积累养分较多,正是植物形成愈伤组织和生根的最好季节,特别是在外源生长素的作用下效果更加明显。外源激素能明显提高扦插的成活率和促进不定根的生长,但与激素种类、浓度、枝条年龄和季节有关。NAA优于IBA处理,低浓度优于高浓度。扦插繁殖以1年生枝条最好,一年枝条生命活力较为旺盛,各种营养物质积累相对也较多,对外界不良环境的抵抗力也相对较强。因此,一年生枝条作扦插枝成活率可高达94%,且根系发达,生长旺盛。

软刺卫矛果形奇特,果色鲜艳,四季常绿。园林上可用于林间造景及石景营造。

203 刺果卫矛 *Euonymus acanthocarpus*

科名:卫矛科 属名:卫矛属

形态特征:灌木,直立或藤本。小枝密被黄色细疣突。叶革质,长方椭圆形、长方卵形或窄卵形,先端急尖或短渐尖,基部楔形、阔楔形或稍近圆形,边缘疏浅齿不明显。聚伞花序较疏大,多为2~3次分枝;花序梗扁宽或4棱,第一次分枝较长,第二次稍短;花黄绿色;萼片近圆形;花瓣近倒卵形,基部窄缩成短爪。蒴果成熟时棕褐色带红色,近球状,刺密集,针刺状,基部稍宽;种子外被橙黄色假种皮。

分布与生境:云南、贵州、广西、广东、四川、湖北、湖南、西藏等省区均有分布。河南产于大别山的新县、商城等县。生于丛林、山谷、溪边等阴湿地方。

栽培利用:文献显示,刺果卫矛茎枝已经分离鉴定出60个化合物(EAC-1~EAC-60),包括苯丙素类6个、木脂素类19个、萜类及甾体类6个、黄酮类7个、芳基糖普类4个、芳香族类15个,还有3个其他类化合物。分离得到的60个化合物中,EAC-1为新的苯丙素类天然产物,45个化合物为首次从卫矛科植物中分离得到,包括多个新木脂素、木脂素糖普和黄酮木脂素;3个化合物为首次从卫矛属植物中分离得到;其余化合物均是从该植物中首次分离得到。用CCK-8法筛选刺果卫矛中具有抑制肿瘤细胞生长活性的单体化合物,包括苯丙素、木脂素、萜类、黄酮、芳香族及其他类在内的37个化合物。结果显示,EAC-27 对 MCG-803 有中等抑制活性,IC_{50}值为 21.4 μm;其余化合物未显示明显抑制肿瘤细胞生长的活性。

刺果卫矛以根入药,可祛风除湿并止痛,治疗风湿疼痛和劳伤;刺果卫矛茎叶性苦、甘、温,有散瘀止血、舒筋活络的作用,用于治疗腰肌劳损、风湿痹痛、咯血、跌打损伤和创伤出血。

204 小果卫矛 *Euonymus microcarpus*

科名:卫矛科 属名:卫矛属

形态特征:灌木。叶薄革质,椭圆形、阔倒卵形或卵形,先端急尖或短渐尖,基部楔形或阔楔形,边缘有微齿或近全缘。聚伞花序 1 ~ 4 次分枝,花序梗分枝稍短;花黄绿色;萼片扁圆,常有短缘毛;花瓣近圆形;花盘方圆。蒴果近长圆状,4 浅裂,裂片向外平展;种子棕红色,长圆状,外被橘黄色假种皮。花期 5 ~ 6 月,果期 8 ~ 10 月。

分布与生境:湖北、陕西、四川、云南等省均有分布。河南产于伏牛山和太行山区。生长于山坡疏林中或沟边石缝中。

栽培利用:小果卫矛播种繁殖成活率低,扦播生长太慢。生产中多采用嫁接繁殖和组织培养。枝接、芽接均可,枝接于春季树木萌芽后展叶前进行,选生长健壮的一年生枝条作接穗嫁接;芽接于秋季 8 月上旬至 9 月开始,选发育饱满的芽子作接穗嫁接;砧木选用丝绵木,均于春天展叶前解开,嫁接成活率达到 80%。组织培养:9 月种子未成熟前采集小果卫矛的种子,剥去外种皮,取其种胚进行组织培养,再植体成活和生长较好。小果卫矛年生长量 60 ~ 100 cm,生长速度中等。对土壤要求不严,耐瘠薄,病虫害较少,管理比较粗放。可结合树形本身进行修剪,一般剪去老、弱、病枝和内膛枝。

小果卫矛喜光,也能耐一定程度的蔽荫;抗风力强,对土壤条件要求不严,在中性至微碱性立地条件下均能生长,且长势良好;耐干旱瘠薄能力较强,在排水良好的土壤上表现更好;小果卫矛抗寒性强,其叶片和枝条半致死温度分别为 -14.3 ℃和 -21.5 ℃。小果卫矛四季常绿,叶革质,春季可以观黄绿色的花,秋季蒴果成熟后开裂,露出橘红色假种皮也颇具观赏价值。在园林中可用作灌木栽植于庭园或绿地,也可作小乔木应用;可孤植于草坪,也可作为早春开花灌木的背景植物,起点缀作用。

205 大花卫矛 *Euonymus grandiflorus*

科名：卫矛科 属名：卫矛属

形态特征：灌木或乔木，半常绿。叶近革质，窄长椭圆形或窄倒卵形，先端圆形或急尖，基部常渐窄成楔形，边缘具细密极浅锯齿，侧脉细密。疏松聚伞花序；小苞片窄线形；花黄白色，4 数，较大；花萼大部合生；萼片极短；花瓣近圆形。蒴果近球状，常具窄翅棱，宿存花萼圆盘状；种子长圆形，黑红色，有光泽，假种皮红色，盔状，覆盖种子的上半部。花期 6 ~ 7 月，果期 9 ~ 10 月。

分布与生境：陕西、甘肃、湖北、湖南、四川、贵州、云南等省均有分布。河南产于太行山、桐柏山和伏牛山南部。生于山坡或山谷灌丛及疏林中。

栽培利用：大花卫矛可采用播种与扦插进行繁殖。播种：秋天采种后，日晒脱粒，用草木灰搓去假种皮，洗净阴干，再混沙层积储藏。第二年春天条播。幼苗出土后要适当遮阴。当年苗高约 30 cm，第二年分栽后再培育 3 ~ 4 年即可出圃定植。扦插：最好选择在 9 月中旬，最迟应在 11 月上旬完成，此时扦插最适宜。随采随插。插后浇足水，立即用竹片做成小弓棚，再用塑料薄膜封严实。以后随着天逐渐变化，每隔 3 ~ 5 天，同时放风 20 min。栽培技术：扦插苗床应排水良好、质地疏松、土壤细碎。扦插床应做成“V”形槽的高低床，目的是积水多时便于滤水。大花卫矛根系纤细，所以要求基质通气良好，排水通畅，有机物质含量高。在田园土、松针、5% 的饼肥和腐熟鸡肥组成的人工基质中长势良好。基质中应有少量的可溶性盐分，且应具有较高的持水(肥)性。基质一般按 5∶3∶1 的比例配制。即园田土 5 份、松针 3 份、饼肥和腐熟鸡肥 1 份。扦插苗一般在 5 ~ 6 月可以进行移栽，移栽的时候，最好选择阴天或半阴天。栽植密度 30 cm × 20 cm。过 3 ~ 5 天可进行浅锄，这样做可防止土壤板结，减少水分蒸发。7 月中旬追施尿素肥，每亩施肥 12.50 kg；8 月施磷肥，每亩追施 10 kg，这样能促进苗木木质化。10 月至 11 月中旬，把苗木用塑料布进行覆盖，盖前浇足封冻水，这样苗木第二年开春后不会抽梢。在清明节前后根据天气、气温变化情况，在中午时候对幼苗进行放风。移植苗在大田经过约 14 个月生长到高 70 cm、冠径 30 cm，分枝 5 ~ 6 枝，这样就可以出圃。此外，应加强大花卫矛球蚧、金龟子、尺蠖等害虫的防治。

大花卫矛进入 11 月开始变色，其观赏效果也很好且落叶晚，是丰富晚秋景观的良好植物材料。大花卫矛被广泛应用于城市园林、道路、公路绿化的绿篱带、色带拼图和造形。大花卫矛具有抗性强，能净化空气、美化环境、香化市民。适应范围广，较其他树种，栽植成本低，见效快，具有广阔的苗木市场空间。同时，其味辛、微苦、性平，归肝经，可祛风除湿、活血通经、化痰散结，主治风湿疼痛、跌打伤肿、腰痛、经闭、痛经等病症。树皮可提制橡胶，种子含油约 50%，供制肥皂及润滑油等。

206 冬青卫矛 *Euonymus japonicus*

科名：卫矛科 属名：卫矛属

形态特征：灌木。小枝四棱，具细微皱突。叶革质，有光泽，倒卵形或椭圆形，先端圆阔或急尖，基部楔形，边缘具有浅细钝齿。聚伞花序，2~3次分枝，分枝及花序梗均扁壮，第三次分枝常与小花梗等长或较短；花白绿色；花瓣近卵圆形。蒴果近球状，淡红色；种子每室1，顶生，椭圆状，假种皮橘红色，全包种子。花期6~7月，果熟期9~10月。

分布与生境：本种最先于日本发现，我国南北各省区均有栽培，野生者多在近人家处发现，是否栽培逸出，尚不详知。河南全省各地广泛栽培。适应性强，分布与栽培范围广。

栽培利用：冬青卫矛繁殖容易，常用扦插育苗。四季均可扦插，以早春、5月1次枝停止生长及8~9月枝条木质化后为好，随采随插，选择沙壤土或壤土作育苗地，用吲哚丁酸50 mg/L处理16 h，15~20天生根。采用直插的方式，插入深度为插穗长度的1/3~1/2，可按5 cm×8 cm株行距排列。扦插后要及时用遮阳度50%的遮阳网架设荫棚。插穗生根前，水分管理是关键。要根据天气情况进行合理的浇水，保持苗床湿润。一般晴天每天早晚用喷壶喷1次水；在阴天和雨天土壤湿润的情况下，不必浇水；生根后，要严格控制浇水的次数和水量，防止根腐。在此期间也要注意进行松土除草等工作。插穗成活后，要用0.1%的尿素和磷酸二氢钾交替喷洒进行叶面施肥。扦插30天后，插穗大部分开始生根。如培育丛苗，可于60天后将已萌生较多幼枝的苗木进行移植。移植前，对苗木进行修枝整形，剪去主干或顶芽，多留侧枝，然后按20 cm×20 cm的株行距进行穴植或沟植即可。在此期间，同样要进行遮阴、修枝整形、浇水、施肥、松土、除草等苗圃常规管理。

冬青卫矛由于长期栽培，叶形大小及叶面斑纹等变异，有多数园艺变型，如金边黄杨（*Euonymus japonicas* var. *aurea-marginatus*）、银边黄杨（*Euonymus japonicas* var. *albomarginatus*）等都是栽培变型。冬青卫矛具有适应性强、分布与栽培范围广、耐干旱、耐瘠薄、高抗污染能力、萌芽力强、耐修剪及品种多、形色各异等特点。冬青卫矛四季常绿，叶有黄白斑纹，清丽幽雅，适应性强，生长快，萌芽快，耐修剪，在城镇绿化中，常被选为丛植、列植和中心花坛布置的优良树种之一。也可在大气污染较重的厂矿区栽培，是园林绿化、观赏和环境保护的重要树种之一，也是室内外盆栽、庭院与会场装饰及花坛置景的常绿良种。

207 北海道黄杨 *Euonymus japonicus*

科名：卫矛科 属名：卫矛属

形态特征：乔木。叶革质，正面深绿色，背面浅绿色，在严冬天，叶色碧绿，没有落叶现象，材质坚实。叶卵形或长椭圆形，叶缘呈浅波状。花浅黄色。蒴果近球形，有4浅沟，果嫩时浅绿色，向阳面褐红色，种子近圆球形，橙红色，11月成熟，成熟时果皮自动开裂。

分布与生境：我国中北部均有种植，长江流域以北为主。河南全省各地均有栽培。习性喜光，较耐阴，适应肥沃、疏松、湿润地，酸性土、中性土或微碱性土均能适应。

栽培利用：北海道黄杨繁殖常用嫁接法、扦插法。多采用扦插育苗，发芽早，生根快，生长迅速，四季均可扦插，但以夏季嫩枝扦插效果最佳。扦插法：5～7月，1～2年生嫩枝，剪成2芽枝条段，剪口要平，留2叶，扦插基质为草灰土（泥炭土）、泥沙、蛭石、园土1:1:1:3，保湿，扦插后4周左右生根。嫁接法：春、秋两季，利用多年生丝棉木作砧木，采用枝接法进行嫁接。北海道黄杨对土壤的要求不很严格，沙土、壤土、褐土地皆能种植，但以富含有机质的壤土地为佳。栽植北海道黄杨幼苗以春季为主。露地栽植一般要求株行距50 cm×150 cm，或40 cm×120 cm。以后随着树龄的增长，可隔株起苗，以保证苗木有足够的营养空间。北海道黄杨的营养钵苗可以穴植或沟植。栽植前应深施基肥，将充分腐熟的有机肥与土壤拌匀，施入穴（沟）底。在覆土后的踩实过程中，要注意不可将土球踩碎，应踩在土球与树穴的空隙处。覆土深度要比原来的根际略深一些，以免浇水后土壤下沉而露出根系，影响苗木的成活和今后生长。

北海道黄杨生长速度较快，寿命长，萌生性强，较耐修剪；具有耐寒、抗旱、抗病虫性强的特性，成树能忍受－23.9 ℃的低温；吸收有害气体的能力强，对二氧化硫、氢气、氟化氢等有害气体都有很强的抗性。通过用丝棉木进行嫁接后，所培育的苗木更能耐寒抗旱，是适宜我国北方气候条件的新一代常绿阔叶新树种。它不仅可以培养高大的乔木，也可以培育成圆球形和绿篱。树姿挺拔，四季常青，而且入秋后，它满树结满果实，到冬季成熟的果实开裂，露出红色假种皮，果实一冬不落，绿叶红果，观赏价值极高，是作为城市街道、草坪点缀、园林布景的首选树种。北海道黄杨用途广泛，可修剪成圆球状、圆柱状、方形等，用作园林绿化点缀树种，还可用于小区绿化、城乡绿化、园林绿化、道路绿化；孤株或从植，或作绿篱、花墙，常用于园林、街道、小区、公园绿化；密植造林，用于防风固沙林和防污染林，适应于城市周边造林和工厂附近造林。

208 扶芳藤 *Euonymus fortunei*

科名：卫矛科 属名：卫矛属

形态特征：藤本。小枝方棱不明显。叶薄革质，椭圆形、长方椭圆形或长倒卵形，宽窄变异较大，可窄至近披针形，先端钝或急尖，基部楔形，边缘齿浅不明显。聚伞花序3～4次分枝；小聚伞花密集，有花4～7朵，分枝中央有单花；花白绿色，4数。蒴果粉红色，果皮光滑，近球状；种子长方椭圆状，棕褐色，假种皮鲜红色，全包种子。花期6月，果期10月。

分布与生境：江苏、浙江、安徽、江西、湖北、湖南、四川、陕西等省均有分布。河南产于太行山、伏牛山、大别山及桐柏山区。生于林缘、沟边、村庄，缠树、爬墙或匍匐岩石上。

栽培利用：扶芳藤可以进行播种、扦插、压条等方法繁殖，生产中多采用播种和扦插。播种繁殖：11月上旬采种后，搓去果皮，再用草木灰除去假种皮，入冬前就播种，不储藏，浇水覆盖，保湿越冬。翌年4月下旬即可出苗，再培养一年就可以出圃。扦插繁殖：扶芳藤茎蔓的发根力较强，潮湿的环境下可以发生不定根，带不定根扦插极易成活。秋末或早春截取长5～8 cm的硬枝作为插穗，其上要具有3个节，留2对叶片，插入河沙的苗床内，遮阴，保持潮湿，1个月左右即可生根。扦插时也可采用ABT2号生根粉，能大大提高生根率。方法是1 g生根粉用500 mL 95%工业酒精溶解后，再加500 mL蒸馏水（或凉开水）即配成1 L的1 000 mg/L原液，然后再加水稀释到所需50 mg/L的浓度使用。扦插前将枝条基部浸蘸2～4 h。压条繁殖：由于扶芳藤节间易于发不定根，压条繁殖也较易成活。种植技术：扶芳藤选择3月上旬至4月下旬移栽为宜，种植位置应选择光照较好的地段。种植地被可按株行距25～30 cm，挖穴整地。水肥管理：扶芳藤栽培容易，管理粗放，但在春季移栽定植时必须浇透水。栽时灌足水，成活后不必经常灌水。但在华北地区每年入冬前要浇足封冻水，春季及时浇返青水。由于扶芳藤长得慢，杂草较多，应及时中耕除草。成活后每年春季和冬季各施一次肥，施肥以腐熟的农家肥为主，不要使用未腐熟的农家肥。修剪技术：生长期间及时疏剪过密枝条，短截徒长枝，以促进发新枝条。由于它具有随处生根的习性，作为地被植物时，可及时分株或切断与母株的联系，便于管理。作为攀缘植物应用时，设置框架、引藤蔓上架，随时修剪，促进分株，可根据实际情况引导或加以控制。

扶芳藤繁殖容易，萌芽力强，生长快，成形快，极耐修剪；抗旱、抗寒、耐盐碱、抗污染、对土壤的适应性强；耐阴性强、攀缘性、匍匐性强。一年四季除冬季土壤封冻外，其他季节均可栽植，栽植成活率高。扶芳藤枝条茂密，叶色油绿，富有光泽，叶脉色泽较浅，叶色入秋变红色，冬季呈红褐色，枝叶连成一片，观赏价值极高。因扶芳藤的适应性强、固土能力强、繁殖容易、更新能力强，其用途广泛，在绿化中既可作孤植、丛状、带状栽植，也可做块状、片状栽植。既可用于平面绿化，还能用于垂直绿化、立体绿化。既是绿篱、绿球、绿床、绿色色块等平面绿化首选树种之一,又是掩覆墙面、坛缘、山石、岩面或攀缘于树干、花格、棚架之上的垂直绿化常绿树种。管理粗放、成本低,是代替草皮的常绿木本地被植物,是大型广场、绿地、公路铁路护坡护路的理想地被植物。此外,扶芳藤还具有一定的抗有害气体的能力,对改善空气质量起到一定作用,因此还可以将扶芳藤推广到污染较严重的工矿区栽植。

209 胶东卫矛 *Euonymus kiautschovicus*

科名:卫矛科 属名:卫矛属

形态特征:灌木。茎直立,枝常披散式依附他树,下部枝有须状随生根,小枝圆或略扁,四棱不明显,被极细密瘤突。叶纸质,倒卵形或阔椭圆形,先端急尖、钝圆或短渐尖,基部楔形,稍下延,边缘有极浅锯齿。聚伞花序花较疏散,2~3次分枝,花序梗细而具4棱或稍扁;小花梗细长,分枝中央单生小花,有明显花梗;花黄绿色,4数。蒴果近圆球状,果皮有深色细点,顶部柱头宿存;种子每室1,少为2,悬垂室顶,长方椭圆状,近黑色,假种皮全包种子。花期7月,果期10月。

分布与生境:河北、山东、江苏、浙江、安徽、江西、湖北等省均有分布。河南产于太行山、伏牛山、大别山及桐柏山区。多生于山谷林中。

栽培利用:胶东卫矛可采用播种、扦插和嫁接进行繁殖。在实际生产中,因种子采收不便,所以常用扦插法进行繁殖。扦插繁殖主要有嫩枝扦插及硬枝扦插。嫩枝扦插:春末秋初,选择当年生枝条做插穗,用0.1%多菌灵或百菌清浸泡3 min消毒,然后用一定浓度的ABT生根粉速蘸2~3 s,即可扦插。硬枝扦插:早春,用上年生枝条做插穗;第2年春萌动前移苗。嫁接育苗:春季胶东卫矛的芽萌发前,用丝棉木作砧木,选取一年生健壮枝条做接穗,随接随采条,选择高接的方式,主要为插皮嫁接,成活率高。田间管理:小苗移栽当年,结合浇水施肥2~3次,用量每亩15~20 kg/次,施肥后及时锄草。小苗移栽当年,冬季需搭棚防寒,浇足封冻水后覆膜,苗木可安全越冬。翌年,幼苗发芽早、展叶快,在3月下旬生长期内适当加大肥量,从4月上中旬开始,每月追施有机肥1~2次,每次用量每公顷225~300 kg,8月底至9月初停施有机肥,防止苗木徒长。

胶东卫矛喜海洋性、温寒性的气候,适应能力强,对土壤的要求不严,对寒冷及干旱的抵抗能力较强,耐修剪整形的能力极强,对轻度及中度的盐碱有一定的抗性。胶东卫矛树姿优美,四季常青,耐整形修剪,是一种优良的绿化观赏树种,在城市园林、广场小区、庭院绿化中可以孤植、列植,也可以群植,植于老树旁、山石畔、草地中或墙垣边配植,颇有野趣;北方地区常用其作为绿篱或修剪成形状各异的造型树。孤植造型:主要应用在道路两侧、机关、庭院,也可丛植成球。列植做篱:主要用在公园、景区的绿篱上。一般作双行或多行栽植。上部剪成水平状,两侧剪齐。成片密植:一般用地大面积绿化成片栽植。苗木上部修剪成水平状或冠状。也常与红叶小檗、金叶女贞等搭配组成大色块。优点是成景后管理方便，寿命长，整体效果好。

210 圆齿野鸦椿 *Eascaphis konlshli*

科名：省沽油科　属名：野鸦椿属

形态特征：小乔木。是我国特有树种。树皮暗灰色，枝无毛，暗红色；奇数羽状复叶，小叶 5～11 片，对生，边缘具细圆锯齿；聚伞花序组成圆锥花序，顶生，花小密集黄白色；果皮软肉质，紫红色并有皱纹，果裂似花瓣；种子近圆形，黑色光亮；花期 5 月下旬至 6 月上旬；6 月下旬形成幼果，果实成熟在秋冬季。

分布与生境：分布于广东、广西、福建、江西、湖南等省区。河南信阳有栽培。主要生于海拔 500～1 200 m 的山谷、林缘的疏林下。

栽培利用：圆齿野鸦椿主要通过播种繁殖。播种：选择 8～20 年生长势旺盛、树形优美、冠形匀称、结实多、鲜红艳丽、挂果期长的优良母树采种。采种期 11 月至翌年 2 月，此时期种子质量好，发芽率高。果采回后装入竹筐内搓擦去掉果皮，筛出种子。种子有深休眠特性。采种后的第 2 年春天播种，种子不发芽或发芽极少，需储藏 1 年以上至第 3 年春天播种方可发芽出苗。种子可在室内湿沙储藏或露天坑藏。沙藏催芽至第 3 年的 2～3 月，100 mg/L 赤霉素处理种子，50 ℃初温水浸泡 24 h 使种子吸水膨胀，可提高种子的发芽率。以沙壤土＋竹炭为基质，播种量 6.0 g/m^2 发芽率较高。幼苗怕涝怕旱，圃地应选择排水良好、方便、土层深厚肥沃的沙土或沙壤土。育苗地要做到三犁三耙、精耕细作、清除草根。采用条播。4 月中幼苗长出侧根时，亩追施浓度较低的尿素 1.5～2 kg，兑水稀释后浇施。6 月中旬以后苗木生长速度加快，可施用复合肥 2～3 次，每次用量 8～10 kg。出苗期只要床面湿润即可，幼苗期少量多次，速生期加大灌溉量，促进苗木快速生长。9 月中旬以后不再灌溉，控制苗木生长，促进苗木木质化，形成健壮饱满顶芽，提高苗木越冬抗寒能力。苗期较耐阴，不耐高温干旱，5 月初可搭遮阴棚，用透光度 50% 的遮阳网遮盖。9 月中旬撤除遮阴棚。

圆齿野鸦椿是多用途观果珍品，红果期跨越秋、冬、翌春 3 季，长达 7 个月以上，色相、季相景观奇特，得到园艺界人士的大力推崇，具有广阔的开发应用前景。圆齿野鸦椿树型婆娑优美，新枝鲜红，老枝暗红色，耐修剪，萌蘖力强，可以修剪成各种造型。花色嫩黄耀眼夺目，顶生成圆锥花序。果肉厚实，果色彤红亮丽，裂成二瓣成蝴蝶翅状，中央缀有一粒黑籽。果多常压弯枝条，微风吹拂，似万只红蝶嬉戏枝头。可在广场、街道、庭院孤植、列植或群植，亦可盆栽矮化，放置室内观果。在信阳引种表现为生长不良，夏季焦叶。它属于中性树种，在苗期需要荫蔽，长大后则需要一定的光照。

211 罗浮槭 *Acer fabri*

科名：槭树科 属名：槭属

形态特征：乔木。树皮灰褐色或灰黑色，小枝圆柱形，当年生枝紫绿色或绿色，多年生枝绿色或绿褐色。叶革质，披针形、长圆披针形或长圆倒披针形，全缘，基部楔形或钝形，先端锐尖；上面深绿色，无毛，下面淡绿色，无毛或脉腋稀被丛毛；主脉在上面显著，在下面凸起；叶柄细瘦，无毛。花杂性，雄花与两性花同株，常成无毛或嫩时被茸毛的紫色伞房花序；萼片5，紫色，微被短柔毛，长圆形；花瓣5，白色。翅果嫩时紫色，成熟时黄褐色或淡褐色；小坚果凸起；翅张开成钝角。花期3～4月，果期9月。

分布与生境：产于广东、广西、江西、湖北、湖南、四川。河南郑州、信阳地区有栽培。生于海拔500～1 800 m的疏林中。

栽培利用：红翅槭是罗浮槭变种，现已作异名处理。常用种子繁育、嫁接繁殖。种子繁育：10～11月采种，可随采随播；3月下旬播种，先将种子放入0.5%高锰酸钾或1%的漂白粉溶液中浸泡10 min，再用40 ℃的温水浸种催芽，条播，第2年春季应进行移栽。嫁接繁殖：春季2～4月，采用2年生青枫为砧木，红翅槭1～2年生枝条为接穗，采用腹接、切接、劈接、芽接均可，也可秋季嫁接。为促进嫁接苗快速生长，需适时施肥。在3～4月，以施氮肥为主，其中氮磷钾比例为6∶1∶3，采用薄肥勤施原则，每7～10天撒施或浇灌1次。5～8月，以施腐熟的猪牛栏肥为主，以增加土壤的有机成分。10月开始，宜施腐熟的菜饼、油饼、豆饼或复合肥，可采用根部周围穴施或环施。其中氮磷钾比例为2∶3∶5。苗木生长到一定时候，需调整种植密度，使苗木最大限度地接受光合作用。一般干径小于1 cm的，株行距为0.8 m×1.0 m，干径1～2 cm的株行距采用1.2 m×1.1 m。移植时，需先对树苗进行修剪，去掉过长主根，部分过长细根及徒长枝。此外，应注意加强红翅槭立枯病、蛴螬、蝼蛄、金龟子、刺蛾、蚜虫等病虫害的防治。

罗浮槭喜生长于温凉湿润、雨量充沛、温度较高的环境，栽培地要求土层深厚的酸性山地或红黄壤土，耐寒、耐阴能力强。通过在郑州的引种观察，冬季树叶多数脱落，但不影响第二年生长。姿形优美，叶形秀丽，春天观其叶，夏天观其果，耐阴、耐寒，是园林中的红果观赏品种之一；罗浮槭是新挖掘的优良绿化、美化树种，作第二层林冠配置最为理想，宜作风景林、生态林、“四旁”绿化树种；在园林中植于草坪、土丘、溪边、池畔，有自然淡雅之趣。既是景观行道树的优良树种，制作盆景的好材料，又是民间治疗咽喉肿痛、妇科等疾病的良药。

212 樟叶槭 *Acer coriaceifolium*

科名：槭树科　属名：槭属

形态特征:乔木。树皮深褐色。小枝近圆柱形,当年生嫩枝淡紫色,多年生老枝褐色,皮孔近圆形,淡黄色。冬芽圆锥状,褐色,鳞片卵形,边缘纤毛状。叶革质,长圆披针形,基部楔形,先端渐尖,全缘,上面绿色,干后淡黄绿色,下面淡绿色,嫩时密被淡黄色茸毛;主脉在上面微凹下,在下面凸起;叶柄淡紫色。花序伞房状,有黄绿色茸毛。花杂性,雄花与两性花同株;萼片5,淡绿色,长圆形;花瓣5,淡黄色。坚果浅褐色,凸起,卵圆形,翅镰刀形,张开成钝角。花期3月,果期8月。

分布与生境:产于四川东南部、湖北西南部、贵州及广西北部。河南郑州、信阳有栽培。生于海拔1 500～2 500 m的疏林中。

栽培利用:现《中国植物志》正名为革叶槭。樟叶槭播种育苗是樟叶槭繁殖的主要方法。采取沙藏催芽越冬,沙床弓棚育苗具有发芽早、出芽快、发芽率高的特点。2月中下旬播种,在苗圃附近选择背风向阳的地方,用砖砌成一个高15 cm、宽1 m、长度适宜的沙床围框。填沙6～8 cm后将催芽后的种子均匀散播在沙床上。播后覆沙2～3 cm,均匀淋水并盖膜,做到沙床平整、湿润,保持棚内温度在15～25 ℃。芽苗出现2片真叶时开始移栽,并进行常规土壤水肥管理。樟叶槭苗期抗寒性较差,苗期培育时要注意速生期后期的肥水管理,节制肥水供应,促进苗木木质化,提高幼苗的抗寒性。

樟叶槭喜光,耐半阴,喜温暖、湿润气候,对土壤要求不严,忌干旱和积水。在郑州露地表现为冬季树叶干枯,但不脱落,枝干不受冻害。信阳部分年份1/3叶片受冻害。樟叶槭四季常绿,叶密荫浓,是一种优良的庭园树和行道树种。根药用,可祛风湿。

213 飞蛾槭 *Acer oblongum*

科名：槭树科　属名：槭树属

形态特征:乔木。树皮灰色或深灰色,粗糙,裂成薄片脱落。小枝细瘦,近圆柱形;当年生嫩枝紫色或紫绿色,近无毛;多年生老枝褐色或深褐色。冬芽小,褐色,近于无毛。叶革质,长圆卵形,全缘,基部钝形或近于圆形,先端渐尖或钝尖;下面有白粉;主脉在上面显著,在下面凸起;叶柄黄绿色,无毛。花杂性,绿色或黄绿色,雄花与两性花同株,常成被短毛的伞房花序,顶生于具叶的小枝;萼片5,长圆形,先端钝尖;花瓣5。翅果嫩时绿色,成熟时淡黄褐色;小坚果凸起成四棱形;翅与小坚果张开近于直角;果梗细瘦,无毛。花期4

月,果期9月。

分布与生境:分布于陕西、湖北、湖南、四川、云南、贵州、台湾等省。河南产于伏牛山、大别山和桐柏山区。生于海拔1 000~1 500 m的山谷或山坡杂木林中。

栽培利用:飞蛾槭每年4月开花,9~10月果实成熟。果实由绿色变为褐色即可采种。母树选择15~20年生、生长健壮、树冠整齐、无病虫害的成年大树,种子采集后用布袋干藏。翌年春播前用0.5%高锰酸钾溶液进行种子消毒,浸泡5~10 min,清水冲洗后备用。选择深厚肥沃、水源充足、排水良好的沙质壤土,初冬深翻圃地,适施基肥(每亩可施复合肥10 kg或腐熟菜籽饼肥50 kg)。做高床,宽1.2 m、高25 cm,床面高出步道20~30 cm。播种前2~3天,苗床每亩用五硝基苯50%可湿性粉剂500 g消毒处理。待幼苗长出4~6片真叶后,将苗木移植到与播种床营养土一致的容器袋内(规格14 cm×12 cm),移栽时要选择阴天,短截芽苗的主根,用生根剂浸根,压实,浇透定根水。保持圃面湿润,排除沟内积水,6月底7月初开始用遮阴网遮阴,以免灼伤,及时除草。幼苗初期每15天喷洒0.3%~0.5%磷酸二氢钾追肥,中后期可加适量尿素追肥,9月底停止施肥,以利苗木安全越冬。

飞蛾槭《中国植物志》描述为常绿乔木,《河南植物志》记录为落叶或半常绿。在郑州地区实际表现为落叶晚、展叶早,在南阳则表现为半常绿。枝叶茂密、树形优美,叶、果秀丽,在落果时,景观独特,好似蝴蝶飞舞,是优良的园林绿化树种和观赏树种。其具有适应性广、生长快、抗性强的特点,是城市荒山荒地和石漠化地区等生态脆弱区域进行生态治理的理想树种。

214 笔罗子 *Meliosma rigida*

科名:清风藤科　属名:泡花树属

形态特征:乔木。芽、幼枝、叶背中脉、花序均被绣色茸毛,二或三年生枝仍残留有毛。单叶,革质,倒披针形,或狭倒卵形,先端渐尖或尾状渐尖,1/3或1/2以下渐狭楔形,全缘或中部以上有数个尖锯齿,叶面除中脉及侧脉被短柔毛外余无毛,叶背被锈色柔毛,中脉在腹面凹下。圆锥花序顶生,主轴具3棱,直立,具3次分枝,花密生于第三次分枝上;萼片5或4,卵形或近圆形,背面基部被毛,有缘毛;外面3片花瓣白色,近圆形。核果球形;核球形,稍偏斜,具凸起细网纹,中肋稍隆起,从腹孔的一边延至另一边,腹部稍突出。花期夏季,果期9~10月。

分布与生境:分布于浙江、云南南部、广西、贵州、湖北西南部、湖南、广东、福建、江西、浙江、台湾。河南产于伏牛山南部。生于海拔1 500 m以下的阔叶林中。

栽培利用:笔罗子树高的生长受环境条件的影响很大,在生长期内不稳定;胸径和材积的高速生长期集中在26年以后,因此前26年为最佳抚育期;材积的连年生长曲线和平均生长曲线在生长期内并没有相交,因此不能确定笔罗子的数量成熟龄。笔罗子木材密度中等,体积干缩性较小,在板材运输与干燥过程中不易发生翘曲和开裂,尺寸稳定性较高;其抗弯强度和抗弯弹性模量均低于其他密度相近的树种,表明当笔罗子受外力作用时,木材容易发生变形;笔罗子的硬度适中,冲击韧性也较好,适于加工生产,除此之外,其顺纹抗劈力明显大于其他密度相近树种,说明笔罗子木材的构造具有不均一性,木材纹理等较其他树种复杂。与其他密度相近的木材相比,笔罗子干缩性较小,软硬适中,具有一定的冲击韧性,是一种比较适合加工利用的树种。

笔罗子木材淡红色,坚硬,适宜制农具柄和薪炭用,树皮含鞣质 16%,叶含鞣质 5.7%,可提取栲胶,种子油可制肥皂。笔罗子树干通直,树形优美,具有较高的观赏价值,用作行道树、庭院树,具有极高的开发前景。

215 刺藤子 *Sageretia melliana*

科名:鼠李科 属名:雀梅藤属

形态特征:藤状灌木。具枝刺;小枝圆柱状,褐色,被黄色短柔毛。叶革质,近对生,卵状椭圆形或矩圆形,顶端渐尖,基部近圆形,稍不对称,边缘具细锯齿,上面绿色,有光泽,干时变栗褐色;叶柄有深沟,被短柔毛或无毛。花无梗。白色,无毛,单生或数个簇生而排成顶生或稀腋生穗状或圆锥状穗状花序。核果浅红色。花期 9 ~ 11 月,果期翌年 4 ~ 5 月。

分布与生境:产于安徽、浙江、江西、福建、广东、广西、湖南、湖北、贵州、云南(西畴)。河南郑州树木园有引种栽培。生于海拔 1 500 m 以下的山地林缘或林下。

栽培利用:每年春季 3 ~ 5 月,每月分上、中、下旬扦插。扦插基质有荫棚内细沙土、裸地壤土和黏壤土。插条长 12 ~ 18 cm,带枝刺 2 个以上,上端剪成平口,下端剪成斜口,用清水浸泡 24 h 后扦插。扦插密度 4 cm × 10 cm,插后用拱形塑料薄膜覆盖。4 月和 5 月各喷 1 次 0.2% 尿素 +0.5% 磷酸二氢钾根外追肥。平时喷雾保湿。刺藤子扦插平均生根率为 42%,用多年生枝在 3 月上中旬扦插,生根率高达 63%,用埋茎方法繁殖生根率 100%。在外界条件一致的情况下,扦插成活的生根率不仅受插条内所含促进生根的内源激素和抑制生根的抑制物质含量多少的影响,还受枝条内皮下根原始体的存在与分布的影响,以及插条内储藏养料多少等多种因素影响。刺藤子多年生粗壮枝扦插生根率高,可能是粗壮枝条养料充足起支配地位。

刺藤子树桩古朴高雅,树根极耐修剪,易于造型,是制作树桩盆景的好材料;适宜作观赏植物和绿篱。其根中含大麦碱。果味酸甜可食,嫩叶可代茶。

216 雀梅藤 *Sageretia thea*

科名：鼠李科 属名：雀梅藤属

形态特征：常绿或半常绿攀缘灌木。小枝具刺，互生或近对生，褐色，被短柔毛。叶纸质，近对生或互生，椭圆形、矩圆形或卵状椭圆形，顶端锐尖、钝或圆形，基部圆形或近心形，边缘具细锯齿，上面绿色，无毛，下面浅绿色，无毛或沿脉被柔毛。花无梗，黄色，有芳香，通常2至数个簇生排成顶生或腋生疏散穗状或圆锥状穗状花序；花序轴被茸毛；花萼外面被疏柔毛；萼片三角形；花瓣匙形。核果近圆球形，成熟时黑色或紫黑色，味酸；种子扁平，二端微凹。花期7～11月，果期翌年3～5月。

分布与生境：分布于长江流域，南至广东，东至台湾，西至四川、云南。河南产于伏牛山南部、大别山及桐柏山区。生于山坡灌丛或疏林中。

栽培利用：雀梅藤种子采集容易，发芽率高，常用播种繁殖。浆果翌年5月成熟，内含种子1～3粒。用1/2焦泥灰+1/2壤土基质播种，4天即萌发，10天发芽结束，种子室内发芽率95.3%，场圃发芽率84.5%。扦插育苗：3月上中旬，用细沙土或疏松壤土作基质，采取1～2年生细枝做插条，用清水浸泡24 h，20天生根，生根率达92%以上；压条和埋茎：3月下旬，以沙土为基质压条，生根率高达100%。

喜光，稍耐阴，喜温暖湿润气候，在半阴处生长良好；耐干燥，耐瘠薄，对土壤要求不严，酸性、中性土均能适应；根系发达，萌蘖力强，耐修剪。雀梅藤是树桩盆景主要物种之一，在南方常栽培作绿篱。雀梅藤营养成分丰富，具有祛毒生肌功效，临床用于治疗漆疮、水肿、乳腺癌等。其叶可代茶，也可供药用，治疮疡肿毒；茎可用于治疗漆疮、水肿；根可治咳嗽，降气化痰，还可治疗乳腺癌；果酸味可食。

217 崖爬藤 *Tetrastigma obtectum*

科名：葡萄科 属名：崖爬藤属

形态特征：常绿或半常绿藤本。小枝圆柱形，无毛或被疏柔毛。卷须4～7呈伞状集生，相隔2节间断与叶对生。叶为掌状5小叶，小叶菱状椭圆形或椭圆披针形，顶端渐尖、急尖或钝，基部楔形，外侧小叶基部不对称，边缘每侧有3～8个锯齿，上面绿色，下面浅绿色；小叶柄极短或几无柄；托叶褐色，膜质，常宿存。花序顶生或假顶生于具有1～2片叶的短枝上，多数花集生成单伞形；花瓣4，长椭圆形。果实球形，有种子1颗；种子椭圆形，顶端圆形，基部有短喙。花期4～6月，果期8～11月。

分布与生境:甘肃、湖南、福建、台湾、广西、四川、贵州、云南均有分布。河南产于伏牛山区南部的西峡、南召、内乡、淅川等县。生于山坡疏林中,常于林中阴处攀附于树干或岩石上。

栽培利用:崖爬藤可采用扦插的方式进行繁殖育苗。扦插繁殖一般不会受季节限制,即在一年四季均可进行繁殖。选择无病虫害、长势良好的崖爬藤当年生嫩枝作为插穗,插穗长 8 ~ 10 cm,上切口平剪,下切口斜剪,上端留 1 个叶片,扦插到沙土中,生根率较高。同时,插穗成活后,要比实生苗健壮,生长势要强,成苗快。

崖爬藤喜温暖湿润气候,喜阴,在较强散射光下亦能生长,有一定的耐旱能力。崖爬藤既可单独栽种成型,也可与茎干轻柔的彩叶常春藤、葡萄、绞股兰、木鳖子、使君子、扶芳藤、络石藤、迎春、月季等植物混栽。可应用于室外墙壁、柱形物绿化;屋顶、窗台、阳台的垂直绿化;还可种于护坡、堡坎、山石、塑石绿化防护,防止水土流失,促进城市森林混交,加强城市绿化的病虫害防治。崖爬藤还可以吸收有毒气体,减弱噪声,吸附空气中粉滞、尘埃,减少细菌的传播飞扬。其全草入药,有祛风湿的功效。

218 杜英 *Elaeocarpus decipiens*

科名:杜英科　属名:杜英属

形态特征:乔木。嫩枝及顶芽初时被微毛,不久变秃净,干后黑褐色。叶革质,披针形或倒披针形,上面深绿色,下面秃净无毛,先端渐尖,基部楔形,边缘有小钝齿。总状花序多生于叶腋及无叶的去年枝条上,花序轴纤细;花白色,萼片披针形,花瓣倒卵形。核果椭圆形,外果皮无毛,内果皮坚骨质,表面有多数沟纹,1 室,种子 1 颗。花期 6 ~ 7 月。

分布与生境:产于广东、广西、福建、台湾、浙江、江西、湖南、贵州和云南。河南郑州、信阳、驻马店、漯河、平顶山、南阳等地有栽培。生长于海拔 400 ~ 700 m,在云南上升到海拔 2 000 m 的林中。

栽培利用:杜英以播种繁殖为主。一般采种后即播种,也可将种子用湿沙层积至次年春播。选择地势平坦、交通和水利方便的酸性壤土或红壤土作圃地。杜英幼苗长到 5 cm 高时要进行间苗,分 2 次进行。5 ~ 9 月每月除 1 次草。6 ~ 8 月,结合浇水进行追肥,每亩每次 5 kg,10 天一次。8 月中下旬以后,停止追肥,促使树梢木质化。扦插苗采用喷施 0.2% ~ 0.3% 磷酸二氢钾或尿素溶液,10 天一次,可有效促进幼苗生长。幼苗期,可于 6 ~ 7 月追施薄肥 2 ~ 3 次。入冬后需覆草防寒,翌年春季将幼苗分栽。小苗移栽需带宿土,大苗移栽需带土球,并适当疏剪部分枝条,并注意后期干形培养。此外,应注意加强杜英叶斑病、地老虎、金龟子等病虫害的防治。

杜英四季常青、速生、材质好、适应性强,是庭院观赏和"四旁"绿化的优良品种,既可孤植又可群植。特别是老叶掉落前会变成红色,红绿相间,给人以动感。杜英也可作隔音防噪林带的中层树种。由于其对二氧化硫抗性较强,亦可作厂矿区绿化树种。另外,杜英

还有抗有害气体、药用等实用价值,值得推广。在豫南大多数年份可以正常生长,少数年份叶缘受冻害。郑州林间或小气候可以露地越冬。

219 油茶 *Camellia oleifera*

科名:山茶科 属名:山茶属

形态特征:灌木或中乔木。嫩枝有粗毛。叶革质,椭圆形、长圆形或倒卵形,先端尖而有钝头,基部楔形,上面深绿色,发亮,中脉有粗毛或柔毛,下面浅绿色,无毛或中脉有长毛,侧脉在上面能见,在下面不很明显,边缘有细锯齿,叶柄有粗毛。花顶生,近于无柄,苞片与萼片由外向内逐渐增大,阔卵形,背面有贴紧柔毛或绢毛,花后脱落,花瓣白色,5~7片裂。蒴果球形或卵圆形,3 爿或 2 爿裂开,每室有种子 1 粒或 2 粒,果爿木质,中轴粗厚;苞片及萼片脱落后留下的果柄粗大,有环状短节。花期冬春间。

分布与生境:从长江流域到华南各地广泛栽培,是主要木本油料作物。大别山商城、新县、信阳等地有栽培。海南省 800 m 以上的原生森林有野生种,呈中等乔木状。

栽培利用:油茶可采用播种、扦插、嫁接的方法繁殖。播种:2 月下旬,将油茶种子撒入温床,覆盖 2~3 cm 厚的沙子,温度控制在 38 ℃;3 月中下旬,选出萌动的种子,播于容器育苗袋中,用 2% 代森锰锌溶液浇透,15 天种子出芽。插叶:春、夏、秋 3 季均可,秋季插最迟不过“秋分”,摘取树冠 1/3 处的叶片(春插要摘过冬老叶,夏、秋 2 季要选择当年生的基部叶),摘叶时要剥离每个叶片并带腋芽,春、秋季插叶面向南,夏插叶面向北,插叶育苗成活率可达 85% 以上。嫁接:5 月上中旬,选择半木质化的当年生枝条作接穗,选沙藏矮壮油茶苗作砧木,嫁接成活率可达 90%。栽培管理:油茶栽植在冬季 11 月下旬至翌年春季的 3 月上旬均可,但应避开严寒干燥时段,且以春季定植较好。株行距 2.0 m×3.0 m 或 2.5 m×3.0 m。油茶忌渍水和干旱,雨季要注意排水,夏秋干旱时及时做好抗旱保苗工作。冬季结合施有机肥进行块状松土除草抚育。油茶幼树由于抽梢量大、组织幼嫩,易受冻害,多施磷、钾肥,同时加强病虫害防治,增强抗逆性。油茶幼林期以营养生长为主,施肥以氮肥为主,配合磷、钾肥,主攻春、夏、秋三次梢,施肥量逐年增加。此外,要注意加强油茶炭疽病、油茶软腐病、油茶尺蠖、茶毒蛾等病虫害的防治。

油茶喜温暖湿润的气候,对土壤要求不严,适应性很强,能耐较瘠薄的土壤,一般以 pH5~6 的酸性黄壤为最适宜;具有萌蘖性,再生能力强。长期栽培,变化较多,花大小不一,蒴果 3 室或 5 室,花丝亦出现连生的现象。油茶是我国南方主要的木本油料树种,盛花期满树银花,素洁淡雅,芳香馥郁,极具观赏性;还具有涵养水源、保持水土、调节气候等生态功能。油茶树寿命长,适应性强,丘陵、山地、沟边、路旁均能生长,不仅能绿化荒山,保持水土,同时是一种常绿阔叶树,叶厚革质,且树干光滑能起防火作用,也是防火林带的优良树种。油茶种子脂肪含量高,可用于榨取茶油,长期食用茶油可降低人体血清中的胆固醇,有益身体健康。

220 山茶 *Camellia japonica*

科名：山茶科　属名：山茶属

形态特征:灌木或小乔木。嫩枝无毛。叶革质,椭圆形,先端略尖,或急短尖而有钝尖头,基部阔楔形,上面深绿色,干后发亮,下面浅绿色。花顶生,红色或杂色,无柄;苞片及萼片组成杯状苞被。蒴果圆球形,2～3 室,每室有种子 1～2 个,3 爿裂开,果爿厚木质。花期 1～4 月。

分布与生境:原产我国南部。四川、台湾、山东、江西等地有野生种,国内各地广泛栽培。河南各公园有栽培,以信阳地区栽培最多,再往北则生长不良或开花不正常。山茶一般生长的最适温度为 20～25 ℃,在不低于 4 ℃或不高于 35 ℃的温度范围内仍可生长。

栽培利用:山茶繁殖常用扦插和嫁接两种方法。扦插:扦插时间宜在芽萌动前,剪取树冠中上部生长健壮的枝条,略带木质部,扦插前,将切口浸入 200 mg/kg 的萘乙酸溶液中,5 s 后取出,插入经过消毒的沙床中,自插后至生根前,应每天喷 1 次水,但水量不可太多,否则叶柄易腐烂。嫁接:①切接法。选择健壮的 2 年生茶花实生苗作砧木,劈成深约 1 cm 的裂口,截取木质化,带有两个叶片的枝头。大面积嫁接,用地膜覆盖,上面搭荫棚遮阴。如砧木较大枝多,可在各个分枝上嫁接不同的茶花品种。嫁接时间早春为好。②靠接法。靠接在 5 月下旬至 6 月中旬进行。靠接一般选 4～5 年茶花的实生苗作砧木,选生长健壮的 2～3 年生枝条作接穗,进行靠接。栽培管理:山茶花喜微酸性(pH 5.5～6),土壤以腐殖质丰富的沙性壤土最好。茶花属半阴性植物,要求荫蔽度约为 50%,不能忍受北方夏季强光直射和盛夏的炎热,因此立夏出室后,茶花宜放在阴凉处,或用遮阳网遮阴,上午 9 时前到下午 5 时后打开遮阳网,接受阳光照射。立秋后早、晚可更多见些阳光,有利花芽形成。山茶花喜湿润,忌积水。由于根细小而脆弱,因而对水分要求较严格,平时浇水最好保持大半墒状态。从春到秋每天可向叶面上喷水 1～2 次,并向花盆周围地面上浇水,以保持湿润的环境。浇山茶花最好用雨水或池塘水,若用自来水需先放缸(桶)内存放 1～2 天,让氯气挥发后再用,并应加入 0.2% 硫酸亚铁,使之成为硫酸亚铁水,以利改善水质。山茶花不宜多施肥,更不宜施浓肥,否则容易损伤根系。茶花施肥常将矾肥水和稀薄液肥交替施用。从花谢后新芽即将萌发时开始施肥,可每月施 1 次腐熟的稀薄麻酱渣水和 1 次稀薄的矾肥水,这样既可满足茶花生育期间所需的养分,又可使土壤经常保持酸性。7～8 月正是山茶花花芽分化期,应增施 1～2 次速效性肥,如 0.2% 磷酸二氢钾、过磷酸钙等。

山茶花品种繁多,花大多数为红色或淡红色,亦有白色,多为重瓣。自古以来就是名贵的观赏花卉,它不仅花形优美、花色绚丽、娇艳异常,而且开花后经久不谢。山茶花作为观赏植物,是主要的园林绿化树种。一是用于园林造景植物搭配,常与杜鹃花,或者耐半阴植物如十大功劳及冬青类的齿叶冬青、代茶冬青、无刺枸骨等配植,形成观花、观叶和观果相结合的效果。二是用于庭院绿化，庭院栽培孤植或丛栽均可，最宜对植堂前，或者点缀中庭。三是用于公园和风景区绿化。四是用于道路绿化。对高速公路进行配植时，可孤植于交通岛中心，或者在道路两旁形成修剪整齐的树墙。五是用于厂矿绿化。山茶对有害气体二氧化硫有很强的抗性，对硫化氢、氯气、氟化氢和铬酸烟雾也有明显的抗性，适用于有害气体污染的工业厂区绿化，可起到保护环境、净化空气的作用。山茶在河南信阳表现尚可，再往北则生长不良或开花不正常。

221 浙江红山茶 *Camellia chekiangoleosa*

科名：山茶科　属名：山茶属

形态特征：小乔木。嫩枝无毛。叶革质，椭圆形或倒卵状椭圆形，先端短尖或急尖，基部楔形或近于圆形，上面深绿色，发亮，下面浅绿色，无毛；边缘3/4有锯齿。花红色，顶生或腋生单花。蒴果卵球形，先端有短喙，下面有宿存萼片及苞片，果爿3～5爿，木质，中轴3～5棱；种子每室3～8粒。花期4月。

分布与生境：产于福建、江西、湖南、浙江。河南商城、光山、新县有栽培。生于海拔500～1 100 m的山地。

栽培利用：扦插繁殖是浙江红山茶的极佳繁殖方法。夏季，以50%的黄心土＋50%细沙为基质，取带顶芽的树干中下部萌芽条做插条，以100 mg/L ABT1 处理2 h，60天开始生根。在全光喷雾条件下，选择黄土∶蛭石∶珍珠岩＝2∶1∶1的复合基质，在夏季用0.5 g/L的植物生长激素组合（80% IBA＋20% NAA）处理，浙江红山茶的生根效果最佳，不仅生根速度快，而且生根质量好。喷雾繁殖和生长素处理使皮层、韧皮部及形成层细胞激增和扩展，增快生根速度。也可以采用嫁接繁殖。5月中旬嫁接成活率较高，温度在30 ℃以上就不利于愈伤组织的产生，从而影响嫁接成活率。所以说，嫁接时间宜早不宜迟；切接和撕皮接对于浙江红山茶嫁接效果影响不大，都适合作为浙江红山茶的嫁接技术。浙江红山茶油茶芽苗砧嫁接要高于3年生实生苗作砧木嫁接。芽苗砧嫁接适于工厂化育苗，而实生苗嫁接适合精品苗的繁殖。栽植：浙江红山茶一般在秋季或春季栽植，移植时最好多带宿土。施肥：因浙江红山茶每年会抽梢两次，为了促进其春梢生长，早春应以施氮肥为主；而在5～6月则应以施磷肥为主，以利于花芽分化。修剪：浙江红山茶不宜重剪，只需除去枯枝、病枝和过多的花蕾即可，以尽量保持树冠自然形态。

浙江红山茶抗寒性强，为山茶抗性育种的优良亲本，花大而艳丽，果实如苹果，南方宜地栽，北方宜盆栽，一次种植，收获期长达百年以上。既可庭院栽植，也可做地被和花丛，还可丛植作绿篱，甚至用来作墙壁绿化，经常用于室内盆栽、阳台绿化和屋顶花园，是家庭中抗煤烟和煤气的好花。同时也是盆景和切花的好材料。一般栽后8～10年郁蔽成林，既能增加油源，又可提高森林覆盖率，具有美化环境、保持水土、涵养水源、调节气候等生态功能，同时，它又是抗污染能力强的树种，对二氧化硫抗性强，吸氯能力也很强，是一种很有发展前途的油料植物及观赏花木。

222 茶 *Camellia sinensis*

科名：山茶科　属名：山茶属

形态特征：灌木或小乔木。嫩枝无毛。叶革质，长圆形或椭圆形，先端钝或尖锐，基部楔形，上面发亮，下面无毛或初时有柔毛。花 1～3 朵腋生，白色；苞片 2 片，早落；萼片 5 片，阔卵形至圆形。蒴果 3 球形或 1～2 球形，每球有种子 1～2 粒。花期 10 月至翌年 2 月。

分布与生境：我国长江以南各省（区）广为栽培。河南产于大别山、桐柏山及伏牛山南部，西峡、内乡、济源有栽培，以信阳毛尖最为驰名。野生种遍见于长江以南各省的山区。

栽培利用：茶树繁殖可分为有性繁殖和无性繁殖。有性繁殖即种子繁殖，性状有变异，可用来造育品种。对良种繁殖推广，一般都采用无性繁殖，方式有细胞培养、组织培养、压条、分株、嫁接、扦插。大田良种推广主要采用短穗扦插方法。用于扦插的苗圃地要选择地势平坦、交通方便、土质疏松、水源充足、光照良好的沙壤土。茶树扦插一般四季都可扦插。春插一般在 2～3 月进行；夏插一般在 5 月 15～31 日进行。夏插时间迟于 6 月 1 日，将不利于茶苗生长；秋插一般在 9～10 月进行，冬插一般在 11～12 月进行。冬插由于气温低，发根慢，管理时间较长，保温防寒工作费工，故很少采用。插穗应选择当年生、腋芽饱满健壮、无病虫危害、半木质化的新梢。一般一个节间剪一个插穗，若节间太短，则两个节间剪一个插穗，留上面一片叶子。扦插后要注意遮阴。扦插初期，每天早、晚各浇水一次，水量以浇透为准，该阶段持续 7～10 天，以后可每天浇一次，生根后，一般隔日浇水一次或数日沟灌一次，以保持适宜的土壤湿度。施肥浓度要淡些，做到勤施薄施，随着苗木的长大施肥量要多些。具体方法是将硫酸钾复合肥（25∶10∶15）用水按 1∶1 溶解后，再进行二次稀释，然后进行喷施。夏插苗圃一般年追肥 8～10 次，冬插苗圃一般年追肥 5 次。扦插苗在高温高湿条件下易诱发炭疽病和芽枯病等病害，也易受茶尺蠖、螨类、叶蝉、粉虱与卷叶蛾等虫害危害，因此要及时观察病虫发生情况，一旦发生要及时防治。

茶树作为一种经济作物，其茎、叶、花、果都具有很高的观赏价值。茶树形态丰富多样、树体可塑性强、生态适应性广等特点显示了茶树在园林绿化领域的应用潜力。茶树耐阴、再生能力强是作为盆景植物的良好条件。乔木型茶树品种植株高大，主干明显、粗大，分枝部位高，主根发达，身姿挺拔、树冠开张、树叶常绿、花果纷繁，非常适合作为行道树树种。茶树生长速度快，萌芽性强，有很强的分枝和再生能力，适于修剪和造型。灌木型茶树品种植株较矮小，无明显主干，分枝稠密，适合作为绿篱植物。灌木型的彩色茶树品种可根据园林需要，片植后修剪出平面、立体几何形色彩图案，营造出花坛、花境、色块，在园林绿化上用途广泛。茶树可通过弯枝和修剪改变原型，可随意修剪树冠成形态各异的单丛或群体绿化形态，观赏价值高，适合作为造型树。

223 茶梅 *Camellia sasanqua*

科名：山茶科　属名：山茶属

形态特征：小乔木。嫩枝有毛。叶革质，椭圆形，先端短尖，基部楔形，有时略圆，上面干后深绿色，发亮，下面褐绿色，无毛；边缘有细锯齿。花大小不一；苞及萼片6～7，被柔毛；花瓣6～7片。蒴果球形，1～3室，果爿3裂，种子褐色，无毛。

分布与生境：分布于日本，多栽培，我国有栽培品种。河南黄河以南地区有栽培。茶梅性喜温暖湿润，喜光而耐阴，忌强光，属半阴性植物。

栽培利用：茶梅的繁殖可以采用播种、嫁接、嫩枝扦插。播种：入冬时，选取颗粒饱满无病虫害的油茶种子在0.1%的高锰酸钾溶液浸10 min再用清水冲洗，然后在20 cm深的沙床上播种，第二年3月幼苗出土。嫁接：芽苗砧接，剪取茶梅接穗，下部削成楔形，将接穗插入苗砧切口中并使砧穗一侧对齐，用切成小条的薄膜或铝箔绑扎，种植在沙床上，喷洒1～2次0.2%的托布津和磷酸二氢钾混合液。扦插：嫩枝密闭法，5月初至10月初，剪取半成熟状态的新发枝条作插穗，在0.1%生根素溶液浸泡30 min后立即扦插，生长快，成活率高。茶梅多采用扦插进行繁殖。扦插后一般半个月喷洒1次水，过后要盖好薄膜，注意密闭性。扦插后半个月内喷洒0.1%高锰酸钾、0.2%磷酸二氢钾2次。扦插50天后根系已初步长成，这时应及时追肥，可施用稀薄人粪尿。因为茶梅较为耐寒，越冬温度保持在2°以上即可，如遇寒流把薄膜盖好。茶梅喜阴湿环境，忌强光，不宜在全阳处孤植，应选择避风背阴面或种植于落叶阔叶树下方。茶梅刚移植时，浇水是关键，浇则浇透，不干不浇。每天可向植株叶面喷水雾，特别是夏季高温时，可早晚2次喷施。栽后可用浓度为1 200 mg/L吲哚丁酸或1 000 mg/L萘乙酸生长调节剂浇灌根部，促进生根。待新植茶梅发叶时，用0.2%磷酸二氢钾溶液进行叶面施肥。新移植后1～2年不要让茶梅开花，当花苞刚冒出时就摘除，避免消耗过多营养不利枝叶生长。

茶梅由于树形优美，花期长，既可观花又可观叶，栽培容易，成型快，抗性较强，病虫害少，所以应用于园林绿化大有可为。茶梅的品种为小乔木、灌木兼有，树形各异，花色别样，且具有较强的抗污染能力，故可种植于街道和花坛，为城市增添景色，亦可作花坛、花境、花篱、坡坎绿化，或作配景材料，植于树旁、角落、墙基做点缀装饰，而且还是阳台、宾馆的理想盆栽花卉。用茶梅制作花篱花墙，可有多种形式：一是单独成形；二是与栅栏相结合，以栅栏作背景；三是与其他绿化树种，如福建茶、黄素梅球等混植。

224 川鄂连蕊茶 *Camellia rosthorniana*

科名：山茶科　属名：山茶属

形态特征：灌木。嫩枝纤细，密生短柔毛。叶薄革质，椭圆形或卵状长圆形，先端长渐尖，尖头略钝，基部楔形至阔楔形，上面干后暗绿色，下面通常无毛。花腋生及顶生，白色，有苞片3～4片；苞片卵形或圆形，先端有睫毛；花萼杯状，萼片5片，不等长，卵形至圆形，边缘有睫毛；花冠白色，花瓣5～7片。果实有宿存苞片及萼片；蒴果圆球形，1～2室，每室有种子1～2粒，2～3爿裂开，果爿薄。花期4月。

分布与生境：湖北、湖南、广西、四川均有分布。生于海拔800 m以下的山谷灌丛中。河南产于大别山的商城、新县。川鄂连蕊茶生长于海拔420～1 200 m的地区，常生于山谷灌丛中、山脚林中、山坡、灌丛中、灌木林缘、林缘、山坡林缘、路边灌丛及山坡林中。

栽培利用：川鄂连蕊茶可采用播种和扦插繁殖，以扦插繁殖为主。播种繁殖：种子成熟后可随采随播，或室温沙藏，来年3月露白时取出播种，覆土深度约2 cm，保持土壤湿润。扦插繁殖：以9月为宜，剪取当年生半木质化小枝作插穗，扦插前用0.3%的高锰酸钾液消毒30 min，然后用ABT1号生根剂浸泡2 h，30天后生根，生根率可达85%以上。扦插苗在当年11月至翌年3月均可移栽。无土栽培技术：一年生播种苗最佳的无土栽培基质配方为园林废弃物∶珍珠岩∶河沙＝3∶2∶1。使用园林废弃物代替泥炭用于无土栽培，既节约了生产成本，又为园林废弃物增加了新的利用途径。

川鄂连蕊茶喜疏松、富含腐殖质的微酸性土壤。四季常绿，是集观形、观叶和观花于一身的优良树种。其株型美观，叶色亮绿、花朵密集，清香宜人，观赏价值极高，喜阳亦耐阴，耐寒、耐高温，四季基本无病虫害，是极具开发前景的丰花、香花型山茶种类之一，也是优良的早春园林绿化树种和盆栽观赏植物，在园林绿化中用于绿篱、花篱、花坛，也是室内盆栽观赏的好材料。

225 毛柄连蕊茶 *Camellia fraterna*

科名：山茶科　属名：山茶属

形态特征：灌木或小乔木。嫩枝密生柔毛或长丝毛。叶革质，椭圆形，先端渐尖而有钝尖头，基部阔楔形，上面干后深绿色，发亮，下面初时有长毛，以后变秃，仅在中脉上有毛，侧脉5～6对，在上下两面均不明显，边缘有钝锯齿，叶柄有柔毛。花常单生于枝顶，有苞片4～5片；苞片阔卵形，被毛；萼杯状，卵形，有褐色长丝毛；花冠白色，基部与雄蕊连生。蒴果圆球形,果壳薄革质。花期4~5月。

分布与生境:产于浙江、江西、江苏、安徽、福建等。河南产于大别山的商城金刚台、新县老庙等。生于海拔800 m以下的山谷或灌丛中。

栽培利用:毛柄连蕊茶花白色,小而密集,孕蕾期长曹片多为红色,未开花时已显色,颇为醒目,花开时,白花布满枝头,仿佛片片雪花落在叶上。连蕊茶枝叶细密,常绿。在园林中不仅可作绿篱,也可成片布置于林缘、路旁展现自然的景色。若与山茶的大花品种配植,再植杜鹃、玉兰、迎春等早春花木,可形成层次多样色彩丰富、效果突出的植物景观;还可使常绿和落叶乔木与灌木、大花与小花合理配置形成稳定的植物群落,让美丽的景色从冬末延续至初夏。山茶花虽美却没有香味,这是茶花爱好者和育种专家的遗憾,连蕊茶多具有浓郁的芳香,若将这些带香味的种类进行育种或与其他山茶属植物杂交,使培育耐寒、芳香的茶花品种成为可能。我国是连蕊茶分布的中心,有着丰富的种质资源,却很少开发利用,除一些植物园和科研单位有少量引种外,在品种选育、栽培繁殖、园林应用、病虫害防治等方面是一片空白。

毛柄连蕊茶主要靠种子繁殖。种子可以榨油,供工业用。

226 束花茶花 *Cluster-flowering camellia*

科名:山茶科 属名:山茶属

形态特征:束花茶花花小且开花极其繁密,从而给人以花似成束开放的效果,该类型茶花主要是指连蕊茶组原种及以连蕊茶组资源为亲本获得的品种。'垂枝粉玉'枝条垂软,成垂枝状。花叶芽及顶芽花蕾数量多的近40枚,花期为冬季,花量繁密,花期长达30~40天。盛花期后花朵像樱花一样整朵零落,在花量上,尤以'玫玉''玫瑰春'和'小粉玉'的花量为最。另外,'小粉玉'的花具有芳香,成为茶花品种中难得的兼具束花和芳香特性的观赏品种。叶较传统品种为小,且春季花后嫩叶深红色,红叶期30~40天;部分品种还兼具冬季色叶,其中,'玫玉'冬季叶片在上海地区呈暗红色,'小粉玉'叶片呈赭色,色叶期30~40天;'玫瑰春'和'俏佳人'叶片部分变色;'垂枝粉玉'冬季叶色呈绿色。冬春两季叶色特征极大地拓展并延长了束花茶花的观赏期。

分布与生境:南方多地园林栽培。河南信阳有栽培。

栽培利用:上海植物园培育的束花茶花新品种与传统茶花相比,主要有花型小且繁密、冬观色叶与繁花、春赏嫩叶等观赏特色,同时以其对土壤和光照的适应性为亮点。目前培育的束花茶花能够在全光照环境和弱碱性土壤上正常生长,拓展了束花茶花的园林景观应用。茶花的主要应用形式有:孤植,选用冠形好、冠幅大、枝条密、花繁叶茂、花期长的品种,孤植于庭园、花坛中心、道路交叉口、道路转折点等地,突出其优美的姿态和花团锦簇的景观效果;对植,选用树姿优美的圆球形、圆锥形种类,植于建筑物前、道路两旁、广场入口处;丛植,在树下亦可露天成片或成丛栽植,体现茶花的整体美。除此之外,也可单一品种或不同品种群植、丛植来体现整体美。普通茶花叶型较大,株型一般以灌木或者小乔木为主,因此在造型及精细化的造景中有些缺憾,而束花茶花则株型紧凑、叶片小巧,是植物造景及盆栽造型的优良材料。其特色的应用主要体现在园林景观、盆栽及插花等方面。

束花茶花新品种可作孤植、列植、群植等应用形式外,尤其适合作绿墙(花墙)、绿篱(花篱)等,以展现其耐修剪、枝叶繁密、开花繁密等观赏特性。在配置上,束花茶花与山石、叠水等配植,倒影入水,花朵飘零,营造中国古典园林诗情画意般的意境。

227 尖连蕊茶 *Camellia cuspidata*

科名:山茶科　属名:山茶属

形态特征:灌木。嫩枝无毛,或最初开放的新枝有微毛,很快变秃净。叶革质,卵状披针形或椭圆形,先端渐尖至尾状渐尖,基部楔形或略圆,上面干后黄绿色,发亮,下面浅绿色,无毛;边缘密具细锯齿。花单独顶生;苞片3~4片,卵形;花萼杯状,萼片5片,不等大,厚革质;花冠白色;花瓣6~7片。蒴果圆球形,有宿存苞片和萼片,果皮薄,种子圆球形。花期4~7月。

分布与生境:产于江西、广西、湖南、贵州、安徽、陕西、湖北、云南、广东、福建等地。河南大别山有野生分布。生于海拔400~1 060 m的山坡、谷地溪边或路旁林下灌丛中。

栽培利用:尖连蕊茶性喜温暖湿润的气候环境,忌烈日,喜半明的散射光照,亦耐阴。尖连蕊茶种植宜选择疏松肥沃的土壤。对阳光的要求不高,半日照或是半阴都可以。不过在夏天的时候,需要为它遮阴,平时保持土壤微湿即可。移栽宜春季或秋季进行。播种、扦插或嫁接繁殖。种子10月采收,采后即播,或用湿沙储藏至翌年春播。扦插可于梅雨季节进行,选健壮、充实的一年生枝条。树形紧凑,花色淡雅,适宜配植在建筑边、园路转角,也适宜修剪成绿篱,是新优的中低层常绿观花植物。

228 木荷 *Schima superba*

科名:山茶科　属名:木荷属

形态特征:大乔木。嫩枝通常无毛。叶革质或薄革质,椭圆形,先端尖锐,有时略钝,基部楔形,上面干后发亮,下面无毛。花生于枝顶叶腋,常多朵排成总状花序,白色,花柄纤细,无毛;苞片2,贴近萼片,早落;萼片半圆形,内有绢毛;花瓣最外1片风帽状,边缘多少有毛;子房有毛。蒴果。花期6~8月。

分布与生境:分布于浙江、福建、台湾、江西、湖南、广东、海南、广西、贵州。据《河南植物志》记载,新县林场有栽培。木荷喜温暖湿润的气候,生长速度较快,能耐 -10 ℃的短暂低温,也能抗 39 ℃的炎热,耐干旱瘠薄。

栽培利用:木荷可用播种繁殖、扦插繁殖和嫁接繁殖。播种繁殖:9 ~ 10 月,采摘蒴果,风选取种,种子干藏;木荷的种子最好使用纱布袋存储,采用晒干的河沙存储也是不错的选择。惊蛰至春分,采用宽幅平沟播种,播种前用 40 ℃温水浸种 24 h,20 天左右出芽。扦插繁殖:9 月用长度为 10 cm 的插条,在浓度为 0.03% 的赤霉素溶液中处理 3 h。嫁接繁殖:春接(3 月下旬起至 4 月中旬)采用切接法,采用当年抽生的半木质化或基本木质化的春梢或夏梢。木荷的繁殖方式一般为直接播种。栽培管理:木荷的生长速度十分慢,可以将木荷放在盆子里栽种,将其作为院子里的观赏植物。做好盆栽工作,首先要调配好土壤。木荷需要的土壤 pH 值要在 5.5 ~6.5。调配这样的土壤,可以采用森林腐叶土 2 份、呈沙质的菜园土壤 3 份,再加上泥炭土 1 份、山源土 3 份、厩肥 1 份。木荷喜肥,不挑剔肥料,但是也不能给它上浓度太高的化肥。木荷喜温暖的日照,但夏天可能会出现日照过强的情况,此时要把盆花置于通风遮阴的清凉环境里。木荷比较适应温和、凉爽的气候,对高温环境难以适应。最佳成长温度一般为 18 ~30 ℃,如果夏天温度超过 38 ℃,木荷将停止光合作用。因此,盆栽木荷应置于凉爽通风处,盆土宜洒透水,通过蒸发水来降温,保障木荷安全过夏。

木荷形状有丛生、单干,树冠高大,叶子浓密,生长速度中等,木荷孤植作主景树或庭荫树是很合适的。除作主景种植方式外,木荷还可以被作为障景树、陪衬树、诱导树、过渡树配植,或在丛林、片林中能形成上层林冠,与其他树种组成一条优美的天际线,增添景观层次。木荷具总状花序,花白色,芳香;嫩枝叶紫红及入冬叶色变红,艳丽可爱,这些使其具备了极佳的美化和香化作用。木荷还是一种优良的芳香植物,可与其他芳香植物相结合,建立芳香植物专题园等,以提高森林景区服务的综合功能。木荷树冠浓密,叶厚革质,木材坚韧、纹理细致,是重要的防火、用材和园林绿化树种,利用前景广阔。其木材坚硬,耐磨、耐腐,常用于建筑、装饰、桥梁和船舶等行业及制作纱锭、纱管等。

229 厚皮香 *Ternstroemia gymnanthera*

科名:山茶科 属名:厚皮香属

形态特征:灌木或小乔木。树皮灰褐色,平滑;嫩枝浅红褐色或灰褐色,小枝灰褐色。叶革质或薄革质,聚生于枝端,呈假轮生状,椭圆形、椭圆状倒卵形,顶端短渐尖,尖头钝,基部楔形,边全缘,上面深绿色或绿色,有光泽,下面浅绿色,干后常呈淡红褐色,中脉在上面稍凹下,在下面隆起。花两性或单性,生于当年生无叶的小枝上或生于叶腋;两性花,花瓣 5,淡黄白色。果实圆球形,小苞片和萼片均宿存,宿存花柱顶端 2 浅裂;种子肾形,假种皮肉质,红色。花期 5 ~7 月,果期 8 ~10 月。

分布与生境:广泛分布于安徽南部的休宁、浙江、江西、福建、湖北西南部、湖南南部和西北部、广东、广西北部和东部、云南、贵州东北部和西北部的毕节及四川南部等地区。河南郑州、信阳、南阳等地有栽培。多生于海拔200~1 400 m(云南可分布于2 000~2 800 m)的山地林中、林缘路边或近山顶疏林中。

栽培利用:厚皮香可采用播种与扦插进行繁殖。播种:厚皮香主要采用播种育苗,10月下旬厚皮香果实成熟时及时采摘。果实采回后,阴干沙藏。播种一般在3月上中旬进行,通常采用条播。用草木灰或细土覆盖,覆土厚0.5 cm左右,然后用稻草覆盖,保持土壤疏松湿润。播后30天左右发芽出土。及时揭草,搭棚遮阴。扦插:一般选择在6月前后剪取半木质化枝条进行,将枝条剪成长约6 cm的插穗。插前用每升20 mg的NAA溶液浸泡1 h为最佳处理组合。插后喷透水,用双重阴棚遮阴保湿,经常保持空气和土壤湿润,成活率较高。小苗移栽以排水良好、土层深厚的耕地为宜,也可选择土层深厚、结构良好的山地红壤、红黄壤或黄棕壤缓坡地。小苗苗床要精细整地,一般可选择7月阴雨天气移栽,随起苗随移栽,尽量减少苗木移栽运输时间。

厚皮香喜温暖、湿润气候,耐庇荫;根系发达,在酸性、中性及微碱性土壤中均能生长;抗风力强,耐-10 ℃低温。树叶平展成层,树冠浑圆,枝叶繁茂,叶色光亮,叶厚有光泽,入冬叶色绯红,开花浓香扑鼻,常配植于门庭两旁及道路转角处,也可大量配植在林缘、树丛下成片种植。厚皮香作为大树孤植,端庄雄伟。用作灌木列植时,枝叶独特,层层有序,开花时色彩鲜艳。厚皮香极耐阴,不同规格的容器苗非常适合用作室内绿化装饰。厚皮香对二氧化碳、氯气、氟化氢等具有较强抗性,并能吸收有毒气体,因此适合用作厂矿绿化和营造环境林。虽然厚皮香开发历史悠久,但国内苗圃存量不大,如果在室内摆花方面开发其价值,后期将潜力无限,可形成一等冠型做造型精品大苗、二等冠型做室内摆花,其余用作园林应用,市场需求量将不容小觑。

230 日本厚皮香 *Ternstroemia japonica*

科名:山茶科　属名:厚皮香属

形态特征:灌木或乔木。树皮灰褐色或深褐色;嫩枝淡红褐色,小枝灰褐色。叶互生,革质,常聚生于枝端,呈假轮生状,椭圆形、椭圆状倒卵形或阔椭圆形,顶端钝或短尖,尖头钝,基部楔形或窄楔形,上面深绿色,下面淡绿白色,有时灰绿色,中脉在上面凹下,下面凸起。花两性或单性;两性花,花瓣5,白色,阔倒卵形。果椭圆形,两端钝,小苞片宿存,宿存萼片卵圆形或几圆形,革质;种子每室2个,少有3个,长圆肾形,成熟时肉质假种皮鲜红色。花期6~7月,果期10~11月。

分布与生境:产于我国台湾省;浙江杭州、江苏南京及江西庐山等地植物园常见栽培。河南郑州、信阳有栽培。主要生长于山地林中、林缘或近山顶疏林中。

栽培利用:日本厚皮香可采用播种和扦插进行繁殖。播种一般在春季进行,现生产上多采用扦插繁殖。扦插繁殖:3 月,扦插基质为黄心土: 河沙 =1:1 混合(体积比),选择二年生枝条做插条,扦插间距为 3 cm ×3 cm,扦插完毕浇一次透水,使插条与基质接触紧密。搭低拱棚,覆盖塑料薄膜,全封闭,以保温保湿,在拱棚薄膜外盖上一层遮阳网。经 500 mg/kg ABT 生根粉 5 s 蘸枝处理,成活率可达 88.3%。其幼苗期需遮阴处理,遮光率为 82%。日本厚皮香幼苗在全光照条件下,叶片发黄,易受日灼,生长不良,日本厚皮香幼苗应在较强蔽荫条件下培大 4 ~5 年,然后移植到全光照下,否则会阻碍它的生长,造成枝叶稀疏、生长势衰落,甚至落叶枯萎。春天的气温正是植物生长的最适温度,在全封闭的塑料薄膜内,日本厚皮香插条在保温、保湿、遮阴的条件下,生根快,生长快,成活率高,在夏季高温来临前已生根、发叶。

日本厚皮香为优良的观叶、观花、观果造型树种,枝叶茂密,树冠浑圆,树形优美且有明显的层次,叶厚而富有光泽,入秋后部分叶片转为暗红色,花香果红,冬叶绯红似满树红花,分外艳丽,是不可多得的中层树种,可广泛应用于园林植物的配置中。抗风性强,耐干旱瘠薄,耐海雾,是滨海地区绿化造林的优良乡土树种和园林观赏树种。

231 红淡比 *Cleyera japonica*

科名:山茶科 属名:红淡比属

形态特征:灌木或小乔木。全株无毛;树皮灰褐色或灰白色;顶芽大,长锥形,无毛;嫩枝褐色,略具二棱,小枝灰褐色,圆柱形。叶革质,长圆形或长圆状椭圆形至椭圆形,顶端渐尖或短渐尖,稀可近于钝形,基部楔形或阔楔形,全缘,上面深绿色,有光泽,下面淡绿色;中脉在上面平贴或少有略下凹,下面隆起;侧脉两面稍明显,有时且隆起,或在下面不明显。花常 2 ~4 朵腋生,萼片 5,卵圆形或圆形,顶端圆,边缘有纤毛;花瓣 5,白色,倒卵状长圆形。果实圆球形,成熟时紫黑色;种子每室数个至十多个,扁圆形,深褐色,有光泽。花期 5 ~6 月,果期 10 ~11 月。

分布与生境:广布于江苏、安徽、湖北、湖南东南部、广东、广西东部及北部、四川、贵州等地。河南产于新县老庙、商城黄柏山金刚台等。多生于海拔 200 ~1 200 m 的山地、沟谷林中或山坡沟谷溪边灌丛中或路旁。

栽培利用:红淡比常用种子育苗和扦插繁殖。种子育苗:11 月中旬采收果实,5 ~7 天后熟堆放处理,洗净的种子经 0.5% 的高锰酸钾浸种 3 ~5 h,阴干 24 h 拌湿沙储藏。3 月中旬播种,条播,26 天左右出苗。育苗地可选择排水良好的水稻田和南北坡的旱地。苗出齐后即需做好庇荫工作。红淡比育苗的全过程一怕高温失水,二怕阴雨积水,三怕追肥时浓度过高。扦插育苗:夏插和秋插,夏插在梅雨后,秋插 9 月上中旬,选取春梢抽生之后达到木质化或半木质化的中上部枝条做插穗,扦插时穗条插入土壤 1.5 ~2 cm,插后一定要一次性浇透水。每亩一般可插 15 万株左右,插后用 2 层遮阳网覆盖,早春和晚秋扦插则需用薄膜作第 1 层覆盖物,第 2 层再用遮阳网。扦插成活后,注意及时拔草和干旱季节的浇水,也可通过根外施肥的方式施点尿素,其用量不能超过0.3%。

红淡比具有常绿、不易落叶的生态特性,可用其鲜枝叶为原料手工编织成植物工艺品。

232 细枝柃 *Eurya loquaiana*

科名:山茶科 属名:柃木属

形态特征:灌木或小乔木。树皮灰褐色或深褐色,平滑;枝纤细,嫩枝圆柱形,黄绿色或淡褐色,小枝褐色或灰褐色;顶芽狭披针形,密被微毛。叶薄革质,窄椭圆形或长圆状窄椭圆形,顶端长渐尖,基部楔形,上面暗绿色,有光泽,下面干后常变为红褐色,中脉在上面凹下,下面凸起。花1~4朵簇生于叶腋。雄花:小苞片2,极小,卵圆形;萼片5,卵形或卵圆形,顶端钝或近圆形;花瓣5,白色。果实圆球形,成熟时黑色;种子肾形,稍扁,暗褐色,有光泽,表面具细蜂窝状网纹。花期10~12月,果期次年7~9月。

分布与生境:安徽南部、浙江南部和东南部、江西、福建、台湾、湖北西部、湖南西部和西南部、广东、海南、广西、四川中部以南、贵州及云南东南部等地均有分布。河南产于大别山的新县、商城、罗山。生于海拔800 m以下的沟谷林中或林缘及灌丛中。

栽培利用:城市园林是城市规划不可或缺的部分,植物的选取也至关重要,目前树种的选择存在单调、景观效果较单一、乡土特色不明显等特点。开发乡土树种,通过引种、驯化,选取有观赏价值的植物充实城市绿地变得切实可行。因此,野生植物资源是城市规划,构建美丽新型城市的重要素材,可以有效提高城市园林的生态效益。细枝柃在园林方面的用途也比较广泛,在园林上具有较高的观赏价值。日本很早就栽植柃木属植物作为庭园及绿篱植物,而英国也较早便将柃木属植物作为庭园树种来栽培,但国内关于柃木属栽培的报道很少。我国细枝柃分布面积广,是南方常绿阔叶林林下常见优势树种。细枝柃树型优美、花芳香、叶常绿,具有观赏性强、抗性强、易修剪等优点。目前城市园林绿地中应用很少,是一类具有较高开发潜力的园林观赏植物。作常绿灌木,可用作地被植物,它们的生长速度通常比较慢,具有耐修剪及苗期生长缓慢的特点,细枝柃不仅具有较高的观赏价值,大多数还是重要的蜜粉源植物,花大小似桂花,芳香扑鼻,蜜汁水白透明,结晶芳香,是上等的蜂蜜之一,有"蜜中之王"之称,是我国南方秋冬季节较为重要的蜜源植物。细枝柃还是常见的药用植物,深入认识和开发利用该植物有着重要的价值。

233 微毛柃 *Eurya hebeclados*

科名：山茶科　属名：柃木属

形态特征：灌木或小乔木。树皮灰褐色；嫩枝黄绿色或淡褐色，密被灰色微毛，小枝灰褐色；顶芽卵状披针形，渐尖，密被微毛。叶革质，长圆状椭圆形、椭圆形，顶端短尖，尖头钝，基部楔形，边缘有浅细齿，上面浓绿色，有光泽，下面黄绿色。花4～7朵簇生于叶腋。雄花：小苞片2，极小，圆形；萼片5，近圆形，花瓣5，长圆状倒卵形，白色。雌花的小苞片和萼片与雄花同，较小；花瓣5。果实圆球形，成熟时蓝黑色。花期12月至次年1月，果期8～10月。

分布与生境：江苏南部、安徽南部、浙江、江西、福建、湖北西部、湖南中部以南及西部、广东北部、广西、四川东南部、重庆及贵州东南部等地均有分布。河南产于大别山商城黄柏山、金岗台及新县等。生于海拔800 m以下的沟谷林中、林缘或山坡灌丛中。

栽培利用：微毛柃花小，花色素淡，微毛柃花具有香味，具有较高的园林价值。花期在秋冬季，在园林应用上，这个时间相对开花植物较少。微毛柃由于果实太小，且隐藏于枝内，观赏价值一般。适于作绿篱，经过人工修剪整形，具分蘖多、生长速度适中或稍快、造型容易、耐修剪等特点。常绿性好，秋冬落叶少，观赏效果持久稳定。在特殊观赏期上，微毛柃仅具嫩叶期。修剪后具有一年多次分蘖抽梢的性能，微毛柃分蘖枝条较平展，能更快地形成冠幅。微毛柃生长速度较快。整形灌木在整形后内膛及下部枝叶较耐阴，喜阳的植物通常会引起落叶，影响整体效果，但微毛柃在野生生境下，通常生长在灌木丛中，都比较耐阴，因此内膛及下部枝叶较耐阴，易留存，能保持较好的整体效果。微毛柃具有较好的耐热、耐寒性和适应性，很少有病虫害，是喜阳植物，由于野生生境为山坡或溪边灌丛中，具有较好的耐阴性。而且因为野生环境土壤从肥沃到贫瘠不等，所以有较强的适应性；微毛柃抗旱能力都很强，喜沿溪分布，因此都具一定的耐涝能力。微毛柃生根时间较短，根系初步长成仅需1～2个月，成活率相对较高。扦插繁殖周期较长，在扦插期需注意日常管理。微毛柃具有特色的嫩叶颜色和稳定的成熟叶颜色，适合作为色块植物等群植造型植物。

234 翅柃 *Eurya alata*

科名：山茶科　属名：柃木属

形态特征：灌木。嫩枝具显著4棱，淡褐色，小枝灰褐色，常具明显4棱；顶芽披针形，渐尖。叶革质,长圆形或椭圆形,顶端窄缩呈短尖,尖头钝,基部楔形,边缘密生细锯齿,上面深绿色,有光泽,下面黄绿色,中脉在上面凹下,下面凸起。花1~3朵簇生于叶腋。雄花:小苞片2,卵圆形;萼片5,膜质或近膜质,卵圆形,顶端钝;花瓣5,白色,倒卵状长圆形,基部合生;雄蕊退化子房无毛。雌花的小苞片和萼片与雄花同;花瓣5,长圆形。果实圆球形,成熟时蓝黑色。花期10~11月,果期次年6~8月。

分布与生境:广泛分布于陕西南部、安徽南部、浙江南部和西部、江西东部、福建、湖北西部、湖南南部和西北部、广东北部、广西北部、四川东部及贵州东部等地。河南产于大别山的信阳、商城、新县、罗山,桐柏山桐柏、确山及伏牛山南部西峡、南召、内乡、淅川等。生于海拔800 m以下的溪边、沟谷阴湿处或林下及灌丛中。

栽培利用:翅柃多采用扦插进行繁殖。秋季扦插效果最好,其次为春季,夏季最差。所以在生产中,翅柃可采用秋季扦插,不仅简便易行,而且生根效果佳。夏季扦插时,由于水分和温度之间的平衡难以掌握,管理难度大。秋季扦插,插床基质为河沙,采用双层覆盖育苗法,即透明塑膜+70%遮光率的遮阳网。9月采用50 mg/L吲哚丁酸处理插穗,生根率显著提高。

翅柃具有较强的耐阴和抗寒能力,是优良的蜜源植物和不可多得的观花、观果园林植物。可作庭院绿篱。翅柃嫩梢可以做茶叶,翅柃茶的茶多酚含量略低于西湖龙井等著名绿茶,儿茶素含量略高于西湖龙井等著名绿茶,游离氨基酸、咖啡碱含量很低,可溶性糖和水浸出物含量很高,气味十分芳香。翅柃茶咖啡碱含量和人体必需的氨基酸含量低,药理作用极其有限。低咖啡碱含量的茶更适合随时饮用,饮后不会导致精神亢奋而影响睡眠。翅柃茶的茶多酚、儿茶素含量与其他著名绿茶相差不多,但可溶性糖和水浸出物的含量却很高,构成了翅柃茶"叶芳香,茶汤甜醇、浓厚爽口,涩味弱,苦味极淡"的滋味特点。

235 短柱柃 *Eurya brevistyla*

科名:山茶科 属名:柃木属

形态特征:灌木或小乔木。树皮黑褐色或灰褐色,平滑;嫩枝灰褐色或灰白色,略具2棱,小枝灰褐色;顶芽披针形。叶革质,倒卵形或椭圆形,顶端短渐尖至急尖,基部楔形或阔楔形,边缘有锯齿,上面深绿色,有光泽,下面淡黄绿色,两面无毛,中脉在上面凹下,下面凸起。花1~3朵腋生。雄花:小苞片2,卵圆形;萼片5,膜质,近圆形,但边缘有纤毛;花瓣5,白色,长圆形或卵形;退化子房。雌花的小苞片和萼片与雄花同;花瓣5,卵形。果实圆球形,成熟时蓝黑色。花期10~11月,果期次年6~8月。

分布与生境:广泛分布于陕西南部、江西、福建中部和北部、广东北部、广西北部、湖北西部、湖南西部、四川东部和中部、贵州及云南东北至东南部等地。河南产于大别山的商城、新县、信阳、罗山及伏牛山南部西峡、内乡、淅川等。生于海拔800 m以下的山谷林中、林缘或灌丛中。

栽培利用:短柱柃以扦插繁殖为主,春季扦插效果最好。用浓度 50 mg/L 的吲哚丁酸处理插穗,能显著提高生根效果,尤其对侧根数和最长不定根有促进作用,同时提高移栽成活率。

短柱柃的花大小似桂,具微香,所以民间又有野桂花之称。花白色,花期长。在园林植物造景中,将短柱柃合理搭配栽植,或三五株丛植或林下配置,可以在少花的冬季形成色彩丰富、观赏期长的景观效果。短柱柃还是优良的蜜源植物,其花能吸引蜜蜂等昆虫,其肉质的浆果可以招引鸟类来啄食。在园林或城市森林中栽植这些具有花果,能吸引昆虫、鸟类等动物的植物,不仅丰富了园林景观,而且能为动物提供栖息环境,使我们的生活空间充满鸟语花香的自然气息,同时也是城市居民接触自然和认识自然的重要途径。此外,短柱柃对环境污染有一定抗性和净化能力。短柱柃用作绿篱和植物造型具有很好的前景,在园林绿化中可作绿篱栽培,亦可植于建筑物周围或草坪、池畔、小径转角处,或用以点缀岩石园,富有生气。短柱柃生长速度通常比较慢,具有耐修剪及苗期生长缓慢的特点,可开发应用为地被植物,可开发作优良的地被色块材料。

236 细齿叶柃 *Eurya nitida*

科名:山茶科　属名:柃木属

形态特征:灌木或小乔木。树皮灰褐色或深褐色,平滑;嫩枝具 2 棱,黄绿色,小枝灰褐色或褐色;顶芽线状披针形。叶薄革质,椭圆形、长圆状椭圆形或倒卵状长圆形,顶端渐尖或短渐尖,尖头钝,基部楔形,有时近圆形,边缘密生锯齿或细钝齿,上面深绿色,有光泽,下面淡绿色,两面无毛,中脉在上面稍凹下,下面凸起。花 1 ~ 4 朵簇生于叶腋,花梗纤细。雄花花瓣 5,白色。雌花的小苞片和萼片与雄花同;花瓣 5,长圆形。果实圆球形,成熟时蓝黑色;种子肾形,亮褐色,表面具细蜂窝状网纹。花期 11 月至次年 1 月,果期次年 7 ~ 9 月。

分布与生境:广泛分布于浙江东南部、江西南部、福建、湖北西南部、湖南南部、广东、海南、广西东部、四川中部和东部、重庆、贵州等地。河南产于大别山的商城、新县、信阳及伏牛山南部西峡、淅川等。生于海拔 800 m 以下的山谷林中、林缘或灌丛中。

栽培利用:细齿叶柃可采用播种及扦插进行繁殖。播种繁殖:8 ~ 9 月当果实颜色由绿变黑紫色时采摘。搓去果皮,置于通风室内阴干。采集后的种子低温储藏后,第 2 年春进行播种。播种前将消毒过的种子在初始水温为 60 ℃的水中浸泡 24 h。选择排水和灌溉方便,土壤疏松、肥沃的黄壤为圃地。播种前要深耕细耙,用 500 倍多菌灵溶液对土壤进行消毒,采用条播,开深 10 cm、宽 5 cm 的浅沟,将种子与细沙按 1:1 体积比混合均匀撒播于播种沟上,覆一层稻草或覆盖地膜,以保持土壤湿润。播种量约 150 kg/hm^2。幼苗出土后,要搭荫棚遮阴,及时松土除草、间苗、浇灌、施肥。扦插繁殖:细齿叶柃的扦插繁殖以春插生根效果最好,其次为夏季、秋季扦插,夏插要尽量避开高温时期。用浓度为 50 mg/L

的吲哚丁酸处理穗条,可明显提高其生根能力。

细齿叶柃分布广、数量多,冬季开花,是优良的蜜源植物;枝、叶及果实可作染料。

237 石笔木 *Tutcheria championi*

科名:山茶科 属名:石笔木属

形态特征:乔木。树皮灰褐色,嫩枝略有微毛,不久变秃。叶革质,椭圆形或长圆形,先端尖锐,基部楔形,上面干后黄绿色,稍发亮,下面无毛,侧脉与网脉在两面均稍明显,边缘有小锯齿。花单生于枝顶叶腋,白色;苞片2,卵形;萼片9~11片,圆形,厚革质,外面有灰毛;花瓣5片,倒卵圆形,先端凹入,外面有绢毛;子房3~6室,花柱连合,顶端3~6裂;胚珠每室2~5个。蒴果球形,由下部向上开裂;果爿5片;种子肾形。花期6月。

分布与生境:产于广东、福建。河南光山有引种栽培。喜温暖湿润环境,常生于海拔500 m左右的山谷、溪边常绿阔叶林中。

栽培利用:石笔木可采用播种和扦插进行繁殖。播种繁殖:果实由黄绿色转浅黄色时采收,堆放风干,筛选、沙藏。2月播种,条播,60天左右苗木开始出土长叶。扦插繁殖:夏插和秋插,夏插一般在5月下旬至6月上旬,秋插为9月中旬。选1年生木质化或半木质化枝条作插条,浸于ABT2号生根粉0.01%溶液中1 h。扦插时间分夏插和秋插,夏插一般在5月下旬至6月上旬,秋插为9月中旬。扦插时间分夏插和秋插,夏插一般在5月下旬至6月上旬,秋插为9月中旬。扦插株行距按6 cm×10 cm,即每亩可插11万株左右。插后及时浇透水,使插穗与土壤密接,插完一垄应及时覆膜。扦插后经常查看扦插圃内土壤湿度等情况。当土壤干燥时,应及时揭膜喷水,同时喷药防病后及时密封地膜。当苗木生根发叶后,可适当进行土壤施肥和叶面施肥,初期以氮肥为主,但要注意少量多次,苗木生长后期以磷、钾肥为主。8月底后应停止施肥。对苗圃地还要注意及时拔草和干旱季节的浇灌。

石笔木树有一定的抗干旱性,耐最低温度-11 ℃。树形美观,叶泽光亮,是集观形、观叶、观花、观果为一体的野生乡土树种,喜光,无须半阴,且多为乔木。所以,该属植物在风景园林应用中将有广阔的前景,应用的形式多样化,该属植物不仅可以作为庭院观赏树、标志树、指示树,也是道路行道树及高速公路、等级公路、坡堤绿化的重要树种。主要用于庭院、住宅区、广场、公园或街道绿化;在城市森林景观建造中用于乔木亚层配置。石笔木具有较强的抗污染(氟化物、硫化物和酸雨)的能力,适宜工业园绿化。其树干通直,木材结构均匀,强度中,材质优良,果实富含蛋白质、脂肪、茶多酚、维生素E、维生素C等,还是具有开发前景的用材树种和经济植物。

238 金丝梅 *Hypericum patulum*

科名：藤黄科　属名：金丝桃属

形态特征:灌木。丛状,具开张的枝条。茎淡红至橙色;皮层灰褐色。叶具柄;叶片披针形或长圆状披针形至卵形或长圆状卵形,先端钝形至圆形,常具小尖突。花序自茎顶端第1~2节生出,伞房状。花多少呈盃状;花蕾宽卵珠形,先端钝形。萼片离生,先端钝形至圆形或微凹而常有小尖突,边缘有细的啮蚀状小齿至具小缘毛,膜质,常带淡红色,中脉通常分明。花瓣金黄色,无红晕。蒴果宽卵珠形。种子深褐色,有浅的线状蜂窝纹。花期6~7月,果期8~10月。

分布及生境:陕西、江苏、安徽、浙江、江西、福建、台湾、湖北、湖南、广西、四川、贵州等省区均有分布。河南产于大别山、桐柏山及伏牛山南部地区。生于海拔(300~)450~2 400 m山坡或山谷的疏林下、路旁或灌丛中。

栽培利用:金丝梅可采用扦插、组织培养、分株、播种进行繁殖。扦插:一般在春季或秋季进行,选择生长健壮的1~2年生枝条,剪成10~15 cm长的插穗,剪口上平下斜,并用生长素或生根粉浸泡处理。苗床应浇透水,待水落后即可扦插,管理以灌水、松土、除草为主。进行金丝梅嫩枝扦插时,以河沙或珍珠岩为扦插基质,采用新梢中上部作为插条,经吲哚丁酸处理可获得较高的成活率及较高质量的扦插苗。组织培养:①芽诱导培养基:MS+6-BA 3.0 mg/L(单位下同)+NAA 0.4+LH(水解乳蛋白)500;②增殖培养基:MS+6-BA 1.0+IBA 0.1+$GA_3$0.3;③生根培养基:1/2MS+IBA 0.2。培养基附加0.8%琼脂、3%蔗糖,pH5.6~5.8。培养温度为(25±2)℃,光照14 h/d,光照度2 000 lx。将生根后的试管苗移栽于蛭石、河砂、森林土(5∶1∶3)的基质中,用塑料薄膜覆盖,搭遮阳网防止阳光直射,湿度保持90%左右,10天后撤除塑料薄膜,新根新叶开始发育。20天后,将成活的幼苗移至森林土、田园土(1∶1)基质中,株行距为10 cm×5 cm,注意水分和光照。当移栽苗长至15~2 cm时,带土移栽至大田,灌足水。分株繁殖:一般在春季或秋季栽培时进行。分株一定要带土球,这样有利成活。采挖分株苗木可用尼龙袋包裹根系或直接栽于花盆内。播种繁殖:在每年8~9月果实成熟期进行,待蒴果干燥后揉搓出种子,风干后所得纯净种子备用。一般在低温下袋装储藏,播种前用温水浸种1~2天可明显提高发芽率。可春播,亦可秋播。一般在春季3月下旬或4月初进行播种。采用条播或撒播均可,覆表土1 cm左右,床面盖草并洒水浇湿,播后10天出苗,20天左右出齐。苗高3~4 cm时可分次间苗,最好在雨后进行。苗期除拔草、松土外,还须定期施追肥,盛夏季节注意遮阴并及时浇水,防止苗木干枯死亡。也可进行野外采挖,每年2月上旬至3月中旬,土壤解冻后至萌芽前,或者在10月下旬至11月中旬大部分叶片落后至土壤封冻前进行采挖。

金丝梅花朵硕大,花形美观,花色金黄醒目,观赏期长达10个月,是非常珍贵的野生观赏灌木。宜植于庭院内、假山旁及路边、草坪等处,也可配置专类园和花径,还可盆栽观赏，亦能作切花，是城市绿化的良好材料。全株药用，中药名芒种花、细连翘、土连翘，性苦、寒，有清热解毒、舒筋活血、利尿通淋及催乳等功效。

239 金丝桃 *Hypericum monogynum*

科名：藤黄科　属名：金丝桃属

形态特征：灌木。从状或通常有疏生的开张枝条。茎红色，圆柱形；皮层橙褐色。叶对生，无柄或具短柄；叶片倒披针形、椭圆形至长圆形，先端锐尖至圆形。疏松的近伞房状；苞片小，线状披针形，早落。花星状；花蕾卵珠形，先端近锐尖至钝形。萼片宽或狭椭圆形，先端锐尖至圆形。花瓣金黄色至柠檬黄色，无红晕，开张。蒴果宽卵珠形，种子深红褐色，圆柱形，有狭的龙骨状突起，有浅的线状网纹至线状蜂窝纹。花期 5～8 月，果期 8～9月。

分布与生境：河北、陕西、山东、江苏、安徽、浙江、江西、福建、台湾、湖北、湖南、广东、广西、四川及贵州等省区均有分布。河南产于大别山、桐柏山及伏牛山南部地区。黄河以南地区广泛用于园林绿化。生于海拔 1 000 m 以下的山坡灌丛或路旁。

栽培利用：金丝桃常采用播种、扦插、分株等方式进行繁殖。播种繁殖：10 月种子成熟时，及时采集蒴果，纯净种子置于牛皮纸口袋中，阴干，自然放置。播种前 3 天，种子用细纱布包裹，放入清水中浸泡 24 h，捞出后湿沙层积催芽。3 月采用撒播方式进行均匀播种，因种子细小，覆土应薄些，播后立即浇水，并注意保持床面湿润。一般播种 20 天后出苗。扦插繁殖：①硬枝扦插。早春在金丝桃枝条尚未萌动前进行，一般在 2 月下旬进行。选择生长健壮的母树，从上一年的新生枝条采条，下部速蘸 0.1% ABT 溶液 5～10 s 即可扦插，扦插深度为枝条的 2/3 左右，始终保持一定湿润状态。30～40 天可生根。生根后，每隔 7 天用甲基托布津或多菌灵 1 000 倍液喷雾杀菌。②嫩枝扦插。金丝桃嫩枝扦插一般在 5～6 月进行。因温度高，插条蒸腾作用过盛，所以必须搭遮阴网。在原苗床上最好铺一层厚 10～15 cm 的基质（蛭石 + 泥炭 + 珍珠岩），用杀菌及杀虫剂充分消毒，以防病虫害。采集金丝桃当年生半木质枝条，将一年生粗壮的嫩枝剪成 10～15 cm 的插条，尽量带踵，速蘸 0.1% ABT 溶液 5 s，插入苗床 1/2，用长 2 m 的竹片搭成小拱棚。扦插前 20 天应保持小拱棚空气湿度在 90% 以上，温度应控制在 38 ℃以下，当插条生根后，揭开拱棚两头进行通风炼苗，1 周后可去除薄膜，但苗床仍需保持一定湿度，再炼苗两周后可去除遮阴网，进入苗期管理。分株繁殖：分株主要在 3～4 月进行。将金丝桃的一侧或两侧土挖开，将带有一定茎干和根系的萌株带根挖出，另行栽植，也可将金丝桃母株全部挖出，将植株根部分成有较好根系的几部分，每部分地上均有 1 个茎干。栽培管理：根据天气状况，春夏梅雨季节注意排水，盛夏高温季节注意浇水。要掌握灌溉时干时湿原则，播种苗可结合浇水进行追肥，于 6～8 月进行，少量多次，一次追施尿素 5 kg，间隔 10～15 天 1 次，连续 2～3 次，边追边浇水洗苗。种苗在春、秋季节都可移栽，丛生期土壤保持湿润，每年施基肥 1 ~2 次，花期增施 2 ~3 次磷、钾肥，冬季适当培土防寒。此外，应注意加强金丝桃叶斑病、白粉病、锈病和根疣线虫等病虫害的防治。

金丝桃是黄花植物，由于黄色系花在自然界中的种类和数量相对较少，所以金丝桃在园林应用中更显稀有而珍贵，应用价值独特。道路绿化：金丝桃长势强健，蓬径大，花期长，持续到夏末秋初，适于在道路分车带中与灌木交错栽植；也可在较窄路段建植模纹，与绿色灌木形成规则图案；还可布置于交通岛或道路两侧乔木与矮小花草之间的绿地，形成景观层次。庭院绿化：黄色花草已经被普遍种植在庭院，尤其是大面积种植形成花境时，观赏价值极高。点缀置石：金丝桃属野生花卉，在野外常与岩石相伴，形成自然和谐的景观。园林中巧妙地栽植于置石边，给人以鲜活与沉静对比的视觉享受。金丝桃为野生花卉，可自行生长、自然繁殖，栽植后不需要人工特意呵护，是理想的地被植物，应充分利用这种特性配置于绿地中。此外，金丝桃果实及根供药用，果作连翘代用品，根能祛风、止咳、下乳、调经补血，并可治跌打损伤。

240 柞木 *Xylosma racemosum*

科名：大风子科　属名：柞木属

形态特征：大灌木或小乔木。树皮棕灰色；幼时有枝刺；枝条近无毛或有疏短毛。叶薄革质，雌雄株稍有区别，通常雌株的叶有变化，菱状椭圆形至卵状椭圆形，先端渐尖，基部楔形或圆形，边缘有锯齿，两面无毛或在近基部中脉有污毛；叶柄短，有短毛。花小，总状花序腋生，花梗极短；花萼 4 ~6 片，卵形，外面有短毛；花瓣缺。浆果黑色，球形，顶端有宿存花柱；种子 2 ~3 粒，卵形，鲜时绿色，干后褐色，有黑色条纹。花期春季，果期冬季。

分布与生境：产于秦岭以南和长江以南各省区。河南郑州、洛阳、南阳、信阳、驻马店、平顶山等地有栽培。生于海拔 800 m 以下的林边、丘陵和平原或村边附近灌丛中。

栽培利用：柞木繁殖以播种繁殖为主。采集发育健壮、无病虫害的壮年树种的果实，阴干种子，干藏法保存。春季播种，层级催芽，采用条播，每条播种 20 ~40 粒，条距 15 ~20 cm，覆土厚度 2 ~3 cm，然后用无纺布将床面覆盖起来，用漫灌法或喷淋法浇透水，出苗期保持床面湿润。出苗后拆除无纺布，待长出真叶后喷洒防治病虫害的药剂。3 ~5 片真叶进行 1 次间苗，日常管理要跟上。生长期为促进枝条的抽发，应追施速效肥料 2 ~3 次，早期以氮、钾肥为主，生长后期以磷、钾肥为主，苗木在生长过程中，如果叶片生长发育不佳，可以配制浓度为 0.1% ~0.3% 的尿素与磷酸二氢钾营养液进行根外追肥（叶面施肥）进行营养补充；进入休眠期，每 2 年再施 1 次以有机肥为主的基肥。水分在柞木树桩生长过程中不可缺少，为促进生长，要保证特别是幼苗正常的水分供给，但要注意的一点是，种植地水分含量不能过大，因柞木特别怕积水。在多雨的季节，还要注意种植地排水通畅，干旱季节和枝条生长旺季及时补充水分。此外，应注意加强柞木白粉病、舞毒蛾、天幕毛虫、栎粉舟蛾等病虫害的防治。

柞木喜光，略耐阴，喜温暖湿润气候，耐寒，耐旱，不耐湿，常生于山麓、低坡、谷地的微酸性黄壤、中性黏质壤土上，石灰岩山地也能生长。树干奇特苍劲，树形优美多姿，枝繁叶茂，四季常青，耐修剪、易造型，适宜制作大型盆景，经整形做成造型后冠如华盖，千姿百态，神韵独具，是风景园林、庭院住宅区造型景观精品树种。宜植于假山旁、山林坡地、路边林缘或制作成桩景种植于花坛、游园等作中心主景加以点缀。材质坚实，纹理细密，材色棕红，供家具、农具等用；叶、刺供药用；种子含油；又为蜜源植物。郑州引种栽培多年，在郑州绿博园生长表现良好，极端低温年份新梢有冻害。

241 毛瑞香 *Daphne kiusiana* var.*atrocaulis*

科名：瑞香科　属名：瑞香属

形态特征：直立灌木。二歧状或伞房分枝；枝深紫色或紫红色；腋芽近圆形或椭圆形，鳞片卵形，褐色，边缘具淡白色流苏状缘毛。叶互生，有时簇生于枝顶，叶片革质，椭圆形或披针形，两端渐尖，基部下延于叶柄，边缘全缘，微反卷，上面深绿色，具光泽，干燥后有时起皱纹，下面淡绿色，中脉纤细，上面通常凹陷，下面微隆起；叶柄两侧翅状，褐色。花白色，有时淡黄白色，簇生于枝顶，呈头状花序。果实红色，广椭圆形或卵状椭圆形。花期11月至次年2月，果期4~5月。

分布与生境：江苏、浙江、安徽、江西、福建、台湾、湖北、湖南、广东、广西、四川等省区均有分布。河南产于大别山、桐柏山、伏牛山。生于海拔800 m以下的山坡灌丛中。

栽培利用：毛瑞香的繁殖方法多采用扦插繁殖，其中嫩枝扦插较硬枝扦插成活率高；低龄母株、带叶多、顶部枝段的枝条扦插成活率高，根系发达；6月夏季扦插较春秋二季扦插成活率高。扦插中采用萘乙酸或生根剂浸蘸切口，生长根系发达，成活率高。但生产中扦插长期进行，插穗易感染病毒，造成死亡。

从毛瑞香全株的化学成分分离得到9个化合物，分别为降香萜醇乙酸酯、7-甲氧基-8-羟基香豆素、双白瑞香素、芹菜素、木犀草素和daphneticin。毛瑞香提取液具有抗脂质过氧化和抗衰老作用；此外，毛瑞香提取液还具有杀菌、抗炎、抗风湿、耐缺氧、镇痛等作用。由于毛瑞香花朵中含瑞香苷等物质，也能够提取香料制作香水。因此，毛瑞香在医药、化工领域具有广阔的应用前景。

毛瑞香也可作庭院观花、观果灌木。以其特有的花香色艳、姿态秀美、花期独特而著称，每年到了岁末年初天气寒冷百花凋零时节，毛瑞香出现繁花满枝、浓香四溢的喜人景象，似乎着意与人们共庆新春佳节。此外，毛瑞香茎皮纤维供造纸和生产人造棉。

本属另一种瑞香的变型金边瑞香 *Daphne odora* f. *marginata*，以“色、香、姿、韵”四绝著称于世，留下了“牡丹花国色天香，瑞香花金边最良”的吟唱。在春节开花，花期60天，它姿态婆娑潇洒，曲伸自然，叶片整齐碧绿，叶缘镶有金边，黄似金，翠似玉，玉叶金边，终年茂盛。但金边瑞香耐寒性差，冬季应移入室内，放在阳光充足的地方，室温保持在5 ℃以上可安全越冬。

242 凹叶瑞香 *Daphne retusa*

科名：瑞香科　属名：瑞香属

形态特征:灌木。分枝密而短,稍肉质,当年生枝灰褐色,密被黄褐色糙伏毛,多年生枝灰黑色。叶互生,常簇生于小枝顶部,革质或纸质,长圆形、长圆状披针形或倒卵状椭圆形,先端钝圆形,尖头凹下,幼时具一束白色柔毛,基部下延,楔形或钝形,边缘全缘,微反卷,上面深绿色,多皱纹,下面淡绿色。花外面紫红色,内面粉红色,无毛,芳香,数花组成头状花序,顶生。果实浆果状,卵形或近圆球形,幼时绿色,成熟后红色。花期4~5月,果期6~7月。

分布与生境:陕西、甘肃、青海、湖北、四川、云南、西藏等省区均有分布。河南产于伏牛山灵宝、卢氏、栾川、嵩县、西峡、内乡等地。生于海拔1 400 m以上的山坡、山沟林下。

栽培利用:凹叶瑞香可采用扦插、压条、播种。扦插繁殖:可在春、夏、秋三季进行扦插繁殖,春季插在2月下旬至3月下旬,选用一年生的粗壮枝条约10 cm,插入苗床;夏插在6月中旬至7月中旬;秋插在8月下旬至9月下旬,均选当年生枝条。夏、秋扦插,剪下当年生健壮枝条。插在河沙盆中,约2/3深,插后遮阴,保持湿润。压条繁殖:宜在3~4月植株萌发新芽时进行。一般经2个多月即可生根。秋后剪离母体上盆或另行栽植。播种繁殖:要选择疏松肥沃、排水良好的酸性土壤(pH6~6.5),忌用碱性土,可用山泥或田园土掺入40%的泥炭土、腐叶土、松针土和适量的煤球灰、稻壳灰、城市垃圾为培养土。同时凹叶瑞香性喜冷凉的环境,惧烈日,喜阴。夏季要遮阴、避雨淋和大风;冬季放在室内向阳、避风处,维持8 ℃以上的室温。保持盆土不过干或过湿;苗植进行移植可在春、秋两季,但以春季开花期或雨期移植为宜。忌施人粪尿,花期应施一些磷、钾肥,花后则以施氮肥为主,保证营养生长的需要。炎夏季节禁止施肥。

凹叶瑞香可移植庭园作观赏植物,其树皮纤维为造纸原料,种子可榨油,叶、花可防虫。

243 唐古特瑞香 *Daphne tangutica*

科名：瑞香科　属名：瑞香属

形态特征:灌木。不规则多分枝;枝肉质,幼枝灰黄色,几无毛或散生黄褐色粗柔毛,老枝淡灰色或灰黄色。叶互生,革质或亚革质,披针形、长圆状披针形或倒披针形,先端钝形,尖头通常钝形,幼时具一束白色柔毛,基部下延于叶柄,边缘全缘,反卷,上面深绿色,下面淡绿色,中脉在上面凹下,下面稍隆起,侧脉不显著;叶柄短或几无叶柄。花外面紫色或紫红色,内面白色,头状花序生于小枝顶端;苞片早落,卵形或卵状披针形,顶端钝尖;花序梗、花梗具淡黄色柔毛;花萼筒圆筒形。果实卵形或近球形,幼时绿色,成熟时红色,干燥后紫黑色;种子卵形。花期4~5月,果期5~7月。

分布与生境:分布于山西、陕西、甘肃、青海、四川、贵州、云南、西藏。河南产于伏牛山卢氏、灵宝、栾川、嵩县、西峡等地。生于海拔1 400 m以上的山坡或灌丛中。

栽培利用:唐古特瑞香多采用种子育苗和扦插育苗。种子育苗:5月下旬采收种子,层积催芽,沙藏10个月,翌年3月下旬至4月上旬播种。扦插育苗:目前多采用扦插育苗实验采用全光照沙床喷雾扦插法。8月上旬,剪取1~2年生硬枝作插穗,用浓度为100×10^{-6} mg/mL的ABT1号生根剂浸泡4 h,扦插生根率最高。也可采用组织培养:唐古特瑞香愈伤组织诱导的培养基为MS+2,4-D 3.0 mg/L+6-BA 3.0 mg/L;愈伤分化培养基为MS+ZT 2.0 mg/L+NAA 0.5 mg/L;不定芽增殖培养基为MS+6-BA 1.0 mg/L+NAA 0.2 mg/L,平均增殖倍数为7.8;生根培养基为1/2MS+NAA 0.5 mg/L,生根数平均为3条左右,生根率为85%以上。

唐古特瑞香阴性植物,喜温暖湿润、半阴环境,忌阳光直射,忌碱性太强的土壤。在土质肥沃疏松、透水性强、保水性好、排水良好的微酸至中性沙质土壤上生长。唐古特瑞香叶革质常绿,开花早,花期长,花具芳香,可作为优良的园林绿化观赏树种,也是荒山绿化的好材料。其茎皮有臭味,可作造纸原料,药用能祛风除温、温中散寒、活血止痛。

244 胡颓子 *Elaeagnus pungens*

科名:胡颓子科 属名:胡颓子属

形态特征:直立灌木。具刺,刺顶生或腋生,深褐色;幼枝微扁棱形,密被锈色鳞片,老枝鳞片脱落,黑色,具光泽。叶革质,椭圆形或阔椭圆形,两端钝形或基部圆形,边缘微反卷或皱波状,上面幼时具银白色和少数褐色鳞片,成熟后脱落,具光泽,干燥后褐绿色或褐色,下面密被银白色和少数褐色鳞片;叶柄深褐色。花白色或淡白色,下垂,密被鳞片,1~3花生于叶腋锈色短小枝上;萼筒圆筒形或漏斗状圆筒形。果实椭圆形,幼时被褐色鳞片,成熟时红色,果核内面具白色丝状棉毛。花期9~12月,果期次年4~6月。

分布与生境:江苏、浙江、福建、安徽、江西、湖北、湖南、贵州、广东、广西均有分布。河南产于大别山、桐柏山和伏牛山。生于海拔1 000 m以下的向阳山坡或路旁。

栽培利用:胡颓子多采用种子和扦插繁殖。种子繁殖:胡颓子种子没有体眠期,5~6月采收洗净后即可播种,播种量30~45 kg/hm^2,多采用秋季条播、点播或撒播,覆浅土,第二年春季或秋季进行移殖。扦插繁殖:嫩枝扦插,6~7月,采集半木质化的粗壮枝条作插条,用2号ABT生根粉150 mg/L浸泡0.5~1 h,成活率可达80%以上。硬枝杆插,2~3

月,选取一年生枝条作插条,用2号ABT生根粉100 mg/L浸泡1.5 h后进行扦插。栽植当年要适时中耕除草和追施肥料促进幼苗生长。以后每年中耕除草1~2次。为了早期丰产,幼树施肥遵循"少食多餐"原则,早整形以利于矮化栽培。施肥以农家肥、有机肥为主,速效肥为辅,年施肥量氮肥3 000 kg/hm^2、磷肥3 000 kg/hm^2、钾肥2 250 kg/hm^2。幼树施肥关键抓好芽前肥和壮梢肥,以氮肥为主。结果树要重施谢花肥和冬肥,以磷、钾肥为主。成林后可按丛枝树形管理,剪去下垂技和分蘖枝条,秋季剪去过密枝条。盆栽树注意换盆和换土,以及水分、养分管理,以促进根系生长。

金边胡颓子(*Elaeagnus pungens* var. varlegata Rehd.)叶缘具不规则黄色斑纹,为胡颓子栽培园艺品种,黄河以南地区鲜见于公园绿地。胡颓子喜光,亦耐阴,喜温暖气候,对土壤要求不严,从酸性到微碱性的土壤均能适应,喜适当遮阴,在湿润、肥沃、排水良好的土壤上生长良好;耐干旱、瘠薄,亦耐水湿,具有一定的耐寒力。胡颓子是秋华春实,枝条交错,叶背银色,花芳香,红果下垂,是园林造景的绝佳材料,宜配置于花丛或林缘,点缀于庭园、花坛、草坪中;可作为绿篱种植,还可做插花、盆景材料;对多种有害气体抗性强,是污染区厂矿绿化的优良树种。种子、叶和根可入药。种子可止泻,叶治肺虚气短,根治吐血及煎汤洗疮疥有一定疗效。果实味甜,可生食,也可酿酒和熬糖。茎皮纤维可造纸和生产人造纤维板。

245 蔓胡颓子 *Elaeagnus glabra*

科名:胡颓子科 属名:胡颓子属

形态特征:蔓生或攀缘灌木。无刺,稀具刺;幼枝密被锈色鳞片,老枝鳞片脱落,灰棕色。叶革质或薄革质,卵形或卵状椭圆形,顶端渐尖或长渐尖、基部圆形,边缘全缘,微反卷,上面幼时具褐色鳞片,成熟后脱落,深绿色,具光泽,下面灰绿色或铜绿色,被褐色鳞片;叶柄棕褐色。花淡白色,下垂,密被银白色和散生少数褐色鳞片,常3~7花密生于叶腋短小枝上成伞形总状花序;花梗锈色。果实矩圆形,稍有汁,被锈色鳞片,成熟时红色。花期9~11月,果期次年4~5月。

分布与生境:江苏、浙江、福建、台湾、安徽、江西、湖北、湖南、四川、贵州、广东、广西均有分布。河南产于大别山、桐柏山和伏牛山。生于海拔1 000 m以下的向阳林中或林缘。

栽培利用:蔓胡颓子可采用播种和扦插进行繁殖。播种:每年5月中下旬将果实采下后堆积起来,水洗后播种。种子发芽率只有50%左右,应适当加大播种量,采用开沟条播法,行距15~20 cm,覆土厚1.5 cm,播后盖草保墒。播种后已进入夏季,气温较高,一个多月即可全部出齐,应立即搭棚遮阴,当年追肥2次,翌年早春分苗移栽,再培养1~2年即可出圃。扦插:扦插多在4月上旬进行,剪充实的1~2年生枝条做插穗,截成12~15 cm长一段,入土深5~7 cm。如在露地苗床扦插需搭棚遮阴,盆插时应放在荫棚下养护,2个月左右生根,可继续在露地苗床培养大苗,也可上盆培养。移植以春季3月最适宜。

盆栽主要是供厅堂和室内陈设,用普通培养土上盆,可常年在室内陈设或放在室外的疏荫下养护。2~3年翻盆换土1次,盛夏到来之前追施3~4次液肥,盆土应见干见湿。为了能大量结果,秋季应继续追肥,冬季可放在居室内继续观赏。还可用来制作树桩盆景,在中国南方常是进山挖掘野生的老树桩,先在泥瓦盆中蟠扎造型,成形后再栽入盆景盆中。

蔓胡颓子株形自然,红果下垂,适于草地丛植,也用于林缘、树群外围作自然式绿篱,也可作庭院垂直绿化树木。果可食或酿酒,叶有收敛止泻、平喘止咳之效,根行气止痛,治风湿骨痛、跌打肿痛、肝炎、胃病。茎皮可代麻、造纸、造人造纤维板。

246 赤楠 *Syzygium buxifolium*

科名:桃金娘科 属名:蒲桃属

形态特征:灌木或小乔木。嫩枝有棱,干后黑褐色。叶片革质,阔椭圆形至椭圆形,有时阔倒卵形,先端圆或钝,有时有钝尖头,基部阔楔形或钝,上面干后暗褐色,无光泽,下面稍浅色,有腺点,侧脉多而密,斜行向上,离边缘处结合成边脉,在上面不明显,在下面稍突起。聚伞花序顶生,有花数朵;萼管倒圆锥形,萼齿浅波状;花瓣4,分离;花柱与雄蕊同等。果实球形。花期6~8月。

分布与生境:产于安徽、浙江、台湾、福建、江西、湖南、广东、广西、贵州等省区。河南信阳有栽培。生于低山疏林或灌丛。

栽培利用:赤楠常用播种育苗和扦插育苗。播种育苗:11月下旬,采集赤楠成熟果实,放在阴凉处堆沤5~7天,洗去果皮,种子晾干后与湿河沙按1∶3的比例拌匀,放入湿河沙中储藏。秋冬季整地做苗床,按株行距8 cm×8 cm开播种沟,深度1~1.2 cm,在沟内点播。播后用碎草覆盖,浇透水,并在苗床上方搭盖高度约2 m的遮阴网。幼苗出土后,及时松土除草,苗高10 cm左右时,追施腐熟人粪尿1次,以后每月追肥1次。在苗木整个生长期间,及时中耕除草、培土、追肥、防涝防旱、防治病虫害等。扦插育苗:9月上旬,剪取半木质化枝条做穗条,穗条长度为2.5 cm,上端保留2个侧芽、2片对生叶片。采用萘乙酸7+吲哚乙酸2+ABT6号生根粉1,浓度200 mg/L,速蘸2 s。基质配方:苇末∶蛭石∶珍珠岩∶黄心土∶有机肥(体积比)=3∶1∶1∶4∶1,每穴或每个网袋扦插1个穗条,扦插深度2 cm。扦插后立即浇透水,然后盖上塑料薄膜,架设二道遮阳网,同时采取必要的降温措施,晴天高温时,从上午10时到下午4时,每隔半小时要喷雾1次。每隔7~10天浇1次水。当95%左右的穗条已发根,逐步揭除薄膜,先两头揭开通风2天,然后在傍晚或阴天全部揭开。揭除薄膜后10天,开始第1次喷叶面肥,以后每隔7~10天,浇水后喷施1次叶面肥。11月上旬至翌年3月进行移栽,株距35 cm、行距35 cm,定点挖穴,剪除过长的侧根,移栽深度与原来植株的深度一致,压实根部,及时浇透定根水。移栽后15天开始,4~8月,每隔半个月撒施1次尿素或复合肥。9月以后停止施速效肥,11~12月施1次腐熟的有机肥。采穗后立即施1次速效肥,尿素或复合肥。此外,注意常见病害有赤中斑病和赤枯病的防治。

赤楠可采用片植、列植、丛植,用作色块、矮篱、球形树,种植于庭院、公园、河旁、海滨,是观赏性较好的色块、矮篱、球形和造型植物,还可用于制作盆景,奇异古老的盆景艺术价值极高。该种需寒性一般,在河南可以引范围引种,不宜大规模推广。赤楠的根和树皮可以入药,药用价值高,具有健脾利湿、平喘化痰、散瘀等功效,可用于治疗浮肿、跌打损伤、烫伤等病症。而且,赤楠的果实外皮可以食用或酿酒。此外,赤楠木材的质地细密坚硬,韧性极佳,可制作一般器具手柄或工艺品等。

247 刚直红千层 *Callistemon rijidus*

科名:桃金娘科　属名:红千层属

形态特征:小乔木。树皮坚硬,灰褐色;嫩枝有棱,初时有长丝毛,不久变无毛。叶片坚革质,线形,先端尖锐,初时有丝毛,不久脱落,油腺点明显,干后突起,中脉在两面均突起,侧脉明显,边脉位于边上,突起;叶柄极短。穗状花序生于枝顶;萼管略被毛,萼齿半圆形,近膜质;花瓣绿色,卵形,长 6 mm,宽 4.5 mm,有油腺点;雄蕊长 2.5 cm,鲜红色,花药暗紫色,椭圆形;花柱比雄蕊稍长,先端绿色,其余红色。蒴果半球形,种子条状。花期 6~8月。

分布与生境:原产澳大利亚,浙江、上海有栽培。郑州绿博园有栽培。

栽培利用:刚直红千层主要采用扦插繁殖和播种繁殖。果实成熟后,成串状附着于枝条上,不脱落,不开裂,可以长年采种。果实带枝剪下,垫托在无风处阴干或日晒 2~3 天,果实的顶端中央开裂,种子落出,极细小,应防被风吹走。播种时的操作技术要求很高,采用沙壤土,必须过筛,具有细小颗粒,含丰富的腐殖质,整平后要浇水湿透。播种时将种子与细沙以 1:15 的比例拌和,然后均匀撒播,不宜覆土,之后再用细孔喷壶喷透清水,加盖薄膜或玻璃保湿保温。种子发芽适温为 10~18 ℃,经过 10 多天后即可发芽。发芽率低,只有 20%~35%。等芽出齐后,揭去薄膜或玻璃,放在稍阴的地方养护,如在大田,则要适当遮阴。当小苗长高至 3~5 cm 时,即可分栽。扦插繁殖选择当年生、健壮、无病虫害的成熟或半木质化枝,剪成 8 cm 长一段,将其外轮的叶片进行疏剪,基部剪成斜面制成插穗,按 8 cm×8 cm 的株行距插入以黄心土和沙(1:1)混合基质苗床,深度 3 cm,插好后浇一遍透水,白天要进行喷水,保持环境相对湿度 80% 左右,温度 25~35 ℃。30 天后大多插穗生根。

刚直红千层是红千层属中比较耐寒的一个种。它花形奇特,色彩鲜艳美丽,开放时火树红花,具有很高的观赏价值,被广泛应用于公园、庭院及街边绿地;小叶芳香,可供提香油;枝叶入药。郑州绿博园于开园之初定植,目前每年都开花结果。

248 香桃木 *Myrtus communis*

科名：桃金娘科 属名：香桃木属

形态特征：灌木或小乔木。枝四棱，幼嫩部分稍被腺毛。叶芳香，革质，交互对生或3叶轮生，叶片卵形至披针形，顶端渐尖，基部楔形，上面深绿色，下面暗晦，除中脉和边缘有柔毛外，余皆无毛；叶柄极短，长不及3 mm。花芳香，中等大，被腺毛，通常单生于叶腋，稀2朵丛生；花梗细长；萼片5，细小，三角状卵形，短尖或渐尖，扩展，外弯；花瓣5，白色或淡红色，较大。浆果圆形或椭圆形，大如豌豆，蓝黑色或白色，顶部有宿萼。

分布与生境：原产地中海地区，我国南部有栽培。郑州绿博园有栽培。多生长于海拔50～900 m的地区，是一种酸碱指示性植物。

栽培利用：香桃木主要采用播种繁殖和扦插繁殖。播种繁殖：选用籽粒饱满、没有残缺或畸形、没有病虫害的种子。种子消毒常用60 ℃左右的热水浸种15 min，然后再用温热水催芽12～24 h。把牙签的一端用水沾湿，把种子一粒一粒地粘放在基质的表面上，覆盖基质1 cm厚。播后可用喷雾器、细孔花洒把播种基质淋湿。嫩枝扦插在春末至早秋植株生长旺盛时，选用当年生粗壮枝条作为插穗。把枝条剪下后，选取壮实的部位，剪成5～15 cm长的一段，每段要带3个以上的叶节。剪取插穗时需要注意的是，上面的剪口在最上一个叶节的上方大约1 cm处平剪，下面的剪口在最下面的叶节下方大约为0.5 cm处斜剪，上下剪口都要平整（刀要锋利）。

香桃木由于盛花期繁花满树，清雅脱俗，颇有香味，广泛用于城乡绿化，尤其适于庭园种植。也可作为花境背景树，栽于林缘或向阳的围墙前，形成绿色屏障。还可用于居住小区或道路作树篱或制作大型盆景，也会有新颖的效果。香桃木叶中可通过蒸馏法提炼香桃木精油，香桃木精油化学成分包含醇类（牻牛儿醇、芫荽油醇、桃金娘烯醇、橙花醇）、醛类（香桃木醛）、氧化物（桉油醇）、萜烟（樟烯、苦艾萜、松油萜），可用于抗菌、收敛、杀菌、祛肠胃胀气、化痰、杀寄生虫。

249 树参 *Dendropanax dentiger*

科名：五加科 属名：树参属

形态特征：乔木或灌木。叶片厚纸质或革质，密生粗大半透明红棕色腺点，叶形变异很大，不分裂叶片通常为椭圆形，稀长圆状椭圆形、椭圆状披针形、披针形或线状披针形，有时更大，先端渐尖，基部钝形或楔形，分裂叶片倒三角形，掌状2～3深裂或浅裂，稀5

裂,两面均无毛,边缘全缘,基脉三出,侧脉4~6对。伞形花序顶生,单生或2~5个聚生成复伞形花序,有花20朵以上,有时较少;总花梗粗壮;苞片卵形,早落;小苞片三角形,宿存;萼边缘近全缘或有5小齿;花瓣5。果实长圆状球形,稀近球形,有5棱,每棱又各有纵脊3条;宿存花柱离生,反曲。花期8~10月,果期10~12月。

分布与生境:广布于浙江东南部、安徽南部、湖南南部、湖北(利川)、四川东南部、贵州西南部、云南东南部、广西、广东、江西、福建和台湾,为本属分布最广的种。河南信阳有栽培。生于常绿阔叶林或灌丛中,海拔自几十米至1 800 m。

栽培利用:树参常用扦插繁殖。采集健壮且无病虫害的树参枝条做插条,用500 mg/L KFB浸泡60 min,垂直插入珍珠岩苗床中,扦插的株距、行距均为5 cm。在珍珠岩苗床上铺盖薄膜,按实际情况浇水,保持水分;铺盖遮阴网,防止暴晒。树参根的萌蘖力强,秋末至次年春可以分株繁殖;也可用种子进行繁殖。

树参抗寒耐热,较耐阴,在酸性、微酸性、中性、微碱性土壤及轻度盐碱地上均生长良好。在信阳表现为生长不良。树参根茎浸酒服,有祛风湿、通经络、散淤血、壮筋骨之效,治风湿痹痛、偏头痛及痈疖等。树参四季常青,可作为风景区的骨干树种和林层下的辅佐树种。

250 八角金盘 *Fatsia japonica*

科名:五加科 属名:八角金盘属

形态特征:丛生灌木。叶掌状7~9裂,基部心形或楔形,裂片卵状长椭圆形,缘有齿,表面有光泽。多个伞形花序集成顶生圆锥花序,花白色。果近球形,浆果黑色,肉质。夏秋间开花,花期10~11月,果实成熟期为翌年5月。

分布与生境:原产日本,我国的台湾省、南方园林中常见该种植物。近年来郑州露地栽培较多。北方地区一般在温室中用盆栽的方式进行栽植。

栽培利用:八角金盘以扦插繁殖为主,亦可播种和分株。扦插:于3~4月进行,以沙土作基质,选二、三年生枝基部剪下,截成15 cm长,插入土中2/3,按实压紧,充分浇水,经常保持土壤湿润,搭棚遮阴,6~7月扦插发根快,但管理难度大。播种:在4月下旬采收种子,水洗净种,随采随播,种子发芽率较低,一般采用冰箱干藏的方式提高种子发芽率。播前应先搭好荫棚,播后1个月左右发芽出土,及时揭草,保持床土湿润,入冬幼苗需防旱,留床一年或分栽,培育地选择有庇荫而湿润之处的旷地栽培,需搭荫棚,在3~4月带泥球移植。分株:较简单,可结合春季换盆进行,分株繁殖要随分随种,以提高成活率。培育八角金盘要掌握避强光、保湿润的原则,盆栽可用腐殖土、泥炭土、少量的细沙和基肥混合配制成培养土。盆栽须置于棚内湿润、通风良好的半阴处。在新叶生长期,浇水量可适当多些,经常保持土壤湿润。植株叶片大,水分蒸发量大,因此盛夏季节盆土宜偏湿些。其余的生长时间内,浇水应掌握见干见湿的原则。冬季应减少浇水次数,提高其抗寒性。

夏秋生长季节,每隔半月施一次肥料,可用稀薄的腐熟饼肥水或人粪尿,施肥时,盆土宜稍干,以利植株吸收。生长适温为18~25℃。越冬温度以7~8℃为宜。一般每年3~4换盆一次,可结合换盆进行修剪,保持优美株型。此外,应注意烟煤病、叶斑病、黄化病、蚜虫、介壳虫和红蜘蛛等病虫害的防治。

八角金盘在喜温暖、湿润气候条件下生长,极耐阴,较耐湿,对干旱的抵抗能力差,忌干旱酷热、强光及严寒;在阴湿、疏松、肥沃的土壤上一般生长良好;对有害气体具有较强的抗性,如二氧化硫等。八角金盘叶大青翠,形似金盘,绿叶扶疏,婀娜可爱,是优良耐阴的观叶树种,适应室内弱光环境,为宾馆、饭店、写字楼和家庭美化常用的植物材料;用于布置门厅、窗台、走廊、水池边,或作室内花坛的衬底;宜植于庭园、角隅和建筑物背阴处,也可点缀于溪旁、池畔或群植林下、草地边;对二氧化硫抗性较强,也适于厂矿区、街坊种植。八角金盘叶煎水洗浴可治风湿病,根皮入药作祛痰剂。

251 洋常春藤 *Hedera helix*

科名:五加科 属名:常春藤属

形态特征:茎上有多数附生气根,吸着他物攀缘生长,老茎部分像灌木,没有攀缘特性,营养枝上的叶多为3~5裂,生殖枝上的叶为全缘。叶在夏天为深绿色并具有白色叶脉。花小,两性,常绿色,伞房花序,果实为浆果状核果。

分布与生境:原产欧洲,主要分布于华中、华南、西南、甘肃和陕西。河南各地有栽培。

栽培利用:洋常春藤的繁殖容易,易生根。种子繁殖:4月中旬,可用腐殖土+河沙做基质,提高发芽率;扦插繁殖:7~8月采用顶部嫩枝作插条,以肥泥+河沙为基质,可提高生根率。不遮光条件下,用浓度150 mg/L的NAA对洋常春藤插条处理5 min,生根促进作用最好,有利于插条成活;后期管理中,可以施用复合肥,定期喷施0.1%的尿素使叶片更加浓绿。组织培养:选取生长健壮、无病虫害的母株,剪取4~5 cm茎段,去掉叶片,保留叶柄。在无菌环境下,将茎段剪成带1个芽的小段,放于消毒瓶中。将带芽茎段接种于诱导培养基MS+6-BA 0.5 mg/L+NAA 0.2 mg/L。30天后将萌发的新芽切下转接到新配制的诱导培养基上。将诱导出的小苗分割成带1个芽的茎段,接种于增殖培养基MS+6-BA 1.0 mg/L+IBA 0.2 mg/L上,每瓶接种5个。从芽的诱导到能正常增殖生长的驯化时间大约需半年。将经增殖高度为3 cm左右的健壮小苗取出,切去基部约0.3 cm后接种在生根培养基1/2MS+IBA 0.5 mg/L。培养基中均加入30 g/L蔗糖、6.0 g/L琼脂,pH5.8。培养温度为25~27℃,光照度2 000~2 500 lx,光照时间12 h/d。移栽前在温室内对瓶苗进行增光(5 000~10 000 lx)锻炼。移栽时,将小苗栽入以蛭石为基质的穴盘中。移栽后湿度保持在90%以上,逐步降低湿度至温室正常湿度。温度控制在25℃左右,7天后叶面喷施1/2MS大量元素营养液,每周1次。30天后进入小苗的常规管理。

洋常春藤生态习性强健,较耐寒,喜稍蔽阴的环境,但在光线充足或不见直射光的室内环境下也可正常生长,对土壤和水分要求不严,是优良的常绿观叶植物。洋常春藤对光照、温度、湿度等环境要求不高,适用于室外的护坡、覆盖地面墙面、树干攀缘、棚架绿化等;适合室内外装饰,盆栽的常春藤,摆设于窗案、书架、写字台之上,也可作为悬垂植物悬挂于客厅、走廊、阳台等地,美化室内外环境。洋常春藤可在一定程度上吸收和吸附香烟烟雾产生的CO和PM2.5,加速空气净化。且植物的生长与生理均受到了影响,叶片细胞受到氧化损伤,植物会启动相应的保护系统抵御香烟烟雾的毒害。因此,洋常春藤是一种极富观赏性与环保价值的植物,特别值得生产与推广。

252 常春藤 *Hedera nepalensis* var. *sinensis*

科名:五加科　属名:常春藤属

形态特征:攀缘灌木。茎灰棕色或黑棕色,有气生根;一年生枝疏生锈色鳞片。叶片革质,在不育枝上通常为三角状卵形,先端短渐尖,基部截形,边缘全缘或3裂,花枝上的叶片通常为椭圆状卵形,略歪斜而带菱形,先端渐尖或长渐尖,基部楔形或阔楔形,全缘或有1~3浅裂,上面深绿色,有光泽,下面淡绿色或淡黄绿色,无毛或疏生鳞片,侧脉和网脉两面均明显;叶柄细长,有鳞片,无托叶。伞形花序单个顶生,或2~7个总状排列或伞房状排列成圆锥花序;总花梗通常有鳞片;苞片小,三角形;花淡黄白色或淡绿白色,芳香;花瓣5。花期9~11月,果期次年3~5月。

分布与生境:分布地区广,北自甘肃东南部、陕西南部、山东,南至广东(海南岛除外)、江西、福建,西自西藏波密,东至江苏、浙江的广大区域内均有生长。河南产于大别山、桐柏山及伏牛山。生于海拔1 000 m以下的山坡、林下。

栽培利用:常春藤常用扦插法或压条法进行繁殖,也可用种子繁殖。由于常春藤容易繁殖成活,所以多采用简单易行的扦插繁殖法。一年四季,除冬季严寒与夏季酷暑外,只要温度适宜随时可以扦插。扦插的枝条多选用年幼的。一般剪取长约10 cm的1~2年生枝条作插条,插在粗砂、蛭石为基质的苗床或直接插于具有疏松培养土的盆中。扦插后保持基质潮湿。母株的走茎发根后也可剪下种植。有时将母株走茎埋压于沙土中,露出叶片,每节都可发生不定根,待节间生根后,可分段剪下种植。由于常春藤枝条上的芽点较小,稍不留心很容易被抹掉。因此,在剪除插条下部叶片时,千万要注意不能同时将芽点抹掉,否则就会影响新株成活。培养常春藤,在栽培管理中需要注意掌握好以下几点:一是温度要适宜。常春藤性喜温暖,生长适温为20~25 ℃,怕炎热,不耐寒。因此,放置在室内养护时夏季要注意通风降温,冬季室温最好能保持在10 ℃以上。二是光照要适量。常春藤喜光照,也较耐阴,宜放室内光线明亮处,若能于春、秋两季各选一段时间放室外遮阴处,使其早晚多见些阳光,则生机旺盛,叶绿色艳,要注意防止强光直射,则易引起日灼病。三是浇水要适度。生长季节浇水要见干见湿。冬季室温低,尤其要控制浇水,保持盆土微湿为宜。四是施肥要合理。培养常春藤宜选用腐叶土或泥炭土加1/5河沙和少量骨粉混合配成的培养土，忌碱性土壤。生长季节每 2 ~ 3 周施 1 次稀薄饼肥水外，一般夏季和冬季不要施肥。五是修剪要及时。小苗上盆长到一定高度时要注意及时摘心，促使其多分枝，则株形显得丰满。以后每年春季进行一次适当修剪，截短主蔓，以控制生长过长。此外，应注意加强常春藤叶斑病、介壳虫、红蜘蛛、蚜虫等病虫害的防治。

常春藤性喜温凉怕热，喜光但忌烈日暴晒。常春藤叶色浓绿，茎上有许多气生根，容易吸附在岩石、墙壁和树干上生长，可作攀附或悬挂栽培，是室内外垂直绿化的理想材料。常春藤用于立体绿化形式：①墙体绿化。高大建筑物、居民楼两侧，在建筑物的外墙根处种植，就可起到遮阴、覆盖墙面改善环境的作用，形成苍翠欲滴的绿色屏幕。②围栏绿化。精巧的铁艺围栏或朴拙的混凝土栏杆，用常春藤来装饰形成一道绿色的城墙。③阳台绿化。在窗台、阳台上种常春藤，绿意浓浓，体现出自然气息。④桥体、桥柱绿化。在立交桥两侧栽植常春藤可以增加绿视率，增湿、滞尘、降噪，缓解热岛效应。⑤立体花坛。在开阔的广场、小游园矗立几根用五色草、常春藤装饰的绿柱，或用钢铁、竹木等材料制成骨架，外部用常春藤覆盖会产生不错的效果。此外，常春藤全株供药用，有舒筋散风之效，茎叶捣碎治衄血，也可治痈疽或其他初起肿毒。枝叶供观赏用。茎叶含鞣酸，可提制栲胶。

253 熊掌木 *Fatshedera lizei*

科名：五加科　属名：五角金盘属

形态特征：藤蔓植物。初生时茎呈草质，后渐转木质化。单叶互生，掌状五裂，叶端渐尖，叶基心形，叶宽 12 ~ 16 cm，全缘，波状有扭曲，新叶密被毛茸，老叶浓绿而光滑。叶柄长 8 ~ 10 cm，柄基呈鞘状与茎枝连接。成年植株在秋天开淡绿色小花。

分布与生境：我国长江流域有引种栽培。河南郑州、驻马店有栽培。喜温暖凉爽的半阴环境。

栽培利用：熊掌木为八角金盘（*Fatsia japomica*）与常春藤（*Hedera helix*）的属杂交种。喜温暖凉爽的半阴环境，阳光直射时叶片会黄化，耐阴能力强，在光照极差的环境下也能健康生长。较耐寒，最适温度为 10 ~ 16 ℃；喜较高的空气湿度。栽培以深厚肥沃、富含腐殖质的壤土为宜。多用扦插法繁殖，水插亦能生根。剪下 10 cm 长的插穗进行扦插，在其生长期间应多次予以摘心，促使其产生更多分枝，使茎叶更加繁茂。

熊掌木四季青翠碧绿，又具极强的耐阴能力，适宜在林下群植。株形美观，为常见的观叶植物，盆栽可用于客厅、窗台、阳台等光线较为充足的地方养护，或植于庭院的中边、墙垣边栽培观赏。

254 异叶梁王茶 *Metapanax davidii*

科名：五加科　属名：梁王茶属

形态特征:灌木或乔木。叶为单叶,稀在同一枝上有 3 小叶的掌状复叶;叶片薄革质至厚革质,长圆状卵形至长圆状披针形,或三角形至卵状三角形,不分裂、掌状 2 ~ 3 浅裂或深裂,先端长渐尖,基部阔楔形或圆形,有主脉 3 条,上面深绿色,有光泽,下面淡绿色,两面均无毛,边缘疏生细锯齿,有时为锐尖锯齿;小叶片披针形,几无小叶柄。圆锥花序顶生;伞形花序有花 10 余朵;花梗有关节;花白色或淡黄色,芳香。果实球形,侧扁,黑色;花柱宿存。花期 6 ~ 8 月,果期 9 ~ 11 月。

分布与生境:分布于陕西、湖北、湖南、四川、贵州、云南。河南淅川有野生分布。生于疏林或阳性灌木林中、林缘,路边和岩石山上也有生长,海拔在湖北、四川和贵州通常分布于 800 ~ 1 800 m,在云南则高达 2 500 ~ 3 000 m。

栽培利用:异叶梁王茶也采用扦插和分株进行繁殖。扦插繁殖:分为绿枝扦插和硬枝扦插。绿枝扦插使用半木质化枝条,容易生根成活;硬枝扦插时生根十分困难,扦插繁殖过程中插穗、扦插时间、扦插环境条件是影响扦插成活的关键因素。分株繁殖:早春将分蘖株剪下,并带有数条须根,挖穴定植,成活率高,生长快。

异叶梁王茶全株入药,清热解毒,舒筋活络。主治急慢性喉炎、结膜炎、消化不良和风湿腰腿痛;外用治骨折和跌打损伤。

255 香港四照花 *Cornus hongkongensis*

科名：山茱萸科　属名：山茱萸属

形态特征:乔木或灌木。树皮深灰色或黑褐色,平滑;幼枝绿色,疏被褐色贴生短柔毛,老枝浅灰色或褐色,有多数皮孔。冬芽小,圆锥形,被褐色细毛。叶对生,薄革质至厚革质,椭圆形,先端短尾状,基部宽楔形或钝尖形,上面深绿色,有光泽,下面淡绿色;叶柄细圆柱形,嫩时被褐色短柔毛,老后无毛。头状花序球形;总苞片 4,白色,宽椭圆形至倒卵状宽椭圆形,先端钝圆有突尖头,基部狭窄;总花梗纤细,密被淡褐色短柔毛;花小,有香味,花萼管状,绿色,基部有褐色毛,上部 4 裂,裂片不明显;花瓣 4,长圆椭圆形,淡黄色。果序球形,被白色细毛,成熟时黄色或红色。花期 5 ~ 6 月,果期 11 ~ 12 月。

分布与生境:产于浙江东部、江西南部、福建、湖南南部及广东、广西、四川、贵州、云南等省区。河南郑州、信阳有栽培。生于海拔 350 ~ 1 700 m 湿润山谷的密林或混交林中。

栽培利用:香港四照花的繁殖主要是播种繁殖,也可用分蘖法及扦插法繁殖。播种繁殖:每年9月下旬至10月上中旬采种,可随采随播,也可沙藏处理春播。香港四照花种子是硬粒种子,播种2年后才能发芽;处理时将种子浸泡后碾除油皮,再加沙碾去蜡皮,常用湿沙层积储藏,储藏4~6个月后进行播种。香港四照花一般在春分前后进行播种,播种采用条播,播后覆土并覆草保墒,出苗后揭去覆草,改为架设1 m高的荫棚,幼苗期不宜过多浇水。在5~6月天气干旱时可适当洒水,待苗高10~15 cm时方可大水漫灌,一般当年秋后苗高可达30~40 cm,具有2~3个侧枝,即可出圃移栽,培育大苗。分蘖法:春季未萌芽或冬季落叶后,将大植株下的小植株分开,移栽定植。扦插繁殖:3~4月间,选取1~2年生枝条做插穗,插于纯沙或沙质土壤中,50天左右可生根。苗期应加强抚育管理,及时浇水,注意松土除草。生长期追肥2次,促进生长。9月中旬拆除荫棚,当年秋季落叶后到次年萌芽前可分床移栽。在生长过程中,要逐步剪去基部枝条,对中心主枝经短截提高向上生长能力。香港四照花萌枝力较差,不宜重剪,以保持树形圆整呈伞形即可。此外,应注意加强香港四照花刺蛾、大蓑蛾、蚜虫、角斑病等病虫害的防治。

香港四照花为暖温带喜光树种,较耐寒、耐阴,喜温暖湿润环境,有一定的耐寒力,能耐-15 ℃的低温;对土壤要求不严,喜湿润而排水良好的沙质土壤,微酸性或中性肥沃土壤生长良好。在郑州表现为生长不良,在信阳正常开花结实。香港四照花树形圆整,呈伞形,叶片光亮,树姿优美。花序苞片洁白,果序球形红艳,是观姿、观叶、观花、观果兼而有之的优良观赏植物。香港四照花初夏开花,白色总苞片覆盖满树,是一种极其美丽的庭园观花观果树种。配植时可用常绿树为背景,能使人产生明丽清新之感。香港四照花也可在庭园中孤植或列植,观赏其秀丽之叶形及奇异之花朵,红灿灿的果实,与常绿树群植或混植,观赏价值极佳。香港四照花为野生花木,管理粗放、繁殖简易且周期短,具有极高的观赏价值,可在城市园林中直接应用,是在城市绿化中最具推广价值的绿化新秀,具有良好的发展前景。此外,本种的木材为建筑材料;果作食用,又可作为酿酒原料。

256 青木 *Aucuba japonica*

科名:山茱萸科 属名:桃叶珊瑚属

形态特征:灌木。枝、叶对生。叶革质,长椭圆形,卵状长椭圆形,稀阔披针形,先端渐尖,基部近于圆形或阔楔形,上面亮绿色,下面淡绿色,边缘上段具疏锯齿或近于全缘。圆锥花序顶生,雄花序总梗被毛;花瓣近于卵形或卵状披针形,暗紫色,子房被疏柔毛,花柱粗壮,柱头偏斜。果卵圆形,暗紫色或黑色,具种子1枚。花期3~4月;果期至翌年4月。

分布与生境:产于浙江南部及台湾。河南栽培较多的为其变种花叶青木(*A. japonica* var. *variegata*),变种叶片有大小不等的黄色或淡黄色斑点,易与原种区分。

栽培利用:花叶青木主要用播种繁殖和扦插繁殖。种子繁殖于3月上、中旬果实充分成熟时采集,随采随播,条播行距7~9 cm,株距3~4 cm,覆土厚度3 cm。苗高60~100

cm时即可出圃;扦插育苗于春季萌芽前和夏季新梢木质化后,剪取半木质化枝条,插穗长度10～15 cm,带叶4～10片。插后盖薄膜及遮阳网,经常保持苗床湿润,早、晚通风,约30天生根,留床培育1年即可移栽。花叶青木极耐阴,不喜阳光直射,强光下生长不良。有一定耐湿性,也略耐旱。耐修剪,对大气污染有一定的抗性。喜生长肥沃、湿润、排水良好的土壤中。

花叶青木树形圆整,枝叶青翠光亮,叶面的金黄色斑块碧黄相间,富于变幻,果实成熟时夹在绿叶丛中,鲜红明亮,非常美丽。并且繁殖容易,又很耐阴,是家庭室内观叶、观果佳品,可放置于客厅等光线明亮又无直射光处四季观叶,早春赏果。花叶青木也多用于园林乔木下、建筑物荫蔽处、立交桥下等处。

257 紫背鹿蹄草 *Pyrola atropurpurea*

科名:鹿蹄草科　属名:鹿蹄草属

形态特征:草本状小半灌木。根茎细长,横生,斜升,有分枝。叶2～4,基生,近纸质,肾圆形或心状宽卵形,先端圆钝,基部心形,边缘有疏圆齿,上面绿色,下面带红紫色。花葶细长,具棱,无鳞片状叶或偶有1～2枚绿褐色膜质鳞片状叶,披针形,先端渐尖,基部稍抱花葶。总状花序有2～4花,花倾斜,稍下垂,花冠碗形,白色;花梗腋间有膜质苞片,卵形,先端急尖,等于或长于花梗之半;萼片常带红紫色,较小,三角状卵形或近三角形,先端钝头,边缘有不整齐的钝齿;花瓣长圆状倒卵形,先端圆钝。蒴果扁球形。花期6～7月,果期8～9月。

分布与生境:青海、甘肃、陕西、四川、云南、西藏均有分布。河南产于伏牛山灵宝老鸦岔。生于海拔1 200 m以上的山坡林下或山沟阴湿处。

栽培利用:紫背鹿蹄草是一种常绿植物,具有耐寒性强、耐阴、夏季开花等特点,因而成为北方园林植物中较有发展前景的野生植物资源之一。由于紫背鹿蹄草耐阴性比较强,在绿化中常用于林下、阴坡、山石后等绿化死角,是一种很有前途的绿化植物。另外,紫背鹿蹄草还有补虚益肾、祛风除湿、活血调经的功效。紫背鹿蹄草的食用价值也比较高,常用于制茶、制果脯、制饮料等。

258 鹿蹄草 *Pyrola calliantha*

科名:鹿蹄草科　属名:鹿蹄草属

形态特征:草本状小半灌木。根茎细长,横生,斜升,有分枝。叶4～7,基生,革质;椭圆形或圆卵形,稀近圆形,先端钝头或圆钝头,基部阔楔形或近圆形,边缘近全缘或有疏齿,上面绿色,下面常有白霜,有时带紫色;叶柄有时带紫色。花葶有1~2(~4)枚鳞片状叶,卵状披针形或披针形,先端渐尖或短渐尖,基部稍抱花葶。总状花序,密生,花倾斜,稍下垂,花冠广开,较大,白色,有时稍带淡红色;花梗腋间有长舌形苞片,先端急尖;萼片舌形,先端急尖或钝尖,边缘近全缘;花瓣倒卵状椭圆形或倒卵形。蒴果扁球形。花期6~8月,果期8~9月。

分布与生境:陕西、青海、甘肃、山西、山东、河北、安徽、江苏、浙江、福建、湖北、湖南、江西、四川、贵州、云南、西藏均有分布。河南产于太行山、伏牛山、大别山和桐柏山。生于海拔100~2 000 m山坡林下。

栽培利用:鹿蹄草植物植株矮小,四季常绿,姿态优雅,总状花序玲珑秀丽,花期盛夏,常用于室内外绿化,可作为常绿耐阴地被,点缀绿地,丰富园林景观。鹿蹄草兼具常绿、耐寒性强、耐阴、夏季开花等特点,适宜配置在郁闭度较高的针叶林或阔叶林下,宜与其他地被植物混植,如与草坪及春花地被共同形成四季常绿,花期由春至夏的缀花草坪,若能配以水景则更佳。也可栽植于光照条件较差的室内,用于宾馆、饭店的室内绿化,与水景配置以改善水分条件,也可用作盆景。

259 普通鹿蹄草 *Pyrola decorata*

科名:鹿蹄草科 属名:鹿蹄草属

形态特征:草本状小半灌木。根茎细长,横生,斜升,有分枝。叶3~6,近基生,薄革质,长圆形、倒卵状长圆形或匙形,先端钝尖或圆钝尖,基部楔形或阔楔形,下近于叶柄,上面深绿色,沿叶脉为淡绿白色或稍白色,下面色较淡,常带紫色,边缘有疏齿;叶柄较叶片短或近等长。花葶细,常带紫色,有褐色鳞片状叶,狭披针形,先端渐尖,基部稍抱花葶。总状花序,花倾斜,半下垂,花冠碗形,淡绿色或黄绿色或近白色。蒴果扁球形。花期6~7月,果期7~8月。

分布与生境:甘肃、陕西、浙江、安徽、江西、湖北、湖南、广西、广东、福建、贵州、四川、云南、西藏均有分布。河南产于大别山商城、新县、罗山、信阳,桐柏山桐柏,伏牛山卢氏、栾川、西峡、南召、内乡。生于海拔700~2 000 m山坡林下。

栽培利用:鹿蹄草属植物在我国民间中草药中有极其广泛的应用,并且在苗药、藏药中也有非常重要的地位。文献报道,鹿蹄草属植物中主要含有酚酸、黄酮、醌类、三萜等化学成分。普通鹿蹄草全草的化学成分定为梅笠草素、齐墩果酸、熊果酸、鹿蹄草素、香草酸、pomolicacid、maslinic acid、colosic acid、3-β-O-α-L-arabinopyranosyl siaresinolic acid-28-O-β-D-glucopyranosyl ester 和 ziyuglycoside I、槲皮素、金丝桃苷、异槲皮苷、槲皮素3-O-呋喃阿拉伯糖苷、槲皮苷、没食子酸、2′-O-没食子酰基金丝桃苷。

鹿蹄草的水煎剂及提取分离出来的化学成分具有广谱的抗菌作用,对金黄色葡萄球菌、伤寒杆菌、肺炎球菌、脑膜炎球菌、白色葡萄球菌、大肠杆菌、福氏痢疾杆菌、溶血性链球菌及绿脓杆菌等都有抑制作用,对消化道、上呼吸道、泌尿道、创伤感染等常见多发病有较好的抗菌消炎疗效。鹿蹄草还具有止咳、平喘、祛痰的作用,与鹿蹄草中所含化学成分金丝桃苷具有止痰和祛痰作用。

260 红花鹿蹄草 *Pyrola incarnata*

科名:鹿蹄草科 属名:鹿蹄草属

形态特征:草本状小半灌木。根茎细长,横生,斜升,有分枝。叶3~7,基生,薄革质,稍有光泽,近圆形或圆卵形或卵状椭圆形,先端圆钝,基部近圆形或圆楔形,边缘近全缘或有不明显的浅齿,两面有时带紫色,脉稍隆起;叶柄比叶片长达1倍,稀近等长,有时带紫色。花葶常带紫色,有2(~3)枚褐色的鳞片状叶,较大,狭长圆形或长圆状卵形,先端急尖或短尖头。总状花序,花倾斜,稍下垂,花冠广开,碗形,紫红色。蒴果扁球形,带紫红色。花期6~7月,果期8~9月。

分布与生境:黑龙江、吉林、辽宁、内蒙古(东部)、河北、山西、新疆均有分布。河南产于伏牛山北部及太行山。生于海拔1 000 m以上的山坡林下阴湿处。

栽培利用:红花鹿蹄草可采用分株繁殖和扦插繁殖。分株繁殖:根状茎上萌生新植株后进行分株。优点是成活率高,可近100%;缺点是繁殖数量少、速度慢。扦插繁殖:可采用珍珠岩作扦插基质,用高效催根素粉剂处理可明显促进生根。红花鹿蹄草生于阴湿环境,喜冷凉气候,但可以忍受一定的高温,其半致死温度(临界高温)可达44.1 ℃。红花鹿蹄草喜水湿但不耐涝,可以耐一定干旱,栽植时应选择排水良好的地块。红花鹿蹄草喜疏松、腐殖质丰富的土壤,pH中性,但能稍耐碱性,在露地引种施用有机肥料、混入适量残枝枯叶。

红花鹿蹄草植株矮小,四季常绿,姿态优雅,总状花序玲珑秀丽,花期盛夏,可作为常绿耐阴地被,适宜配置在郁闭度较高的针叶或阔叶林下,宜与其他地被植物混植,如与草坪及春花地被共同形成四季常绿、花期由春至夏的缀花草坪。可用于室内绿化,于宾馆、饭店中,与水景配置;还可配植于小型盆景中。

261 日本鹿蹄草 *Pyrola japonica*

科名:鹿蹄草科 属名:鹿蹄草属

形态特征:草本状小半灌木。根茎细长,横生,斜升,有分枝。叶3~6(~8),基生,近革质,椭圆形或卵状椭圆形,稀广椭圆形,先端圆钝,基部近圆形或圆楔形,边缘近全缘或有不明显的疏锯齿,上面深绿色,叶脉处色较淡,下面绿色;叶柄有狭翼。花葶有 1 ~2 枚膜状鳞片状叶或缺如,披针形,先端短尖头,基部稍抱花草。总状花序,花倾斜,半下垂,花冠碗形,白色。蒴果扁球形。花期6 ~7 月,果期8 ~9 月。

分布与生境:黑龙江、吉林、辽宁、内蒙古、河北均有分布。河南产于太行山林州、济源、辉县。生于海拔 1 000 m 的山坡林下。朝鲜、日本、苏联远东地区也有分布。

栽培利用:常用播种和分株繁殖。分株繁殖,在 9 ~10 月,结合采收,连匍匐茎一齐扯起,分成单株,每株都要带有部分匍匐茎和须根。在选好的林下,把灌木杂草除去,不要翻动土层,开 1. 3 m 宽的畦,按行距 25 cm 开小沟,深 6 ~7 cm,把幼苗放入沟里,每隔 10 cm 放 1 株,斜靠沟壁,盖腐殖土,上与地面齐平。栽后淋 1 次水。平时要勤除杂草,每年冬季要盖腐殖土拌石灰。

日本鹿蹄草植株矮小,四季常绿,姿态优雅,总状花序玲珑秀丽,花期盛夏,可作为常绿耐阴地被,适宜配置在郁闭度较高的针叶或阔叶林下,宜与其他地被植物混植,如与草坪及春花地被共同形成四季常绿、花期由春至夏的缀花草坪。可用于室内绿化,于宾馆、饭店中,与水景配置;还可配植于小型盆景中。

262 喜冬草 *Chimaphila japonica*

科名:鹿蹄草科　属名:喜冬草属

形态特征:草本状小半灌木。根茎长而较粗,斜升。叶对生或 3 ~4 枚轮生,革质,阔披针形,先端急尖,基部圆楔形或近圆形,边缘有锯齿,上面绿色,下面苍白色;鳞片状叶互生,褐色,卵状长圆形或卵状披针形,先端急尖。花葶有细小疣,有 1 ~2 枚长圆状卵形苞片,先端急尖或短渐尖,边缘有不规则齿。花单 1,有时 2,顶生或叶腋生,半下垂,白色。蒴果扁球形。花期6 ~7(9)月;果期7 ~8(10)月。

分布与生境:吉林、辽宁、山西、陕西、安徽、台湾、湖北、贵州、四川、云南、西藏均有分布;河南产于太行山鳌背山,伏牛山内乡宝天曼,嵩县白云山、龙池曼。生于海拔 1 000 ~2 000 m 的山坡林下阴湿处。

栽培利用:鹿蹄草属、喜冬草属和独丽花属植物都富含梅笠灵或其衍生物,而水晶兰属植物不含梅笠灵的事实表明在化学分类学上前 3 个属具有很近的生源关系,正好与以植物形态学为基础的传统分类学分类所得结果一致,即将前 3 个属归于鹿蹄草亚科,它们均为多年生常绿亚灌木,具细长根茎,将水晶兰属归于水晶兰亚科,其为多年生腐生肉质草本,不含叶绿素。酪氨酸是生物合成梅笠灵醌环的前体,由于水晶兰属植物不含叶绿素,腐生异养,体内不能合成酪氨酸,因而也不能合成梅笠灵,这进一步从化学分类学角度论证了将鹿蹄草科植物分为两个亚科的合理性。喜冬草富含梅笠灵或其衍生物。喜冬草和鹿蹄草富含黄酮类化合物和熊果苷、高熊果苷等小分子酚苷,因此可认为鹿蹄草属和喜冬草属具有较近的生源关系。从化学分类学上来看,喜冬草和鹿蹄草所含成分极其接近,且含量丰富。因此,通过植物化学分类学的研究可以扩大药源,这对于有方向、有目的地寻找新成分、新药源,对于充分利用植物资源都具有重要而深远的意义。

263 秀雅杜鹃 *Rhododendron concinnum*

科名:杜鹃花科 属名:杜鹃花属

形态特征:灌木。幼枝被鳞片。叶长圆形、椭圆形、卵形、长圆状披针形,顶端锐尖、钝尖或短渐尖,明显有短尖头,基部钝圆或宽楔形,上面或多或少被鳞片,下面粉绿色或褐色,密被鳞片,鳞片略不等大;叶柄密被鳞片。花序顶生或同时枝顶腋生,2~5花,伞形着生;花梗密被鳞片;花萼小,5裂,圆形、三角形或长圆形,有时花萼不发育呈环状,无缘毛或有缘毛;花冠宽漏斗状,略两侧对称,紫红色、淡紫色或深紫色,内面有或无褐红色斑点,外面或多或少被鳞片或无鳞片,无毛或至基部疏被短柔毛。蒴果长圆形。花期4~6月,果期9~10月。

分布与生境:陕西南部、湖北西部、四川、贵州(水城)、云南东北部均有分布。河南产于伏牛山栾川、卢氏、灵宝、西峡、内乡、鲁山等。生于海拔1 700 m以上的山顶或山坡冷杉林下和山谷边路旁的灌丛中。

栽培利用:秀雅杜鹃是杜鹃花科杜鹃花属常绿灌木,中国特有植物。在秦岭山区的杜鹃花属植物中,属于为数不多的广布种之一,不仅在该区森林生态系统中具有极重要的生态意义,而且因其独特的紫色花而具有很高的观赏价值和育种价值,是秦岭地区极其重要的野生杜鹃花属种质资源之一。秀雅杜鹃民间入药治久喘,具有健胃、顺气的功效。从秀雅杜鹃中分离出了黄酮及苷类,可用作防治老年性气管炎。

264 河南杜鹃 *Rhododendron henanense*

科名:杜鹃花科 属名:杜鹃花属

形态特征:灌木。小枝粗壮,嫩绿色或淡褐色,光滑无毛。叶多密生于枝端,革质,椭圆形或长圆状椭圆形,先端圆形,有小尖头,基部浅心形或圆形,边缘向下反卷,上面深绿色,下面淡黄绿色,两面无毛,中脉在上面微有浅沟纹,在下面微隆起;叶柄细长,上面平坦,下面圆柱状,无毛和腺体。总状伞形花序,总轴有淡黄色茸毛;花梗有分枝的硬毛;花萼小,5裂,裂片三角形,外面有硬毛;花冠钟状漏斗形,白色有紫红色斑点,基部狭窄,5裂,裂片近于圆形,顶端圆形。蒴果圆柱状,常弯曲。花期5月。

分布与生境:河南特有种,产于伏牛山卢氏、嵩县龙池曼。生于海拔 1 800 m 以上的灌丛和林中。

栽培利用:灵宝杜鹃(亚种)*R. henanense sub sp. lingbaoense* 与河南杜鹃的区别在于本变种的叶为薄革质,椭圆形或倒卵状椭圆形,长 5 ~ 9 cm,宽 2.5 ~ 4.5 cm;花小,花冠长仅 2.5 cm,无深色斑点等。花期 6 月。模式标本采自河南灵宝(老鸦山)。河南杜鹃可用播种、扦插、压条及嫁接等方法进行繁殖。果实一般在秋、冬季成熟,熟时蒴果绿褐色或黄褐色,果瓣开裂,细小的种子容易散落。因此,必须及时采收果实。其最佳时间是 10 月中旬至 11 月上旬。种子于春季直播,发芽适温 22 ~ 24 ℃,覆土播种或混沙播种,播后覆一层薄稻草,压实以保持床面湿润。半月后出苗,幼苗生长缓慢,待幼苗长出 2 片真叶时将其移栽;早春开花后,嫩枝长到 5 ~ 10 cm 时进行,选择 1 年生、木质化程度高的枝条作为插穗,将插穗扦插于塑料大棚内的沙床上;在 4 ~ 5 月采用高空压条法,选择 2 ~ 3 年生成熟枝条,在离顶端 15 ~ 20 cm 处用刀环割树枝,包扎并保持湿度,3 ~ 4 个月愈合生根。小苗移栽过程中要注意保护好叶片、芽、枝及根系和原土团层,可用蛇皮袋等包装,1 月初,将盆栽杜鹃苗移入塑料棚中,浇透水,上置遮阴网,可安全越冬。翌年 3 月中下旬,逐渐去掉塑料棚。冬季干冷风是河南杜鹃安全越冬的一个重要危害因素,要加强保温防寒工作。应注意加强养分供应,结合浇水多施液肥,N、P、K 浓度应控制在 0.2% ~ 0.3%,也可用 0.1% 的浓度进行叶面追肥,多喷幼叶及叶背,以加快杜鹃生长。据国内外研究资料,河南杜鹃叶片铁素与一般植物相差 3 倍,表明河南杜鹃花对铁素需求量较高,但不应使土壤中铁素浓度超过 1 g/kg。杜鹃花根系细弱,吸收能力较差,应注意及时补充水分,生长季节少量多次浇灌,夏季每天浇水 2 ~ 3 次,并注意叶面喷水,空气湿度应保持在 60% 以上,休眠期应少浇一些水。浇灌用水应进行水质调节,pH 值为 4.5 ~ 5.5,并定期测定土壤 pH 值,勿使过高。河南杜鹃应在 60% ~ 80% 的遮阴条件下进行栽培养护,勿使其见全光照。

265 照山白 *Rhododendron micranthum*

科名:杜鹃花科 属名:杜鹃属

形态特征:灌木。茎灰棕褐色;枝条细瘦。幼枝被鳞片及细柔毛。叶近革质,倒披针形、长圆状椭圆形至披针形,顶端钝,急尖或圆,具小突尖,基部狭楔形,上面深绿色,有光泽,常被疏鳞片,下面黄绿色,被淡或深棕色有宽边的鳞片,鳞片相互重叠、邻接或相距为其直径的角状披针形或披针状线形,外面被鳞片,被缘毛;花冠钟状,外面被鳞片,内面无毛,花裂片 5,较花管稍长。蒴果长圆形,被疏鳞片。花期 5 ~ 6 月,果期 8 ~ 11 月。

分布与生境:分布于我国东北、华北及山西、陕西、甘肃、山东、湖北、四川、云南等山区。河南产于伏牛山、太行山。生于海拔 1 200 m 以上的山坡、山谷树下、路边灌丛。

栽培利用:照山白常采用种子繁殖。10 月中下旬采集种子,自然风干即可。选择地势平坦、通气和排水良好、疏松且肥沃的酸性土壤进行播种,间距 40 cm 或 50 cm。播种前种子用25 ℃水浸泡24 h捞出,混上2倍容量的细沙拌匀。条播,并填上锯末、松叶等覆盖物;浇透水,确保土壤湿润。在春季冰雪消融后,要经常对播种后的地及时适量补浇水。光照太强时易遭受日灼,应采用遮阳和洒水降温等措施。此外,要及时除草,还要注意一些地下害虫,如蝼蛄、地老虎,以及鼹鼠等的防治。在深秋或早春树木树液休眠时期进行移栽,随采随运随栽,以利于成活。栽植前要对树木的根系进行修剪,也可采用保湿剂和生根粉进行根部处理。栽植时不宜过深,覆土的厚度以超过树木原地际的4 cm为宜。栽植后要一次性浇透水,有条件的可在上面盖些树叶或山皮土。

冬季照山白是除松柏外的绿色植物,经冬不枯,可谓稀有树种,其叶片光亮翠绿,十分美丽,极具观赏价值。可单独种植于疏林草地之中,起到引导视线的作用;也可三五成丛或成片地种植于草地中,与不同时期的花灌木搭配在一起,使景观丰富多样、生动活泼;还可与其他绿色基础种植材料相互搭配构成美丽的镶边、组字、图案、花境或花坛。照山白药用其叶,有镇咳、祛痰、平喘、消炎、降压的作用,毒性较大。

266 石岩杜鹃 *Rhododendron obtusum*

科名:杜鹃花科 属名:杜鹃属

形态特征:灌木。有时呈平卧状,多分枝,幼枝生褐色毛。春叶椭圆形,端钝,基楔形,缘有睫毛,叶柄有毛,叶表、背均有毛,中脉尤多;秋叶狭长倒卵形或椭圆状披针形,质厚而有光泽,花2~3朵簇生枝顶,漏斗形,橙红色至亮红色,有深红色斑,雄蕊5,花药黄色;萼片小,卵形,淡绿色,有细毛。蒴果卵形。花期5月。属多花性小朵群,盛花时将整个树冠覆盖,品种丰富。

分布与生境:该种原产日本,在中国东部及东南部均有栽培。豫南及郑州有栽培。产于高海拔地区,喜凉爽湿润的气候。

栽培利用:石岩杜鹃种子极细,有性繁殖一般先在育苗盘中播种,出苗后再移植到大田中。当石岩杜鹃的蒴果外表皮变褐时采摘,放在通风处使其自行裂开,去除果壳等杂质,然后可直接播种,由于种子极细小,播种时要掺入少量细沙,均匀撒播于育苗盘上,不宜过密,播后在上面覆盖一层薄薄的细沙。石岩杜鹃有性繁殖出苗不整齐,生长慢。扦插繁殖是杜鹃栽培中最常用的繁殖方法,一般在5~6月剪取健壮的新枝,长5~8 cm,剪除下部叶片,保留顶叶2~3片作插穗,插穗基部用吲哚丁酸或ABT生根粉等溶液浸蘸处理,然后扦插在疏松透气、富含腐殖质的酸性土壤中,温度保持在20~25 ℃,遮阴并喷雾保湿。养护管理要点:花后要及时对其进行一次修剪并去除残花,使树形美观,也防止因结籽而消耗大量养分,削弱树势。休眠后再对其进行冬剪,使老树更新复壮,新树增强树势。开花前后要追肥一次,可叶面喷肥,可用来降低叶面温度,增强小环境湿度,从而减弱光合午休,提高光合速率,增强干物质的积累。此外,还可以根据光饱和点合理安排树种的种植组合,最大限度地利用光能,提高林地生产力。

石岩杜鹃极耐严寒,对高温高热的环境适应性强,抗旱性强,耐瘠薄。石岩杜鹃用途广泛:做矮绿篱、花篱材料。石岩杜鹃株形紧凑,耐修剪,且其开花早,“五一”前后开花。开花时满树红花,非常艳丽。与其他花卉组合可作为花坛、花境、花池的材料,也可用在草坪中进行丛植。可做盆景,进行艺术造景。石岩杜鹃耐修剪,萌枝力强,可修剪成动物、几何体等各种造型,提高其观赏价值。河南近年来黄河以南的城市园林使用杜鹃的频率越来越高,常见的主要有石岩杜鹃(*Rhododendron obtusum*)、西洋杜鹃(*Rhododendron hybridum*)、锦绣杜鹃(*Rhododendron pulchrum*),目前看来,石岩杜鹃适应性更强,具体情况尚需进一步观察。

267 太白杜鹃 *Rhododendron purdomii*

科名:杜鹃花科 属名:杜鹃花属

形态特征:灌木或小乔木。幼枝被微柔毛或近于无毛;老枝粗壮,灰色至黑灰色,芽鳞多少宿存。叶革质,长圆状披针形至长圆状椭圆形,先端钝圆,具突尖头,基部楔形,边缘反卷,上面暗绿色,具光泽,无毛,微皱,中脉凹入;叶柄初被微柔毛,后无毛。顶生总状伞形花序,总轴疏被淡棕色茸毛;花梗密被灰白色短柔毛;花萼小,杯状,裂片5,宽三角形,疏被短柔毛,花冠钟形,淡粉红色或近白色。蒴果圆柱形,微弯,疏被柔毛或近于无毛。花期5~6月,果期7~9月。

分布与生境:陕西西南部和东南部、甘肃南部均有分布。河南产于伏牛山嵩县、栾川、鲁山、西峡、南召、卢氏等。生于海拔1 800 m以上的山坡林中,常形成片林。

栽培利用:太白杜鹃可用扦插繁殖与种子繁殖。扦插繁殖是杜鹃花栽培中应用最多的繁殖方法,一般在5~6月剪取健壮的半木质化的新枝,长5~8 cm,保留顶叶2~3片作插穗,插穗基部最好用吲哚丁酸或ABT生根粉等溶液浸蘸处理,然后扦插在疏松透气、富含腐殖质的酸性土壤中,温度保持在20~25 ℃,遮阴并经常喷雾保湿,以促进萌发新根。播种为有性繁殖。由于自然杂交的结实率很低,一般都要进行人工授粉,以提高太白杜鹃的结实率,获得较多的种子。太白杜鹃种子应随采随播,播在温室内的盆中。播种的盆宜采用浅瓦盆,播种的泥土,可在背阳的山坡表面挖取带青苔的疏松表土,进行消毒,再行晾干。播种前,在底层放入一层约2 cm的木炭屑,再铺上一层5~6 cm厚的消毒土,刮平,稍压实,然后均匀地将种子分格在上面,轻轻压一压,最好采用浸盆坐水的方法。在上面盖一块玻璃,移至温室内。太白杜鹃生长发育要求酸性土壤,由于北方土壤多偏碱性,因此盆土需用腐熟的松针叶土等腐殖土混合配制。太白杜鹃的根系为须状细根,对肥料浓度及水质的要求严格,施肥时要遵循适时适量、薄肥勤施的原则。春季开花前为促使枝叶及花蕾生长,可每月追施一次磷肥。花后施1~2次氮、磷为主的混合肥料。9~10月孕蕾期施1~2次磷肥。在生长期、开花期肥水要求较多,冬季休眠、夏季生长缓慢时要控制肥水,以防烂根。太白杜鹃花喜湿润和凉爽的环境,北方气候干燥,应及时浇水并喷雾,以保持较高的空气湿度。浇花水以矾肥水及雨水为好,如用常用水,需加入少量硫酸亚铁及食醋。也可将西瓜或西红柿切成小块施入,对于改善土质及花朵质量也有良好效果。此外,应注意太白杜鹃叶斑病、叶肿病、根腐病、红蜘蛛等病虫害的防治。

太白杜鹃枝繁叶茂,绮丽多姿,萌发力强,耐修剪,根桩奇特,是优良的盆景材料。园林中最宜在林缘、溪边、池畔及岩石旁成丛成片栽植,也可于疏林下散植,是花篱的良好材料,可经修剪培育成各种形态。在花季中绽放时总是给人热闹而喧腾的感觉,而不是花季时,深绿色的叶片也很适合栽种在庭园中作为矮墙或屏障。太白杜鹃花可治久喘,并有健胃、顺气和调经的功效。太白杜鹃含有黄酮、糖、甙类、甾体、三萜、酚类、氨基酸及多肽、鞣质、有机酸、挥发油等,推测这些成分可能是其健胃、顺气、调经和治疗久喘的主要成分。

268 南烛 *Vaccinium bracteatum*

科名:杜鹃花科 属名:越橘属

形态特征:灌木或小乔木。分枝多,幼枝被短柔毛或无毛,老枝紫褐色,无毛。叶片薄革质,椭圆形、菱状椭圆形、披针状椭圆形至披针形,顶端锐尖、渐尖,基部楔形、宽楔形,边缘有细锯齿。总状花序顶生和腋生,有多数花,序轴密被短柔毛稀无毛;苞片叶状,披针形,边缘有锯齿,宿存或脱落,小苞片2,线形或卵形;花梗短;萼筒密被短柔毛或茸毛,萼齿短小,三角形,密被短毛或无毛;花冠白色,筒状。浆果熟时紫黑色,外面通常被短柔毛。花期6~7月,果期8~10月。

分布与生境:长江以南各省(区),南至台湾、广东、海南均有分布。产于大别山、桐柏山。生于山坡或山谷杂木林中。

栽培利用:南烛的繁殖多以扦插和播种为主。播种繁殖:将前一年秋季采摘的浆果用0.3%高锰酸钾液浸种后,早春直接播种,撒播后,薄覆一层细土,少量多次灌水,出苗后,每周喷1次0.5%~1%的波尔多液,幼苗长出2~3片真叶时移植。扦插繁殖:春季,取一年生刚刚木质化的健壮枝条作插穗,在梅雨季节前扦插。盆栽土可将腐殖土、炉灰按1:1的比例配制。春季可每月追施1次磷肥,花后施以氮、磷为主的混合肥料,幼果期喷施壮果蒂灵,果实膨大期施用追肥,此期氮、磷施用量要分别占到年施肥总量的10%、5%和10%,确保有足够的营养供树体生长发育。碱性土质地区浇水可在水中加入少量硫酸亚铁及食醋。此外,要注意南烛红蜘蛛与褐斑病的防治。

南烛喜温暖气候及酸性土地,耐旱、耐寒、耐瘠薄,生于山坡、路旁或灌木丛中。在我国分布较广,是适应性很强的一种乡土树种。树姿优美,用于园林绿化可与海桐、金叶女贞等树种相间配植,点缀于假山、绿地之中,相互映衬,别有情趣,大大提升城市绿化的品位。南烛可作南方自然风景区的地被植物。也是制作盆景的绝好材料,制作盆景可采用提根式,悬根露爪、苍古遒劲,根干灰褐色带红,姿态优美,古拙典雅;带叶制成苏派盆景,叶片层叠有致,清奇古雅,为不可多得的一种新盆景树种。

南烛叶及果可入药,治疗肾虚、支气管炎及鼻炎;根也可入药,有消肿、止痛之效。以南烛树的叶为原料,用现代的生物技术提取而成的天然色素是天然着色剂,对蛋白质、毛发、淀粉、白醋及色拉油有良好的着色能力,发展潜力巨大。南烛果实成熟后酸甜,可食;采摘枝、叶渍汁浸米,煮成“乌饭”,江南一带民间在寒食节有煮食乌饭的习惯;果实入药,名“南烛子”,有强筋益气、固精之效;江西民间草医用叶捣烂治刀斧砍伤。

《河南植物志》记载有米饭花(*Vaccinium sprengelii*),苞片披针形,早落,花药背面有2芒,栽培利用同南烛,已归并到南烛。

269 百两金 *Ardisia crispa*

科名:紫金牛科　属名:紫金牛属

形态特征:灌木。具匍匐生根的根茎,直立茎除侧生特殊花枝外,无分枝,花枝多,幼嫩时具细微柔毛或疏鳞片。叶片膜质或近坚纸质,椭圆状披针形或狭长圆状披针形,顶端长渐尖,稀急尖,基部楔形,全缘或略波状,具明显的边缘腺点,两面无毛,背面多少具细鳞片,无腺点或具极疏的腺点。亚伞形花序,着生于侧生特殊花枝顶端,花枝通常无叶,少数中部以上具叶或仅近顶端有2~3片叶;花萼仅基部连合,萼片长圆状卵形或披针形,顶端急尖或狭圆形;花瓣白色或粉红色,卵形。果球形,鲜红色,具腺点。花期5~6月,果期10~12月,有时植株上部开花,下部果熟。

分布与生境:长江流域以南各省区(海南岛未发现)均有分布。河南产于大别山。生于海拔800 m以上的山谷、山坡林下。

栽培利用:种子繁殖:12月采种,百两金种子采用松毛土+蛭石+腐殖土(体积比1:1:1)的基质在4~5月春播。百两金幼苗生长缓慢,移栽定植后每株根施2~3 g奥绿高氮长效肥和每月喷施1次浓度为1 000 mg/L的花宝2号肥,有利于幼苗的营养生长。扦插育苗:在5、6、7月间,尤其在6月,宜选用二年生半木质化枝条作插穗,浸蘸IBA400 mg/L 5 s后,插入由细沙+山地火烧土+红壤土(1:1:1)组成的基质中,在透光率25%遮阳网+塑料薄膜覆盖下的拱棚内保温保湿,生根效果显著。百两金扦插长根后,逐渐抽出新枝,成为幼苗。要培育成具有观赏价值的盆栽花卉,应注意以下几方面的问题:第一,上盆。把插床幼苗连带土球,及时移入小号花盆内定植,集中管理。第二,整形。缓苗后的百两金,当新梢长到10~20 cm时要去弱留强,选择粗壮、无病害的新梢为主干,促进新梢的直立生长。当幼苗长到30 cm时,应及时摘心、打顶,冠形茂盛。水分管理是百两金扦插后的关键步骤,要遵循“见干见湿”的浇水原则,防止浇拦腰水。同时注意保持空气较高的湿度,集中浇水或向叶面喷水是较好的方法。在扦插苗上盆前,应拌入充分腐熟的有机肥,如豆饼、鸡粪、鸭粪、猪粪等作茎肥。在营养生长期(夏、秋),进行追肥,二周一次,浇上0.5%氮肥。在秋末的11月,可用0.1% KH_2PO_4作叶面肥,每周喷洒一次,以促进花芽形成。此外,要注意炭疽病和黑斑病的防治。

百两金，树姿优美，挂果期长，果熟时红亮可爱，圆滑晶莹，红果绿叶两相映，有很高的观赏价值。它还有较高的医用价值，根、叶均可入药，有清热利湿之功效。是经济价值较高的观（赏）、药兼用的野生植物，应积极开发和保护利用。

270 朱砂根 *Ardisia crenata*

科名：紫金牛科　属名：紫金牛属

形态特征：灌木。茎粗壮，除侧生特殊花枝外，无分枝。叶片革质或坚纸质，椭圆形、椭圆状披针形至倒披针形，顶端急尖或渐尖，基部楔形，边缘具皱波状或波状齿，具明显的边缘腺点，两面无毛，有时背面具极小的鳞片。伞形花序或聚伞花序，着生于侧生特殊花枝顶端；花枝近顶端常具 2 ~ 3 片叶或更多，或无叶；花萼仅基部连合，萼片长圆状卵形，顶端圆形或钝；花瓣白色，稀略带粉红色，盛开时反卷。果球形，鲜红色，具腺点。花期 5 ~ 6 月，果期 10 ~ 12 月，有时 2 ~ 4 月。

分布与生境：分布于我国西藏东南部至台湾，湖北至海南岛等地区。河南产于大别山和桐柏山。生于海拔 90 ~ 2 400 m 的疏林、密林下阴湿的灌木丛中。

栽培利用：朱砂根可进行播种繁殖，也可以扦插繁殖。播种繁殖：10 ~ 12 月果实鲜红坚硬时即可采收，可直接在浅盆上播种，覆土后在盆面上盖玻璃或塑料薄膜，温度控制在 18 ~ 24 ℃，约 20 天即可生根出苗。当幼苗有 3 片真叶时，停水蹲苗数天，即可起苗上盆。盆土用 40% 腐叶土、40% 培养土和 20% 河沙混合配制。上盆时应选用小号盆，先在盆底垫上 3 cm 厚的瓦砾，以利排水，然后将小苗栽于盆中。新梢长至 8 cm 长以上时去顶摘心，促进分枝。夏秋季生长快，要求水分充足、通风良好，要勤浇水，保持盆土湿润状态。冬季果实转为红色，浇水量宜减少，越冬温度不低于 5 ℃ 即可。4 ~ 10 月每隔 20 天施一次氮、磷、钾复合肥。开花期要停止施氮肥，果实变红后就不必再施肥了。如发生褐斑病，可用多菌灵 800 倍液喷洒防治。扦插繁殖：在春末至早秋，选取当年生粗壮枝条作插穗。把枝条剪下后，选壮实的部位剪成长 5 ~ 15 cm 的一段，也可剪取半木质化嫩枝作插穗，插于备好的沙床上，保持湿润和温暖，置于半阴处。朱砂根插穗生根的适宜温度为 20 ~ 30 ℃。扦插后遇到低温时，用薄膜把用来扦插的沙床覆盖起来以保温。扦插后温度太高时需给插穗遮阴，要遮光 50% ~ 80%，扦插后需保持空气相对湿度在 75% ~ 85%。因此，应通过喷雾来减少插穗的水分蒸发。在有遮阴的条件下，给插穗进行喷雾，每天 3 ~ 5 次。在扦插后必须遮阴，待根系长出后再逐步移去遮阳网。晴天时每天下午 4 时除下遮阳网，第二天上午 9 时前盖上遮阳网。

虽然朱砂根分布较广，较适合华东华南园林绿化应用，且由于其作为乡土树种，具有较高的观赏价值和耐阴特性，在园林绿化中作为阴性植物或多层结构下层植物的优良品种进行配置。朱砂根配置在荫蔽林地和林荫树下，初夏白花繁密，入秋红果满枝，果实宿存期较长，观果期可达半年，适应性强，可散植、片植于林地下、山石间、坡地处。也可在草坪、道路绿化带中布置。朱砂根丛植布置可采取拼栽、截枝等修剪整型的手法,错落有致地栽植于草坪上,点缀于庭园深处。朱砂根球规则式地布置在道路两旁或中间绿化带,还能起到绿化、美化和醒目的作用。近年来作为年宵花卉热销的金玉满堂,就是朱砂根经过整形修剪等园艺措施加工成的。

271 紫金牛 *Ardisia japonica*

科名:紫金牛科 属名:紫金牛属

形态特征:小灌木或亚灌木。近蔓生,具匍匐生根的根茎;茎直立。叶对生或近轮生,叶片坚纸质或近革质,椭圆形至椭圆状倒卵形,顶端急尖,基部楔形,边缘具细锯齿,多少具腺点,两面无毛或有时背面仅中脉被细微柔毛;叶柄被微柔毛。亚伞形花序,腋生或生于近茎顶端的叶腋;花梗常下弯;花有时6数,花瓣粉红色或白色,广卵形。果球形,鲜红色转黑色,多少具腺点。花期5~6月,果期11~12月,有时5~6月仍有果。

分布与生境:陕西及长江流域以南各省区均有分布,海南岛未发现。河南产于大别山、桐柏山及伏牛山南部,郑州地区有栽培。生于林下阴湿处。

栽培利用:紫金牛可播种、分株、扦插繁殖及组织培养。播种繁殖:成熟果实采收后,洗净晾干,或低温层积沙藏,翌年4~5月春播;播后50~60天发芽,发芽后3周,待子叶开展后移植。分株繁殖:通常在春、秋两季进行,切分根状茎,保证每一段根状茎上有一个分枝,然后栽植到准备好的容器中或平整好的土地上,保持湿润,20天左右即可成活。扦插繁殖:6月梅雨季节,剪取半木质化嫩枝作插穗,插入沙中,3周可生根。组织培养:以紫金牛幼嫩枝条外植体进行离体培养,MS + KT1 + NAA0.2 mg/L有利于腋芽的诱导;MS + 6BA1 + NAA0.2 mg/L有利于丛芽的增殖,培养基MS + IBA0.2 mg/L为根系诱导及生长的最佳配方,生根率达100%。将继代培养得到的有效芽切下,接入生根培养基,30天左右将生根苗移到炼苗大棚炼苗3~5天,移栽到泥碳土与珍珠岩的混合基质中,保湿10天左右后,按正常小苗管理,成活率可达90%以上。盆栽用腐叶土、泥炭土和粗沙混合作基质。紫金牛光照要充足,土壤常保持湿润,生长极旺盛。生长期间每2~3个月施肥1次。开花后增施1~2次磷、钾肥。果后修剪整枝,若植株老化则重剪。忌高温潮湿,生长适温为15~25 ℃,平地栽培夏季需阴凉通风越夏。冬季减少浇水量,放室内阳光充足处越冬。常有叶斑病、根癌病和根疣线虫病危害,应加强防治。

紫金牛性喜温暖潮湿气候,忌阳光直射。紫金牛不但枝叶常青,入秋后果色鲜艳,经久不凋,能在郁密的林下生长,是一种优良的地被植物,也可作盆栽观赏,亦可与岩石相配作小盆景用,也可种植在高层建筑群的绿化带下层及立交桥下。全株及根供药用,治肺结核、咯血、咳嗽、慢性气管炎效果很好;亦治跌打风湿、黄胆肝炎、睾丸炎、白带、闭经、尿路感染等症。

272 铁仔 *Myrsine africana*

科名：紫金牛科 属名：铁仔属

形态特征：灌木。小枝圆柱形，幼嫩时被锈色微柔毛。叶片革质或坚纸质，椭圆状倒卵形、近圆形、倒卵形、长圆形或披针形，顶端广钝或近圆形，具短刺尖，基部楔形，边缘常从中部以上具锯齿，齿端常具短刺尖，两面无毛，背面常具小腺点，尤以边缘较多。花簇生或近伞形花序腋生，基部具1圈苞片；花4数。果球形，红色变紫黑色，光亮。花期2~3月，有时5~6月，果期10~11月，有时2月或6月。

分布与生境：甘肃、陕西、湖北、湖南、四川、贵州、云南、西藏、广西、台湾均有分布。河南产于大别山、桐柏山及伏牛山南部。生于海拔500~1 500 m的山坡林下或灌木丛中。

栽培利用：铁仔繁殖方法有播种繁殖、扦插繁殖。种子随采随播，宜春播。每年10月至翌年2月中旬采集种子，阴干后放入冰箱冷藏，3月中旬播种，冷藏的种子用0.3%~1%的硫酸铜溶液浸种2~3 h。播种后覆盖厚2 cm薄土，床面上覆盖一层松针或稻草，浇透水，最后扣上塑料布以提高土壤温度。播种后一般每天浇水一次，40天左右幼苗可全部出土；当30%~40%苗木出土后揭去松针或稻草，幼苗全部出土后揭去塑料布，搭建牢固的遮阴棚。当幼苗出齐后每天早、晚各喷1次水，以保持土壤湿润。这时可每隔7天用多菌灵溶剂喷洒苗床以防病。当幼苗长出新根时便可施肥，开始每7~10天用0.1%的尿素喷施1次，幼苗移植前炼苗10~15天。幼苗移栽后要及时浇水、除草、施肥。待幼苗成活后可进行追肥，每月喷施复合肥溶液1~2次，当苗木进入生长旺盛期可每月喷施尿素溶液1~2次。在秋冬季苗木生长后期，应停止施肥。幼苗生长至次年3月可进行再次移栽。移植苗定植后一周内2天浇一次水，之后的一个月内5~7天浇一次水，这以后可15天浇一次水。注意要保持土壤湿润。定植后前2年，分别在3月和6月每株施尿素10~30 g，8月施复合肥10~30 g；定植2年后每年3月和6月每株施尿素20~40 g，8月施复合肥20~50 g。应结合施肥及时除去杂草，每次除草后浇透水。移植苗定植后一般60天进行整形修剪，每次修剪应按苗木用途修剪，应保证冠幅匀称。铁仔抗性强，幼苗期病虫害较少，主要病害有猝倒病和立枯病，虫害有蛴螬、钻心虫等，应注意防治。

铁仔抗污染能力强，适应性强，耐干旱瘠薄，喜阴，强光下也能生长；萌发率强，耐修剪。可作地被、绿篱、球状灌木等。枝、叶药用，治风火牙痛、咽喉痛、脱肛、子宫脱垂、肠炎、痢疾、红淋、风湿、虚劳等症；叶捣碎外敷，治刀伤；皮和叶可提栲胶，种子还可榨油。

273 瓶兰花 *Diospyros armata*

科名：柿科　属名：柿属

形态特征：乔木。树冠近球形，枝多而开展，嫩枝有茸毛，枝端有时成棘刺；冬芽很小，先端钝，有毛。叶薄革质或革质，椭圆形或倒卵形至长圆形，先端钝或圆，基部楔形，叶片有微小的透明斑点，上面黑绿色，有光泽，下面有微小柔毛。雄花集成小伞房花序；花乳白色，花冠甕形，芳香，有茸毛。果近球形，黄色，有伏粗毛；宿存萼裂片4，裂片卵形。花期5月，果期10月。

分布与生境：产于湖北宜昌、南沱一带，较少见，上海、杭州有栽培，供观赏。郑州、南阳有栽培。

栽培利用：瓶兰花的繁殖，一般采用山野挖取，龙泉山、龙门山多有生长；为保护资源，提倡播种育苗。山野挖取老桩，一年四季都可以进行，其中以初夏与秋季最好，挖取与栽种间的时间越短越好。高温、低温季节从山野挖取的树桩，不但要深埋桩头，只留芽眼，而且要用草或塑料薄膜遮盖，在桩头发芽时揭去，保持湿润，即能成活。瓶兰花喜湿润，一般土壤都能生长，但新从山野挖取的树桩，最好使用河边沙质土，有利于生根。瓶兰花施用肥不太讲究，凡是腐熟后的肥都可施用。如家庭盆栽，也可施用复合肥，春、秋两季施用。瓶兰花较耐阴，但过于荫蔽则生长不良，易生介壳虫，影响来年开花、结果。特别是新从山野挖取的树桩，应在半阴半阳之地培养。如树桩栽的地方太荫蔽，哪怕是枝叶已生长很好，但并未生根。因为上面枝叶的生长是依靠深埋在土里的桩头吸收水分和养料。所以荫蔽地栽的瓶兰花树桩，放在阳光下有回苗现象，也就是“假活”现象。所以，常栽瓶兰花桩头的人有“先长枝叶，后生根”之说。瓶兰花耐修剪、蟠扎，可生产大中小型各式树桩盆景。一般采用接弯倒拐法，多式多样的自然式蟠扎，新蟠和补蟠在夏、秋两季均可进行。

274 山矾 *Symplocos sumuntia*

科名：山矾科　属名：山矾属

形态特征：乔木。嫩枝褐色。叶薄革质，卵形、狭倒卵形、倒披针状椭圆形，先端常呈尾状渐尖，基部楔形或圆形，边缘具浅锯齿或波状齿，有时近全缘；中脉在叶面凹下，侧脉和网脉在两面均凸起。总状花序，被展开的柔毛；苞片早落，阔卵形至倒卵形，密被柔毛，小苞片与苞片同形；花萼筒倒圆锥形，花冠白色，5深裂几达基部生。核果卵状坛形，外果皮薄而脆，顶端宿萼裂片直立，有时脱落。花期2~3月，果期6~7月。

分布与生境:江苏、浙江、福建、台湾、广东(海南)、广西、江西、湖南、湖北、四川、贵州、云南均有分布。河南产于大别山区的商城、新县、信阳等县。生于山谷杂木林中。

栽培利用:播种或扦插繁殖。播种繁殖:10月采种,将苗木种子洗净阴干后即播或沙藏至翌年春播。幼苗出土后及时遮阳。翌年3月播种,播种前整地做床,开8 cm深的沟,采用条播法进行播种,播后覆土6 cm,因种子要在地下催芽1年,翌年早春才会发芽,所以要覆盖稻草,减少杂草生长。幼苗出土后,及时除草松土,幼苗生长期适时施肥,促进幼苗木质化,2年生苗即可出圃移栽。扦插繁殖:可于6月下旬至7月上中旬进行,选半成熟枝作插穗,9月形成愈伤组织,第二年春发根,越冬需覆盖塑料薄膜保温。小苗留床1年后分栽。

山矾枝叶茂密,是优良的中型庭园苗木,同时,也是理想的厂矿绿化苗木。适宜孤植或丛植于草地、路边及庭园。根、叶、花均药用;叶可作媒染剂。四川山矾(*Symplocos setchuensis*)郑州树木园有栽培,怕干热,表现为生长不良。

275 棱角山矾 *Symplocos tetragona*

科名:山矾科 属名:山矾属

形态特征:乔木。小枝黄绿色,粗壮,具4~5条棱。叶革质,狭椭圆形,先端急尖,基部楔形,边缘具粗浅齿,两面均黄绿色;中脉在叶面凸起。穗状花序基部有分枝,密被短柔毛;苞片卵形,小苞片横椭圆形;花萼5裂,裂片圆形,稍长于萼筒或等于萼筒,有缘毛;花冠白色,5深裂几达基部,有极短的花冠筒,裂片椭圆形;雄蕊花丝基部联生成五体雄蕊。核果长圆形,顶端宿萼直立,核骨质,分开成3分核。花期3~4月,果期8~10月。

分布与生境:产于湖南(道县)、江西(庐山)、浙江(杭州玉泉后山有栽培)。河南省光山县、郑州市有栽培。生于海拔1 000 m以下的杂木林中。

栽培利用:棱角山矾可用播种、扦插和组织培养法繁殖。种子繁殖:种子具有隔年发芽的特性。春季播种,收集种子处理后湿沙储藏。将种子经5.5 h酸蚀处理后,再用500 mg/L赤霉素浸种24 h,干燥时滴加500 mg/L赤霉素溶液。或者将经过5.5 h酸蚀处理后、湿沙层积3个月的种子,采用变温处理(1~5 ℃处理16 h后,再在20 ℃环境中处理8 h),当年发芽率可达到40%以上。苗圃应造在避风阴凉、水源充足的地方,如在向阳宽阔处播种,则需要搭置荫棚,土壤要求疏松湿润、排水良好的沙质壤土。播种采用条播,行距20 cm。苗期管理:早春1~2月,幼苗开始出土,这时应及时拔除苗圃内杂草。除草后结合松土,施0.1%的稀薄氮肥水,以利幼苗生长。4~6月是苗木生长旺季,必须做到勤除草、多施肥,肥料以氮肥为主。7~8月,肥水中应增施钾肥,以促进苗木木质化,增强其抗性。9月以后不再施肥。扦插繁殖:扦插育苗于每年5月或10月从生长健壮的母树上采集当年生半木质化的健壮春梢和秋梢为扦插种穗。插穗用200 mg/kg的IBA、NAA、ABT-6生根粉浸泡2 h。组培繁殖:WPM培养基不定芽的诱导,6-BA、KT浓度在0.2~1.5 mg/L范围内,愈伤组织不定芽诱导频率随着6-BA、KT浓度的增高而增高;但6-BA、KT浓度达到 2.0 mg/L，不定芽诱导频率反而降低。

棱角山矾喜光而耐阴，喜温暖、湿润气候，也有较强的耐寒力，能耐 -10 ℃低温。对土壤要求不严，酸性、中性及微碱性的黄棕壤、黄壤、沙质壤土均能适应，瘠薄土壤生长不良。棱角山矾主干通直，树形优美，叶片长而宽大且终年翠绿，能形成独具风韵的圆球形或圆锥形树冠，是高档的中型庭荫树和景观树种。孤植、列植、散植或从植于草地、林缘、路边及庭园都很适宜，若对植、列植在建筑物两侧，更能显现出树冠优美的效果。姿形优美奇特，枝条自然分布、稠密均匀，枝叶浓密繁茂，有良好的隔音效果，可用作隔离噪声的林带；对大气中的有毒气体如氯气、氟化氢及二氧化硫都有较强的抗性，是有前途的抗污染生态环保型新优绿化树种，可用于有环境污染的厂矿区绿化。

276 光蜡树 *Fraxinus griffithii*

科名：木犀科　属名：梣属

形态特征：半常绿乔木。树皮灰白色，粗糙，呈薄片状剥落。芽裸露，在枝梢两侧平展，被锈色糠秕状毛。小枝灰白色，被细短柔毛或无毛，具疣点状凸起的皮孔。羽状复叶；叶轴具浅沟或平坦；小叶革质或薄革质，干后呈褐色或橄榄绿色，卵形至长卵形，下部 1 对小叶通常略小，基部钝圆、楔形或歪斜不对称，近全缘，叶缘略反卷，上面无毛，光亮，下面具细小腺点。圆锥花序顶生于当年生枝端，伸展，多花；叶状苞片匙状线形。翅果阔披针状匙形，钝头，翅下延至坚果中部以下，坚果圆柱形。花期 5～7 月，果期 7～11 月。

分布与生境：产于福建、台湾、湖北、湖南、广东、海南、广西、贵州、四川、云南等省区。河南郑州有栽培。生于干燥的山坡、林缘、村旁、河边，海拔 100～2 000 m。在我国黄河流域及沿海滩涂地区生长良好。

栽培利用：光蜡树可采用播种、嫁接、扦插育苗。播种：秋播或早春播种。每亩播种量 3～4 kg，种子用 40～50 ℃温水浸泡 24 h，或用冷水泡 4～5 天，捞出置于室内催芽，待种子裂嘴即播。覆土 2～3 cm，苗高 10 cm 左右时，分栽定植。播种苗做好苗期管理工作，根据苗木的不同生长时期，合理确定灌溉、松土除草、追肥、间苗和定苗工作。种子发芽期分次揭去盖草，同时尽量避免带出损伤幼苗。幼苗出土期间，灌溉应少量多次，待幼苗出齐后灌溉应多量少次，每 2～3 天灌溉一次，早晚进行；松土则初期宜浅、后期稍深，待苗木硬化时立即停止松土除草，为使苗木速生粗壮，苗木出土后开始追肥以氮、磷、钾为主，少量多次；光蜡树育苗圃地，间苗一般两次，分别在苗木出齐长出两对真叶时和苗木叶子互相重叠时进行，分栽定植以苗高 10 cm 左右为宜，定植前剪断主根，蘸上泥浆，确保侧根发育，提高造林成活率。嫁接：东北地区用水曲柳作砧木，华中、华东地区可用白蜡或茸毛白蜡作砧木。4～5 月采用劈接、枝接靠接或芽接均可。扦插：春或秋季采用半熟或成熟枝扦插，基质用蛭石，泥炭、珍珠岩或河沙，并用 0.1% 高锰酸钾消毒，在 600～800 mg/L 吲哚丙酸溶液中浸泡 3 s 后扦插，成活率可达 90% 以上。

光蜡树又名常青白蜡，为暖温带喜光树种，幼树耐阴；耐水湿，在水中浸泡30天后，仍能正常生长；对土壤要求不严，在盐碱地区抗性很强。光蜡树耐寒耐旱，抗盐碱，耐瘠薄，是北方地区不可多得的常绿阔叶树种，可修剪成球形、独干形球、灌木状高篱、柱形高篱及行道树等。此外，常青白蜡木材坚韧、纹理直，供制农具、家具、车辆、胶合板、运动器材等；枝条可编筐篓，树皮可入药；栽于田埂，矮林作业，放养白蜡虫可生产白蜡，为轻工、化工及医药的重要原料。光蜡树在郑州冬季多数年份表现为叶枯褐色，景观价值一般。

277 木犀 *Osmanthus fragrans*

科名：木犀科　属名：木犀属

形态特征：乔木或灌木。树皮灰褐色。小枝黄褐色，无毛。叶片革质，椭圆形、长椭圆形或椭圆状披针形，先端渐尖，基部渐狭呈楔形或宽楔形，全缘或通常上半部具细锯齿，两面无毛，腺点在两面连成小水泡状突起，中脉在上面凹入，下面凸起。聚伞花序簇生于叶腋，或近于帚状，每腋内有花多朵；苞片宽卵形，质厚，具小尖头；花梗细弱，无毛；花极芳香；花冠黄白色、淡黄色、黄色或橘红色。果歪斜，椭圆形，紫黑色。花期9月至10月上旬，果期翌年3月。

分布与生境：原产我国西南部。陕西、甘肃及华东、中南、西南等省区也均有栽培。河南各地有栽培。桂花适应于亚热带气候地区。

栽培利用：桂花种苗的繁殖主要采用播种、扦插、高压及嫁接等方法。播种：春季4~5月采收果实，洗净沙藏，当年10~11月进行秋播或翌年春播。扦插：在夏季新梢生长停止后，剪取当年生的绿枝，扦插前用500 mg/mL的萘乙酸处理插穗可提前10天生根。插后管理主要是控制温度和湿度，最佳生根地温度为25~28 ℃，最佳相对湿度保持在85%以上，可采用遮阳、洒水、拱塑料、通风等办法控制。同时要注意防病。嫁接：嫁接桂花砧木可选用女贞或小叶女贞、小蜡树。嫁接后成活的桂花树，抗寒力强，一般在春季发芽之前，采用枝切接法进行嫁接，嫁接时要尽量压低砧木。桂花一般在春、冬两季定植，春季在清明前，冬季在立冬前后，要选定阳光充足、排水良好、表土层深厚的地段。桂花盆栽时3~4月间为宜，初次上盆可用40 cm口径的盆，以后每年换盆1次，3~4年后就只换土不换盆了，每次移栽换盆后浇透水。水分管理：露地种植的桂花树，幼苗期要注意浇水，成年树在久旱时才灌水。盆栽桂花的水分管理工作十分重要，雨季要及时倒除盆内积水，开花季节，浇水不要太多，否则容易落花。冬季宜将花盆置于阳光充足但温度又不太高（以不结冰为度）的房间里，浇水不可太多。施肥：桂花十分喜肥，露地栽培时，除要有充足基肥外，当定植苗成活后应施1次稀薄水肥，人粪尿、猪粪水或化肥均可，促进新根快速大量生长。在7~8月间施1~2次水肥，浓度比第1次稍大些，花谢后到入冬前，应施堆肥或人粪尿，作为来年花树生长的基肥，以后每年3月施1次以氮肥为主的速效性肥料，7月要再施1次以磷、钾肥为主的速效性肥料，可以多开花，花香浓，10月施1次有机肥。盆栽桂花的施肥更为重要，一般在生长季节，7～10天可施用稀薄液肥1次。修剪整形：桂花萌发力强，有自然形成灌丛的特性，每年春、秋抽梢，需及时修剪抹芽。修剪时一般以疏枝为主，对过密外围进行疏除，对树进行整形，剪除徒长枝和病虫枝，改善植株通风透光条件。另外，应加强桂花褐斑病、枯斑病、炭疽病、刺蛾、红蜘蛛、吹棉蚧等病虫害的防治。

木犀俗称桂花，是阳性树种，在幼苗、幼树期，要求有轻度蔽荫，成年后在阳光充足条件下生长旺盛，叶茂花繁。桂花较耐寒，喜温暖湿润气候和微酸性土壤。喜空气湿度较高，但不耐干旱瘠薄，不耐烟尘，对气体污染有一定抗性。桂花因其叶脉形如圭而称“圭”；因其材质致密，纹理如犀而称“木犀”；因其自然分布于丛生岩岭间而称“岩桂”；因开花时芬芳扑鼻，飘香数里，因而又叫“七里香”“九里香”。桂花作为一种重要的园林绿化树种，在城市绿化中扮演着不可或缺的角色。可作为行道树：桂花四季常绿，枝叶密集，树形美观，发枝能力强，加之其吸粉尘和抗噪声，是优良的行道树树种。作为园景树：桂花虽说不上树形高大，但其树形美观，秋天来临，桂花芳香馥郁，可观可闻，是园景树很好的选择。作为庭荫树：桂花大多3～4 m高，但是也有高达12 m的桂花，同时桂花无不良气味、无毒、少病虫害、适应性强、管理简易，因此桂花不失为庭荫树的一种选择。作为绿篱：桂花四季常青，可作乔木亦可作灌木，比较耐修剪，每年发枝两次。而且四季桂品种群中的一些品种，如‘小叶佛顶珠’‘旧香桂’等，树势低矮，枝叶密集，易移栽，耐修剪，花期较长，着花繁密兼有清香，这些特点使得桂花可以成为一种优秀的绿篱植物。作为盆景：桂花也是我国盆景艺术常用的素材。

278 宁波木犀 *Osmanthus cooperi*

科名：木犀科　属名：木犀属

形态特征：小乔木或灌木。小枝灰白色，幼枝黄白色，具较多皮孔。叶片革质，椭圆形或倒卵形，先端渐尖，稍呈尾状，基部宽楔形至圆形，全缘，腺点在两面呈针尖状突起，中脉在上面凹入，被短柔毛，近叶柄处尤密，在下面凸起。花序簇生于叶腋；苞片宽卵形，先端渐尖，被柔毛；花萼裂片圆形；花冠白色，花冠管与裂片几等长。果蓝黑色。花期9～10月，果期翌年5～6月。

分布与生境：产于江苏南部、安徽、浙江、江西、福建等地。郑州树木园有栽培。生于海拔400～800 m的山坡、山谷林中阴湿地或沟边。

栽培利用：宁波木犀的繁殖方法可分为种子繁殖、扦插繁殖、嫁接繁殖等。常采用的主要是扦插和嫁接繁殖，一般情况下不采用种子繁殖。扦插繁殖：在春季发芽前进行，一般是5月中旬到6月下旬为最适时期（秋插可在8月中旬到9月下旬），选一年生枝条作插条，插入素沙土或草炭土内，上面覆盖塑料薄膜，放在蔽荫处养护，立秋后即可生根。插穗的长度8～10 cm，扦插前用500 mg/L萘乙酸快浸可促进生根。嫁接繁殖：多采用腹接法、靠接法或撕接法。撕接法是在春芽未萌发前，从母树上取健壮的一年生枝条，剪去一些叶片,置于低温、湿沙中储藏,待砧木萌动时进行嫁接。嫁接时先将砧木在离地面 10 cm 处剪断,选光滑面将树皮划成“Ⅱ”形,长 2 ~3 cm,宽 3 ~4 mm,撕开“Ⅱ”处树皮,再把削成不等边楔形的接穗插入砧木“Ⅱ”处,用薄膜带包扎。圃地应选择排水良好的沙质壤土或轻壤土为好。地栽宁波木犀多于早春进行。栽后充分灌水。成活后施一次液肥。7 ~8 月间现施 1 ~2 次水肥。临冬之前现施以腐熟堆肥。以后每年 3 月下旬追施一次速效性氮肥,7 月追施一次速效性磷、钾肥,10 月再施一次有机肥。每次施肥后都要及时灌水和中耕除草,平时注意及时防治病虫害。

宁波木犀适应性较强,喜阳光充足、温暖湿润的气候,能耐最低气温 -13 ℃,最适生长气温是 15 ~28 ℃。对土壤要求不高。但在温暖、湿润、阳光充足、土层肥沃、排水良好的微酸土壤生长状况最好。不耐干旱瘠薄,忌盐碱土和排水不良的潮湿地。宁波木犀四季常绿,树干挺拔,树形优美,广泛用于园林绿化;可制作盆景,也单植于庭院,配植于公园,也可栽植于道路两旁作为行道树。宁波木犀还可以萃取桂花精油、浸膏等;其花来制作糕点、糖、酿酒;根、花和果实都可入药,根入药可以祛风湿、散寒气;花入药可以化痰润肺、化血散瘀;果实入药可以暖胃平肝、祛湿散寒。

279 柊树 *Osmanthus heterophyllus*

科名:木犀科　属名:木犀属

形态特征:灌木或小乔木。树皮光滑,灰白色。幼枝被柔毛。叶片革质,长圆状椭圆形或椭圆形,先端渐尖,具针状尖头,基部楔形或宽楔形,叶缘具 3 ~4 对刺状牙齿或全缘,先端具锐尖的刺,上面腺点呈细小水泡状突起,中脉在两面明显凸起,上面被柔毛,近叶柄处毛尤密,幼叶更密;叶柄幼时常被柔毛。花序簇生于叶腋;苞片被柔毛;花略具芳香;花冠白色,花冠管极短。果卵圆形,呈暗紫色。花期 11 ~12 月,果期翌年 5 ~6 月。

分布与生境:分布于我国台湾省。河南郑州、开封等地有栽培。适于南部暖带落叶阔叶林区,北亚热带落叶、常绿阔叶混交林区,中亚热带常绿、落叶阔叶林区,南亚热带常绿阔叶林区。

栽培利用:柊树适应性强,繁殖容易,嫁接、扦插、播种压条等繁殖方法均可。目前生产中主要采用嫁接繁殖和扦插繁殖。嫁接繁殖:8 月至翌年 4 月,选择生长粗壮、芽体饱满的柊树当年生枝条的中上部作为接穗,以生长健壮、无病害的小叶女贞苗作砧木。嫁接方法常用靠接、切接和腹接。另外,也可在 12 月末翌年 1 月初,剪好接穗并蜡封处理,储藏于 1 ~5 ℃,翌年 3 ~5 月采用切接、腹接或皮下接进行繁殖。扦插繁殖:梅雨期或 9 月进行,插穗用萘乙酸等生根剂快蘸后,扦插于沙壤土中,约 35 天后可生根。

柊树喜阳光充足的环境,也耐阴,在稀疏大树下生长良好。喜温暖,有一定抗寒性和耐旱性,在排水良好、湿润肥沃的沙壤土上生长最佳。柊树于深秋至初冬开花,花朵亦芳香,叶形和叶色丰富多彩,是一种优良的园林造景材料,既可用于庭院、公园绿化,亦可盆栽观赏。柊树的叶片为厚革质,不易燃烧,在日本作为优良的防火材料,常植为防火篱。柊树抗污染性强,对二氧化硫、氯气的抗性和吸收能力均较强,对汞蒸气的吸收能力也较强;具有较强的杀菌能力,在9 min内能杀死原生动物,还具有减弱噪声和吸滞粉尘的功能。另外,柊树还有较好的药用价值,如树皮及枝叶有补肝肾、健腰膝之效,可用于治疗腰膝疼痛、风湿关节炎及百日咳等;花可提取香料、制蜜饯,入药有清火化痰等功能。

280 红柄木犀 *Osmanthus armatus*

科名:木犀科　属名:木犀属

形态特征:灌木或乔木。小枝灰白色,稍有皮孔,幼时被柔毛,老时光滑。叶片厚革质,长圆状披针形至椭圆形,先端渐尖,有锐尖头,基部近圆形至浅心形,叶缘具硬而尖的刺状牙齿,稀全缘,两面无毛,仅上面中脉被柔毛,近叶柄处尤密,中脉在上面凸起;叶柄短,密被柔毛。聚伞花序簇生于叶腋;苞片宽卵形,背部隆起,先端尖锐,被短柔毛;花梗细弱,无毛;花芳香;花冠白色,花冠管与裂片等长。果黑色。花期9~10月,果期翌年4~6月。

分布与生境:产于四川、湖北等地。河南鄢陵有栽培。生于海拔1 400 m左右的山坡灌木林中。

栽培利用:红柄木犀近年来由南而北引种,走进北方园林绿化行列,主要用于盆栽观赏。在南方,红柄木犀大都采用扦插法繁殖,小苗栽培10多年后可育蕾开花。在北方多用流苏树作砧木嫁接繁殖,如用靠接法,且接穗是花枝,接活后当年可开花,以后年年开花。靠接繁殖:4~8月均可,以4~6月伤口愈合最快,一般20~30天即可愈合。砧穗以同为半质木化的或同为木质化的靠接为好。将砧木从嫁接部位横剪断,由中心线竖切一夹口,深约1.5 cm。然后取等粗接穗枝条,截取一节,叶下带长约2 cm的枝段,两面各削长1.7 cm的斜面,呈楔形,插入砧木夹口,对准形成层,接穗稍露白木质,绑缚结实,套袋保湿,放置遮阴处,不要浇大水。温度20~28 ℃时,30天伤口愈合,40天时剪下,先放遮阴处观察1周,再移至阳光下,来年解绑。劈接繁殖:4~9月,砧穗木质化情况同上,干径以0.5 cm左右为宜。30~50天伤口愈合以后去袋,先放遮阴处,来年解绑。插皮嫁接:4~9月,在砧木离皮时嫁接。砧木直径1 cm左右的嫁接1穗,2 cm左右的嫁接2穗,3 cm以上的嫁接3穗,放遮阴处,温度在20~28 ℃时,30天伤口愈合,这时摘袋先放遮阴处,观察1周后,可置阳光下,并可解绑。用流苏树嫁接红柄木犀,不但开花早,而且成型快,大砧插皮嫁接3个接穗,一般可抽5~6个枝(芽叠生),一年每枝抽二次,三年冠幅可达1.5~2 m。

红柄木犀在廊、亭周围和草地边缘可采用丛植、孤植等方法,错落有致,增加绿地内的季相景色和空间层次。在分车带、行道树下,与常绿植物交叉排列;在花坛和山石边,可选用造型。

281 木犀榄 *Olea europaea*

科名：木犀科 属名：木犀榄属

形态特征：小乔木。树皮灰色。枝灰色或灰褐色，近圆柱形，散生圆形皮孔，小枝具棱角，密被银灰色鳞片，节处稍压扁。叶片革质，披针形，先端锐尖至渐尖，具小凸尖，基部渐窄或楔形，全缘，叶缘反卷，上面深绿色，稍被银灰色鳞片，下面浅绿色，密被银灰色鳞片，两面无毛，中脉在两面凸起或上面微凹入；叶柄密被银灰色鳞片，两侧下延于茎上成狭棱，上面具浅沟。圆锥花序腋生或顶生；花序梗被银灰色鳞片；苞片披针形或卵形；花芳香，白色，两性；花萼杯状，浅裂或几近截形；花冠深裂几达基部，裂片长圆形，边缘内卷。果椭圆形，成熟时呈蓝黑色。花期4～5月，果期6～9月。

分布与生境：原产地中海地区，现全球亚热带地区都有栽培，我国长江流域以南地区亦栽培。河南的黄河以南地区有零星栽培，河南省农科院院内有20世纪70年代引种的大树，开花结果正常。周口也有引自云南的大苗。

栽培利用：木犀榄俗称油橄榄，对温度、光照及水分条件有一定要求，要求年平均温度14～18 ℃，极端最低温度－7～－9 ℃，年日照时数1 600～2 000 h，年降水量400～800 mm。油橄榄多数品种自花授粉不孕或自花结果率低，定植时需配置授粉品种，主栽品种和授粉品种的比例为4∶1，授粉品种的配置以隔行栽植或点状混栽为宜。在园地选择方面，通风透光、排水良好、光照较好，土壤pH值为6～8，且含钙较高的坡地适宜种植。种植过程中需要做除草工作，每年约4次，除草时间主要集中在5月、7月及果实采收前，保障油橄榄在良好的土壤环境中生长。施肥作为一项重要的工作，每年施肥2～3次，基肥以有机肥为主，外视树体大小每株加施石灰0.5～2 kg；春季追肥以氮肥为主，夏季追肥氮、磷、钾复合肥。根据油橄榄生长发育特性，1年有4次需水时期，即萌芽抽梢期、开花后到果实膨大期、果实硬核期和花芽分化期。此外，应加强油橄榄孔雀斑病、青枯病、根腐病、炭疽病、天牛、金龟子、介壳虫、天蛾等病虫害的防治。

油橄榄是世界著名的优质木本油料兼果用树种，果可榨油，可供食用，也可制蜜饯。

282 女贞 *Ligustrum lucidum*

科名：木犀科 属名：女贞属

形态特征：灌木或乔木。树皮灰褐色。枝黄褐色、灰色或紫红色，圆柱形，疏生圆形或长圆形皮孔。叶片常绿，革质，卵形、长卵形或椭圆形，先端锐尖、渐尖或钝，基部圆形或近圆形,有时宽楔形或渐狭,叶缘平坦,上面光亮,两面无毛,中脉在上面凹入,下面凸起;叶柄上面具沟。圆锥花序顶生;花序轴紫色或黄棕色,果时具棱。果肾形或近肾形,深蓝黑色,成熟时呈红黑色,被白粉。花期5~7月,果期7月至翌年5月。

分布与生境:分布于长江以南至华南、西南各省区,向西北分布至陕西、甘肃。生于山坡及山谷杂木林中。河南各地有栽培,伏牛山南部有零星分布。生于海拔2 900 m以下疏林、密林中。

栽培利用:女贞可用播种和扦插两种方法繁育,以播种育苗为主。种子成熟后,常被蜡质白粉,要适时采收,可用高枝剪剪取果穗,捋下果实,将其浸入水中5~7天,搓去果皮,洗净、晾干。一般需立即播种,这样有利于发芽和出苗,也可湿沙储藏。3月上中旬至4月播种,圃地土壤要疏松肥沃。播种前将去皮的种子用温水浸泡1~2天,然后播种、条播或撒播均可。条播行距为20 cm,覆土1.5~2 cm,每公顷播种量为105 kg。因为女贞出苗时间较长,约需1个月,播后应在畦上盖草保墒。小苗出土后要及时除草、间苗。小苗怕涝,要注意排水。苗期追肥1~2次,每月除草1次,一年生苗高可达50 cm。如培养大苗,需换床种植,经2~4年即可出圃。扦插育苗:可在11月间剪取春季生长健壮的枝条埋藏,第2年3月取出扦插,插穗粗0.3~0.4 cm,每穗长15~18 cm,将插穗插入土中2/3,株距10 cm,插后约2个月生根。栽培管理常培养单干植株,主要应用整形修剪来实现。定植前,对大苗中心主干的1年生延长枝短截1/3,剪口芽留强壮芽,同时要除去剪口下面第1对芽中的1个芽,以保证选留芽顶端优势。为防止顶端产生竞争枝,对剪口下面第2对、第3对腋芽要除掉。位于中心主干下部、中部的其他枝条,保留3~4个主枝,要求有一定间隔且相互错落分布。每个主枝要短截,留下芽,剥去上芽,以利于扩大树冠,保持冠内通风透光。细弱枝条可缓放不剪,辅养主干生长。

大叶女贞四季常绿,树冠广阔、圆整美丽,叶片光亮,春花阵香,秋果累累,生长较慢,树体可造型,作为城市和庭院的美化常选树种。另外,大叶女贞抗逆性强,清污降尘效果好,对二氧化氮、苯、乙炔、苯酚、乙醚等有害气体抗性强,并对其有一定的吸收作用,每平方米的叶片面积可吸附6.3 g的PM10粉尘,因此它也成为厂矿企业的环境绿化优先树种。大叶女贞种子油可制肥皂;花可提取芳香油;果含淀粉,可供酿酒或制酱油;枝、叶上放养白蜡虫,能生产白蜡,蜡可供工业及医药用;果入药称女贞子,为强壮剂;叶药用,具有解热镇痛的功效;植株可作丁香、桂花的砧木或行道树。栽培上常见的还有'辉煌'女贞(*Ligustrum lucidum*'Excelsum Superbum'),为女贞的彩叶品种。叶大,有光泽,卵形,亮绿色,具浅绿色斑点,边缘奶黄色。花小,管状,白色,夏末至初秋开放。'辉煌'女贞植株繁茂,冠形饱满,分枝性强,叶片全年具极佳观赏效果,春季新叶粉红色,后慢慢转为金边,冬季霜降后,金色部分变为红色,是不可多得的全年观赏形色叶植物。在郑州、驻马店等地栽培表现良好。

283 日本女贞 *Ligustrum japonicum*

科名：木犀科　属名：女贞属

形态特征：大型灌木。小枝灰褐色或淡灰色，圆柱形，疏生圆形或长圆形皮孔，幼枝圆柱形，稍具棱，节处稍压扁。叶片厚革质，椭圆形或宽卵状椭圆形，先端锐尖或渐尖，基部楔形、宽楔形至圆形，叶缘平或微反卷，上面深绿色，光亮，下面黄绿色，具不明显腺点，两面无毛，中脉在上面凹入，下面凸起，呈红褐色；叶柄上面具深而窄的沟。圆锥花序塔形，宽与长几相等；花序轴和分枝轴具棱；小苞片披针形；花萼先端近截形或具不规则齿裂；裂片与花冠管近等长，先端稍内折，盔状。果长圆形或椭圆形，直立，呈紫黑色，外被白粉。花期6月，果期11月。

分布与生境：原产日本。河南郑州、开封等地有栽培。生于低海拔的林中或灌丛中。喜光，稍耐阴。

栽培利用：日本女贞可播种繁殖、扦插繁殖和嫁接繁殖。播种繁殖：11～12月采种，洗净、阴干、沙藏。可春播或冬播。春播在3月底至4月初，用550 mg/kg赤霉素溶液浸种48 h，催芽后条播；冬播在封冻之前进行，一般不需催芽。扦插繁殖：剪取当年生或二年生生长健壮、组织充实、无病虫害的半木质化枝条，插穗用250 mg/kg吲丁·萘乙酸浸泡20 min，基质为腐叶土∶田园土=1∶1，生根率为82.5%。嫁接繁殖：用大叶女贞作砧木，在选择砧木时应考虑：生长健壮，无病虫害，树干通直，主干高度160 cm，胸径4～6 cm，要选择长势旺盛的母树，采集树冠外围、生长健壮、节间匀称、叶芽饱满、无病虫害的1～2年生成熟枝条作为接穗，嫁接前将接穗剪成5～8 cm长的一段，同时保证每个接穗上有4个芽。采用早春嫁接，一般在3月1日至4月上旬进行。嫁接结束后2周左右（视温度情况而定），当穗条叶柄脱落渐渐萌发的时候，可以将接穗顶部的薄膜挑去。当穗芽长至25～30 cm时，可以将砧木及穗条上的所有膜带全部除去。结合冬翻在12月中旬每亩施1次N、P、K混合复合肥60 kg。生长季根据嫁接后苗木的生长状况适时追肥，可从5月底6月初开始，到7月底结束，追施尿素4～5次，总施肥量每亩控制在80 kg左右。8月后停止追氮肥，可以叶面喷施磷、钾肥1～2次，质量浓度0.5%以内，以提高苗木的抗寒性，防止冬季产生冻害。此外，日本女贞应加强金龟子和吸食汁液的蚜虫、红蜘蛛等虫害的防治。

日本女贞可作庭园树、绿篱、盆栽，是园林绿化佳木。日本女贞叶有清热解毒功效，具有降血糖、降血脂及抗动脉硬化、抗癌、抗突变等作用，是一种兼有营养和药理作用的值得开发利用的植物资源。

284 小叶女贞 *Ligustrum quihoui*

科名：木犀科　属名：女贞属

形态特征：半常绿灌木。小枝淡棕色，圆柱形，密被微柔毛，后脱落。叶片薄革质，形状和大小变异较大，披针形、长圆状椭圆形、椭圆形、倒卵状长圆形，先端锐尖、钝或微凹，基部狭楔形至楔形，叶缘反卷，上面深绿色，下面淡绿色，常具腺点，两面无毛，稀沿中脉被微柔毛，中脉在上面凹入、下面凸起。圆锥花序顶生，近圆柱形，分枝处常有1对叶状苞片；小苞片卵形，具睫毛。果倒卵形、宽椭圆形或近球形，呈紫黑色。花期5～7月，果期8～11月。

分布与生境：分布于陕西南部、山东、江苏、安徽、浙江、江西、河南、湖北、四川、贵州西北部、云南、西藏察隅。河南省各山区均产；生于海拔1 200 m以下的山坡灌丛中、石崖上或沟谷、河岸边。

栽培利用：小叶女贞生产中多采用种子繁殖。10月下旬至11月中旬当果实呈紫黑色时即可采收，种子采收后去掉种皮，湿沙储藏。到春季3月中旬，种子约1/3露白后，即可播种。也可将种子去皮后晾干，放在阴凉处储藏，3月上旬将种子在30～35 ℃温水中浸泡24 h后，再在0.5%高锰酸钾或1 200倍多菌灵溶液中灭菌消毒3～5 min，然后用清水冲净药液放入萝筐或麻袋中，每天用温水冲洗2次，并翻动2～3次，待40%的种子露白后即可播种，也可在种子采收后带皮直接播种。把催芽处理过的种子均匀的撒入已整好的畦田中，覆细土0.5～1 cm，然后用薄膜或枯草及玉米秆覆盖。每亩播种量50 kg（干藏种子30 kg）。种子播上后要经常保持土壤湿润，有60%的种苗出土后在阴天或下午去掉遮阴物。覆膜地块要经常观察苗木出土后情况，当气温过高、太阳过强时要进行遮阴。及时除草和间苗。也可采用扦插繁殖。小叶女贞扦插繁育时间2～3月或10～11月均可进行，插穗选择粗度0.3～0.5 cm，1年生枝条或多年生枝条，剪成长10 cm左右的斜口小段绑成小捆，在ABT3号生根粉溶液中浸蘸3～5 min，按照株距5 cm、行距20～25 cm插入事先整好的畦床中苗床，上面覆盖地膜，用土压实。扦插育苗与种子繁育苗床做法相同。插上后及时浇1次透水，也可不覆膜露地扦插，露地扦插后可在畦田上覆盖一些碎麦糠、稻草、树叶等，可以有效地起到保湿抑草的作用，其他管理方法与种子繁育相同。此外，应注意加强苗木立枯病、叶斑病、蚧虫、粉虱等病虫害的防治。

小叶女贞适应性强，生长健壮，喜光，稍耐阴，喜温暖湿润的气候，对土壤要求不严，一般的土壤都能生长良好。小叶女贞萌发力强，易于修剪造型，可作盆景、绿篱、绿墙、绿屏，还是庭院绿化、城市厂矿的好品种。近年来，小叶女贞植物造型有建筑形体（四角亭、垂花门、云墙等）、动物形体、人物形体、几何形体和实物形体等，可采用孤植、丛植、群植等手法，将各式造型点缀在路旁绿地、广场街口、湖岸边沿等地，提高了园林艺术价值，强化了景观功能效果，是植物栽培技术和园林艺术的完美结合。郑州园林上栽培有一种银姬小蜡(*Ligustrum sinense*‘Variegatum’),别称:花叶女贞,属常绿小乔木,叶厚纸质或薄革质,椭圆形或卵形,叶缘镶有乳白色边环。此外郑州鲜见亮金女贞、金姬小蜡、金美女贞等小蜡的栽培品种,都是非常好的彩叶树种资源。

285 金森女贞 *Ligustrum japonicum*‘Howardii’

科名:木犀科 属名:女贞属

形态特征:灌木或小乔木。植株高1.2 m以下,枝叶稠密;叶对生,单叶卵形,革质、厚实、有肉感。春季新叶鲜黄色,冬季转成金黄色;部分新叶沿中脉两侧或一侧局部有翳状浅绿色斑块,色彩悦目。花期6~7月,圆锥状花序,花白色。果实10~11月成熟,呈紫黑色,椭圆形。

分布与生境:金森女贞为木犀科女贞属日本女贞系列彩叶新品种。浙江、上海等地有栽培。河南全省各地均有栽培。

栽培利用:金森女贞多采用扦插进行繁殖。采用单体大棚扦插,盖上大棚薄膜,外加遮阴网。一年可扦插3次,分别在3月上旬春插、6月上旬夏插和9月上旬秋插。采用半木质化的嫩枝或木质化的当年生枝条,剪成1叶1芽,长度3~4 cm。插穗剪好后,要注意保湿,尽量随剪随插。扦插前,切口用50 mg/kg的ABT生根粉处理30 min,以加快生根速度,提高成活率。扦插深度以3 cm为宜,密度为400株/m^2。插好后立即浇透水,要经常检查苗床,基质含水量保持60%左右,棚内空气湿度保持95%以上为宜。棚内气温控制在38 ℃以下,如温度过高,则应喷雾降温。从扦插到发根发芽之前都要遮阴,保持遮阴率75%以上。15天后,部分穗条开始发根,应适当降低基质含水量,一般保持40%左右。当50%以上的穗条开始发根后,可逐步开膜通风,遮阴可降到50%左右。当穗条全部发根且50%以上发叶后,逐步除去大棚的遮阴网和薄膜,给予充足的光照,开始炼苗。扦插后,结合病虫害防治,每10天喷施磷酸二氢钾1 000倍液,普遍生根后,可每7天浇施低浓度水溶性化肥1次。种植地的土壤要求质地疏松、肥沃、pH微酸性至中性,灌溉方便且排水良好。在苗木定植后的缓苗期内,要特别注意水分管理,如遇连续晴天,在移栽后3~4天浇1次水,以后可每隔10天左右浇1次水。15天后,种苗度过缓苗期即可施肥。在春季可每15天施1次尿素,用量约5 kg/亩,夏季和秋季可每15天施1次复合肥,用量为5 kg/亩,冬季施1次腐熟的有机肥,用量为1 500 kg/亩,以开沟埋施为好。施肥要以薄肥勤施为原则,不可1次用量过大。平时要及时除草松土,以防土壤板结。金森女贞对病虫害的抗性较强,但如果管理不当或苗圃环境不良,可能发生锈病或受地下害虫危害,应注意防治。

金森女贞长势强健,萌发力强;底部枝条与内部枝条不易凋落;对病虫害、火灾、煤烟、风雪等有较强的抗性;叶片宽大,质感好,株型紧凑,是非常好的自然式绿篱材料。金森女贞喜光,又耐半阴,且在光照不足处仍具有相当数量的金黄色叶,既可作界定空间、遮挡视线的园林外围绿篱，也可植于墙边、林缘等半阴处，遮挡建筑基础，丰富林缘景观的层次。金森女贞每到春季都会开出一串串银铃般的小花，散发出阵阵清香，秋冬季节蓝黑色的果实挂满枝头，果实几乎可以欣赏整整一个冬天。金森女贞叶片的色彩属于明度较高的金黄色，与红叶石楠搭配，便可以营造出相当出人意料的效果。

286 丽叶女贞 *Ligustrum henryi*

科名：木犀科　属名：女贞属

形态特征：灌木。树皮灰褐色。枝灰色，无毛或被短柔毛，具圆形皮孔，小枝紫红色或褐色，密被锈色或灰色短柔毛，有时具短硬毛。叶片薄革质，宽卵形、椭圆形或近圆形，先端锐尖、渐尖或短尾状渐尖，基部圆形、宽楔形或浅心形，叶缘平或微反卷，上面光亮。圆锥花序圆柱形，顶生；花序轴圆柱形或具棱，密被短柔毛；花序基部苞片呈小叶状，小苞片细小，披针形。果近肾形，弯曲，呈黑色或紫红色。花期5～6月，果期7～10月。

分布与生境：分布于陕西、甘肃、湖北、湖南西部、广西、贵州、四川、云南。河南产于伏牛山南部的西峡、内乡、南召、卢氏。生于海拔1 000 m以下的岩石旁或山坡灌丛中。

栽培利用：丽叶女贞一般采用播种繁殖。选择背风向阳、土壤肥沃、排灌方便、耕作层深厚的壤土、沙壤土、轻黏土为播种地。女贞11～12月种子成熟，种子成熟后，常被蜡质白粉，要适时采收，选择树势壮、树姿好、抗性强的树作为采种母树。可用高枝剪剪取果穗，捋下果实，将其浸入水中5～7天，搓去果皮，洗净、阴干。湿沙储藏，翌春3月底至4月初用热水浸种，捞出后湿放4～5天后即可播种。冬播在封冻之前进行，一般不需催芽。春播在解冻之后进行，催芽则效果显著。为打破女贞种子休眠，播前先用550 mg/kg赤霉素溶液浸种48 h，每天换1次水，然后取出晾干。放置3～5天后，再置于25～30 ℃的条件下水浸催芽，注意每天换水。播种育苗于3月上中旬至4月播种。播种前将去皮的种子用温水浸泡1天，采用条播行距为20 cm，覆土厚1.5～2.0 cm。播种量为105 kg/hm^2左右。女贞出苗时间较长，约需1个月。播后最好在畦面盖草保墒。小苗出土后要及时松土除草，进行间苗，按常规管理一年生的苗高可达50 cm。女贞是偏于喜湿性的植物，但是水分过多又容易引发疾病，一定要严格控制好水分。小苗怕涝，要注意排水。女贞在苗期生长无须太多的肥料。只要适当地追施叶面肥即可，可以选用水溶性化肥，以每5 g兑水2 kg调配好进行喷洒。每15天进行1次即可。在光照特别强时，要用遮阳网。一般每月除草1次。苗期植株容易受到蚜虫的侵害，应注意防治。

丽叶女贞是园林中常用的观赏树种，四季婆娑、枝叶茂密，可于庭院中种植，也是行道树中常见的树种。适应性强，生长快且耐修剪，也用于绿篱。

287 探春花 *Jasminum floridum*

科名：木犀科　属名：素馨属

形态特征:直立或攀缘灌木。小枝褐色或黄绿色,当年生枝草绿色,扭曲,四棱,无毛。叶互生,复叶,小叶3或5枚,稀7枚,小枝基部常有单叶;叶片和小叶片上面光亮,干时常具横皱纹,两面无毛;小叶片卵形、卵状椭圆形至椭圆形,先端急尖,具小尖头,基部楔形或圆形,中脉在上面凹入,下面凸起;顶生小叶片常稍大,具小叶柄,侧生小叶片近无柄;单叶通常为宽卵形、椭圆形或近圆形。聚伞花序或伞状聚伞花序顶生;苞片锥形;花萼具5条突起的肋,裂片锥状线形;花冠黄色,近漏斗状,裂片卵形或长圆形,先端锐尖,稀圆钝,边缘具纤毛。果长圆形或球形,成熟时呈黑色。花期5~9月,果期9~10月。

分布与生境:分布于河北、陕西南部、山东、湖北西部、四川、贵州北部。河南产于伏牛山区、大行山及桐柏山区部。生于山坡、山谷及灌丛中。

栽培利用:探春繁殖以扦插、压条繁殖为主,结合修剪,选健壮枝剪成插穗,插入表土中置半阴处,50天左右可生根。亦可结合翻盆换土将老植株分为数丛种植,还可将低矮枝条压在盆土内,3个月生根后切离母株另栽。也可于12月采种,第2年春季播种繁殖,但要3年才开花,一般不采用。土肥水管理:探春花生长强健,适应性强,基本无病虫害,栽培管理也较为简单。每年在探春发芽前至开花期间,可灌水2~3次,秋季不旱不灌水,入冬灌1次封冻水即可。施肥宜在秋末冬初进行,可在植株的根部附近挖小穴,施入腐熟的堆肥3~5 kg即可。探春花在春秋季节易遭受蚜虫危害应注意防治。栽培过程中,要注意防止土壤积水成涝或过分干旱。

探春适应性强,较耐旱,耐寒性强,生长迅速。枝条开展,拱形下垂,冬赏绿枝,夏赏金花,春秋枝叶翠绿,是一种很好的夏季开花植物。宜配置池边、溪畔、悬岩、石缝;在园林应用中常丛植在高大乔木之下,或石旁或依山靠水,亦可庭前阶旁丛植。公园草坪边缘和丛林周围成片种植,或作花径、花丛应用;还可盆栽制作盆景、切花,将花枝瓶插,花期可维持月余,且枝条能在水中生根。

288 蓬莱葛 *Gardneria multiflora*

科名：马钱科　属名：蓬莱葛属

形态特征:木质藤本。枝条圆柱形,有明显的叶痕;除花萼裂片边缘有睫毛外,全株均无毛。叶片纸质至薄革质,椭圆形、长椭圆形或卵形,少数披针形,顶端渐尖或短渐尖,基部宽楔形、钝或圆,上面绿色而有光泽,下面浅绿色;叶柄腹部具槽;叶柄间托叶线明显;叶腋内有钻状腺体。二至三歧聚伞花序腋生,花序梗基部有2枚三角形苞片;花5数,花萼裂片半圆形;花冠辐状,黄色或黄白色,花冠管短。浆果圆球状,有时顶端有宿存的花柱,果成熟时红色;种子圆球形,黑色。花期3~7月,果期7~11月。

分布与生境:分布于陕西、江苏、安徽、浙江、台湾、湖北、湖南、江西、广东、广西、四川、贵州、云南等省区。河南产于大别山、桐柏山及伏牛山南部。生于海拔1 000 m以下的山坡灌丛或林下。

栽培利用:蓬莱葛味淡、微苦,性凉。根、叶可供药用,具有清火解毒、除风止痒、消肿止痛的功效。主要用于治疗药食中毒、虫蛇咬伤、疔疮斑疹、湿疹、疱疹、伤痛、痹痛;关节炎、坐骨神经痛等。在《四川中药志》和《贵州民间药物》中有报道,根或茎藤入药。温肾,祛风湿,壮筋骨。主治肾亏、遗尿,囊湿、腰膝酸痛、风湿痹痛、跌打损伤等。蓬莱葛全年均可采,洗净,切片,晒干或鲜用。种子,果实成熟时收取,鲜用。味苦、辛,性温。祛风通络、止血。主治风湿麻痹、创伤出血。资料调研显示,该属植物化学成分中多含吲哚类生物碱等成分,显示了较好的药理活性。资料研究表明,生物碱对神经传导具有较好的活性,对抗癌活性筛选未发现抗癌活性物质。日本学者对6个吲哚类生物碱对大鼠肢体神经肌肉传递进行了研究,发现化合物4对腓肠肌有一定的活性。对小白兔和属颈部神经节的传递作用的影响,化合物gardneramine、gardnerine和alkaloids J显示了显著的活性。与六烃季铵相比,化合物gardneramine和gardnerine对神经末梢的作用是六烃季铵的1/2和1/4。hydrixygardnutine化合物demethylgardneramine显示了弱的神经传导活性,在对消化和循环系统的药理作用研究发现,Gardnerine具有抗肌肉平滑肌神经末梢的作用。国内国外学者对蓬莱葛属植物的化学成分研究,从中分离得到吲哚类生物碱和木脂素等结构类型的化学成分,其中以吲哚类生物碱为主要成分,对神经末梢和中枢具有良好的作用,未发现抗癌活性。对蓬莱葛进行了部分研究,从中分离得到了19个化合物,其中9个为新化合物,出新率高,值得进一步研究。

289 蔓长春花 *Vinca major*

科名:夹竹桃科 属名:蔓长春花属

形态特征:蔓性半灌木。茎偃卧,花茎直立;除叶缘、叶柄、花萼及花冠喉部有毛外,其余均无毛。叶椭圆形,先端急尖,基部下延;侧脉约4对。花单朵腋生;花萼裂片狭披针形;花冠蓝色,花冠筒漏斗状,花冠裂片倒卵形,先端圆形;雄蕊着生于花冠筒中部之下,花丝短而扁平,花药的顶端有毛;子房由2个心皮所组成。蓇葖果。花期3~5月。

分布与生境:原产欧洲。我国江苏、浙江和台湾等省栽培。河南多地有栽培。性喜湿润,喜肥,亦耐瘠薄。

栽培利用:蔓长春花不甚择土,一般菜园土就可种植,在轻黏土中亦能生长,以在疏松肥沃的微酸性沙质壤土中生长最佳。春、夏、秋三季要保持土偏湿,地栽的不下雨时1周要喷1次水,冬季可不浇水;盆栽的,春秋季3天浇一次,夏季要每天浇,并常向叶面喷水。冬季如在室内,可7~10天用与室温相近的水浇1次;如在室外20~30天浇1次即可。地栽春秋季各施一次氮、磷、钾肥即可,盆栽的春秋季每月施一次氮、磷、钾复合肥,忌单施氮肥,冬夏不施肥。蔓长春花极易从根部萌生子株,丛生,种植2~3年后,可于春季萌芽时挖出丛生的老株,用利刀切分为2~3丛,每丛有芽3个以上;也可于生长季节剪取3~5节茎蔓,去掉下部叶片,插入土中1~2节,20天左右可生根,2个月移栽定植。还可剪取地栽已生气根的茎蔓扦插,将地面的茎蔓压入土中或用一块砖石压住蔓节处,2个月后生根,剪离母株另栽即可。

蔓长春花喜温暖、通风良好、散射光充足的环境。可作地被植物,植于疏林下或西面有高大的落叶乔木、高层建筑等能避开夏日下午太阳暴晒的地方,让其茎蔓遍地生长,茎节着地生根,覆盖率可达95%以上。亦可植于花台上,让茎蔓自然下垂。家庭盆植,摘心促发分枝,置于花架上或用吊盆种植,挂于阳台、窗前,美丽而有趣。盆植每年要于春季萌芽前翻盆换土。河南园林栽培上也可见到花叶蔓长春花(学名:*Vinca major* 'Variegata')是蔓长春花的栽培品种,边缘白色,有黄白色斑点。

290 夹竹桃 *Nerium oleander*

科名:夹竹桃科　属名:夹竹桃属

形态特征:直立大灌木。枝条灰绿色,含水液。叶3~4枚轮生,下枝为对生,窄披针形,顶端急尖,基部楔形,叶缘反卷,叶面深绿,叶背浅绿色,有多数洼点;中脉在叶面陷入,在叶背凸起。聚伞花序顶生,着花数朵;苞片披针形;花芳香;花萼5深裂,红色,披针形;花冠深红色或粉红色,栽培演变有白色或黄色。蓇葖2离生,长圆形,绿色,具细纵条纹;种子长圆形,褐色,种皮被锈色短柔毛。花期几乎全年,夏秋为最盛;果期一般在冬春季,栽培很少结果。

分布与生境:原产伊朗、印度,我国各地广为栽培,尤以南方为多。河南各地有栽培,以黄河以南居多。

栽培利用:夹竹桃繁殖有扦插、分株、压条、播种繁殖4种方法,其中以扦插繁殖为主。播种繁殖:于12月前后收集成熟种子,并晾干储存,在春季或夏季将种子播种在装有素沙土的浅盆内,保持土壤湿润,当幼苗长出3~4片真叶时即可移栽。压条繁殖:常在雨季进行,先将压埋部分刻伤或作环割,后埋入土坑中,约经2个月即可剪离母体,来年带土进行移栽。分株繁殖:在春、秋两季进行,而以春季芽刚萌动时为好,分株时,将株丛挖出,轻轻抖掉混土,将母株丛外围的幼嫩部分分株重栽。扦插繁殖:为夹竹桃主要繁殖方法,春夏季均可进行,从选好的粗壮枝条上截取长约15 cm做插穗,并用生根粉对插穗进行处理,插后要保证土壤湿润,15~20天即可生根,翌年春季进行移栽。栽培管理:夹竹桃树势强健,栽培管理粗放,幼苗从2年开始定干整形,保留3个主枝让它们同时向上生长,以后每年秋末或早春对主枝和侧枝进行短剪,促使形成三杈大顶的树形。北方地区冬季严寒,需保护越冬。盆栽一般2年翻盆换土1次,换盆的时候可在盆底部放适量长效肥,如少许羽毛或蹄角类,生长期间可根据长势情况追施1~2次液肥或进行叶面喷肥,夹竹桃比较耐修剪,萌发力也比较强,年数较长的植株可结合翻盆换土,进行修剪更新,此时可采取重剪,最好是全部从枝条的基部剪除,这样在来年春季就会萌发很旺的枝条,不仅能够更新复壮,而且还能达到美观的效果。夏季盆栽的夹竹桃要勤浇水、喷水,保持盆土及生长环境湿润,但是不能长期积水。初春进行强修剪后,要注意少浇水,防止根部感染病菌腐烂,要经常疏松表层土壤,花落后及时清除留在枝条上的枯花。夹竹桃病害主要有叶斑病,虫害主要有蚜虫、介壳虫,夏季偶有蚜虫和红蜘蛛危害,应注意防治。

夹竹桃喜光、喜温暖湿润气候,略耐寒,耐旱力强,对土壤适应性强,轻碱性土壤也能正常生长。夹竹桃叶片如柳似竹,花色鲜艳,是有名的观赏花卉,常植于公园、绿地、路旁、草坪边缘和交通绿岛上,既可单植,亦可丛植;夹竹桃对二氧化硫、氯气、烟尘等的抵抗力和吸收能力都很强,适合工矿区绿化;盆栽时常用来布置家庭或会场;还可用作切花材料。夹竹桃含有夹竹桃甙、糖甙、洋地黄甙、甙元、桃甙等成分,有强心、利尿、发汗、催吐和镇痛作用,可用来治疗心脏病、心力衰竭、闭经,还可用于跌打损伤、瘀血肿痛等症。夹竹桃的种子可榨制润滑油,茎皮纤维为优良混纺原料。夹竹桃茎叶可制杀虫剂。

291 络石 *Trachelospermum jasminoides*

科名:夹竹桃科 属名:络石属

形态特征:木质藤本。具乳汁;茎赤褐色,圆柱形,有皮孔;小枝被黄色柔毛,老时渐无毛。叶革质或近革质,椭圆形至卵状椭圆形或宽倒卵形,顶端锐尖至渐尖或钝,有时微凹或有小凸尖,基部渐狭至钝,叶面无毛,叶背被疏短柔毛;叶面中脉微凹,侧脉扁平,叶背中脉凸起;叶柄内和叶腋外腺体钻形。二歧聚伞花序腋生或顶生,花多朵组成圆锥状;花白色,芳香;苞片及小苞片狭披针形;花萼5深裂,裂片线状披针形,顶部反卷;花蕾顶端钝,花冠筒圆筒形。蓇葖双生,叉开,线状披针形,向先端渐尖;种子多颗,褐色,线形,顶端具白色绢质种毛。花期3~7月,果期7~12月。

分布与生境:山东、安徽、江苏、浙江、福建、台湾、江西、河北、湖北、湖南、广东、广西、云南、贵州、四川、陕西等省区都有分布。河南产于各山区。生于海拔1 000 m以下的山野、路旁、林缘或杂木林中,常缠绕于树上或攀缘于墙壁上、岩石上。

栽培利用:络石繁殖相对比较容易,大多采用扦插、压条方法繁殖。扦插:扦插繁殖一年四季均可,但以春、夏、秋3季扦插较为理想。采用全基质扦插,生根率均在95%以上。冬季扦插需加温,否则难以生根,因生产成本较高,所以不宜在冬季插。扦插以容器插为好,大多采用穴盘或小型营养钵。扦插基质采用泥炭、珍珠岩、蛭石等,按一定比例混合。

插穗一般剪成3～5 cm,插穗的一半插入土中。扦插后结合浇水喷施多菌灵等杀菌剂,以防基质及插穗感病。扦插后搭建覆膜的小拱棚,高度遮阳,保持拱棚内温度在20～25 ℃,每周配合浇水喷药防病次。约15天生根,1个月内即可成苗。压条:压条繁殖一般在早春或夏季进行,老枝压条在早春进行,嫩枝压条宜在夏季进行。枝条压入土中2～3 cm,待节部或节间生根,新芽长至8～10 cm时将其与母株分离,形成新植株。压条与扦插繁殖相比,繁殖系数小,且用工量大,难以实现规模化生产。栽培管理:络石不甚择土,在石灰性酸性及中性土壤中均能正常生长。家庭地栽一般菜园土即可,盆植可在菜园土中加点腐叶土,生长更佳。络石喜湿润,生长季节土壤要保持稍湿润,春秋季节两天浇一次水,夏季每天浇一次,冬季半月左右浇一次,土壤微湿不干即可,任何时候都不能渍水。置于屋顶花园或庭院的盆栽络石雨季要注意排积水,地栽络石忌植于低洼地,否则易烂根,生长季节,见土干再浇水,冬季地栽者可不浇水。络石是温带花卉,喜暖喜光,地栽宜植于向阳处,阴处生长差,花少香味淡,甚至无花。盆栽春秋和冬季都宜置于阳光充足处,盛夏如置于早晨或傍晚能见太阳、中午避强光直晒的半阴处,则花开不断;如中午太晒,则花稀少,甚至无花。络石喜肥,且耐贫瘠,各种肥料都可使用。盆栽络石欲使其开花多,可多施骨粉和磷、钾肥,少用氮肥。地栽络石春秋季各施一次氮、磷、钾复合肥即可,冬季不施肥。

络石喜光、喜肥,在石灰性、酸性及中性土壤中均能正常生长。在园林上,由于络石萌力强,耐剪,做地被植物用时,可修剪得像草坪一样平整。它抗性强,不易感染病虫害。络石四季常青,花皓洁如雪,幽香袭人。络石匍性爬性较强,可植于庭园、公园、院墙、石柱、亭、廊、陡壁等点,十分美观。因其茎触地后易生根,耐性好,所以它也是理想的地被植物,可在城市行道树下隔离带种植,或作为护坡藤蔓覆盖,也可做林草地的林间、林缘地被。同时,络石叶厚革质,具有较强的耐旱、耐热、耐水淹、耐寒性,适应范围广。络石生长快,叶长质,表面有蜡质层,对有害气体如二化硫、氯化氢、氟化物及汽车尾气等光化学烟雾有较强抗性。它对粉尘的吸滞能力强,能使空气得到净化,是污染严重区、公路护坡等环境恶劣地块的绿化首选用苗。由于络石耐修剪,四季常青,也可与金叶女贞、红叶小檗搭配做色带色块绿化用,或作为常年“开花”植物用于各种花境布置;同时它又是优良的盆栽植物材料,可以代替目前公园、节日花坛等现代设施上盆花布景,以克服盆花观赏期短、经常换用的高成本缺点。近年来开发出一系列彩叶栽培品种,河南园林上多有应用,常见的有小叶络石、大叶络石、狭叶络石、花叶络石、五彩络石、紫花络石、变色络石、竹叶络石等。

292 细梗络石 *Trachelospermum gracilipes*

科名:夹竹桃科　属名:络石属

形态特征:攀缘灌木。幼枝被黄褐色短柔毛,老时无毛。叶膜质,无毛,椭圆形或卵状椭圆形,顶部急尖或钝,基部急尖;叶腋间和叶腋外有腺体;叶脉在叶面扁平,在叶背凸起。花序顶生或近顶生,着花多朵;花白色,芳香;花蕾顶端渐尖;花萼裂片紧贴在花冠筒上,裂片卵状披针形;花冠筒圆筒形,花冠喉部膨大。蓇葖果双生,叉开,线状披针形,无毛,外果皮黄棕色;种子多数,红褐色,线状长圆形,顶端被白色绢质种毛。花期4~6月,果期8~10月。

分布与生境:分布于浙江、台湾、福建、江西、湖北、湖南、广东、广西、云南、贵州、四川、甘肃和西藏等省区。河南产于大别山区和伏牛山南部。生于山地路旁、山谷或密林中。

栽培利用:细梗络石作为一种优良的绿化植物,在园林中可以在盆栽、地被、垂直绿化等方面应用。细梗络石是一种常绿攀缘藤本,耐阴性强,耐修剪,茎柔韧细长,可用于平面和立体绿化,可攀附在墙壁、棚架上,又可点缀于假山、陡壁等,还可栽植在城市的天桥、高架、交通护栏等设施。另外,细梗络石还具有改善气候、降低噪声、净化空气的生态效益,具有很强的生态环境保护功能。细梗络石是一种极具开发潜力的园林植物,值得推广应用。

293 浙江乳突果 *Adelostemma microcentrum*

科名:萝藦科 属名:乳突果属

形态特征:缠绕藤本。茎纤细,被疏短柔毛。叶薄纸质,窄椭圆状长圆形,或长圆状披针形,顶端渐尖,基部楔形至钝,除叶面中脉被短柔毛外,叶两面均无毛;中脉在叶面扁平,在叶背凸起;叶柄顶端具丛生小腺体。聚伞花序假伞形状,着花4~6朵;花梗基部有数枚小苞片;花冠黄色,近坛状。蓇葖果单生,长圆状披针形,两端尖,基部有宿存的花萼裂片,无毛;种子长圆形,扁平,两侧内卷,棕色,顶端具白色绢质种毛。花期5~7月,果期7~10月。

分布与生境:产于浙江天目山、飞来峰、昌化等地。河南的大别山、伏牛山均有分布。生长于山地林下岩石边。

栽培利用:乳突果种子最好当年采翌年春播,种子采收后无须进行过多的预处理即可播种。乳突果种子在全光照和无光照条件下均可萌发,发芽最适温度为25 ℃,在接近中性和偏碱性的环境中发芽率较高。

294 水果蓝 *Teucrium fruticans*

科名:唇形科 属名:香科科属

形态特征:半灌木。植株丛生,常具地下茎及逐节生根的匍匐枝叶对生,全缘无缺刻,长卵圆形,长1~2 cm,宽1 cm,基部楔形,先端渐尖。叶柄较短,小枝四棱形,全株被白色茸毛，以叶背和小枝最多，具羽状脉。轮伞花序具2~3花，罕具更多的花，于茎及短分枝上部排列成假穗状花序；苞片菱状卵圆形至线状披针形，全缘或具齿，舌状花，唇形花瓣，花浅蓝紫色，雄蕊4。小坚果倒卵形，无毛，无胶质的外壁，光滑至具网纹，合生面较大。种子球形，子叶内外并生，胚根向下。花期4~6个月。

分布与生境：原产于地中海地区及西班牙。沿海多个省份有栽培，郑州绿博园有栽培。

栽培利用：主要采取扦插繁殖，每年修剪的枝条都是扦插的好材料，所以尽管结籽不多，但繁殖速度并不慢。扦插可在春季3月进行，选用生长充实的枝条，剪成10~15 cm长的插穗，去除基部2侧叶，保留上部2~3片叶，以减少蒸腾。随剪随插，易于成活。扦插株行距3 cm×4 cm，扦插不可过浅，防止浇水时倒伏。插后浇透水，并注意遮阳。保持温度15~20 ℃，20~30天可生根。

春季枝头悬挂淡紫色小花，多而漂亮，花期较长。叶片奇特，全年呈现出淡淡的蓝灰色，远远望去与其他植物形成鲜明的对照。枝条开展，具野趣，既适宜作深绿色植物的前景，也适合作草本花卉的背景，特别是在自然式园林中种植于林缘或花境是最合适不过了。修剪后也可用作规则式园林的矮绿篱。可广泛运用于景观中，丰富园林的色彩，为庭院带来一抹亮丽的蓝色。

295 珊瑚樱 *Solanum pseudocapsicum*

科名：茄科 属名：茄属

形态特征：直立分枝小灌木。全株光滑无毛。叶互生，狭长圆形至披针形，先端尖或钝，基部狭楔形下延成叶柄，边全缘或波状，两面均光滑无毛，中脉在下面凸出，侧脉在下面更明显；叶柄与叶片不能截然分开。花多单生，很少成蝎尾状花序，无总花梗或近于无总花梗，腋外生或近对叶生；花小，白色；萼绿色，5裂。浆果橙红色，萼宿存，顶端膨大。种子盘状，扁平。花期初夏，果期秋末。

分布与生境：原产南美，安徽、江西、广东、广西均有栽培。河南各地有栽培，驻马店、信阳有逸生。

栽培利用：珊瑚樱可采用播种或扦插繁殖。播种时间为春季3~4月，扦插繁殖于春、秋季均可进行。繁殖多用播种法。冬季采收成熟的种子漂洗后晒干，第二年清明前播种，少量繁殖可在花盆里进行，将种子均匀撒在上面，覆上一层薄土，然后在水盆里浸透水。为保持湿润，花盆口要盖玻璃或塑料薄膜，这样一周左右便可发芽，待长出新叶时，可分苗移植。如要大量育苗，可用苗床播种，种后用细孔喷壶喷透水，以后见干再喷，保持湿润即可，移栽后施一次薄肥，并放在光照充足处。盛夏高温多雨季节，为使幼苗生长茁壮，减少炭疽病的感染，应每隔10天喷施一次50%托布津500倍液。同时每隔半月施一次腐熟的液肥，到了开花盛期，还要在叶面喷施0.2%磷酸二氢钾溶液，以保证开花多，坐果多，果实肥大,颜色艳丽。在夏秋季生长期,也可采用扦插繁殖,且有较高的成活率。扦插时,剪取(或疏剪)长 8 ~10 cm 带有顶芽的生长枝条(如有花蕾将其摘除),按常规法扦插,保持苗床或盆土湿润,定期向扦穗的顶芽、顶叶喷洒水雾,气温在 18 ~28 ℃,约经 10 天便可成活。若扦插苗根须发达,植株低矮,适宜培育成小型的观果盆花。秋季扦插后,冬季就可欣赏到红艳艳的累累果实。

珊瑚樱属多年矮生常绿小灌木,是盆栽观果花卉中的珍稀品种。它株型矮壮,丰满美观,四季常青,挂果累累,具有极高的观赏价值,深受花卉爱好者的青睐。珊瑚樱株高只有30 ~50 cm,却枝繁叶茂,花繁果多,最适宜作盆景栽培。花小呈白色,花蕊柱状呈红黄色。花繁如星,一般株结果 50 ~80 个,多年生树株结果可达 400 ~500 个。果实圆球形,大小如葡萄,小巧玲珑,光洁亮丽。春天播种的苗到秋天所结的红果,可历经元旦、春节至第二年 3 月,挂在树枝上久久不落,是盆栽观果花卉中观果期最长的品种之一,也是元旦、春节花卉淡季难得的观果花卉品种。珊瑚樱不择土壤,适应性强,管理粗放。它耐旱又耐涝,耐热又耐寒,喜阳也耐阴,盆栽置放室内室外均可,生命力极强。

296 夜香树 *Cestrum nocturnum*

科名:茄科　属名:夜香树属

形态特征:直立或近攀缘状灌木。全体无毛;枝条细长而下垂。叶有短柄,叶片矩圆状卵形或矩圆状披针形,全缘,顶端渐尖,基部近圆形或宽楔形,两面秃净而发亮。伞房式聚伞花序,腋生或顶生,疏散,有极多花;花绿白色至黄绿色,晚间极香。花萼钟状,5 浅裂;花冠高脚碟状,筒部伸长。浆果矩圆状,1 颗种子,种子长卵状。花期 7 ~11 月,入夜散发浓郁香气;果期冬春季,种子 2 ~3 月成熟。

分布与生境:原产南美洲,现广泛栽培于世界热带地区。我国福建、广东、广西和云南均有栽培。河南有栽培。

栽培利用:夜香树种子发芽率低,育苗一般少用。主要用扦插繁殖,在春、夏、秋季均可进行,但是以春季和秋季扦插最好。剪取 1 ~2 年生的健壮枝条作插穗,插于沙壤土苗床,插后盖以疏松枯草保湿,约 1 个月便可生根发芽。插穗基质先用 500 倍液的多菌灵消毒(盖膜)24 h 后备插,插穗用 500 倍的多菌灵溶液浸泡灭菌 0.5 h 后,再用 ABT1 号生根剂溶液 200 mg/L 浸泡 2 h,嫩枝扦插基质可选用珍珠岩 + 蛭石(1∶1)。扦插时,遮阴棚的透光度控制在 70% 左右,塑料小拱棚内的空气温度控制在 80% 左右。白天塑料小拱棚内气温超过 30 ℃时,立即打开小拱棚薄膜两端或苗床一侧的薄膜透气,并在薄膜上喷水和小拱棚内喷雾降温,保持苗床空气温度。夜香树可在园地栽植,也可盆栽,可在空旷处单株或 2 株栽植,也可与其他灌木混交配置。栽植后除日常的水肥管理外,还要加以修剪整形,以免生长过盛或株形散乱。

夜香树性喜温暖气候,畏寒;喜光,在半阴处亦能适应;较粗生,在沙土上也能生长,但以疏松湿润的沙壤土或壤土生长良好。夜香树的枝条疏细，花晚间开放，气味浓郁，有驱蚊作用；宜在公园、庭院、亭畔、水边等处配置；适于园林棚架、篱栏及阳台天台绿化，又可盆栽观赏，还可供食用和药用。而夜香树的花香过于浓郁，近距离闻其香气易使人引起头晕或不舒服的感觉。故只可在公园或庭院的空旷处适当种植，且数量不宜过多、过密。

297 吊石苣苔 *Lysionotus pauciflorus*

科名：苦苣苔科　属名：吊石苣苔属

形态特征：小灌木。茎无毛或上部疏被短毛。叶 3 枚轮生，叶片革质，线形、线状倒披针形、狭长圆形或倒卵状长圆形，顶端急尖或钝，基部钝、宽楔形或近圆形，边缘中上部有少数小齿，有时近全缘，两面无毛，中脉上面下陷。花序有 1～2（～5）花，苞片披针状线形，花萼 5 裂达近基部。花冠白色带淡紫色条纹或淡紫色。蒴果线形，种子纺锤形。花期 7～10 月。

分布与生境：分布于云南东部、广西、广东、福建、台湾、浙江、江苏南部、安徽、江西、湖南、湖北、贵州、四川、陕西南部。河南产于大别山、桐柏山及伏牛山南部。生于海拔 600～1 500 m 的山坡、林下石缝、岩石或树干上。

栽培利用：吊石苣苔多采用扦插进行繁殖。剪取健壮无病虫害的枝条，以 2 年生或当年生粗壮带 3～4 个节的茎段作为插穗，只留插穗顶端 2 个半片叶片，以减少水分散失。吊石苣苔是一种附生性较强的植物，在生长的过程中对基质的要求相对较高。以稍木质化且健壮的茎段为插穗，以河沙、普通园土、混合基质（园土∶河沙∶腐叶土＝4∶4∶2）作为扦插基质，扦插前用 40% 甲醛溶液稀释 50 倍浇灌，浇灌后用塑料薄膜覆盖 1 周，然后揭开薄膜晾晒 2 周。扦插前将基质淋透，扦插后立即用 100 倍多菌灵液浇透灭菌。以后每天早晚各喷水 1 次，保持基质湿润和环境相对湿度在 70% 左右。激素种类和激素浓度对扦插有重要影响。用浓度为 0.1 g/L 的 6-BA 处理插穗，成活率可达到 71.1%。除使用健壮的茎段作为插穗外，还可用嫩枝、侧芽、叶片等作为插穗。

吊石苣苔花形别致、花淡紫色，开花时美丽而雅致。叶轮生常绿，株形紧凑而清爽，较耐阴湿，是室内盆栽观赏、美化居室环境非常理想的植物，而且吊石苣苔含有黄酮类、苯乙醇类、β-谷甾醇、熊果酸等化学成分，具有抑菌、抗炎、抗病毒、止咳、祛痰、平喘等药用功能，是一种很有开发价值的野生植物资源。

298 栀子 *Gardenia jasminoides*

科名：茜草科 属名：栀子属

形态特征:灌木。嫩枝常被短毛,枝圆柱形,灰色。叶对生,革质,稀纸质,少为3枚轮生,叶形多样,通常为长圆状披针形、倒卵状长圆形、倒卵形或椭圆形,顶端渐尖、骤然长渐尖或短尖而钝,基部楔形或短尖,两面常无毛,上面亮绿,下面色暗;托叶膜质。花芳香,单生于枝顶;花冠白色或乳黄色,高脚碟状,顶部通常6裂。果卵形、近球形、椭圆形或长圆形,黄色或橙红色,有翅状纵棱5~9条,萼片宿存;种子多数,扁,近圆形而稍有棱角。花期3~7月,果期5月至翌年2月。

分布与生境:分布于山东、江苏、安徽、浙江、江西、福建、台湾、湖北、湖南、广东、香港、广西、海南、四川、贵州和云南,河北、陕西和甘肃有栽培;河南大别山区商城、罗山、信阳有栽培。生于海拔10~1 500 m处的旷野、丘陵、山谷、山坡、溪边的灌丛或林中。

栽培利用:栀子花的繁殖有扦插、压条、分株和播种等方法,因其再生能力强、极易发根,生产上多用扦插和压条繁殖。扦插育苗:春季发芽前选1年生枝条,或在9月下旬至10月下旬选取当年生的枝条,剪成10~12 cm长的插穗,上剪口距顶芽0.5~1 cm,入土深度约为插条长度的2/3,浇定根水,注意遮阴和保湿,1个月左右就能发根。也可在梅雨季节剪取当年生新梢,插于苗床,10~12天可生根。南方还有采用水插法繁殖的,即将栀子花当年生半木质化枝剪下插在用苇秆编织的圆盘上,或在泡沫板上打孔,将栀子花插穗插入泡沫板的孔中,放在水面上,使其下部在水中生根。压条育苗:可在4~10月栀子花生长期间进行。从母树上选取2年生健壮枝条,长30 cm左右,采用普通压条法,将枝条的入土部位进行刻伤处理,用竹签将枝条固定在土中,再盖土压实。压条后20~30天可生根。生根后即可与母株分离,在翌年春天栀子花萌芽前再带土移栽。播种育苗:大面积生产,可采用播种育苗,播种期在秋季或来年春季。采摘充分成熟且饱满的果实,可连壳晒干留作取种用,也可直接剥开果皮,取出种子。用草木灰与种子混合搓揉,然后浸水净种处理,取得饱满而纯净的种子,置于通风处晾去过多的水分,即可播种。长江以南地区做成高床,用草木灰和细土覆盖种子。春播的种子需提前用湿沙进行层积处理,出苗后进行间苗移栽及常规的土肥水管理,并适当进行整形修剪,防治病虫害。培育2年便可出圃定植。栽植与管理:栀子花对土壤要求不严,可利用山坡、土坊、田边、地角栽培。定植宜选在3~4月阴天进行,苗木出土后要及时栽种。栀子花喜肥,每年的春季结合中耕除草,施入腐熟的人畜粪、厩肥、堆肥、饼肥等。夏季开花前,增施磷、钾肥,施肥一般在除草松土后进行。夏季干旱时可结合浇水,追施肥料。此外,应注意加强栀子叶斑病、黄化病、煤烟病、介壳虫和红蜘蛛的防治。

栀子喜温暖湿润,阳光充足,能耐旱,不耐寒;幼树稍耐荫蔽,成年树喜阳光;根系发达,生命力强,适应性广;对土壤要求不甚严,人工栽培宜选土层深厚、疏松、肥沃、排水良好的山地。栀子花枝叶繁茂,叶色四季常绿,花芳香素雅,绿叶白花,格外清丽可爱,是优良的绿化、美化、香化树种。据测定,栀子花可吸收二氧化硫,净化大气,1 kg 栀子花可吸收硫 4.5 g,可见栀子花是一种理想的环保绿化植物。栀子可作盆景植物,称"水横枝";花大而美丽、芳香,广植于庭园供观赏。栀子以果实入药,有泻火除烦、清热利湿、护肝利胆、降压镇静、止血通便、凉血散癖等功效。中医临床常用于治疗黄疸型肝炎、扭挫伤、高血压、糖尿病等症。桅子果内含天然桅子黄色素,广泛用于食品果酒、饮料、日用化工、化妆品等,是目前国际上流行的天然食品添加剂。

299 小叶栀子 *Gardenia jasminoides*

科名:茜草科 属名:栀子属

形态特征:灌木。植株低矮,主枝灰色,小枝绿色,枝叶浓密,叶对生或主枝轮生,革质,倒卵状长椭圆形,先端和基部钝尖,亮绿色,有光泽,全缘。花单生枝顶或叶腋,白色,浓香,有短梗;花冠基部筒形,旋转状排列,裂片 6 枚,肉质。果实卵形,种子扁平,花期 5~6月,果熟期 9~11 月。

分布与生境:栀子原产中国长江以南各省。河南信阳有栽培。

栽培利用:小叶栀子多采用扦插进行繁殖。应采取随剪随处理随扦插,开花之后的 7 月中旬至下旬,或者 9 月中旬至 10 月中旬,剪取半木质化枝条作插穗,用"森生 1 号"(吲哚乙酸:萘乙酸:ABT6 号生根粉 =2:6:2)植物催根剂浓度 500 mg/L,穗条基部速蘸 2 s。基质配方为蛭石 5:泥炭 3:珍珠岩 2,30 天左右有 90% 以上的穗条发出新根。扦插后 1 周,在雨天或晴天的早晨或傍晚,要检查苗床,基质含水量为饱和含水量的 60% ~70%,空气相对湿度 95% 以上为宜。扦插 15 天以后,有部分穗条发根。当多数穗条开始发根后,应适当降低基质含水量,保持在饱和含水量的 40% 左右即可。当有 90% 以上发根,可除去薄膜。晴天,特别是夏季和秋季时,控制小拱棚内的气温在 38 ℃以下,小拱棚上方 2 m 要加盖遮阳网,同时要进行喷雾降温。为了预防炭疽病和根腐病,一般每隔 20 天,喷 1 次炭疽福美和多菌灵防治,同时及时拔除病株烧毁。扦插后每隔 7 天喷施水溶性化肥(尿素 1 000 倍液),以促进扦插苗发根和生长。扦插后约 30 天,当有 90% 以上的穗条发出新根,就可全部揭除小拱棚薄膜,揭棚时间 1 级穗条要比 2 级穗条早 3~5 天,提供全光照条件,结合浇水,每隔 7 天喷施 1 次水溶性化肥,如尿素 1 000 倍液,叶面喷 1 次 1 000 倍液的多菌灵和炭疽福美混合液预防病虫害,精心养护约 6 个月,形成穴盘苗。养护管理:"一渣一水"可有效防治小叶栀子生理性黄化病。"一渣"指的是发酵好的绿豆渣,"一水"指的是硫酸亚铁,俗称绿矾。准备一个大小适中的缸、罐或密封的坛,按 1:10 的比例依次倒入绿矾和雨水。化开后,密封放到阳光处暴晒,20 天即可使用。"一渣一水"可以单独使用,也可以混合浇灌,但是必须是在植株生长期(3~11 月)使用。

小叶栀子喜光,在稍荫蔽条件下生长良好,喜温暖湿润气候,不耐寒;适宜生长在疏松、肥沃、排水良好的轻黏性、酸性和微酸性土壤；耐修剪，萌芽力、萌蘖力强；具有较强的抗烟尘和有害气体的能力。小叶栀子叶小浓密，叶色常绿，树姿端整，芳香浓醇，花色洁白，形如莲花，美丽可爱，常做色块、花境和绿篱，适用于阶前、池畔和路旁配植，也可作花篱和盆栽观赏，花还可做插花、佩带装饰、做香料，是优良的园林花卉景观植物。

300 六月雪 *Serissa japonica*

科名：茜草科 属名：白马骨属

形态特征：小灌木。有臭气。叶革质，卵形至倒披针形，顶端短尖至长尖，边全缘，无毛。花单生或数朵丛生于小枝顶部或腋生，有被毛、边缘浅波状的苞片；萼檐裂片细小，锥形，被毛；花冠淡红色或白色，裂片扩展，顶端3裂；雄蕊突出冠管喉部外；花柱长突出，柱头2，直，略分开。花期5~7月。

分布与生境：分布于江苏、安徽、江西、浙江、福建、广东、香港、广西、四川、云南。河南产于大别山、桐柏山及伏牛山南坡。生于山坡灌丛中或林下。

栽培利用：六月雪以扦插、分株繁殖为主，也可分株和压条。扦插繁殖全年均可进行。2~3月采用硬枝扦插，以二年生的枝条为好；6~7月梅雨季节采用嫩枝扦插，选择生长健壮的枝条。插后需遮阴，注意浇水，保持苗床湿润，在20 ℃的条件下，约1个月可生根，成活率高，成活后要及时分床培育；分株可于3月进行，对丛生的老株或根蘖苗进行分株。移植：移植四季均可进行，以春季2~3月最好。盆栽上盆可在春、秋两季进行，用腐叶土上盆，盆底垫蹄角片作底肥。上盆后应先置于半阴处20天左右，缓苗后移至阳光处养护。光照：六月雪性喜温暖湿润和半阴的环境，怕烈日暴晒，因此夏季宜放置在半阴处养护。肥水：六月雪虽较喜肥，但制作盆景后不宜多施肥，只需在开花前后略施1~2次极稀薄液肥即可，使枝叶健壮，开花繁茂，否则易引起徒长。花后养护：六月雪在花谢以后，叶色呈暗绿色，又无光泽，甚至叶片部分转黄，没有花前和花期嫩绿，影响了后期的观赏。需要进行花后养护，其方法是：①将植株放入不被太阳直接照射的地方，且通风良好，根据树冠对顶部进行1次轻微疏剪，摘除部分老化叶，此后要经常保持湿润的环境。②每逢干燥天气，上午9时、下午4时各喷洒清水1次，浇透水，保持土壤半湿，但忌积水。③待植株瓣枝嫩叶萌发以后，每周需施1次稀薄饼肥水或鱼腥水，清淡剩茶水浇灌更佳，还可适度用尿素或过磷酸钙施肥。约经20天以后，即可恢复原来的风姿。入冬养护：六月雪萌发力强，北方盆栽立冬后需移入室内越冬。冬季在5 ℃以上的室内，如有充足的阳光，能保持常绿。10~15天浇一次水，严寒期间切忌受冻，否则易于死亡。病虫害防治：六月雪枝叶茂密，易造成通风透光不良，因此常遭受介壳虫的危害，偶有蚜虫危害，应注意防治。

六月雪枝叶密集，白花盛开宛如雪花，雅洁可爱，适宜作花坛境界和花篱树或植于山石、岩缝间。六月雪叶子细小、树干苍润、枝条柔韧、根系发达，极宜制作盆景。常见的六月雪盆景有直干式、斜干式、卧干式、丛林式，还有大悬崖式、提根式、附石式和连根多干式等多种形态。

301 白马骨 *Serissa serissoides*

科名：茜草科 属名：白马骨属

形态特征:小灌木。枝粗壮,灰色,被短毛,嫩枝被微柔毛。叶丛生,薄纸质,倒卵形或倒披针形,顶端短尖或近短尖,基部收狭成一短柄,下面被疏毛;侧脉每边2~3条,上举,在叶片两面均凸起;托叶具锥形裂片,基部阔,膜质,被疏毛。花无梗,生于小枝顶部;苞片膜质,斜方状椭圆形,长渐尖;花冠裂片5,长圆状披针形;花药内藏,花柱2裂。花期4~6月。

分布与生境:分布于江苏、安徽、浙江、江西、福建、台湾、湖北、广东、香港、广西等省区。河南产于大别山、桐柏山及伏牛山南部。生于山坡灌丛中。

栽培利用:白马骨可采用扦插进行繁殖。插穗可选用带叶茎段,即剪取4个节左右、长约12 cm的插穗,保留生长前端的1个腋芽,保留1片成熟的叶片,若叶片过大则剪去半片,插穗上端距腋芽约1 cm处剪成平角,50条插穗扎成1扎,用100 mg/LGA_3溶液浸泡6 h。利用木棍打孔,将插穗置于孔内,以2/3插穗没入土中为宜,按10 cm×10 cm的株行距插入各扦插床,用手轻轻压实,浇透水,覆上塑料薄膜,加盖透光度率为40%的遮阳网。做好日常管理工作,注意调节床内温度和相对湿度。可选用红黄壤作为扦插基质。

白马骨枝条浓密,颜色呈灰白色;叶片全绿或镶嵌乳白色;夏季开花,花白色或黄白色,花小而密、花期长。白马骨分蘖力较强,耐修剪、易造型,树型美观秀丽,观赏价值高,适合用于盆栽或作盆景,也可在园林景观中作地被种植在水边或者树下。此外,白马骨的根、茎、叶均可入药,有舒肝解郁、清热利湿、消肿拔毒、止咳化痰等功效,可用于治疗急性肝炎、风湿腰腿痛、痈肿恶疮、蛇咬伤、脾虚泄泻等症。

302 烟管荚蒾 *Viburnum utile*

科名：忍冬科 属名：荚蒾属

形态特征:灌木。叶下面、叶柄和花序均被由灰白色或黄白色簇状毛组成的细茸毛;当年小枝被带黄褐色或带灰白色茸毛,后变无毛,翌年变红褐色,散生小皮孔。叶革质,卵圆状矩圆形,顶端圆至稍钝,有时微凹,基部圆形,全缘或少有不明显疏浅齿,边稍内卷,上面深绿色有光泽而无毛,或暗绿色而疏被簇状毛。聚伞花序,总花梗粗壮,第一级辐射枝通常5条,花通常生于第二至第三级辐射枝上;花冠白色,花蕾时带淡红色,辐状。果实红色，后变黑色，椭圆形；核稍扁，椭圆形或倒卵形，有2条极浅背沟和3条腹沟。花期3～4月，果熟期8月。

分布与生境：分布于陕西西南部、湖北西部、湖南西部至北部、四川及贵州东北部。河南产于伏牛山南部。生于海拔500～1 800 m的山坡林缘或灌丛中。

栽培利用：烟管荚蒾用播种繁殖。秋冬采种，由于荚蒾种子的胚在果实成熟时还未完全成熟而使种子处于休眠状态，在种子胚发育和萌发发生前一般需要温层积处理（≥15 ℃）或者冷层积处理（≤10 ℃），或者两种处理交替使用。解除休眠于翌年春播种。带土球移植荚蒾是提高成活率的关键措施，还可以缩短起苗到栽植的时间。最好做到当天起苗当天栽植。如果运输距离过长，途中一定要严密覆盖，防止因风吹造成严重失水，影响成活率。烟管荚蒾移植后，水分管理是保证栽植成活的关键，新移植的荚蒾栽种后，须保证连续灌3次透水，确保土壤充分吸水并与根系紧密接合，以后根据土壤和气候条件适时补水，新移植的荚蒾根系吸水功能减弱。在日常养护管理时，只要保持根系土壤适当湿润即可，做到适时适量。新植烟管荚蒾基肥补给，应在树体确定成活后进行，用量一次不可太多，以免烧伤新根。施肥选择天气晴朗、土壤干燥时进行，施充分腐熟的有机肥。荚蒾要定期施肥。在烟管荚蒾休眠期或秋季树木落叶后至土壤结冻前施肥，能确保树木正常生长发育。此外，应注意加强烟管荚蒾叶斑病、红蜘蛛和叶蝉等病虫害的防治。

烟管荚蒾属常绿灌木，是重要的药用植物，其根、茎、叶、花均可入药，具清热利湿、祛风活络、收敛止血等广泛的药理作用，对痔疮脱肛、风湿筋骨痛、跌打损伤、疮疡、肠痈、泄泻、带下病等疾病有一定的治疗作用，茎枝民间用来制作烟管。烟管荚蒾对生境恶劣的喀斯特环境具有特殊的适应能力，是喀斯特灌木丛的优势树种及群落演替的先锋树种，也是喀斯特退化生态系统植被恢复的理想植物。

303 皱叶荚蒾 *Viburnum rhytidophyllum*

科名：忍冬科 属名：荚蒾属

形态特征：灌木或小乔木。幼枝、芽、叶下面、叶柄及花序均被由黄白色、黄褐色或红褐色簇状毛组成的厚茸毛；当年小枝粗壮，稍有棱角，二年生小枝红褐色或灰黑色，散生圆形小皮孔，老枝黑褐色。叶革质，卵状矩圆形至卵状披针形，顶端稍尖或略钝，基部圆形或微心形，全缘或有不明显小齿，上面深绿色有光泽，各脉深凹陷而呈极度皱纹状，下面有凸起网纹。聚伞花序稠密，总花梗粗壮，第一级辐射枝通常7条，四角状，粗壮，花生于第三级辐射枝上；花冠白色。果实红色，后变黑色，宽椭圆形；核椭圆形，两端近截形，有2条背沟和3条腹沟。花期4～5月，果熟期9～10月。

分布与生境：分布于陕西南部、湖北西部、四川东部和东南部及贵州。河南产于大别山及伏牛山南坡。生于海拔800～2 000 m的山坡林下或灌丛中。

栽培利用：皱叶荚蒾的繁殖可采取播种、扦插、压条、分株等方法。播种、扦插易于操作,且一次可获得大量的小苗,故较为常用。播种繁殖:果实成熟后,选取树形优美、长势健壮且无病虫害的植株作采种母株。果实采集后用木棒击碎,然后用水冲洗,取得纯净的种子。种子晾干后置于背阴处沙藏,并保持湿润。翌年春季种子有30%以上露白后可进行播种。播种可采取条播,播种后覆土踩实并灌水,注意保持苗床湿润,20天左右苗子可出齐。扦插繁殖:皱叶荚蒾的扦插繁殖一般采用嫩枝扦插,多在6月中旬进行,插穗长12 cm左右,扦插前可速蘸100 mg/L ABT1号生根剂液,扦插后可搭设拱棚并覆盖遮阳网。管理过程中,每天喷雾3~4次,使拱棚内湿度保持在85%以上,每周喷一次75%百菌清可湿性粉剂1 000倍液,一般40天生根。水肥管理:皱叶荚蒾喜肥,春季栽植时应施入经腐熟发酵的牛马粪作基肥,6月少量追施尿素,可促其枝叶生长,8月下旬追施一次磷、钾肥,促其新生枝条木质化,秋末结合浇冻水,浅施一次腐叶肥或牛马粪。翌年结合浇解冻水追施一次尿素,7月下旬追施一次三要素复合肥,秋末按头年方法进行施肥。第三年按第二年方法施肥。从第四年起,初春施用尿素,秋末施用农家肥即可。皱叶荚蒾喜湿润环境,移栽时要浇好头三水,此后每月浇一次透水,秋末要浇足封冻水。一年早春及时浇解冻水,此后每月浇一次透水。第三年起除浇好解冻水及封冻水外,在天气干旱时要及时浇水。每次施肥后要及时浇水。皱叶荚蒾对土壤的通透性要求较高,每次浇水后要及时松土保墒。修剪整形:皱叶荚蒾生长较慢,因而对其修剪以疏剪为主,以短截为辅,对于一些过密的枝条,或者主枝上的直立枝条应予以疏剪,对于内向枝、交叉枝、下垂枝也应进行疏剪。若树冠出现偏冠或者空缺,或者为了扩大树冠,则可采取短截的方法。此外,应注意加强皱叶荚蒾叶斑病、红蜘蛛和叶蝉等病虫害的防治。

皱叶荚蒾栽培容易,耐修剪。树姿优美,叶色浓绿,秋果累累,其绿叶之美尽展,经冬雪而不变。四季常青,花美果靓,是北方地区不可多得的常绿阔叶树种。

304 地中海荚蒾 *Viburnum tinus*

科名:忍冬科 属名:荚蒾属

形态特征:灌木。树冠呈球形。叶椭圆形,深绿色,叶长10 cm。聚伞花序,单花小,仅0.6 cm,花蕾粉红色,花蕾绷很长,盛开后花白色,整个花序直径达10 cm,花期在原产地从11月直到翌年4月。10月初便可见细小的黄绿色花蕾,随着花序的伸长,花蕾越来越密集覆盖于枝顶,颜色也逐步加深呈殷红色。果卵形,深蓝黑色,径0.6 cm。

分布与生境:原产欧洲,华东地区常见栽培。郑州绿博园有栽培。

栽培利用:地中海荚蒾采用播种或扦插繁殖,繁殖系数低,用组织培养的方法可在短期内得到大量试管苗。以健壮、无病虫害的地中海荚蒾植株的茎段或侧枝的顶端组织作外植体。培养基MS+6-BA 0.2 mg/L+NAA 0.1 mg/L是地中海荚蒾丛生芽增殖的适宜培养基。1/2MS+NAA 0.2 mg/L+糖20 g/L为地中海荚蒾诱导生根的适宜培养基。光照强度为2 000~3 000 lx,光照时间为12 h/d,培养室温度为25 ℃左右。当生长健壮的从生芽展叶后,将其分割成单芽。将生根良好的试管苗在常温下带瓶盖炼苗 5 ~7 天,再打开瓶盖炼苗 1 ~2 天,然后取出试管苗,洗去其基部培养基,栽植到 72 孔穴盘中。穴盘基质为按 1∶1 混合的珍珠岩和泥炭,栽植完毕后浇透水并置于温室培养,注意适当遮阴和通风换气。试管苗移栽 15 天后,新根开始生长,移栽成活率可达 85%。只要管理得当,小苗生长 1 ~2 年即可开花。养护要点:地中海荚蒾喜光,稍耐阴,较耐旱,忌土壤过湿,宜种在地势高燥、排水通畅之处。光照较好处开花良好,而处于荫蔽处的植株则不开花,叶片较大,节间较长。地中海荚蒾受涝或生长不良时,易遭叶斑病危害。防治方法是生长期每半月喷一次杀菌剂预防,发现病叶立即摘除,并集中烧毁。地中海荚蒾作为顶梢开花的绿篱灌木,不宜用作常见的规则式绿篱,可采用不规则式绿篱形式。修剪时间宜在开花后的 5 月、6 月,此时可重修剪,进入 7 月,直至开花期均不要再修剪顶梢。

地中海荚蒾冠形优美,花蕾殷红,花开时满树繁花,一片雪白,可孤植或群植,用作树球或庭院树;花(蕾)期长,花量大,发枝力强,耐修剪,也用作开花绿篱。地中海荚蒾是长江三角洲地区冬季观花植物中不可多得的常绿灌木,配置方式主要有三种:一是用作绿篱,二是于林缘成片自然式栽植,三是用作花树或庭院树。

305 珊瑚树 *Viburnum odoratissimum*

科名:忍冬科　属名:荚蒾属

形态特征:灌木或小乔木。枝灰色或灰褐色,有凸起的小瘤状皮孔。冬芽有 1 ~2 对卵状披针形的鳞片。叶革质,椭圆形至矩圆形,有时近圆形,顶端短尖至渐尖,有时钝形至近圆形,基部宽楔形,边缘上部有不规则浅波状锯齿或近全缘,上面深绿色有光泽,下面有时散生暗红色微腺点。圆锥花序顶生或生于侧生短枝上,宽尖塔形,总花梗扁长,有淡黄色小瘤状突起;花芳香,通常生于序轴的第二至第三级分枝上,无梗或有短梗;花冠白色,后变黄白色。果实先红色后变黑色,卵圆形或卵状椭圆形;核卵状椭圆形,有 1 条深腹沟。花期 4 ~5 月,果熟期 7 ~9 月。

分布与生境:分布于福建东南部、湖南南部、广东、海南和广西。河南各地均有栽培。生于山谷密林中溪涧旁荫蔽处、疏林中向阳地或平地灌丛中,海拔 200 ~1 300 m。

栽培利用:珊瑚树的繁殖主要靠扦插或播种繁殖。扦插:全年可进行,以春、秋两季为好,生根快,成活率高,主要方法是选健壮、挺拔的茎节,在 5 ~6 月剪取成熟、长 15 ~20 cm 的枝条,插于苗床或沙床,插后 20 ~30 天生根,秋季移栽入苗圃。不同扦插时间、不同基质、插条不同木质化程度对珊瑚树嫩枝扦插的成活率均有极显著的影响。5 ~6 月选取半木质化的当年嫩枝作插条,以沙壤土或沙土作插床,3 天即可形成愈伤组织,1 周开始生根,成活率达 65% ~90%。也可用珊瑚树叶芽扦插,从 1 ~2 年生枝条上选取饱满的单叶芽,用 0.5% ABT2 号生根粉速蘸 3 ~5 s,插后用 50% 遮阳网遮阳,大约 20 天后形成愈伤组织,40 天后开始生根,成活率在 90% 以上。播种:8 月采种,秋播或冬季沙藏翌年春播,播后30～40天即可发芽生长成幼苗。移植：在每年3～4月，将挖起的小苗带宿土移植，大苗带土球移植，必须随起苗随移植，移植后必须浇足、浇透水。此外，还应抓好每年的整形修剪，不同等要求进行整形。修剪盆栽珊瑚，可将育成的幼苗移栽入盆缸之内，然后进行浇水、追肥、修剪、整形等日常管理工作。此外，应加强珊瑚根腐病、茎腐病、黑腐病、红蜘蛛、叶蝉、介壳虫、蚜虫等病虫害的防治。

珊瑚树观赏特性好，或观形或观色，或观枝或观叶，或赏花或赏果，既可室外欣赏，又宜室内点缀，生态效应好，既能防污、降尘，又能隔音；适应能力强，病虫害少，而且能在特殊的生态环境下生长，对二氧化硫、氟化氢、氯气、臭氧、一氧化碳、二氧化氮等多种有害气体均有较强的吸收能力；可塑性好，依据景观效果和功能需要可修剪成不同的造型；繁殖容易，成活率高，对生长的土壤要求不高；具有防火的特殊用途。因此，在当前和未来生态园林、生态城市、绿色家园等多种新的生态人居环境构建模式中，会成为人们在园林绿化中的优选树种。

306 球核荚蒾 *Viburnum propinquum*

科名：忍冬科　属名：荚蒾属

形态特征：灌木。当年小枝红褐色，光亮，具凸起的小皮孔，二年生小枝变灰色。幼叶带紫色，成长后革质，卵形至卵状披针形或椭圆形至椭圆状矩圆形，顶端渐尖，基部狭窄至近圆形，两侧稍不对称，边缘通常疏生浅锯齿，基部以上两侧各有1～2枚腺体，具离基三出脉，脉延伸至叶中部或中部以上，近缘前互相网结，有时脉腋有集聚簇状毛，中脉和侧脉（有时连同小脉）上面凹陷，下面凸起。聚伞花序，总花梗纤细，第一级辐射枝通常7条，花生于第三级辐射枝上；花冠绿白色，辐状。果实蓝黑色，有光泽，近圆形或卵圆形；核有1条极细的浅腹沟或无沟。

分布与生境：产于陕西西南部、甘肃南部、浙江南部、江西北部、福建北部、台湾、湖北西部、湖南西北部和西南部、广东北部、广西东北部至西北部、四川东北部至东南部、贵州及云南东北部。南阳淅川有野生分布。生于山谷林中或灌丛中，海拔500～1 300 m。

栽培利用：对球核荚蒾的种子进行处理，先高温120天再低温处理60天完成后熟，发芽率为72.22%。外源激素处理对球核荚蒾的生根率、生根量和平均根长均有显著影响。在6月中旬采用球核荚蒾1～2年生枝条进行扦插，用100 mg/L ABT1处理3 h，成活率最高为81.11%。

球核荚蒾属常绿灌木，叶色亮丽，叶柄及小枝红色，可以作北方城市绿化的常绿资源，对丰富北方冬季景观具有一定意义。球核荚蒾可孤植或与其他植物于林缘配植等方式将其应用于城市绿化；可做庭院的园景树、绿篱。

307 绣球荚蒾 *Viburnum macrocephalum*

科名：忍冬科　属名：荚蒾属

形态特征:半常绿灌木。树皮灰褐色或灰白色;芽、幼枝、叶柄及花序均密被灰白色或黄白色簇状短毛,后渐变无毛。叶临冬至翌年春季逐渐落尽,纸质,卵形至椭圆形或卵状矩圆形,顶端钝或稍尖,基部圆形或有时微心形,边缘有小齿,上面初时密被簇状短毛,后仅中脉有毛,下面被簇状短毛。聚伞花序,全部由大型不孕花组成,第一级辐射枝5条,花生于第三级辐射枝上;萼筒筒状,无毛,萼齿与萼筒几等长,矩圆形,顶钝;花冠白色,辐状。花期4~5月。

分布与生境:江苏、浙江、江西、河北均有栽培。郑州、洛阳等地均有栽培。

栽培利用:绣球荚蒾常用扦插繁殖。5月或9月,剪取当年生生长健壮枝条作为扦穗,浸泡50%多菌灵可湿性粉剂1 000倍液10~15 min。扦插时插穗基部速蘸IBA 500 mg/L,扦插后浇透水,并覆盖透明塑料薄膜。水分管理采用人工浇水或喷雾,夏季晴天时每天2次,其余时间酌情减少。每周喷1次80%代森锰锌可湿性粉剂1 000倍液,或10%苯醚甲环唑可湿性粉剂1 000倍液。5~6个月后新芽基本长出,逐步揭去薄膜,增加喷水次数,2周后彻底揭开薄膜。绣球荚蒾移栽容易成活,应在早春萌动前进行,以半阴环境为佳,成活后转入正常养护,注意肥水管理。浇水不宜过多,以保持土壤湿润为宜。生长季节应适时适量施肥,花后施肥一次,以利生长,夏季宜适当控制施肥,防止植株徒长。加强整形修剪,保持圆整的树姿。

绣球荚蒾为中性树种,喜光,稍耐阴,喜温暖、湿润环境,较耐寒、耐旱,对土壤适应性强,但好生于湿润、富含腐殖质且排水良好的土壤上,萌芽力、萌蘖力均强。绣球荚蒾可孤植、群植、丛植于山边旷地、草坪、广场、庭院、公园,或与其他常绿树混植成丛。作为观赏树种,其应用范围广,适合作庭荫树、行道树及风景树,更适合于森林公园和自然风景区作春季观花树种片植,为美丽乡村建设增色。

308 匍枝亮叶忍冬 *Lonicera ligustrina* var. *yunnanensis* ‘Maigrun’

科名：忍冬科　属名：忍冬属

形态特征:灌木。枝叶十分密集,小枝细长,横展生长。叶对生,细小,卵形至卵状椭圆形,革质,全缘,上面亮绿色,下面淡绿色。花腋生,并列着生两朵花,花冠管状,淡黄色,具清香,浆果蓝紫色。

分布与生境:产于中国西南部。郑州、漯河等地有栽培。

栽培利用:匍枝亮叶忍冬四季常青,叶色亮绿,生长旺盛,萌芽力强,分枝茂密,极耐修剪,耐寒性好,也耐高温;对光照不敏感,在全光照下生长良好,也能耐阴,对土壤要求不严,在酸性土、中性土及轻盐碱土中均能适应,是匍匐生长的木本植物中的佼佼者,适合在园林绿化中推广应用。

309 淡红忍冬 *Lonicera acuminata*

科名:忍冬科 属名:忍冬属

形态特征:半常绿藤本。幼枝、叶柄和总花梗均被疏或密、通常卷曲的棕黄色糙毛或糙伏毛,有时夹杂开展的糙毛和微腺毛。叶薄革质至革质,卵状矩圆形、矩圆状披针形至条状披针形,顶端长渐尖至短尖,基部圆至近心形,两面被疏或密的糙毛或至少上面中脉有棕黄色短糙伏毛。双花在小枝顶集合成近伞房状花序或单生于小枝上部叶腋;苞片钻形,花冠黄白色而有红晕,漏斗状,唇形。果实蓝黑色,卵圆形;种子椭圆形至矩圆形,稍扁。花期6月,果熟期10~11月。

分布与生境:分布于陕西南部、甘肃东南部、安徽南部、浙江、江西西部和东北部、福建、台湾、湖北、湖南、广东、广西、四川、贵州、云南及西藏。河南产于伏牛山南侧。生于山坡和山谷的林中、林间空旷地或灌丛中。

栽培利用:淡红忍冬中含有多糖、苷类、皂苷类、有机酸类、酚类化合物、三萜皂苷类化合物、黄酮类、内酯、香豆素及其苷类、鞣质、挥发油等成分。淡红忍冬水煎剂对除溶血性链球菌和肺炎球菌外的其他6种致病菌的抑制作用都较强,其中对病原性球菌金黄色葡萄球菌、卡他球菌和表皮葡萄球菌及肠道杆菌福氏志贺菌的最低抑菌质量浓度(MIC)只有1.562 mg/mL,对肠道杆菌大肠杆菌和鼠伤寒沙门菌的MIC为3.125 mg/mL。淡红忍冬水煎剂浓度为100 mg/mL时对溶血性链球菌和肺炎球菌无抑制作用。

310 郁香忍冬 *Lonicera fragrantissima*

科名:忍冬科 属名:忍冬属

形态特征:半常绿灌木。幼枝无毛或疏被倒刚毛,老枝灰褐色。叶厚纸质或带革质,形态变异很大,从倒卵状椭圆形、椭圆形、圆卵形、卵形至卵状矩圆形,顶端短尖或具凸尖,基部圆形或阔楔形,两面无毛或仅下面中脉有少数刚伏毛,边缘多少有硬睫毛;叶柄有刚毛。花先于叶或与叶同时开放,芳香,生于幼枝基部苞腋;苞片披针形至近条形;相邻两萼筒约连合至中部,萼檐近截形或微5裂;花冠白色或淡红色。果实鲜红色,矩圆形,部分连合;种子褐色,稍扁,矩圆形,有细凹点。花期2月中旬至4月,果熟期4月下旬至5月。

分布与生境:分布于河北南部、湖北西部、安徽南部、浙江东部及江西北部。上海、杭州、庐山和武汉等地有栽培。河南产于伏牛山南坡西峡、内乡,城市绿化也有应用。生于海拔200~700 m的山坡灌丛中。

栽培利用:郁香忍冬用播种、分株、压条、扦插等方法进行繁殖。实际生产中很少采用种子繁殖,主要采用分株、扦插繁殖。分株繁殖:秋季分株成活率高。将郁香忍冬母株周围萌蘖幼苗连根带土球挖出定植,栽后踏实,并灌足水。压条繁殖:可于5~9月进行,选取较长的枝条,将枝条埋于土中10~15 cm,保持土壤湿润。半月后即可生根,一般第2年春天与母株割断分离出压条苗,即可分栽定植。扦插繁殖:6月中下旬,选取当年生充实的半木质化枝条作插穗,剪成15~20 cm的长度。扦插前将枝条基部用ABT2号生根粉浸蘸2~4 h,将处理好的插穗立即插在苗床上,株行距10 cm×10 cm,深度为8~10 cm,插后压实,然后喷透水。适当遮阴,经常保持苗床湿润。1个月后即可生根,翌年可取苗定植。郁香忍冬移植宜在早春或晚秋休眠期进行,栽培在半阴处,以湿润、肥沃、土层深厚、排水良好的沙质壤土为宜。小苗一般需带宿土,大苗宜带泥球,成活率高。挖穴宽40~50 cm、深30~40 cm。每株施10 kg有机肥和1 kg磷酸二铵作底肥,种植后踩实并浇透定根水。以后每隔7~10天浇水1次,连续浇3次水,以确保移栽成活。生长期间一年可施两次肥,第1次于春季开花前施催芽肥,施肥后立即浇1次透水;第2次追肥在初冬。在春季萌动时,浇水1~2次,秋后浇1次封冻水。秋季落叶后,要疏除过密枝条,促进通风透光,增加开花数量,以轻剪、疏剪为主,老树、弱树则需重剪才能尽快恢复树势。此外,还要注意炭疽病、白粉病及小蓑蛾、蚜虫等病虫害的防治。

郁香忍冬喜光,也耐阴,在湿润、肥沃的土壤中生长良好。耐寒、耐旱、忌涝,萌芽性强。是北方早春季节重要的芳香类花木,夏秋季节叶色浓绿,自然潇洒,适宜在庭院、房前、草坪边缘、园林道路两侧转角一隅、假山前后或亭旁种植。

311 忍冬 *Lonicera japonica*

科名:忍冬科 属名:忍冬属

形态特征:半常绿藤本。幼枝红褐色,密被黄褐色、开展的硬直糙毛、腺毛和短柔毛。叶纸质,卵形至矩圆状卵形,顶端尖或渐尖,少有钝圆或微凹缺,基部圆或近心形,有糙缘毛,上面深绿色,下面淡绿色。总花梗通常单生于小枝上部叶腋,苞片大,叶状;小苞片顶端圆形或截形,有短糙毛和腺毛;花冠白色,后变黄色。果实圆形,熟时蓝黑色,有光泽;种子卵圆形或椭圆形,褐色,中部有1凸起的脊,两侧有浅的横沟纹。花期4~6月,果熟期10~11月。

分布与生境:除黑龙江、内蒙古、宁夏、青海、新疆、海南和西藏无自然生长外,全国各省均有分布。河南产于全省各地。生于山坡灌丛或疏林中、乱石堆、山足路旁及村庄篱笆边,海拔最高达 1 500 m。

栽培利用:忍冬俗称金银花,既可用种子繁殖,也可扦插繁殖。一般以扦插繁殖为主。扦插繁殖又可分为直接扦插和育苗扦插两种。育苗扦插苗床占用面积小,成活率高,便于管理。剪取优良品种的 1 ~2 年生健壮枝条,截成 30 cm 左右长的小段,插入苗床内,随剪随插。定植可于春季和夏季进行。春季在 4 月初进行,夏季可在 8 月进行,按株距各 1 m 挖穴,穴深 30 cm,栽苗后浇足水,填土压实即可。种子繁殖:将当年采收的成熟果实放到水中搓洗,去净果肉和瘪籽,取出饱满种子晾干,置于冰箱冷藏室中进行低温处理,翌年 3 月将种子放在 35 ~40 ℃的温水中浸泡 24 h,取出拌 2 ~3 倍湿沙催芽,待种子有 30% 裂口时即可播种。将整好的畦放水浇透,将表土稍松干时,平整畦面,按行距 20 cm 划浅沟,将种子均匀施入沟内。覆土约 1 cm,再盖一层草,经常保持湿润,播后约 10 天即可出苗。田间管理:早春或初冬,亩施农家肥 4 000 kg。现蕾开花期亩追施尿素 10 kg 和磷肥 15 kg。在春季未萌芽前,剪去上部枝条,留 60 cm 株高,经过几年修剪,使树成伞形。此外,应加强忍冬褐斑病、咖啡虎天牛和银花尺蠖等病虫害的防治。

金银花的适应性很强,对土壤和气候的选择并不严格,以土层较厚的沙质壤土为最佳。山坡、梯田、地堰、堤坝、瘠薄的丘陵都可栽培。不仅可作为退耕还林的先锋树种,而且可带动养蜂酿蜜、加工药材等产业的发展,市场开发前景广阔。忍冬为我国特有的名贵中药材,其花蕾含有挥发性芳香油、肌醇、皂甙、绿原酸、黄酮类化合物,还含有肉桂酸、橙花醇、茉莉醛等;茎中含生物碱;叶中含忍冬素、忍冬甙和木犀素等。据现代药理研究报道,金银花对痢疾杆菌、大肠杆菌、葡萄球菌、肺炎双球菌等有抑制作用,在临床应用上具清热解毒、消炎祛风等功能,对流感、肝炎、肺炎、腮腺炎等细菌和病毒引起的疾病等都具有较好的预防治疗作用。金银花还具有良好的保健作用。夏季饮用金银花茶,对防治盛夏中暑、上呼吸道感染、风热感冒和肠胃疾病有良好的效果。对清除人体自由基、延缓衰老、提高人体免疫机能等具有良好的作用,更是高血压和心血管系统患者降低胆固醇的保健佳品。另外,发展金银花能增加农民的收入。以河南省的"南银花"或"密银花"及山东的"东银花"或"洛银花"产量最高、品质最佳。

312 金叶大花六道木 *Abelia × grandiflora* 'Francis Mason'

科名:忍冬科　属名:糯米条属

形态特征:灌木。小枝细圆,阳面紫红色,弓形。叶小,长卵形,长 2.5 ~3.0 cm,宽 1.2 cm,边缘具疏浅齿,在阳光下呈金黄色,光照不足则叶色转绿。圆锥状聚伞花序,花小,白色带粉,繁茂而芬芳,花期 6 ~11 月。

分布与生境:金边大花六道木原产法国等地,国内引种主要在我国中部、西南部及长江流域。河南已广泛应用于园林绿化。

栽培利用:金边大花六道木因其种子小,不易收获,故常用扦插繁殖。扦插基质以透气性强、滤水性好的珍珠岩、黄沙为主。为提高成活率,可在其中添加一定比例的泥炭和草木灰。冬季或早春用成熟枝扦插,当年即可开花;春、夏、秋季用半成熟枝或嫩枝扦插,并用1 000 mg/L 吲哚丁酸处理插穗10~15 s,插入穴盘即可。插穗生根前基质含水量保持在70%~80%。生根后,基质含水量降至60%,减少喷雾次数。同时,每周用甲基托布津(或多菌灵)混合0.2%~0.3%尿素和磷酸二氢钾,叶面喷施。通过控制水分、增加光照、通风等措施来提高苗木的抗性和对外适应力,将直接影响成活率。

金边大花六道木为常绿小型灌木,在园林绿化中可作为花篱或丛植于草坪及作树林下木等,是北方不可多得的夏秋花灌木。植株叶片有金边,花开枝端,色粉白且繁多,惹人喜爱。花谢后,粉红色萼片宿存直至冬季,十分美丽。其花期自春到秋络绎不绝,是少花的夏、秋两季的一个亮点。

313 棕榈 *Trachycarpus fortunei*

科名:棕榈科　属名:棕榈属

形态特征:乔木状。树干圆柱形,被不易脱落的老叶柄基部和密集的网状纤维。叶片近圆形,深裂成具皱折的线状剑形,裂片先端具短2裂,硬挺至顶端下垂;叶柄两侧具细圆齿,顶端有明显的戟突。花序粗壮,多次分枝,从叶腋抽出,雌雄异株。雄花序具2~3个分枝花序,下部花序只二回分枝;雄花黄绿色,每2~3朵密集着生于小穗轴上;花萼3片,花瓣阔卵形。雌花序上有3个佛焰苞包着,具4~5个圆锥状的分枝花序,下部花序2~3回分枝;雌花淡绿色,球形,2~3朵聚生;萼片阔卵形,3裂,花瓣卵状近圆形。果实阔肾形,有脐,成熟时由黄色变为淡蓝色,有白粉。种子角质,胚侧生。花期4月,果期12月。

分布与生境:分布于长江以南各省区。河南各地均有栽培。通常仅见栽培于“四旁”,罕见野生于疏林中,海拔上限2 000 m左右。

栽培利用:采用播种繁殖。在果实充分成熟后,剪取果穗,阴干脱粒,在温水中洗搓掉外层果皮,播下即可。如果春季播种,可用河沙催芽,在0~20 ℃的条件下,经常保持河沙湿润,2个月种子露出白色的胚根。这时要及时整地做畦,施足基肥,及时播种,根据种子的多少,可撒播、条播或点播。播后覆土,然后视苗床墒情及时喷水,保持湿润,30天胚芽即可破土而出。幼苗出土后要经常保持土壤湿润,夏季要及时除杂草,待长出2片披针形叶时,施入适量复合肥,隔15~20天后可再施入1次磷酸二氢钾。霜降前搭塑料小拱棚,防寒越冬。第2年春季3月中旬至4月上旬逐渐撤去塑料拱棚,分苗移栽,株行距为25 cm×30 cm,栽后加强肥水管理,并在6~7月生长期分别施入氮、磷、钾复合肥和磷酸二氢钾各1次。棕榈属于浅根性树种,无主根,但肉质根系发达,栽植过程中要尽量带土球,栽种不宜过深,否则易引起烂心,大苗栽植时应剪除1/2叶子,以减少水分蒸发,提高成活率。栽后浇透水,保持土壤经常湿润。棕榈新叶发出后,要及时剪去下部干枯的老叶,待干径长到10 cm左右时，要注意剥除外面的棕皮，以免棕丝缠紧树干影响加粗生长。大龄棕榈由于干高根浅，易遭风灾，所以定植时应注意避开风口。此外，应注意加强棕榈叶斑病、炭疽病、腐烂病的防治。

棕榈树形优美，也是庭园绿化的优良树种。棕榈树因其姿态潇洒、四季常青的特性，在现代园林造景中得到广泛应用，公园、风景区、住宅区、机关、学校、道路，皆可见其绰约身姿，或孤植，或片植，或为绿化带，或为行道树。近现代棕榈树造景主要有以下两种形式：一是传统的配置造景，种植棕榈树于窗前、庭院、角隅、路旁、溪畔、池边、岩际、树下、坡上，构成传统园林的棕榈树景观。二是用棕榈树作专题布置，在品种、树形、大小上加以选拔相配，取得良好的观赏效果。棕榈在南方各地广泛栽培，主要剥取其棕皮纤维（叶鞘纤维），作绳索，编蓑衣、棕绷、地毡，制刷子和作沙发的填充料等；嫩叶经漂白可制扇和草帽；未开放的花苞又称“棕鱼”，可供食用；棕皮及叶柄（棕板）煅炭入药有止血作用，果实、叶、花、根等亦入药。

314 土茯苓 *Smilax glabra*

科名：百合科　属名：菝葜属

形态特征：攀缘灌木。根状茎粗厚，块状，常由匍匐茎相连接，枝条光滑，无刺。叶薄革质，狭椭圆状披针形至狭卵状披针形，先端渐尖，下面通常绿色，有时带苍白色。伞形花序；花序托膨大，连同多数宿存的小苞片呈莲座状；花绿白色，六棱状球形。浆果熟时紫黑色，具粉霜。花期7～11月，果期11月至次年4月。

分布与生境：分布于甘肃（南部）和长江流域以南各省区，直到台湾、海南岛和云南。河南产于伏牛山南部的西峡、内乡、南召、淅川。生于海拔1 200 m以下的林下、灌丛中或山谷阴湿处。

栽培利用：目前国内外对土茯苓的研究主要集中在化学成分和药理方面，而对种苗繁育技术只有少量报道。中药土茯苓以挖掘野生植株根状茎为主，近年来由于销量增加，野生资源已无法满足市场需要，急需开展人工栽培提供资源。由于土茯苓特殊的生物学特性，种子繁殖及扦插繁殖均不理想，尚无成功的研究报道。有研究以土茯苓的种子、茎尖、叶片及根状茎为外植体，对其组织培养技术展开系统研究，结果证实除叶片外均可诱导成芽，根状茎诱导率最高。

土茯苓在历版《中国药典》均有收载，药用干燥根茎，有除湿、解毒、通利关节的功效。用于湿热淋浊、带下、痈肿、瘰疬、疥癣、梅毒及汞中毒所致的肢体拘挛、筋骨疼痛。

315 凤尾丝兰 *Yuccagloriosa*

科名：百合科 属名：丝兰属

形态特征：半常绿灌木。叶质感，坚厚革质，硬，页面有皱纹，浓绿色，被少量白粉；叶尖顶端为坚硬的刺，呈暗红色，叶缘光滑而无白丝，通常具疏齿，老时具稀疏的丝状纤维，微灰绿色；叶丛生密生成莲座状，剑形；叶纤维粗硬、洁白、有光泽；大型圆锥花序，花白色至乳黄色，顶端常带紫红色；花朵杯状、下垂；花茎自叶丛间抽生，总梗粗壮，花清香；花被6片。蒴果干质，长圆状卵形，有沟6条，不开裂。花期7~9月，一生能多次开花，周期长。

分布与生境：原产北美东南部，我国南北各地也有零星栽培。河南省各地均有栽培。

栽培利用：凤尾丝兰以分株和扦插法繁殖，易于成活，方法简便。在春、秋季截取地上部分，将基部10~15 cm处的叶片剪除，可直接用于园林种植绿化。也可将丝兰整株掘起，用利刀分切成若干株进行栽植。如需大量繁殖，可采用埋茎法，先将多年生老茎割下来，剥掉叶片，切成5~6 cm长的茎段，进行扦插，直立埋下，顶端微露，放在阳光下，保持土壤湿润，在高温时节两周左右即可生根，萌发抽生幼茎，待其长出完整根系后，再行移栽定植。也可将茎段插入水中，发根后及时上盆栽植。扦插及分株育成的植株，掘起后带宿土栽植，只要浇水几次，即可成活。定植后管理简便，日常管理要注意适当培土施肥，以促进花序的抽放；发现枯叶残梗，应及时修剪，保持整洁美观。植株附着灰尘后，要经常喷水清洗。此外，应加强丝兰褐斑病、叶斑病、介壳虫、粉虱和蓑蛾等病虫害的防治。

凤尾丝兰叶姿刚劲有力，常年浓绿色，夏秋间开花，花期长，花序圆锥形，高出叶丛，显得高大挺拔，一串串乳白色如杯状的花朵，后变微黄色，上缀下垂，互相簇拥，亮丽秀美。丝兰数株成丛，高低不一，剑形叶放射状排列整齐，适于庭园、公园、花坛中孤植或丛植，常栽在花坛中心、庭前、路边、岩石、台坡，也可与其他花卉配植。由于凤尾丝兰适应性强，生长快，叶片坚厚，顶端具硬尖刺，可以作为围篱，或种于围墙、栅栏之下，具有防护作用。丝兰具有良好的净化空气的功能，对有害气体如二氧化硫、氟化氢、氯气、氨气等均有很强的抗性和吸收能力，可大量应用于有污染的工矿企业。

参考文献

[1] 柏斌. 名贵绿化树种——苏铁[N]. 云南科技报,2001(0906):2.
[2] 赖江山,李庆梅,谢宗强. 濒危植物秦岭冷杉种子萌发特性的研究[J]. 植物生态学报,2003,27(5):661-666.
[3] 费千英. 云杉育苗栽培及造林管理技术分析[J]. 现代园艺,2019(18):50.
[4] 许家春,邵海燕,李殿波. 优良绿化树种青扦云杉引种栽培技术[J]. 中国林副特产,2004,3(70):24-25.
[5] 刘学玺,周满宏. 巴山冷杉育苗造林技术[J]. 农林科技,2007,36(3):48-49.
[6] 程一龙. 江南油杉育苗技术[J]. 湖南林业,2008(5):16-18.
[7] 梁俊香,王敬尊,刘勇健. 雪松的栽培管理技术[J]. 林业实用技术,2008(8):53-54.
[8] 李全发,吴静. 雪松在园林绿化中的应用[J]. 安徽农业科学,2011,39(31):19289-19290,19309.
[9] 王希刚,孙璐,明英会,等. 我国偃松研究进展[J]. 温带林业研究,2019,2(2):48-53.
[10] 徐永波,朱万昌,张婷. 偃松播种育苗技术[J]. 防护林科技,2016(3):126-129.
[11] 顾晓云. 华山松栽培技术及造林应用[J]. 乡村科技,2019(29):68-69.
[12] 汪敏. 大别山五针松育苗与造林[J]. 科研科普,2006(5):24.
[13] 郭振锋. 河南大别山五针松资源及保护[J]. 中国林副特产,2012(1):87-88.
[14] 邵春敏. 秦皇岛地区日本五针松适应性及繁殖技术研究[D]. 秦皇岛:河北科技师范学院,2014.
[15] 李娜,陈昆,肖召杰. 马尾松高产栽培技术[J]. 安徽农学通报,2017,23(18):76-77.
[16] 黄艳飞. 马尾松栽培技术及抚育管理[J]. 园艺与种苗,2019(5):74-75.
[17] 姜清海. 赤松人工培育栽培注意要点[J]. 农林科技,2016(7):211.
[18] 张琦. 黄山松栽培技术与应用[J]. 中国农业信息,2016:134.
[19] 丁士富. 油松繁育及栽培技术探讨[J]. 现代园艺,2020(16):36-37.
[20] 王鹏侠. 油松的栽培要点及病虫害防治管理[J]. 林业科技,2020(1):226-227.
[21] 李刚. 莒南县黑松苗木的栽培技术和种植前景[J]. 栽培育种,2020(6):20-22.
[22] 王刚. 湿地松栽培技术[J]. 林业科学,2017(9):157-158.
[23] 汪正齐. 湿地松丰产造林技术探析[J]. 南方农业,2019,13(3):62-63.
[24] 余林. 柳杉的生态学特性与栽培方法探讨[J]. 林业勘查设计,2019,48(4):89-90.
[25] 阮兴盛. 柳杉的生态学特性及栽培技术[J]. 林业勘查设计,2004(1):12-13.
[26] 范前炎. 日本柳杉引种及栽培技术的研究[J]. 湖北林业科技,1982(1):23-24.
[27] 庄茂长,徐筱昌,杨杏馥,等. 日本柳杉引种栽培[J]. 上海农业科技,1981(1):41-42.
[28] 黄振忠. 杉木的栽培技术及病虫害防治工作研究[J]. 林业科学,2019,39(13):93-95.
[29] 潘玉娟. 杉木速生丰产栽培技术及抚育管理措施[J]. 林业科学,2019,39(9):80-81.
[30] 梁璐璐,鄂白羽,郑娜. 翠柏的栽培技术及应用[J]. 农业科技与信息,2011(16):30-31.
[31] 党文斌. 侧柏栽培技术及抚育管理[J]. 乡村科技,2019(12):61-62.
[32] 郭世贤,郑起超,褚鹏飞. 美国香柏引种栽培技术[J]. 中国林副特产,2008(5):55.

[33] 叶显平,隆仕香. 日本扁柏的人工育苗及栽培管理技术[J]. 安徽林业科技,2012,38(4):65-67.
[34] 翟洪武. 日本花柏栽培技术[J]. 河南农业,2005(9):23.
[35] 魏建国,骆晓明,伍顺风. 攀西地区干香柏容器育苗技术研究[J]. 资源开发与市场,2010,26(8):681-685.
[36] 邵红琼. 蓝冰柏大棚营养钵繁殖及露地育苗技术要点[J]. 南方园艺,2013,24(4):39-40.
[37] 何军. 柏木栽培技术及其实践应用[J]. 现代园艺,2016(3):40-41.
[38] 刘伟强,侯伯鑫,林峰,等. 福建柏栽培技术[J]. 湖南林业科技,2013,40(3):65-67.
[39] 王志敏. 五个圆柏品种扦插繁殖技术与生根机理研究[D]. 呼和浩特:内蒙古农业大学,2019.
[40] 陈双林. 北美圆柏育苗培育技术[J]. 林业实用技术,2010(10):22.
[41] 高宇,于淼,卜鹏图,等. 北美圆柏扦插育苗技术[J]. 辽宁林业科技,2007(6):59-60.
[42] 尹庆平,王春,王越,等. 偃柏扦插繁殖[J]. 中国花卉园艺,2017(4):30-32.
[43] 贾兴峰,杜吉义. 杜松栽培与管理[J]. 农业与技术,2012,32(2):98.
[44] 张弼弘,张双义,张海军,等. 优良树种杜松开发与利用[J]. 黑龙江农业科学,2018(9):171-172.
[45] 李海强,景孝良,徐建忠,等. 刺柏硬枝扦插容器育苗技术[J]. 陕西林业科技,2012(3):112-113.
[46] 蓝颖. 浅谈罗汉松特征特性及栽培技术要点[J]. 林业科技,2017,34(6):92-93.
[47] 廖君庆,周桂荣,廖君平,等. 竹柏育苗、移栽及庭院栽培养护要点[J]. 现代园艺,2012(23):42-43.
[48] 张瑞娟,骆土寿,黄德职,等. 多用途树种竹柏的特性及其栽培[J]. 林业与环境科学,2017,33(2):97-100.
[49] 王保平. 中国粗榧育苗技术[J]. 农业科技与信息,2010(20):21-22.
[50] 李小鹏,邵晓雪,江爱国. 红豆杉栽培技术及其应用价值[J]. 园林生态,2019(22):96.
[51] 鲍熙梅. 南方红豆杉繁殖和栽培技术要点[J]. 栽培育种,2019(20):11.
[52] 巩平佳,林军. 曼地亚红豆杉栽培管理技术[J]. 现代农业科技,2018(17):145-146.
[53] 彭慕海. 园林绿化珍贵树种矮紫杉的栽培技术[J]. 中国林副特产,2003(2):41.
[54] 江波,周先容,龚练,等. 巴山榧树种子特性与幼苗生长规律[J]. 种子,2016,35(10):14-18.
[55] 汤榕,汤槿,黄利斌. 青冈栎栽培技术[J]. 现代园艺,2014(11):59-60.
[56] 叶钦良. 石栎容器育苗及造林技术[J]. 广东林业科技,2011,27(3):83-84.
[57] 巫能奇. 苦储栽培技术[J]. 中国农业信息,2013(21):72.
[58] 徐珊珊. 爬藤榕硬枝扦插生根机理研究[D]. 南京:南京林业大学,2009.
[59] 吴松成. 薜荔的开发利用及栽培技术[J]. 中国野生植物资源,2018,20(2):51-52.
[60] 陈德眉,叶靖平,徐路梅,等. 百色市阔叶十大功劳栽培技术[J]. 现代农业科技,2009(19):233.
[61] 郑合亭,田真霞,唐昱. 南天竹的栽培及养护[J]. 现代园艺,2016(12):38.
[62] 刘国华,陈莹,何云鹏. 南天竹播种繁殖技术[J]. 园艺与种苗,2018,38(8):18-19.
[63] 陈丽文,何贵整,吴红英,等. 夜合花的扦插繁殖技术[J]. 林业实用技术,2009(7):51.
[64] 黄石嘉. 小叶青冈实生苗繁育技术及抗旱性研究[D]. 长沙:中南林业科技大学,2017.
[65] 吴义强. 刺叶高山栋苗木繁殖及园林绿化[J]. 中国农业信息,2015(21):7.
[66] 耿芳. 荷花玉兰的新栽培变种选择及其扦插繁殖技术的研究[D]. 长沙:中南林业科技大学,2008.
[67] 徐桂玲,米建华. 荷花玉兰的改良嫁接新方法[J]. 河南林业,1997(1):15.
[68] 杨银虎. 木莲繁育及苗期管理[J]. 中国花卉园艺,2016(24):36-38.
[69] 徐奎源,徐洲,徐永星. 阔瓣含笑育苗栽培技术[J]. 四川林业科技,2005,26(3):90-91.
[70] 罗玉芝,杨银虎,范邦海. 深山含笑繁育[J]. 中国花卉园艺,2018(16):42-43.
[71] 吴绍权,王世诚. 乐东拟单性木兰繁育栽培技术[J]. 林业科技通讯,2018(12):42-43.
[72] 宗卫,费永俊,喻慧. 巴东木莲实生苗培育及光合生理特征[J]. 福建林业科技,2013,40(2):56-59.

[73] 史喜兵,刘杰,孙毅宁. 红茴香的引种及栽培技术研究[J]. 安徽农业科学,2012,40(34):16657-16658.
[74] 吴晓宁,陶义贵. 南五味子植物的综合利用与栽培技术[J]. 安徽农学通报,2010,16(24):150-151.
[75] 胡永忠. 香樟的栽培和管理[J]. 现代园艺,2018(8):57.
[76] 张永文. 香樟快速生长的栽培技术应用研究[J]. 绿色科技,2018(17):33.
[77] 陈兰兰. 香樟优良种苗繁育技术[J]. 乡村科技,2019(3):89-90.
[78] 王朴,陈桂桥,丁昭全. 银木的引种及栽培技术[J]. 园林科技,2012(3):12-13.
[79] 肖珍泉. 黄樟在园林绿化中的地位及其栽培技术[J]. 广东建材,2008(2):180-181.
[80] 黄勇来. 沉水樟生物学特性及其人工栽培技术[J]. 亚热带农业研究,2007,3(2):96-98.
[81] 冯丽贞,陈远征,马祥庆,等. 濒危植物沉水樟的扦插繁殖[J]. 福建林学院学报,2007,27(4):333-336.
[82] 陈辉,胡来宝,周成玲. 天竺桂引种栽培技术研究[J]. 农业与技术,2019,39(3):145-146.
[83] 谭绍东. 楠木培育与绿化栽培技术[J]. 乡村科技,2018(17):91-92.
[84] 李强. 闽楠栽培技术及推广[J]. 绿色科技,2018(13):54-56.
[85] 杜强,王文辉,杨刚华,等. 白楠育苗试验初报[J]. 江西林业科技,2001(3):16,19.
[86] 程翔. 紫楠引种栽培初报[J]. 江苏林业科技,1994(4):17-19,34.
[87] 陈金京. 竹叶楠绿化大苗移植栽培技术研究[J]. 安徽农学通报,2013,19(8):110-112.
[88] 屈坤杰,王济红,祁翔,等. 不同基质对豹皮樟嫩枝扦插生根能力的影响[J]. 西南农业学报,2017,30(7):1522-1527.
[89] 邵军,闫健全,马超丽. 乌药高产栽培及病虫害防治关键技术[J]. 陕西农业科学,2018,64(1):100-101.
[90] 韩堂松. 黑壳楠容器育苗技术及年生长节律[J]. 林业实用技术,2011(3):29-30.
[91] 王熙龙,吕国显,葛航,等. 黑壳楠在园林绿化中的应用[J]. 中国园艺文摘,2009(9):64-65.
[92] 吕晓贞,田伟莉,赵荣芳. 月桂栽培繁育[J]. 中国花卉园艺,2015(6):46-47.
[93] 李照玲,高娟娟,赵永,等. 海桐生物学特性及栽培管理技术[J]. 农业与技术,2013,33(2):124.
[94] 刘丹华. 浅析观赏海桐的栽培方法及其在园林景观中的作用[J]. 山西农经,2019(21):81-82.
[95] 吴陆山,朱晓芬,杨宗波. 浅谈中华蚊母的园林应用及栽植养护[J]. 绿色科技,2013(5):120-121.
[96] 吴陆山,杨宗波,朱晓芬. 中华蚊母的特性及繁殖方法[J]. 绿色科技,2014(4):78-79.
[97] 李宏伟,段战歌,冯继涛,等. 红花檵木的特性及栽培管理技术[J]. 农业开发与装备,2017(8):185.
[98] 马媛春,张粉粉,程宗明. 柳叶栒子组培快繁体系的建立[J]. 江苏农业科学,2018,46(24):50-53.
[99] 梁发辉,柴慈江,孙彦辉. 平枝栒子的繁殖技术及园林应用的研究[J]. 天津农业科学,2011,17(3):133-135
[100] 韩亚利,孙亚东,李志勇. 平枝栒子绿化栽培及园林应用探讨[J]. 安徽农业科学,2012,40(15):8584-8586.
[101] 王曼,刘建敏,师国洪,等. 平枝栒子的栽培特点及其园林应用[J]. 现代园艺,2019(19):71-72.
[102] 何丽昆. 火棘繁殖栽培技术[J]. 中国园艺文摘,2012(6):136-137.
[103] 蒲顺利. 火棘繁殖与栽培管理技术[J]. 中国林副特产,2014(6):56-57.
[104] 杨银虎,吕传红. 火棘繁育技术[J]. 中国花卉园艺,2014(14):48-49.
[105] 洪艳梅. 枇杷栽培要点[J]. 中国果菜,2018,38(3):63-65.
[106] 蒋挺. 波叶红果树(*Stranvaesia davidiana* var. *undulata*)繁殖特性及耐热性研究[D]. 杭州:浙江林学院,2009.
[107] 白伟琴. 波叶红果树(*Stranvaesia davidiana* var. *undulata*)离体培养再生体系建立及试管开花研究

[D]. 杭州:浙江农林大学,2011.
[108] 刘伟,曹晓慧. 吊石苣苔扦插繁殖研究[J]. 北方园艺,2010(2):116-118.
[109] 阙利芳,鲍健青,蒋灵华,等. 杨梅标准化高效栽培技术[J]. 现代农业科技,2019(21):86,88.
[110] 余正安,柴春燕. 园林工程中杨梅大树移栽技术[J]. 中国园艺文摘,2011(2):85-86.
[111] 吕金海. 杨梅(*Myrica rubra S. et Zucc.*)植物文化和园林应用研究[J]. 现代园艺,2018(9):117-118.
[112] 杨瑞文. 杜英繁育技术[J]. 科学种养,2016(6):25-26.
[113] 陈琪. 杜英的形态特征及栽培技术[J]. 林业科学,2018(10):89.
[114] 刘敏. 优良园林绿化树种丝兰的栽培技术[J]. 安徽林业科技,2006(4):23.
[115] 董青松,闫志刚,白隆华,等. 土茯苓组织培养研究[J]. 中药材,2014,37(1):5-9.
[116] 陈鑫,吴尤宏. 棕榈繁育栽培技术[J]. 现代农业科技,2008(7):51.
[117] 关传友. 棕榈栽培史与棕榈文化现象[J]. 古今农业,2017(2):50-61.
[118] 张昌运. 忍冬的栽培与管理[J]. 农村科技,2008(9):69.
[119] 高见. 忍冬的开发利用及栽培技术[J]. 林业实用技术,2003(5):44.
[120] 王光全,孟庆杰,张志忠. 金银花生物学特性及其栽培利用[J]. 江苏林业科技,2000,27(6):36-37.
[121] 陈凯,黄义林,王桂林,等. 河南忍冬科荚蒾属一新记录种——球核荚蒾[J]. 河南林业科技,2020,40(1):23-24.
[122] 王恩伟. 6 种荚蒾的繁育特性与园林应用研究[D]. 杭州:浙江林学院,2009:1-58.
[123] 张连全. 金奖地被灌木匍枝亮叶忍冬[J]. 花草撷英,2006(7):34.
[124] 陶建平,陶品华,茅建新,等. 珊瑚树的恃征特性、用途及主要培育技术[J]. 上海农业科技,2011(6):101.
[125] 林云跃. 珊瑚树嫩枝扦插技术研究[J]. 丽水师范专科学校学报,2003,25(5):60-62.
[126] 赖开吉. 造林绿化优良树种珊瑚树[J]. 粤东林业科技,2004(4):38-39.
[127] 颜卫东. 珊瑚树的叶芽扦插及园林价值[J]. 林业实用技术,2003(10):42.
[128] 张连全,朱春玲. 地中海荚蒾的养护要点[J]. 园林,2013(4):61.
[129] 王大平. 常绿欧洲荚蒾的园林应用及扦插繁殖技术[J]. 北方园艺,2010(5):123.
[130] 王大平. 常绿欧洲荚蒾离体繁殖的启动和增殖培养研究[J]. 江苏农业科学,2011,39(5):67-68.
[131] 邓运川,史敏亚. 皱叶荚蒾栽培管理技术[N]. 中国花卉报,2014(4):1-2.
[132] 罗绪强,张桂玲,杨鸿雁,等. 喀斯特山地不同退化植被下烟管荚蒾氮同位素组成的季节变化[J]. 科学技术与工程,2020,20(11):4243-4249.
[133] 何丽霞,段林东,杨贤均,等. 白马骨扦插繁殖技术优化试验[J]. 现代农业科技,2019(19):126-127,132.
[134] 孙毅宁. 六月雪的栽培管理[J]. 河南农业,2008(3):41.
[135] 徐成文. 六月雪盆景制作与养护[N]. 中国花卉报,2014(5):1-2
[136] 杨露梅,葛荧杰,李爽莲,等. 小叶栀子扦插繁殖[J]. 中国花卉园艺,2020(2):36-37.
[137] 侯春宁. 一渣一水养小叶桅子[J]. 中国花卉盆景,2013(3):33.
[138] 谢李崧,黄玉芬,黎军发. 栀子栽培技术[J]. 现代园艺,2014(11):36-37.
[139] 丁银宝,吴惠青. 栀子花的应用及栽培管理技术[J]. 安徽农学通报,2012,18(11):160-161.
[140] 何莲定. 园林香花植物——夜来香和夜香树[J]. 广东园林,2006,28(3):40-41,45.
[141] 魏雅青. 夜香树不同季节扦插育苗试验[J]. 中国园艺文摘,2015(9):16-17.
[142] 杨云广. 盆栽观果花卉——珊瑚樱[J]. 新农业,2003(2):41.

[143] 乐俊峰,张新勇,侯志华.河南萝藦科乳突果属一新记录种——祛风藤[J].河南林业科技,2020,40(3):20-21.
[144] 郭承刚,薛润光,杨少华,等.乳突果种子生物学特性研究[J].种子,2016,35(7):97-98.
[145] 汪小飞,赵昌恒,伍全根,等.细梗络石在园林及生态环境保护中的应用[J].安徽农学通报,2009,15(3):80,17.
[146] 项延军.络石栽培技术[J].中国花卉园艺,2010(16):33.
[147] 于恩思,冷怀勇,李伟.夹竹桃栽培与管护技术[J].现代农村科技,2013(2):53-54.
[148] 董永辉,高宇瑶,孟金祥.夹竹桃繁殖与应用[J].现代农村科技,2011(14):29.
[149] 岩罕书.傣药广蒿修(蓬莱葛)的研究概况[J].中国民族医药杂志,2019,25(2):40-41.
[150] 王文军,卢铁柱.探春植物特征及生物学特性调查应用研究[J].现代园林,2007(8):57-59.
[151] 邓运川,孙庆献,王占春.金叶女贞栽培管理[J].中国花卉园艺,2010(4):30-31.
[152] 金勇,张贞,常娟.金叶女贞育苗技术及园林应用[J].农业科技与信息,2011(12):28-29.
[153] 王庆扬.金森女贞栽培技术及园林应用[J].安徽农学通报,2012,18(14):126-127.
[154] 李锌,李纪华,周晓峰.小叶女贞优质壮苗繁育技术[J].河南林业科技,2015,35(2):52,54.
[155] 朱莉,李延成.小叶女贞在城市园林绿化中的应用[J].山东林业科技,2004(5):59-60.
[156] 张建忠,姚润芬.小叶女贞的造型及应用[J].吉林农业,2014(15):66-67.
[157] 尤录祥,喻方圆,周林,等.金叶日本女贞高位嫁接育苗技术[J].江苏林业科技,2013,40(6):47-49.
[158] 程鹏.6种常绿阔叶树种扦插繁育技术研究[J].现代农业科技,2014(17):174-175.
[159] 刘炳刚.大叶女贞栽培管理及应用[J].特种经济动植物,2018(1):30-31.
[160] 王桐卿,邵明丽,黄红云,等.优良抗污绿化树种女贞的栽培应用[J].安徽农学通报,2007,13(12):148.
[161] 张忠荣.油橄榄的生物特性及栽培技术[J].现代园艺,2016(1):26.
[162] 马剑平,姜成英,苏瑾,等.甘肃油橄榄栽培管理主要技术[J].甘肃林业科技,2009,34(1):45-47.
[163] 孙桂海.用流苏做砧嫁接红柄木樨[J].中国花卉盆景,1997(12):34.
[164] 卢山,胡绍庆,陈波.木樨属植物及其园艺品种在园林绿地中的配置[J].浙江林学院学报,2010,27(5):734-738.
[165] 李子旭.桂花栽培管理[J].现代园艺,2015(2):42.
[166] 邓志昂.桂花栽培技术[J].湖南林业科技,2014,41(3):68-70.
[167] 李春妍,宁惠娟,邵锋.桂花在园林中的应用[J].黑龙江农业科学,2011(11):55-57.
[168] 蒋刚.常青白蜡育苗造林技术[J].黔东南民族职业技术学院学报(综合版),2012,8(1):4-5.
[169] 秦海英,李英.一种值得推荐的园林绿化树种——棱角山矾[J].南方农业(园林花卉版),2007(6):72-73.
[170] 邓小梅,黄宝祥,符树根,等.棱角山矾繁殖技术[J].林业科技开发,2006,20(5):59-61.
[171] 夏江林,袁仁庚.棱角山矾育苗技术[N].中国花卉报,2004.
[172] 吴君,吴冬,童再康.浙江省山矾科植物园林应用综合评析[J].山东林业科技,2014(4):74-76.
[173] 白平,张学星,陈海云,等.铁仔播种育苗技术[J].陕西林业科技,2018,46(1):100-102.
[174] 常春雷,宋丹丹,安亚喃.紫金牛栽培技术与应用[J].现代农村科技,2012(5):40.
[175] 沈霞,郁春柳,陈坚,等.朱砂根栽培技术与促进结实研究初报[J].上海农业科技,2008(3):99-100.
[176] 陈彬豪.观果地被——朱砂根[J].中国花卉园艺,2014(2):48.
[177] 沈夏淦.朱砂根的栽培管理[N].中国花卉报,2003.

[178] 龚洪海,李林. 观果植物百两金引种栽培技术研究[J]. 贵州科学,2014,32(4):82-85.
[179] 陈景明. 百两金扦插试验[J]. 厦门教育学院学报,2001,3(3):65-68.
[180] 邓庆城. 药用野生植物——百两金[J]. 福建科技报,2005(8):1.
[181] 常春雷,安亚喃,宋丹丹. 乌饭树栽培技术与应用[J]. 现代农村科技,2012(6):39.
[182] 张法良,陈小明. 彩叶树种的新成员——乌饭树[J]. 中国花卉盆景,2010(11):9.
[183] 赵冰. 光照时间和赤霉素浓度对太白杜鹃种子萌发的影响[J]. 北方园艺,2014(2):60-63.
[184] 刘雄,高建德,赵磊,等. 太白杜鹃化学成分的初步研究[J]. 甘肃中医学院学报,2008,25(2):40-42.
[185] 赵冰,董进英,张冬林. 温度、光照和赤霉素浓度对秀雅杜鹃种子萌发的影响[J]. 种子,2014,33(5):26-30.
[186] 杨书慧,田瑄. 秀雅杜鹃化学成分的研究[J]. 西北植物学报,2007,27(2):0364-0370.
[187] 赵霜红,张启翔. 鹿蹄草属植物资源概述及其在北京园林应用前景[J]. 中国园林,2003(12):74-76.
[188] 赵霜红. 红花鹿蹄草引种驯化初探[D]. 北京:北京林业大学,2004:33-34.
[189] 王军宪,张莉,吕修梅,等. 普通鹿蹄草化学成分的研究[J]. 中草药,2003,34(4):307-308.
[190] 宋满珍. 洒金桃叶珊瑚的园林栽培[J]. 花木盆景,2002(4):35.
[191] 陈际伸,王秋波. 香港四照花的繁育技术及园林价值[J]. 宁波职业技术学院学报,2005,9(2):85-86.
[192] 李翔,宋婷,张颖,等. 梁王茶的研究进展[J]. 北京农业,2015(6):89-91.
[193] 端木炘. 中国五加科树木主要化学成分及综合利用[J]. 林产化工通讯,1997(5):35-37.
[194] 张二海. 合肥地区洋常春藤夏季扦插技术研究[D]. 合肥:安徽农业大学,2008:12-13.
[195] 王桂兰,陈超,石洪凌,等. 洋常春藤的组织培养与快速繁殖[J]. 植物生理学通讯,2004,40(4):466.
[196] 金婷婷,金梦蝶,陈珍,等. 洋常春藤和金边吊兰对香烟烟雾的净化效果与生理响应[J]. 湖北农业科学,2018,57(18):47-51.
[197] 刘辉,刘玮,董凤梅. 常春藤的栽培与应用[J]. 中国林副特产,2010(3):61-62.
[198] 邱士明,陈金祥,张雪雄,等. 八角金盘用途及繁殖技术[J]. 现代农业科技,2014(11):173.
[199] 年奎. 八角金盘栽培管理技术[J]. 青海农林科技,2010(1):55-56.
[200] 张继东. 甘肃瑞香实生苗培育技术[J]. 北方园艺,2011(3):96-97.
[201] 王启祥,曹健,独军. 甘肃瑞香扦插育苗技术研究[J]. 甘肃科技,2007,23(10):247-248,282.
[202] 刘延泽,冀春茹,杨林莎,等. 凹叶瑞香中的香豆素类化合物[J]. 植物学通报,1994,11(4):41-42.
[203] 张薇,张卫东,李廷钊,等. 毛瑞香化学成分研究[J]. 中国中药杂志,2005,30(7):513-515.
[204] 付明俊,涂继红. 柞木树桩造型的制作与养护管理[J]. 现代园艺,2014(11):52-54.
[205] 谭贵发,周子坤. 长白山野生宿根花卉金丝桃、黄连花的驯化栽培与园林应用[J]. 吉林林业科技,2014,43(4):13-15
[206] 欧斌,赖福寿,赖青青. 乡土树种石笔木播种育苗技术研究[J]. 中国林副特产,2008(5):38-39
[207] 肖复明,汪维,杜强,等. 石笔木扦插育苗技术[J]. 林业实用技术,2014(11):44
[208] 崔勇. 我国石笔木属植物资源及其园林应用探析[J]. 广西农学报,2015,30(2):40-42.
[209] 王国明,王美琴,徐斌芬. 滨海特有植物——滨柃播种育苗技术[J]. 林业实用技术,2005(6):22-23.
[210] 王伟安,龚永祥,万雪花,等. 滨柃扦插繁殖技术[J]. 林业实用技术,2013(5):32-34.
[211] 陈荣,胡迪科,郑炳松,等. 滨柃扦插繁殖技术试验[J]. 浙江林业科技,2009,29(5):62-64.

[212] 潘健,程家寿,汤庚国,等.细齿叶柃繁殖技术的试验分析[J].南京林业大学学报(自然科学版),2005,29(6):123-125.

[213] 潘健,程家寿,汤庚国.翅柃扦插繁殖技术研究[J].林业科技,2005,30(5):52-54.

[214] 吕世新,徐国绍,赵锡成.杨桐的育苗及造林技术[J].林业科技开发,2003,17(1):59.

[215] 徐灵芝,胡长顺,桂正文.杨桐扦插繁殖技术[J].安徽林业,2010(3):51.

[216] 孙晓萍,陈丽庆.日本厚皮香的扦插繁殖及光照强度对其幼苗生长的影响[J].浙江林业科技,2011,31(4):40-42.

[217] 张幼法,李修鹏,陈征海,等.中国大陆山茶科一新记录种——日本厚皮香[J].亚热带植物科学,2015,44(3):241-243.

[218] 胡冬初,邓树波,刘小艳,等.厚皮香繁殖与培育技术[J].江西林业科技,2002(3):63-64.

[219] 陈斌.厚皮香栽培管理[J].中国花卉园艺,2015(4):43.

[220] 赵秀军.木荷的生物学特征及其栽培技术要点[J].南方农业,2017,11(17):50-51.

[221] 谢冬勇.浅议木荷在园林中的应用[J].科技信息,2009(17):363.

[222] 许林,陈法志.丰花、香花型茶花——川鄂连蕊茶[J].花木盆景(花卉园艺),2010(7):6-7.

[223] 陈法志,童俊,戢小梅,等.川鄂连蕊茶的引种驯化及繁育研究[J].湖北农业科学,2012,51(4):739-743.

[224] 周丽妍.大规格茶梅露地栽植技术要点[J].上海农业科技,2013(5):86.

[225] 郑静.浙江红山茶群落特征及园林应用研究[D].杭州:浙江农林大学,2010.

[226] 吴窈窈.浙江红山茶生物学特性及繁殖技术研究[D].杭州:浙江农林大学,2013.

[227] 谢云,李纪元,厉森,等.浙江红山茶扦插繁殖试验[J].浙江林业科技,2011,31(3):32-35.

[228] 王好好,李建群.浙江红山茶观赏特性分析及油用价值评价[J].安徽农学通报,2011,17(12):56-57.

[229] 魏淑霞,李鑫.山茶花的栽培技术[J].吉林蔬菜,1998(6):32-33.

[230] 旷启金.浅析油茶种植技术[J].科学之友,2011(12):165-166.

[231] 王雅玲,刘志毅,罗嗣件.论油茶种植技术[J].民营科技,2011(10):120.

[232] 张明.油茶种植技术[J].农村实用技术,2014(10):18-20.

[233] 林凤书,王虹军,蒋瑜.雀梅[J].中国花卉盆景,2016(12):45.

[234] 袁瑾,许海平.雀梅藤营养成分分析[J].氨基酸和生物资源,2012,34(4):51-53.

[235] 钱莲芳,黎章矩.4种雀梅繁殖试验[J].浙江林学院学报,1995,12(4):374-379.

[236] 熊桂华,樊国盛,段晓梅,等.雀梅藤属植物分类及综合利用的研究进展[J].广东农业科学,2009(6):53-55,60.

[237] 金雅琴,李冬林.2种国产槭树的引种试验[J].东北林业大学学报,2009,37(2):11-13.

[238] 张连全.樟叶槭[J].园林,2016(12):42.

[239] 饶兵英,罗新生,习青华.红翅槭育苗及管理技术[J].现代园艺,2014(11):46-47.

[240] 唐丽,钟秋平,刘显梅,等.红翅槭的组织培养及快繁技术[J].北方园艺,2010(9):136-138.

[241] 曹基武.绿化新秀——红翅槭[J].花木盆景:花卉园艺,2003(8):33.

[242] 黄晓霖,彭晓娟,朱东方,等.胶东卫矛苗木繁育及盆栽技术[J].现代农业科技,2012(15):134-135.

[243] 郭军,刘冰,郭玉琴,等.胶东卫矛引种表现及利用价值[J].宁夏农林科技,2007(4):19-20.

[244] 张小平.胶东卫矛育苗技术[J].山西林业,2007(3):36-37.

[245] 桂炳中,赵丽丽.华北地区扶芳藤栽培技术[J].2004(16):1-2.

[246] 李道强,任秋萍,张复君,等.新型绿化材料——扶芳藤的园林应用研究[J].林业实用技术,2008

(1):44-46.
[247] 刘书环,师春平. 北海道黄杨在造林绿化中的应用及管理[J]. 河南农业,2014(3):23.
[248] 汤福明. 北海道黄杨繁殖与栽培技术[J]. 山西林业,2006(6):35.
[249] 辛宝英. 北海道黄杨微繁诱导培养研究[J]. 生物技术世界,2014(5):26.
[250] 韩生龙,纳卫华,郭玉琴. 北海道黄杨引种观察及利用价值[J]. 宁夏农林科技,2008(1):17-18.
[251] 刘秋元,赵杰,刘文元. 冬青卫矛的研究[J]. 河南林业科技,2003,23(2):6-7,40.
[252] 何丽娜,刘坤良,赵强民. 北京市秋色叶植物资源调查及园林应用研究[J]. 中国园林,2013,29(8):98-103.
[253] 杨忠文. 冬青卫矛扦插育苗技术[J]. 云南林业,2004(3):15.
[254] 许云章,孙美,王静霞,等. 彝药大花卫矛化学成分的初步研究[J]. 江苏农业科学,2014,42(7):309-311.
[255] 王永格. 小果卫矛园林应用技巧[J]. 中国花卉园艺,2005(24):54.
[256] 潘温文,洪震,练发良. 不同处理对榕叶冬青种子萌发的影响[J]. 种子,2017,36(3):99-101.
[257] 李路军,杜鹏,张鹏,等. 榕叶冬青叶的化学成分研究[J]. 中草药,2013,44(5):519-523.
[258] 何崇瑞,张艳霞. 无刺枸骨在城市和园林绿化中的应用[J]. 中小企业管理与科技,2014(15):88.
[259] 简大为,范淑芳,孙爱红,等. 无刺枸骨快速繁殖技术研究[J]. 湖北林业科技,2011(3):30-32,64.
[260] 张来明,吕萍浙. 无刺枸骨田间扦插育苗技术应用[J]. 科技传播,2014(11):137-138.
[261] 潘长洪,廖亮,罗优波,等. 龟甲冬青扦插育苗技术[J]. 林业实用技术,2009(10):48-49.
[262] 袁军辉. 天水地区猫耳刺引种栽培技术研究[J]. 甘肃林业科技,2004,29(4):28-31.
[263] 孟冬梅,何爱喜,温要礼. 猫儿刺嫩枝扦插繁殖[J]. 甘肃林业科技,2003,28(2):35-38.
[264] 苏继海,马正民. 药用植物枸骨人工栽培技术[J]. 中国林副特产,2013(3):78-79.
[265] 杨银虎,杨瑞. 枸骨繁育技术[J]. 花木盆景(花卉园艺),2016(1):35-39.
[266] 李云龙. 大别山冬青栽培技术[J]. 中国花卉园艺,2014(16):48-49.
[267] 陆小清,李乃伟,李云龙,等. 大别山冬青苗木的组织培养[J]. 林业科技开发,2010,24(6):109-111.
[268] 邓广军. 冬青的栽培繁殖技术[J]. 农村百事通,2004(13):35.
[269] 陈金祥. 大叶冬青特征特性、用途及主要繁殖栽培技术[J]. 上海农业科技,2014(3):99.
[270] 潘永柱,叶金木,王永升. 大叶冬青引种扦插试验及驯化技术[J]. 浙江林业科技,2013,23(1):45-48.
[271] 王慧瑜,张晓申,赵海红,等. 大叶冬青组培快繁技术研究[J]. 农业科技通讯,2012(10):69-70.
[272] 凌明亮. 珍珠黄杨育苗栽培与盆景制作技术[J]. 中国林副特产,2005(2):32-33.
[273] 黄焱,季孔庶,汤庚国,等. 珍珠黄杨夏季扦插繁殖技术与生根机理研究[C]//第五届博士生学术年会论文集,2009(8):267-274.
[274] 马祥瑞,焦丽华,朱永强. 顶花板凳果特性及繁育应用[J]. 林业科学,2016(31):129.
[275] 张萍,王森,付国赞,等. 顶花板凳果愈伤组织和芽诱导培养研究[J]. 广东农业科学,2018,45(2):42-46.
[276] 刘方农,彭世逞,刘联仁. 一种值得在园林中推广的野生芳香花卉——野扇花[J]. 生物学通报,2009,44(3):19-21.
[277] 彭丽芬,李新贵,陈通旋,等. 野扇花研究进展[J]. 贵州林业科技,2019,47(2):54-58.
[278] 张先. 野扇花组培快繁及扦插繁殖研究[D]. 成都:四川农业大学,2007:7-8.
[279] 雷珍,练发良. 尖叶黄杨嫩枝扦插繁殖试验[J]. 安徽农业科学,2007,35(31):9929,9981.
[280] 武书良. 锦熟黄杨栽培管理[J]. 中国花卉园艺,2016(4):42-43.

[281] 贾悦. 华北北部慎用锦熟黄杨[J]. 中国花卉盆景,2003(10):25.
[282] 杨培华. 交让木生物学特性及其开发利用[J]. 福建农业科技,2018(12):11-12.
[283] 欧斌,赖福胜,王波. 虎皮楠、交让木育苗技术及苗木物候与生长规律研究[J]. 江西林业科技,2003(6):3-4,50.
[284] 徐起芳. 龄橘树速生快长栽培技术[J]. 林业科技,2015(5):141-142.
[285] 李云超. 甜橙栽培技术探析[J]. 南方农机,2017,48(6):65.
[286] 韩学俭,陈文玲. 酸橙的整形修剪[J]. 特种经济动植物,2003(4):35.
[287] 卢新坤,何明忠,林燕金,等. 柚类栽培关键技术[J]. 福建果树,2011(2):42-44.
[288] 张景武. 江西省广丰县马家柚在园林绿化中的应用[J]. 北京农业,2013(12):74.
[289] 楚冬海. 中药材飞龙掌血研究进展[J]. 安徽农业科学,2010,38(34):19374-19375,19395.
[290] 程友斌,王庆林,杨茹. 竹叶椒的研究进展[J]. 安徽医药,2011,15(1):11-13.
[291] 袁莲莲,王少平,雷泽湘,等. 崖爬藤的生态生物学特征及其扦插繁殖技术[J]. 广西植物,2016,36(2):193-199.
[292] 杨海东,李汉新,娄义龙. 崖爬藤在垂直绿化中的应用初探[J]. 贵州林业科技,2004,32(3):56-57.
[293] 陈永锋,黄中良,姚松,等. 常春油麻藤在绿色通道建设中的应用分析[J]. 农家科技(下旬刊),2013(4):23-24.
[294] 许怡晓,何才生,刘海石,等. 常春油麻藤扦插试验[J]. 绿色科技,2018(13):51-52.
[295] 黄艳宁,曾维爱,彭尽晖,等. 香花崖豆藤的生物学特性研究[J]. 中国野生植物资源,2011,30(4):18-20,26.
[296] 黄艳宁,彭尽晖,彭福元,等. 香花崖豆藤的园林应用初探[J]. 江西农业学报,2012,24(3):58-60.
[297] 黄艳宁,曾维爱,彭尽晖,等. 香花崖豆藤的引种繁育研究[J]. 湖南农业科学:下半月,2011(11):19-20.
[298] 黄艳宁,曾维爱,彭尽晖,等. 香花崖豆藤扦插繁殖技术研究[J]. 广东农业科学,2010(6):96-97.
[299] 黄艳宁. 香花崖豆藤的繁殖技术及园林应用研究[D]. 长沙:湖南农业大学,2008:7-50.
[300] 汪敏芝. 野生红豆树资源分布及播种栽培技术[J]. 现代农业科技,2009(5):67,70.
[301] 刘鹏,阙生全,丽婷,等. 红豆树研究现状及濒危保护建议[J]. 亚热带植物科学,2017,46(1):96-100.
[302] 胡青素,吴应齐,叶邦志,等. 红豆树扦插繁殖技术初探[J]. 湖南农业科学(下半月推广刊),2013(9):21-23.
[303] 王帮顺,何必庭,陈杏林,等. 红豆树根插育苗技术[J]. 浙江林业科技,2015,35(5):65-68.
[304] 吴波,叶浩,汤啸峰. 园林绿化新品种植物红豆树的运用研究[J]. 农业与技术,2018(18):219.
[305] 姚军,杨波. 优良园林绿化树种——花榈木[J]. 中国城市林业,2007,5(1):65.
[306] 龙绛雪,曹基武. "材貌双全"花榈木[J]. 中国花卉园艺,2020(8):45.
[307] 文虹,朱天才,周洁尘,等. 花榈木嫁接技术研究[J]. 湖南林业科技,2020,47(1):86-88,93.
[308] 周洁尘,朱天才,文虹,等. 花榈木人工繁殖技术研究进展[J]. 四川林业科技,2019,40(5):104-107.
[309] 陈斌. 厚叶石斑木栽培[J]. 中国花卉园艺,2014(24):42-43.
[310] 陈斌,高大海. 厚叶石斑木扦插试验[J]. 浙江林业科技,2012,32(5):63-65.
[311] 王舰. 木莓的组织培养[J]. 青海农林科技,2001(2):48.
[312] 赵卫权,丁立生,王明奎. 木莓根部化学成分的研究[J]. 中草药,2001,32(10):874-876.
[313] 李海燕,王小敏,李维林,等. 高粱泡组织培养技术[J]. 经济林研究,2010,28(3):51-55.

[314] 曾喜波. 洞庭湖区红叶石楠栽培技术及其园林应用[J]. 花卉,2016(2):127-128.
[315] 杜建会,魏兴琥. 园林红叶植物新贵——红叶石楠[J]. 安徽农业科学,2009,37(11):5263-5265.
[316] 孙瑞英. 红叶石楠育苗技术及其在园林中的应用[J]. 安徽农学通报,2016,22(12):106-107.
[317] 邵光忠,陶杭军,沈七一,等. 罗城石楠扦插繁育[J]. 中国花卉园艺,2020(16):46-47.
[318] 李峰. 罗城石楠组织培养快速繁殖技术研究[J]. 江苏林业科技,2013,40(3):18-20,26.
[319] 李媛,张东明,庾石山. 小叶石楠的化学成分研究[J]. 中草药,2004,35(3):241-242.
[320] 张书润. 光叶石楠扦插繁殖技术的研究[J]. 中国商界,2009(176):222-223.
[321] 朱玉球,黄华宏,陆海根,等. 光叶石楠组培快速繁殖[J]. 浙江林学院学报,2005,22(2):238-240.
[322] 王春彦,王军,夏重立,等. 光叶石楠实生苗组织培养研究初报[J]. 金陵科技学院学报,2005,21(1):90-92.
[323] 尹德荣. 石楠苗木培育技术[J]. 科学种养,2016(10):21-23.
[324] 许联瑛,王森,张敬,等. 常绿阔叶植物石楠在北京地区的引种示范应用[J]. 中国园林,2010(4):45-48.
[325] 孔雨光. 石楠组织培养和多倍体诱导的研究[D]. 泰安:山东农业大学,2006:5-8.
[326] 欧斌,肖永有,黄家寿. 椤木石楠田间育苗试验研究[J]. 中国林副特产,2009(3):51-52.
[327] 杨理兵. 椤木石楠繁育技术[J]. 林业实用技术,2007(10):28.
[328] 邓运川. 蓝剑柏[J]. 花木盆景(花卉园艺),2014(12):7.
[329] 王岳峰,曲方圆,朱利平. 野黄桂叶油抗菌活性的实验研究[J]. 新中医,2017,39(5):105-106.
[330] 刘晓菊,王冬,梁鹏. 北美乔松育苗技术[J]. 林业实用技术,2011(9):36-37.
[331] 高见. 金丝梅引种栽培及繁育技术[J]. 林业实用技术,2006(7):37-38.
[332] 骆建霞,李琳,史燕山,等. 金丝梅嫩枝扦插繁殖技术研究[J]. 天津农学院学报,2019,16(2):1-4.
[333] 雷颖,焦兴礼. 金丝梅的组织培养和快速繁殖[J]. 植物生理学通讯,2014,40(5):580.
[334] 王宏,王志春. 龙柏的栽培技术[J]. 现代农业,2008(1):54-55.
[335] 邓运川,王增池,岳明强,等. 龙柏的栽培管理技术[J]. 南方农业,2010,4(6):72-73.
[336] 乔志婷. 龙柏无性繁殖技术浅析[J]. 山西林业,2018(1):52-53.
[337] 杨成华,陈劲松,方小平,等. 优良的园林树种紫花含笑[J]. 贵州林业科技,2003,32(2):16-18.
[338] 郭赋英,曾炜,楼浙辉. 紫花含笑繁育技术研究综述[J]. 江西林业科技,2014,42(2):27-29.
[339] 杨成华,陈劲松,方小平,等. 优良的园林树种紫花含笑[J]. 2003,31(2):16-18.
[340] 杨成良. 盆景植物——瓶兰花[J]. 中国花卉盆景,1987:31.
[341] 徐广艳. 石岩杜鹃的引进及推广应用研究[J]. 山东林业科技,2010(3):52-53.
[342] 宋金秀. 香水月季在宁夏地区日光温室的栽培技术[J]. 黑龙江农业科学,2015(4):179-180.
[343] 蒋光碧. 香水月季引种育苗初探[J]. 云南环境科学,1993,12(1):46-47.
[344] 张涛. 用途广泛的观赏植物——缫丝花[J]. 北京园林,1996(4):10-11.
[345] 谢江. 剑麻、凤尾丝兰及丝兰艺术形态特性的比较[J]. 科技资讯,2015(10):207-209.
[346] 陶朝阳,陈万生,郑水庆,等. 刺异叶花椒化学成分研究[J]. 药学学报,2001,36(7):511-513.
[347] 李焱,秦军,黄筑艳,等. 同时蒸馏萃取 GC-MS 分析刺异叶花椒叶挥发油化学成分[J]. 理化检验,2006,42(6):423-425.
[348] 袁卫明,周德荣,戚子洪,等. 洞庭山枇杷生产情况和发展意见[J]. 上海农业科技,1995(6):4-5.
[349] 赖瑞联,徐洋,赖恭梯,等. 山枇杷基因组 DNA 的提取及自然群体内 ISSR 遗传多样性分析[J]. 森林与环境学报,2015,35(1):53-59.
[350] 胡滨. 圆齿野鸦椿培育技术[J]. 现代园艺,2013(12):47-48.
[351] 梁文英. 圆齿野鸦椿播种育苗技术[J]. 福建林学院学报,2010,30(1):73-76.

[352] 谭柏韬. 飞蛾槭、长花厚壳树繁育与栽培[J]. 湖南科技报,2016(5):1-2.
[353] 曹炜,何才生,李茂娟,等. 飞蛾槭育苗技术[J]. 湖南林业科技,2014,41(4):58-60.
[354] 曹文,俞友明,童再康,等. 笔罗子木材物理力学性质的研究[J]. 浙江林业科技,2015,35(4):77-80.
[355] 张东北,刘彬彬,张丽珍,等. 浙江庆元天然林中笔罗子生长量的测定与分析[J]. 浙江林业科技,2018,38(3):6-40.
[356] 何海金,赵静英. 白皮松栽培技术[J]. 林业实用技术,2005(1):13-14.
[357] 余娟,温涛. 白皮松栽培技术及园林应用[J]. 现代农村科技,2013(16):56.
[358] 朱桃云,王四元. 金樱子的栽培技术[J]. 安徽农业,2004(8):16.
[359] 艾金才. 木香花开满院香——小谈木香及其繁殖[J]. 中国花卉盆景,1997(8):10.
[360] 刘素莉. 月季花的栽培和养护技术[J]. 现代园艺,2014(5):52-53.
[361] 张世宇,张木海,杨恩情. 香橼栽培技术[J]. 云南农业科技,2018(2):29-31.
[362] 李万方. 素稚的花叶长春蔓[J]. 中国花卉盆景,2010(1):15.
[363] 陈碧华,佘小涵,张娟. 不同季节绣球荚蒾扦插繁殖试验[J]. 中国园艺文摘,2017(10):6-7,19.
[364] 沈敏东,邱森,邱士明. 珍贵观赏花木——绣球荚蒾[J]. 农村百事通,2010(2):32.
[365] 魏红敏,杨树德,李慧明. 淡红忍冬的生药学初研[J]. 云南中医学院学报,2010,33(1):24-27.
[366] 蔡宏亚,王泽平,何宁先. 连续稀释法研究淡红忍冬体外抑菌作用[J]. 临床和实验医学杂志,2007,6(9):154-155.
[367] 桂炳中,周振姬. 华北地区郁香忍冬繁殖栽培[J]. 中国花卉园艺,2013(22):51.
[368] 钱磊. 芳香浓郁的郁香忍冬[J]. 花卉园艺,2015(5):26.
[369] 张绳奇. 赤楠不同方式播种育苗试验[J]. 中国林副特产,2015(3):39-41.
[370] 陈慧芳,李金金,张光泉. 赤楠扦插繁殖[J]. 中国花卉园艺,2014(6):40-42.
[371] 林飞凡,陈莲莲,鲁唯达. 树参扦插繁殖技术研究[J]. 现代农业科技,2015(18):161,168.
[372] 范仲先. 保健菜——树参菜[J]. 资源开发与市场,2009,25(6):537.
[373] 李湘鹏,奉树成,张亚利. 束花茶花新品种及园林应用[J]. 植物天地,2017(9):58-59.
[374] 苗强,赵琦. 照山白杜鹃的人工栽培技术[J]. 北京农业,2015(6):50.
[375] 黄跃新,王利宏. 照山白在园林绿化中应用的可行性研究[J]. 河北林果研究,2012,27(1):83-85.

附　图

矮紫杉　八角金盘　巴山冷杉

巴东栎　豹皮樟

薜荔

异叶梁王茶　北美乔松

花叶络石　侧柏　茶

粗榧

刺藤子

垂丝柏

大别山五针松

大别山冬青

蔓长春花

簇叶新木姜子

刺异叶花椒

赤楠

吊石苣苔

扶芳藤

地中海荚迷

大叶冬青　　大花枇杷　　弗吉尼亚栎

杜松　　杜英　　飞龙掌血

顶花板登果　　冬青

刚直红千层

枸骨

格药柃

海金子

福建柏

荷花玉兰

豪猪刺

高山刺叶栎

高粱泡

红果树

红花木莲

红柄木樨

红花深山含笑

红翅槭

红茴香

厚叶石斑木

红花檵木

厚皮香

黑壳楠

华山松

檵木

胡颓子

火棘

黄丹木姜子

黄樟

江南油杉

橿子栎

黄山松

花榈木

交让木

柯

金叶大花六道木

苦槠

蓝冰柏

阔叶十大功劳

金樱子

金丝梅

金边胡颓子

柳叶栒子

阔瓣含笑

蓝剑柏

马尾松

柃木　樫木石楠　灵宝杜鹃

乐东拟单性木兰　罗汉松　马醉木

棱角山矾　南岭小檗　宁波木犀

猫儿刺

毛柄连蕊茶

曼地亚红豆杉

毛瑞香

木通

木莓

南五味子

红毒茴

枇杷叶荚迷

蓬莱葛

山矾

平枝栒子 匍枝亮叶忍冬

瓶兰花 爬藤榕 球核荚蒾

青冈 忍冬 枇杷

日本女贞 珊瑚樱

洒金桃叶珊瑚

杉木

三尖杉

四季红山茶

山茶花

山蜡梅

缫丝花（刺梨）

伞房决明

天竺桂　深山含笑

水果蓝　束花茶花　石楠

水丝梨　铁仔

铁杉　石笔木　乌冈栎

喜冬草 土茯苓 无刺枸骨

乌饭树 乌药 尾叶那藤

细叶青冈 蚊母树 香港四照花

小果润楠

小叶蚊母树　香桃木　香花崖豆藤

湘楠　小果卫矛

熊掌木　秀雅杜鹃　烟管荚迷

雪松　中华常春藤

鹰爪枫

柞树

油茶

圆齿野鸦椿

异叶花椒

杨梅

郁香忍冬

野扇花

野黄桂

油松

中华蚊母树

照山白

紫金牛

中山杉

紫楠

朱砂根

浙江乳突果

紫背鹿蹄草

珍珠莲

樟叶槭

樟